普通高等教育“十一五”国家级规划教材
普通高等教育“十四五”规划教材

动物生物化学

Animal Biochemistry

第2版

杨群辉 胡 兰 主编
刘维全 主审

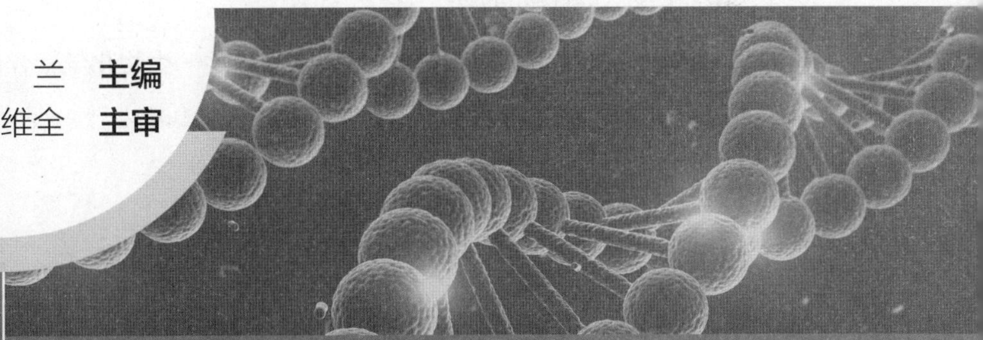

中国農業大學出版社
China Agricultural University Press
·北京·

内容简介

本书属于普通高等教育"十一五"国家级规划教材，本次为第2版。主要为高等农业院校动物医学、动物科学、动物药学和水产养殖专业的学生编写。本书注重基础知识，适度联系专业实际，结合案例分析、予趣于学，并引入生物化学的新进展。本书共为十六章，可为五大部分：①生物分子的结构与功能，包括核酸、蛋白质、酶和生物膜；②物质代谢，包括糖类代谢、生物氧化、脂类代谢、氨基酸代谢、核苷酸代谢、物质代谢各种途径的相互联系和整体调控；③遗传信息的传递和调控，包括复制、转录、翻译、基因表达调控；④动物体代谢的特点，包括体液酸碱平衡与钙、磷代谢，血液的生化，肝脏的生化，神经组织的生化；⑤现代生物技术及其在畜牧兽医中的应用。在每一章的前面附有思维导图，另外，本书配有习题集。本书内容全面、布局合理，兼有深度和广度。它适合于农业院校相关专业的学生使用，也可供从事生物化学研究的教师和其他研究人员阅读与参考。

图书在版编目(CIP)数据

动物生物化学/杨群辉，胡兰主编. --2版. --北京：中国农业大学出版社，2023.11

ISBN 978-7-5655-3098-2

Ⅰ.①动… Ⅱ.①杨…②胡… Ⅲ.①动物学—生物化学 Ⅳ.①Q5

中国国家版本馆CIP数据核字(2023)第210391号

书　名　动物生物化学　第2版

Dongwu Shengwu Huaxue

作　者　杨群辉　胡　兰　主编　刘维全　主审

策划编辑　张　程　　**责任编辑**　石　华

封面设计　李尘工作室

出版发行　中国农业大学出版社

社　址　北京市海淀区圆明园西路2号　　**邮政编码**　100193

电　话　发行部 010-62733489，1190　　读者服务部 010-62732336

编辑部 010-62732617，2618　　出　版　部 010-62733440

网　址　http://www.caupress.cn　　**E-mail**　cbsszs@cau.edu.cn

经　销　新华书店

印　刷　涿州市星河印刷有限公司

版　次　2023年11月第2版　　2023年11月第1次印刷

规　格　210 mm×285 mm　16开本　19.5印张　577千字

定　价　59.00元

第2版编审人员

主　编　杨群辉（沈阳农业大学）

　　　　　胡　兰（沈阳农业大学）

副主编　（按姓氏笔画排列）

　　　　　陈书明（山西农业大学）

　　　　　袁学军（山东农业大学）

　　　　　黄小红（福建农林大学）

参　编　（按姓氏笔画排列）

　　　　　习欠云（华南农业大学）

　　　　　王希东（新疆农业大学）

　　　　　文凤云（河南科技大学）

　　　　　邓　辉（福建农林大学）

　　　　　汉丽梅（沈阳农业大学）

　　　　　孙青竹（西北农林科技大学）

　　　　　苏建明（湖南农业大学）

　　　　　李　妍（河北农业大学）

　　　　　李　鹏（黑龙江八一农垦大学）

　　　　　赵　赣（华南农业大学）

　　　　　崔　琰（锦州医科大学）

　　　　　梁巍巍（沈阳农业大学）

主　审　刘维全（中国农业大学）

第1版编审人员

主　编　胡　兰（沈阳农业大学）

副主编　（按姓氏笔画排列）

刘　丽（华南农业大学）

刘湘新（湖南农业大学）

陈书明（山西农业大学）

黄小红（福建农林大学）

参　编　（按姓氏笔画排列）

艾晓杰（上海交通大学）

石庆华（新疆农业大学）

汉丽梅（沈阳农业大学）

刘　伟（辽宁医学院）

刘桂林（山西农业大学）

孙　超（西北农林科技大学）

苏建明（湖南农业大学）

李　鹏（黑龙江八一农垦大学）

李俊杰（河北农业大学）

杨景芝（山东农业大学）

杨群辉（沈阳农业大学）

赵　赣（华南农业大学）

徐慰倬（沈阳药科大学）

董淑丽（河南科技大学）

审稿人　陈文铨（福建农林大学）

第 2 版前言

党的二十大报告指出，高等教育要加强基础学科、新兴学科、交叉学科建设，加快建设中国特色、世界一流的大学和优势学科，其中重要的环节就是加强教材建设，弘扬科学家精神，涵养优良学风。动物生物化学课程是高等农业、林业、水产院校中动物科学、动物医学、水产养殖、动物药学等学科的专业基础课，在相关专业的人才培养课程体系设置中占有举足轻重的地位。

本书由来自全国 13 所高等院校的一线教师共同编写而成。自出版以来，由于内容全面、简明清楚，本书受到学生和广大读者的认可，我们在此深致谢意。同时，我们在使用过程中发现书中的图表、文字存在错漏及其他不足之处；在过去的 15 年中，生物化学有了很多新的发展，为了适应新农科背景下教学的需要，本书应及时修订。

遵照党的二十大报告精神，我们修订了胡兰教授主编的《动物生物化学》第 1 版。修订内容主要体现在以下方面：①注重新内容的补充。如现代生物化学阶段新的研究成果、线粒体 DNA、非编码 RNA、移位酶（2018 年酶学专门委员会将酶分为了七大类，移位酶即为新增的第七大类酶）、基因表达调控、转录组、代谢组等内容的增加。②注重知识的逻辑性。A. 对部分章节的编写顺序进行了调整，以便于读者对知识的理解；B. 每一章前附有本章的思维导图，图中不仅展现本章的脉络，还涵盖了各部分的重要知识点，便于学生对知识的了解和掌握。打破了生物化学因知识点多而让读者见局部而不见全局的迷雾之感。③注重理论联系实际，加强学生的素质教育。为了激发学生的学习兴趣，达到学以致用，我们在编写中增加了案例分析，将知识点与生活或生产中的实践相结合，予趣于学。此外，每一章都做了相应的修改和补充，如第 21 种和第 22 种编码氨基酸、酶的催化机理、线粒体呼吸链的组成成分、核糖体 E 位、代谢组等知识的增加或修改。

本书的编写分工为：胡兰编写第一章、刁欠云编写第二章、陈书明编写第三章、王希东编写第四章、崔琰编写第五章、李妍编写第六章、杨群辉编写第七章、李鹏编写第八章、黄小红编写第九章、袁学军编写第十章和第十二章、苏建明编写第十一章、赵赣编写第十三章、文凤云编写第十四章、汉丽梅编写第十五章、孙青竹编写第十六章。后续由杨群辉负责全书的统稿及相关的修订，胡兰对各章节内容进行审核，邓辉参与书稿的后期校对，梁巍巍负责思维导图的后期绘制及相关修改。刘维全对各章节内容进行了主审，在此表示衷心的感谢！

由于编者水平有限，书中仍然存在错漏和不足之处，诚恳希望各位读者提出宝贵意见。

编　者

2023 年 5 月

第 1 版前言

生物化学在 20 世纪得到了巨大的发展，同时，生物技术的创新使人类活动发生了巨大的变化，尤其给农业带来了重大的革新。生物化学课程是我国目前高等农业院校生物技术、畜牧兽医、食品等学科的专业基础课，具有举足轻重的地位。

本书是普通高等教育“十一五”国家级规划教材，参加本书编写人员来自全国 14 所高等院校，且全体编者均来自教学第一线的具有多年教学经验的骨干教师，他们十分了解当前生物化学教学中师生对教材质量的要求，也了解当前教学改革对组织和编写新教材内容的要求。因此，本书可以从侧面反映出当前和生物化学教材编写的新趋势。

本书内容注重基础知识，适度联系专业实际，并引入了生物化学的新进展，内容共分为十五章。第一章绪论。第二章至第五章主要介绍了核酸、蛋白质、酶、维生素等生物分子的结构、功能、理化性质以及生物膜的结构与功能等。第六章至第九章重点讨论各类有机分子在生物体内的物质代谢过程和能量的转换。第十章、第十一章主要介绍了生物信息的传递过程，包括 DNA 的合成、RNA 的合成和蛋白质合成过程。第十二章主要介绍了各种物质代谢过程的联系，以及机体应激或饥饿状态下的整体调控情况。第十三章、第十四章主要介绍了动物体酸碱平衡与钙磷代谢、血液生化、肝脏生化和大脑生化。第十五章主要介绍了现代生物技术及其在畜牧兽医中的应用情况。本书内容全面、布局合理，兼有深度和广度。其编写特点如下。

1. 在遵循生物化学体系和规律的基础上，本书的内容选择和安排尽可能结合动物医学和动物科学专业的实际需要，强调了动物生化的特点，内容包括了动物体酸碱平衡与钙磷代谢、血液生化、肝脏生化和大脑生化。

2. 在编写过程中，力求概念清晰、准确、语言简练、易懂，插图形象、直观。

3. 强调了生物化学发展过程中的重要研究成果，特别是获得诺贝尔奖的成果。另外还介绍了近些年的研究技术在畜牧兽医中的应用，使得学生了解知识的实用性，能够提高学生的学习兴趣和明确学习的目的。

4. 除第一章，第一章后附有“ESSENTIAL POINTS”，便于学生更好地掌握生化英语词汇，也可方便生物化学的双语教学。

5. 我们还针对本书编写了配套的习题集和实验教程，便于教师教学和学生学习。

本书的编写得到沈阳农业大学、中国农业大学出版社等单位的大力支持；在插图绘制过程中，沈阳农业大学硕士研究生王胤给予无私的帮助；在校稿过程中，山东农业大学的袁学军老师提了很多宝贵的建议，在此，一并表示衷心感谢！

在编写过程中，尽管每位编写者都认真负责，而且对书稿进行了多次修改和审校，由于学科发展日新月异，加之我们经验不足，所以错误之处在所难免，恳请读者指正，以便进一步修改。

编者

2007 年 6 月

目 录

contents

第一章

绪　论

- 绪论
  - 生物化学的概念与研究内容
    - 概念
    - 研究内容
      - 生物体的物质组成
        - 水
        - 无机盐
        - 有机化合物
          - 小分子有机化合物
            - 葡萄糖、氨基酸、核苷酸、维生素和非蛋白类激素等
          - 生物大分子
            - 蛋白质、核酸、多糖和脂类
      - 物质代谢、能量代谢及代谢调节
        - 物质代谢与能量代谢相伴进行，不可分割
        - 代谢调控呈网络式
      - 遗传信息的传递、表达及调控
        - DNA复制
        - 转录及逆转录
        - 翻译过程
        - 基因表达的调控
      - 组织器官的机能生物化学
        - 各个组织器官的结构与功能
  - 生物化学的发展史
    - 静态生物化学阶段
      - 19世纪末至20世纪30年代
      - 研究内容
        - 生物分子的结构与组成（糖类、脂类、蛋白质、核酸、酶、维生素和激素）
    - 动态生物化学阶段
      - 20世纪30—50年代
      - 研究内容
        - 物质的代谢与调节（糖、脂类、氨基酸和核苷酸代谢）
    - 现态生物化学阶段
      - 20世纪50年代至今
      - 研究内容
        - 生物大分子的结构与其功能之间的关系
        - 分子生物学
          - 基因的表达与调控
  - 动物生物化学的课程性质与学习必要性
    - 课程性质
      - 专业基础课
    - 学习必要性
      - 动物科学饲养
      - 畜禽物种改良
      - 疫苗研发及生产
      - 疾病诊断
      - 药物研发及生产
    - 学习方法
      - 预习
      - 认真听讲，做好笔记
      - 善用思维导图
      - 及时复习

第一节 生物化学的概念与研究内容

一、生物化学的概念

生物化学(biochemistry)是生命的化学。它是一门以物理、化学及生物学的理论和方法,在细胞与分子水平上研究生物体的化学组成、结构与性质,生命活动过程中的化学变化规律以及这些化学变化与生理功能之间相互关系的基础学科。

根据研究对象的不同,生物化学可分为动物生化、植物生化、微生物生化和昆虫生化等;以生物体的不同组织或过程为研究对象,生物化学可分为肌肉生化、神经生化和免疫生化等;因研究的物质不同,生物化学又可分为蛋白质化学、核酸化学和酶学等;若按应用领域不同,生物化学还可分为医学生化、农业生化、工业生化、营养生化和食品生化等。

二、生物化学的研究内容

(一)生物体的物质组成

组成生物体的物质可以分为 3 类:水、无机盐和有机化合物。

1. 水

水在动物体内一般占体重的 60%~70%。水的主要生理功能有 4 个方面:①溶剂。水是体内诸多物质的良好溶剂,营养物质被运入细胞、细胞代谢物被运出细胞或排出体外都需要足够的水分。②调节体温,比如饮水、出汗等。③参与物质的代谢反应。④维持组织或细胞的形态与功能。水是细胞中含量最多的化合物,一般占细胞的 60%~95%。

2. 无机盐

动物体内无机盐的含量仅占动物干重的 3%~4%,但对生命活动却起着非常重要的作用。无机化合物种类很多,其生理作用也多种多样,可大致归纳为:①维持肌肉和神经细胞的正常应激性、细胞膜的通透性。②有些无机盐(碳酸盐、磷酸盐等)在维持机体酸碱平衡方面起重要作用。③许多无机盐离子在维持体液渗透压方面起重要作用,比如 Na^+、K^+ 等。④有些组织,尤其是骨骼和牙齿的矿物质含量很高,以维持其硬度。⑤许多无机盐离子是体内生物活性物质的组成成分,如 Mg^{2+} 是维持多种酶活性的必需成分,Fe^{3+} 是血红蛋白的成分,碘是甲状腺素的成分。

3. 有机化合物

除了上述两类物质,其余为有机化合物,其中蛋白质占 15%~18%,脂类占 10%~15%,糖类占 1%~2%。体内有机化合物分为小分子有机化合物和生物大分子。小分子有机化合物种类繁多,如葡萄糖、氨基酸、核苷酸、维生素和非蛋白类激素等。在这些分子中,多数小分子有机化合物能够在体内被氧化,为机体生命活动提供能量,也是合成体内生物大分子的原料。生物大分子包括蛋白质、核酸、多糖和脂类,它们是生命活动的物质基础。组成生物体的蛋白质和核酸等大分子物质结构复杂、功能差别很大。据估计,自然界约有 130 万种生物体,这些生物体含有 10^{10}~10^{12} 种蛋白质以及 10^{10} 种核酸。

研究核酸、蛋白质、脂类、酶等基本物质的化学组成、结构、理化性质、生物功能等是生物化学的主要内容之一,生物大分子的结构与功能的关系是当前生物化学研究的热点之一。

(二)物质代谢、能量代谢及代谢调节

组成生物体的物质在生命活动过程中不断进行着多种有规律的化学变化,即新陈代谢。新陈代谢是生命现象的基本特征之一。

新陈代谢包括物质代谢与能量代谢,物质代谢基本过程主要包括 3 个阶段:消化吸收→中间代谢→排泄。物质的中间代谢过程是指在细胞内进行的极为复杂的化学变化过程,包括合成代谢、分解代谢和物质互变几个方面。合成代谢是指生物体利用内源性和外源性构件分子为原料,重新合成机体自身新物质的过程,物质合成过程通常是消耗能量的过程。分解代谢是指机体将自身或外源性营养物质降解,并进一步分解成代谢终产物排出体外的过程,分解代谢常伴随着能量的释放。

物质代谢的过程常伴随着能量的转化。生物体内机械能、化学能、热能、光能、电能等的相互转化和变化称为能量代谢。在该过程中,腺苷三磷酸(ATP)起着中心作用。物质代谢和能量代谢是新陈代谢中相伴进行、不可分割的两部分。

体内物质代谢的过程不是孤立的,而是相互联系形成代谢网络,并且受许多因素的调控。这种精细调控不仅保证了体内错综复杂的代谢途径能够有条不紊地进行,且能够适应千变万化的环境。代谢紊乱可影响正常生命活动并导致疾病的发生。目前我们对生物体内进行的主要代谢反应和代谢途径已了解得比较清楚,但对物质代谢的调控机制仍应继续探索和发现,因此研究物质代谢、能量代谢以及代谢调节是生物化学课程的主要内容之一。

(三)遗传信息的传递、表达及调控

生物性状的代代相传是以核酸和蛋白质为物质基础的。脱氧核糖核酸(DNA)是遗传信息的携带者,是遗传现象的物质决定者;蛋白质分子是遗传信息的体现者,是完成各种生命活动的主要物质。在细胞分裂过程中,通过 DNA 复制,亲代的遗传信息能准确地传递给子代细胞。在子代细胞的生长发育过程中,遗传信息通过转录过程传递给核糖核酸(RNA),后者作为蛋白质合成的模板,将遗传信息翻译成能够执行各种生理功能的蛋白质,从而使后代表现出与亲代极其相似的遗传特征。

遗传信息的传递及调控过程与细胞的正常生长、发育和分化以及机体生理功能密切相关。认识了基因信息表达的规律,人们就能在分子水平上理解,甚至改造生物的表型特征。

遗传信息的传递过程,即 DNA 复制、转录及逆转录、翻译过程都是生物化学的重点章节。

(四)组织器官的机能生物化学

无论何种组织器官,其形态结构、代谢方式都是以其化学组成和分子结构为基础的。动物的组织器官在生理功能上存在着显著差异。有特殊机能的器官和组织无疑是由具有特殊结构的生物分子构成的。我们可以通过深入研究构成各种组织器官的组成成分而达到对其功能更深层次的了解和利用。比如,可以通过研究肝脏中酶的种类、结构和功能,明确肝脏的解毒功能、蛋白质合成功能的具体过程。

生物体各器官之间并不是完全独立工作的,机体需要能维持物质代谢的平衡,也需要保证各器官生理功能的协调统一。另外,生物体进化出抵御疾病、应激、营养失衡等一系列非正常状态下的生物化学机制。在分子水平、细胞水平和组织水平以及整体水平上,全面、系统地认识动物组织器官的生理机能及其相互联系、动物与环境之间相互作用的机制同样是生物化学的研究目的之一;探索各组织器官内存在的分子通过何种调控途径达到协调统一的,这一系列问题依然是现在以及未来的生物化学工作者的任务。

第二节 生物化学的发展史

在19世纪末，德国化学家李比希(J. Liebig)初创了生理化学，在他的著作中首次提出了“新陈代谢”这个词。之后德国的霍佩赛勒(E. F. Hoppe-seyler)将生理化学建成一门独立的学科，并于1877年提出“Biochemie”一词，译成英语为“Biochemistry”，即生物化学。生物化学的发展大体可分为3个阶段。

一、静态生物化学阶段

静态生物化学阶段从19世纪末到20世纪30年代，主要是对生物体各种组成成分进行分离、纯化及理化性质的研究。在此期间，它确定了组成生物体的大分子有机物质主要有糖类、脂类、蛋白质、核酸、酶、维生素和激素的发现被认为该阶段最为重要的三大发现。它的主要研究成果包括以下几项。

①1897年，德国化学家爱德华·比希纳(E. Buchner)证明了在没有酵母活细胞存在的情况下，发酵过程也可以进行。其本质是由酵素，即酶引起的催化过程，由此开创了酶化学的研究。爱德华·比希纳因此获得了1907年诺贝尔化学奖。

②1911年，波兰化学家冯克(C. Funk)发现糙米中存在能够防治脚气病的物质，即维生素B_1，将其命名为“vitamin”，并于1929年获得诺贝尔化学奖。此次诺贝尔奖的颁发，促进了科学家对于维生素的研究，相继发现了维生素C、维生素A、维生素D、维生素K、维生素B_3、维生素B_{12}、维生素B_5和维生素B_6等。

③1926年，萨姆纳(J. B. Sumner)从刀豆种子中分离、纯化得到了脲酶结晶，首次证明酶是具有催化活性的蛋白质。在同一时期，诺思罗普(J. H. Northrop)结晶出胰凝乳蛋白酶，并证明了其生物活性。斯坦利(W. M. Stanley)制得病毒蛋白酶、胃蛋白酶和胰蛋白酶等。这三位科学家的研究为酶化学的发展做出了巨大贡献，因此共同获得1946年诺贝尔化学奖。

④1929年，德国化学家埃德蒙·费希尔(H. Fischer)发现了血红素是血红蛋白的一部分，但不属于氨基酸，进一步确定了分子中的每一个原子，并于1930年获得了诺贝尔化学奖。

中国生物化学家吴宪(1893—1959年)在1931年提出了蛋白质变性的概念。吴宪堪称中国生物化学的奠基人，他在血液分析、蛋白质变性、食物营养和免疫化学等四个领域都做出了重要贡献，并培养了许多生物化学家。

二、动态生物化学阶段

动态生物化学阶段为20世纪30—50年代，主要特点是研究生物体内物质的变化，即代谢途径。在这一阶段，它确定了糖酵解、三羧酸循环以及脂肪分解等重要的分解代谢途径，对呼吸以及腺苷三磷酸(ATP)在能量转换中的关键作用有了较深入的认识。它的主要研究成果有以下几方面。

①1931年，德国科学家瓦尔堡(O. Warburg)因发现呼吸酶的性质及作用获得诺贝尔生理学或医学奖。

②1937年，英国科学家汉斯·阿道夫·克雷布斯(H. A. Krebs)发表了关于柠檬酸循环的开创性论文，提出生物体通过一个环状的代谢途径将丙酮酸氧化分解，此项发现迅速成为生物化学的基础理论。另外，克雷布斯用组织切片实验证明了尿素合成反应，提出了鸟氨酸循环途径。克雷布斯获得了1953年诺贝尔生理学或医学奖。

③1939 年，美国生物化学家科里(G. Cori)夫妇发现糖酵解途径产生的乳酸能够在肝脏经过糖异生转化为糖原，糖原反过来被转化为葡萄糖，葡萄糖被肌肉细胞吸收。科里夫妇与贝尔纳多·奥赛(B. A. Houssay)共同分享了 1947 年诺贝尔生理学或医学奖，科里成为第一位获得诺贝尔奖的美国女性。

当然，这种阶段的划分是相对的。对生物合成途径的认识要晚得多，在 20 世纪 50—60 年代才阐明了氨基酸、嘌呤、嘧啶及脂肪酸等的生物合成途径。

在此期间，国立中央大学于 1935 年成立了医学院，由郑集教授筹备生物化学系，担任教授兼主任，并成立了我国第一个生物化学专业的学术组织“成都生物化学学会”。1938 年，郑集编写的《生物化学实验手册》(*A Laboratory Manual of Biochemistry*)正式在成都华英书局出版，这是我国第一本自编的生物化学参考书。1948 年，郑集约同林国镐、万昕等成立了只有 7 人的中国生物化学会。

三、现代生物化学阶段

现代生物化学阶段从 20 世纪 50 年代开始，以提出 DNA 的双螺旋结构模型为标志，主要研究工作就是探讨各种生物大分子的结构与其功能之间的关系。

在这一时期，生物化学的发展突飞猛进，有许多科学家做出了突出贡献。研究成果主要集中在蛋白质、核酸及脂类等生物大分子方面，并且很多成果是具有划时代意义的，是生物化学领域的重大突破。

①1951 年，英国科学家弗雷德里克·桑格(F. Sanger)确定了胰岛素由两条长肽链组成，并成功完成胰岛素氨基酸测序，这是人类历史上第一次完成一个蛋白质大分子序列测定，因此荣获 1958 年诺贝尔化学奖。除此成就外，桑格还研究出一套 DNA 测序的方法，命名为“双脱氧终止法”，1980 年再次获得诺贝尔化学奖。

②1953 年，剑桥大学两名年轻的科学家詹姆斯·杜威·沃森(J. D. Watson)和弗朗西斯·哈利·康普顿·克里克(F. H. C. Crick)利用莫里斯·威尔金斯(M. Wilkins)得到的 DNA 的 X 射线衍射图推导出 DNA 分子的双螺旋结构模型，这一发现为阐明基因的本质、了解生物体遗传信息的传递做出了巨大贡献，同时拉开了现代分子生物学的序幕。1962 年三人共同获诺贝尔生理学或医学奖。

③1955 年，英国科学家亚历山大·R. 托德(A. R. Todd)确定了核苷酸的结构，合成了低分子核苷酸，因此获得 1957 年诺贝尔化学奖。卢伊斯·弗德里科·莱洛伊尔(L. F. Lelior)因发现糖核苷酸及其在碳水化合物生物合成中的作用而获得 1970 年诺贝尔化学奖。

④1961 年，法国科学家雅各布(F. Jacob)和莫诺(J. L. Monod)阐明了大肠杆菌乳糖代谢调控模式，提出了操纵子学说，开创了基因调控研究的先河，因此获得 1965 年诺贝尔生理学或医学奖。

⑤1962 年，瑞士微生物学家及遗传学家沃纳·亚伯(W. Arber)提出限制性核酸内切酶存在的第一个实验证据；1970 年，美国微生物学家汉弥尔顿·史密斯(H. O. Smith)和丹尼尔·那森斯(D. Nathans)纯化了限制性内切酶，确定了其识别和切割 DNA 的特性。三人共同获得 1978 年的诺贝尔生理学或医学奖。

⑥1965 年 9 月 17 日，中国科学院生物化学研究所、有机化学所和北京大学化学系合作，在王应睐和邹承鲁等领导下，在世界上第一次人工合成了具有生物活性的结晶蛋白质(胰岛素)，从而表明中国在多肽和蛋白质合成方面的科学技术已居世界领先地位。1981 年，中国科学工作者经过 13 年长期艰苦的研究，完成了酵母丙氨酸转移核糖核酸的人工合成，这对进一步了解遗传和其他生命现象有着重要的理论意义，标志着人类在认识生命和探索生命奥秘的征途中迈出了关键性一步。另外，这项研究工作还带动了核酸类试剂和工具酶的研究，发展了多种核酸类药物，包括抗肿瘤药物、抗病毒药物的研制和应用。

⑦1966 年，美国化学家霍利(R. W. Holley)、科拉纳(H. G. Khorana)、尼伦伯格(M. W. Nirenberg)破译了遗传密码，这是生物学方面的另一杰出成就。至此，遗传信息在生物体由 DNA 到蛋白质的传递

过程已经明确。1968 年，上述三人共同获得诺贝尔生理学或医学奖。

⑧1970 年，戴维·巴尔的摩（D. Baltimore）和霍华德·特明（H. M. Temin）分别独立发现逆转录酶，确定了以 RNA 为模板合成 DNA 的过程，两人共享 1975 年诺贝尔生理学或医学奖。

⑨1972 年，美国斯坦福大学的保罗·伯格（P. Berg）等创建了 DNA 重组技术，并因此获得 1980 年诺贝尔化学奖。1978 年赫伯特·博耶（H. Boyer）和斯坦利·科恩（S. Cohen）成功完成利用大肠杆菌生产重组人胰岛素。这标志着基因工程技术的诞生，也将生物化学带入了一个全新的发展阶段。

⑩1985 年，美国科学家迈克尔·斯图尔特·布朗（M. S. Brown）和约瑟夫·里欧纳德·戈尔茨坦（J. L. Goldstein）因发现胆固醇的代谢调节作用而获得诺贝尔生理学或医学奖。

⑪1989 年，美国科学家西德尼·奥尔特曼（S. Altman）和托马斯·罗伯特·切赫（T. R. Cech）获得诺贝尔化学奖。他们通过研究 RNA 的加工过程，发现某些 RNA 具有酶的催化功能，并将这类 RNA 命名为核酶，这一发现改变了酶的化学本质都是蛋白质的传统观念。

⑫1993 年，诺贝尔生理学或医学奖由多人共享，包括发现断裂基因的美国科学家理查德·罗伯茨（R. J. Roberts）和菲利普·夏普（P. A. Sharp）、发现并建立了 PCR 技术的美国科学家凯利·穆利斯（K. Mullis）、建立了 DNA 合成过程的加拿大科学家迈克尔·史密斯（M. Smith）。

⑬1994 年，美国科学家阿尔弗雷德·古德曼·吉尔曼（Alfred G. Gilman）和马丁·罗德贝尔（M. Rodbell）因发现 G 蛋白及其在细胞信号转导中的作用，共同获得诺贝尔生理学或医学奖。

⑭1997 年，诺贝尔化学奖授予 3 位生物学家，以表彰他们在蛋白质能量转化方面的开创性工作。丹麦科学家延斯·克里斯蒂安·斯科（J. C. Skou）因发现钠/钾泵而分享 1997 年度化学奖的一半，美国科学家保罗·博耶（P. Boyer）和英国科学家约翰·沃克（J. E. Walker）因各自成功地阐释 ATP 的合成机理而共同分获另一半化学奖。同年的诺贝尔生理学或医学奖被授予美国生物化学家史坦利·布鲁希纳（S. Prusiner），以表彰他发现朊病毒及揭示其致病机理。同年，伊恩. 威尔马特（I. Wilmut）成功获得体细胞克隆羊——多莉，该研究成果的意义难以估计。

⑮2004 年，诺贝尔化学奖授予以色列科学家阿伦·切哈诺沃（A. Ciechanover）、阿夫拉姆·赫什科（A. Hershko）和美国科学家欧文·罗斯（I. Rose），以表彰他们找出了蛋白质分解的秘密，即泛素调解蛋白质降解过程。泛素是由 76 个氨基酸组成的多肽，在蛋白质降解过程中起到了类似标签的作用。

⑯2006 年，美国科学家罗杰·科恩伯格（R. Kornberg）获得诺贝尔化学奖，其主要研究成果是真核转录的分子机制。另外，安德鲁·法尔（A. Fire）和克雷格·梅洛（Craig C. Mello）因发现双链 RNA 抑制基因表达程度比单链 RNA 高，即双链 RNA 能够有效把目标基因的表达活性降低，进一步确定了 RNA 干扰机制，因此分享 2006 年生理学或医学奖。

⑰2015 年，中国科学家屠呦呦获得诺贝尔生理学或医学奖，以表彰她成功提取青蒿素并将青蒿素和双氢青蒿素用于治疗疟疾，这一研究成果挽救了全球特别是发展中国家数百万人的生命。

⑱2019 年，诺贝尔生理学或医学奖授予美国科学家威廉·凯林（William G. Kaelin）和格雷格·塞门扎（Gregg L. Semenza）以及英国科学家彼得·拉特克利夫（Peter J. Ratcliffe），因他们发现了机体在氧气含量下降时调节细胞适应的分子开关——缺氧诱导因子（hypoxia-inducible factor, HIF），为人们深入理解氧气含量如何影响细胞代谢和生理功能奠定了基础。

⑲2020 年，法国科学家埃马纽埃尔·卡彭蒂耶（E. Charpentier）和詹妮弗·安妮·杜德纳（J. A. Doudna）共同发现了 CRISPR *Cas*9 基因编辑技术，因此获得诺贝尔化学奖。

⑳2022 年，诺贝尔生理学或医学奖被授予瑞典科学家斯万特·帕博（Svante Pääbo）。因其首次测出 4 万年前已经灭绝的古人类 DNA 序列，并通过揭示和比较活着的人类与已灭绝的古人类的遗传基因差异，在人类进化研究方面做出了突破性贡献。

第三节　动物生物化学的课程性质及学习的必要性

一、动物生物化学的课程性质

动物生物化学是高等农业、林业、水产院校中动物科学、动物医学、水产养殖、动物药学等专业的专业基础课，是后续一系列专业课程的基础，在相关专业的人才培养课程体系设置中占有举足轻重的地位。

二、学习动物生物化学的必要性

（一）动物科学饲养

糖类、脂类和蛋白质等有机化合物代谢是动物生物化学内容中很重要的一部分，掌握动物体内营养物质代谢规律及能量转化的基本原理，有助于动物管理工作者科学饲养动物，实现营养成分更加合理分配，提高饲料利用率、动物存活率以及动物整齐度。同样，深入了解畜禽在不同生长时期的代谢特点，可以避免由营养配比不当、饲养不合理而引起的营养物质的浪费或者代谢性疾病的发生。

现在许多新型饲料添加剂、酶制剂的研究及应用都是基于对动物体内代谢的调控，以实现营养成分在机体内更加合理、有效地转化，达到提高饲养的生产效益的目的。

（二）畜禽物种改良

畜牧兽医工作者的一个主要研究方向是物种改良。随着生物化学、分子生物学的飞速发展，现代生物技术与动物育种的结合成为可能，动物生物化学的理论和技术在这方面做出了不可估量的贡献。蛋白质和酶的遗传多态性、遗传距离分析等为培养优质高产抗病的畜禽品种和保护动物资源提供了理论依据。目前采用 DNA 指纹技术作为遗传标记，在遗传育种中已取得明显的成果。另外，体细胞克隆技术也将在优良畜禽品种的推广和珍稀品种的保存方面发挥积极的作用。

（三）疫苗研发和生产

动物疫苗的研发和生产是有效控制动物传染病、保证养殖业健康发展至关重要的一个环节，对制备广谱、高效的畜禽疫苗十分重要。研发疫苗要先了解致病微生物的生活周期、致病机理。疫苗生产过程涉及毒株的筛选、培养分离、动物实验、安全性检测等方面，这些步骤都离不开生物化学的理论知识和实验技术。

动物疫苗分为常规疫苗和新型疫苗。在兽医工作中，常规疫苗已不能够满足生产需要。所谓的新型疫苗是指 20 世纪 70 年代以后建立的在 DNA 重组技术和分子生物学基础上研发的疫苗，又称重组疫苗或遗传工程疫苗。新型疫苗比常规疫苗涉及更多的关于蛋白质、核酸的分离纯化等生物化学知识，只有利用生物化学和分子生物学技术，深入了解各种致病基因的分子结构与功能，才能制备出安全性高、免疫效力强和价格具有可接受性的畜禽疫苗。

（四）疾病诊断

正常的生物化学反应过程是健康的基础。如果机体发生代谢紊乱，就可导致疾病的发生。在临床上，很多疾病的确诊都是以某些生物化学指标的变化为标准的。血液生化检查就是判断人或动物肝功能、肾功能、血脂、血糖等是否正常的一种简单、快速、可靠的检测方法。

科学家已经发现，很多种疾病是由基因突变或者遗传基因缺陷引起的，所以基因诊断越来越多地被应用于疾病诊断方面。基因诊断是利用核酸杂交技术或测序技术在分子水平上对人或动物的某些DNA或者RNA分子进行检测，检测样本可以是血液、其他体液或细胞，通过对核酸序列的分析可以对疾病进行诊断。目前已有1 000多种遗传性疾病可以通过基因检测技术做出诊断。基因检测不仅可以诊断疾病，也可以用于疾病风险的预测。

（五）药物研发及生产

生物化学的理论、原理和技术在药物研究、药品生产、药物质量控制与临床应用等方面均起着核心的作用，利用生物化学和分子生物学手段生产畜禽用药已成为药物生产的重要途径。药物研发人员只有在深入研究所研药物相关的生化理论知识后，才能对症制药，降低药物对动物体的不良作用，从而生产出疗效好、副作用小、发挥作用快的药物。

生物化学类药物主要有磺胺类药物、抗肿瘤药物、天然动植物提取物、基因工程制药等。现在利用DNA重组技术生产的猪和牛生长激素已用于生产实践，利用转基因动物制成的“生物反应器”生产的多种人、畜需要的蛋白质和药物也已经在临床上使用。

三、学习方法

如何学好生物化学，给同学们以下几点建议。

①将PPT课件打印出来，上课前预习一下，听课的时候可以在打印稿上直接做笔记。

②认真听讲。首先，在课堂上要保证效率，本节课要学习的知识不能留给以后；其次，对于没听懂的地方要标注出来，课后可向老师、同学请教，也可借助发达的网络或参考书来答疑解惑。

③借助每章的思维导图，理清楚每章知识的架构，把知识穿成线，繁杂的知识就有了灵魂。

④及时借助习题集复习，把知识消化在平时。

各位亲爱的同学们，努力不负青春，奋进不负时光，筑牢理论基础，为你明日的腾飞插上翅膀！

第二章

核酸化学

- 核酸化学
  - 核酸的种类与分布
    - 脱氧核糖核酸
      - 原核生物：主要分布在细胞质
      - 真核生物：主要分布在细胞核
    - 核糖核酸
      - 主要分布在细胞质
  - 核苷酸的概述
    - 核苷
      - 戊糖
        - 核糖
        - 脱氧核糖
      - 碱基
        - 嘌呤：腺嘌呤、鸟嘌呤
        - 嘧啶：胞嘧啶、胸腺嘧啶、尿嘧啶
    - 磷酸
  - DNA的结构
    - 一级结构
      - 一级结构：各脱氧核苷酸的连接方式和排列顺序
      - 化学键：3′，5′-磷酸二酯键
    - 二级结构
      - 二级结构：双螺旋结构
      - 稳定因素
        - 碱基堆积力
        - 氢键
        - 静电斥力被中和
      - 碱基当量定律
    - 三级结构
      - DNA超螺旋
        - 正超螺旋
        - 负超螺旋
  - RNA的结构
    - tRNA
      - 结构
        - 一级结构
          - 含有较多的稀有碱基
          - 3′末端为CCA序列
          - 5′末端多为pG
        - 二级结构
          - 三叶草形
        - 三级结构
          - 倒L形
      - 功能
        - 携带活化的氨基酸
    - rRNA
      - 特点
        - 在RNA中含量最多
      - 功能
        - 与蛋白质组成核糖体，是蛋白质合成的场所
    - mRNA
      - 特点
        - 含量较少、不稳定、更新迅速
      - 结构
        - 原核生物
          - SD序列
        - 真核生物
          - “帽子”结构
          - poly A “尾巴”
      - 功能
        - 蛋白质生物合成的模板
  - 核酸与蛋白质的复合体
    - 病毒
      - DNA病毒
      - RNA病毒
    - 染色体
      - 核小体
        - 组蛋白
        - DNA
  - 核酸的主要理化性质及其应用
    - 一般性质
    - 解离性质
      - 两性电解质
    - 紫外光吸收特性
      - OD_{260}或A_{260}
    - 核酸的变性、复性和分子杂交
      - 变性
        - 增色效应
      - 复性
        - 减色效应
      - 分子杂交

1869 年，瑞士青年科学家 F. Miescher 从外科绷带上的脓细胞中分离得到一种富含磷的酸性物质，称为核素，因而他被认为是最早研究核酸的人。严格地说，他得到的只是核蛋白。直到 20 年后，R. Altmann 才分离得到不含蛋白质的核酸，并首创"核酸"一词来命名之。

核酸的确切作用在很长的一段时间内并不为人所知。直到 1944 年，奥斯瓦尔德·西奥多·艾弗里(O. T. Avery)等通过著名的肺炎双球菌转化试验，证明了导致肺炎球菌遗传性状改变的转化因子是 DNA，表明核酸(DNA)才是遗传物质，蛋白质不是。J. Watson 和 F. Crick 在 1953 年提出了著名的 DNA 双螺旋结构学说，不仅阐明了 DNA 的分子结构，而且从分子水平上阐明了遗传信息传递的机理，为现代分子生物学奠定了基础。20 世纪 70 年代初，建立的 DNA 重组技术也在工业、农业、医学、药学等领域得到广泛应用。1987 年人类基因组计划由美国启动，中国承担其中 1%的任务，也因此成为参加这项研究计划的唯一发展中国家。

第一节　核酸的种类与分布

根据核酸化学组成的差异可以将之分为两大类——脱氧核糖核酸(deoxyribonucleic acid，DNA)和核糖核酸(ribonucleic acid，RNA)。所有生物体(包括细菌、病毒等)内都含有核酸。大多数生物既含有 DNA，又含有 RNA；病毒分子中只含有一种核酸。含有 DNA 的病毒称为 DNA 病毒；含有 RNA 的病毒称为 RNA 病毒。

98%的真核细胞的 DNA 存在于细胞核中，并与组蛋白结合形成染色体。此外，真核细胞中含有线粒体 DNA，光合细胞还有叶绿体 DNA。原核生物 DNA 存在于类核区，每个原核生物只有一条染色体，每条染色体含有一个双链环形 DNA；在染色体外，原核生物还存在能够自主复制的遗传单位——质粒。

RNA 主要分布在细胞质中。按 RNA 在蛋白质合成中所起的作用，其不同主要可分为 3 种类型：核糖体 RNA(ribosomal RNA，rRNA)，转运 RNA(transfer RNA，tRNA)和信使 RNA(messenger RNA，mRNA)。RNA 按其结构和功能的不同可分为编码 RNA 和非编码 RNA(non-coding RNA，ncRNA)。非编码 RNA 指不编码蛋白质的 RNA，在生物体内 95%以上的 RNA 属于此种类型。一般根据长度将 ncRNA 中大于 200 bp 的 ncRNA 称为长非编码 RNA (long non-coding RNA，lncRNA)。lncRNA 几乎参与各种生物学过程和通路，与生长发育、疾病的发生发展紧密关联，成为人和动物上的研究热点和重点。小于 200 bp 的 ncRNA 称为小非编码 RNA(small non-coding RNA，sncRNA)，可细分为核内小分子 RNA(small nuclear RNA，snRNA)、核仁小 RNA(small nucleolar RNA，snoRNA)、胞质小分子 RNA(small cytoplasmic RNA，scRNA)、小干扰 RNA(small interfering RNA，siRNA)、微小 RNA(microRNA，miRNA)、与 Piwi 蛋白作用的 RNA(piwi-interacting RNA，piRNA)和常见的 ncRNA，如 rRNA、tRNA 等。miRNA 是一类长度为 18～25 个核苷酸的非编码小 RNA 分子，通过与靶基因 mRNA 结合，导致其翻译抑制或降解，在细胞增殖、分化以及其他过程中发挥关键作用。大肠埃希菌 RNA 分子的一些特性列于表 2-1 中。

表 2-1　大肠埃希菌 RNA 分子的主要特性

类型	沉降系数/s	分子质量/($\times 10^4$)	核苷酸残基数	占总 RNA 的比例/%	功能
mRNA	6～25	2.5～100	75～5 000	1～5	编码氨基酸
tRNA	～4	2.3～30	75～88	15	转运氨基酸
rRNA	5	～3.5	～120	～80	构成合成

续表 2-1

类型	沉降系数/s	分子质量/(×10^4)	核苷酸残基数	占总 RNA 的比例/%	功能
	16	~55	~1 500		蛋白质场所
	23	~110	~2 900		

此外，还有一类 RNA 叫环状 RNA(circular RNA，circRNA)，这是一大类共价闭合的环状非编码单链分子，与传统的 mRNA 相比，circRNA 不具有 5′端帽子和 3′端 poly(A)尾巴，呈封闭环状结构，不易被核酸外切酶 RNase R 降解，比线性 RNA 更稳定。它可以竞争性结合 miRNA，也有部分 circRNA 具有翻译蛋白的作用。

第二节　核苷酸的概述

核苷酸(nucleotide)是核酸的基本结构单位，由碱基、戊糖和磷酸 3 种成分组成。核酸在酸性条件下的完全水解产物就是碱基、戊糖和磷酸(图 2-1)。

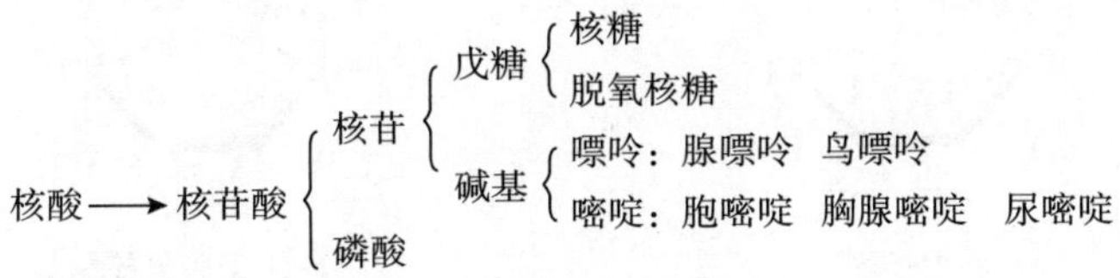

图 2-1　核酸的水解过程

一、碱基

核苷酸中的含氮碱(即碱基)是平面的芳香族杂环分子，在结构上是嘌呤或嘧啶的衍生物。DNA 和 RNA 中存在的碱基都主要有 4 种，其中腺嘌呤(adenine，A)与鸟嘌呤(guanine，G)为两者共有。而它们所含的嘧啶碱基却不完全相同，DNA 中含有胞嘧啶(cytosine，C)和胸腺嘧啶(thymine，T)，RNA 中则含有胞嘧啶和尿嘧啶(uracil，U)。现在发现，某些 RNA(如 tRNA)中也有少量的胸腺嘧啶。

核酸中常见的嘌呤碱基与嘧啶碱基的结构见图 2-2。环中原子位置的编号方式按国际纯粹和应用化学联合会(IUPAC)的规定进行。

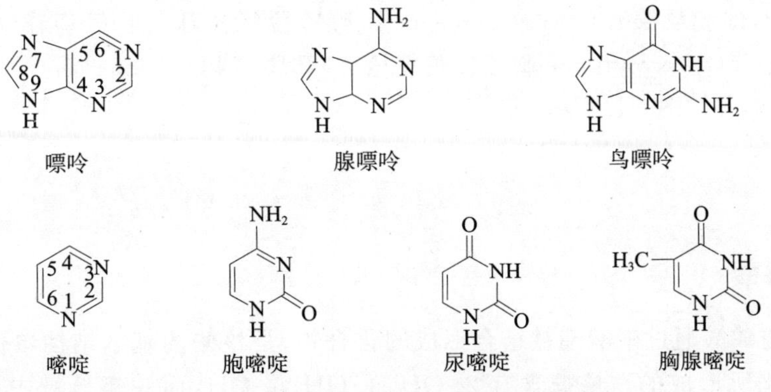

图 2-2　核酸中常见的嘌呤碱基和嘧啶碱基

此外，DNA 和 RNA 中还存在一些含量较少的碱基，称为稀有碱基，又称修饰碱基，分别是这 5 种主要碱基的衍生物，如二氢尿嘧啶（DHU）、5-甲基胞嘧啶（m^5C）、次黄嘌呤（I）、黄嘌呤（X）、假尿嘧啶（ψ）等（图 2-3）。

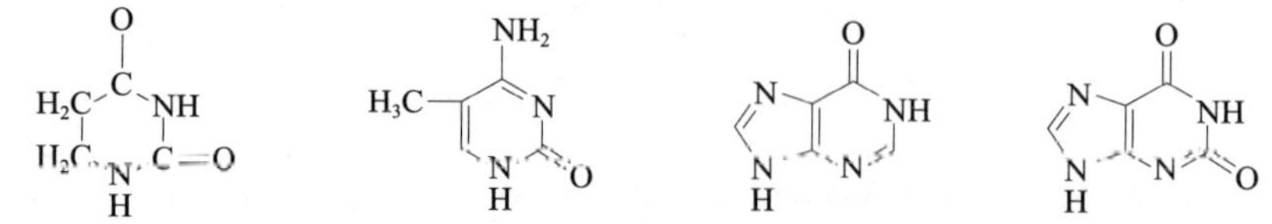

二氢尿嘧啶（DHU）　5-甲基胞嘧啶（m^5C）　次黄嘌呤（I）　黄嘌呤（X）

图 2-3　常见的稀有碱基结构式

二、戊糖

核苷酸中的戊糖主要有 2 种，即 *β-D*-核糖和 *β-D*-脱氧核糖。它们都是呋喃型的环状结构，区别在于后者的 2′位 C（即 C2′）的—OH 脱去氧原子。为了与碱基中原子序号区别，戊糖中的 C 原子按 1′，2′，3′，…，编号。2 种戊糖的结构如图 2-4 所示。

β-D-核糖　*β-D*-2-脱氧核糖

图 2-4　核酸中的 2 种戊糖结构式

三、核苷

核苷（nucleoside）是由一个碱基和一个戊糖通过 *β*-糖苷键连接而成的化合物。嘧啶碱基的 N1 原子与戊糖的 C1 原子形成 *β*-糖苷键；而嘌呤碱基 N9 原子与戊糖的 C1 原子形成 *β*-糖苷键。在天然存在的核苷中，这两种糖苷键都呈 *β*-构型。

由于戊糖分子间的差异，核苷可以分为核糖核苷与脱氧核糖核苷。核糖分别与 4 种碱基 A、G、C、U 结合形成 4 种基本的核苷，即腺苷（adenosine 腺嘌呤核苷）、鸟苷（guanosine 鸟嘌呤核苷）、胞苷（cytidine胞嘧啶核苷）和尿苷（uridine 尿嘧啶核苷）。而脱氧核糖与 4 种碱基 A、G、C、T 结合形成 4 种基本的脱氧核苷，即脱氧腺苷（deoxyadenosine 腺嘌呤脱氧核苷）、脱氧鸟苷（deoxyguanosine 鸟嘌呤脱氧核苷）、脱氧胞苷（deoxycytidine 胞嘧啶脱氧核苷）和脱氧胸苷（deoxythymidine 胸腺嘧啶脱氧核苷）。常见核苷的结构式如图 2-5 所示。

四、核苷酸

（一）核苷一磷酸

核苷酸是核苷与磷酸通过磷酸酯键结合形成的化合物，是核酸的基本结构单位。它是由核苷中戊糖的羟基被磷酸酯化所形成的。核糖含有 2′-OH、3′-OH、5′-OH，而脱氧核糖中则只有 3′-OH 和 5′-OH，原来的 2′-OH 脱氧成 2′-H。但是核酸中存在的核苷酸都是由戊糖上 C5 原子连接的羟基被一个

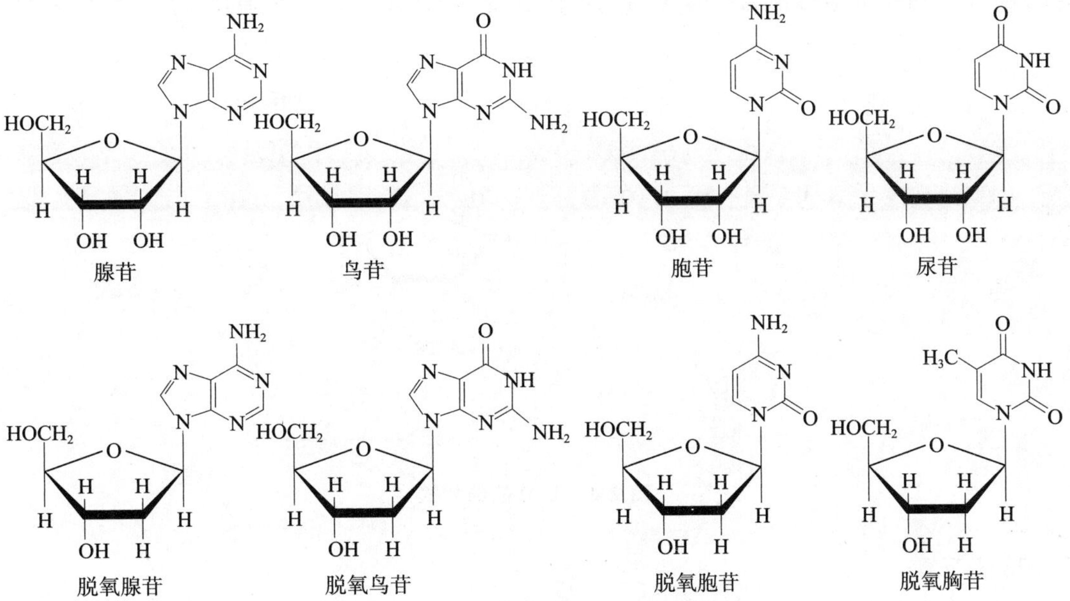

图 2-5　常见的核苷和脱氧核苷结构式

磷酸分子酯化而成的，常被称为 5′-核苷酸(5′-nucleoside monophosphate，5′-NMP)，有时也简写成核苷一磷酸。

RNA 中存在的核苷酸主要有 4 种，分别为腺苷酸(AMP)、鸟苷酸(GMP)、尿苷酸(UMP)和胞苷酸(CMP)。DNA 中的核苷是脱氧核苷，与磷酸相连形成脱氧核苷酸，DNA 中的脱氧核苷酸主要有 4 种，分别为脱氧腺苷酸(dAMP)、脱氧鸟苷酸(dGMP)、脱氧胸苷酸(dTMP)及脱氧胞苷酸(dCMP)。

(二)核苷二磷酸、核苷三磷酸

5′-核苷酸的磷酸基团可与另一磷酸分子缩合形成核苷二磷酸，核苷二磷酸还可进一步与磷酸缩合形成核苷三磷酸。核苷三磷酸中含有 2 个高能磷酸键，以符号～表示。各类核苷酸的命名及英文缩写见表 2-2。

表 2-2　碱基、核苷和核苷酸的命名及英文缩写

碱基	核苷	核苷一磷酸	核苷二磷酸	核苷三磷酸
腺嘌呤(A)	腺苷	腺苷酸(AMP)	腺苷二磷酸(ADP)	腺苷三磷酸(ATP)
鸟嘌呤(G)	鸟苷	鸟苷酸(GMP)	鸟苷二磷酸(GDP)	鸟苷三磷酸(GTP)
尿嘧啶(U)	尿苷	尿苷酸(UMP)	尿苷二磷酸(UDP)	尿苷三磷酸(UTP)
胞嘧啶(C)	胞苷	胞苷酸(CMP)	胞苷二磷酸(CDP)	胞苷三磷酸(CTP)
碱基	脱氧核苷	脱氧核苷一磷酸	脱氧核苷二磷酸	脱氧核苷三磷酸
腺嘌呤(A)	脱氧腺苷	脱氧腺苷酸(dAMP)	脱氧腺苷二磷酸(dADP)	脱氧腺苷三磷酸(dATP)
鸟嘌呤(G)	脱氧鸟苷	脱氧鸟苷酸(dGMP)	脱氧鸟苷二磷酸(dGDP)	脱氧鸟苷三磷酸(dGTP)
胸腺嘧啶(T)	脱氧胸苷	脱氧胸苷酸(dTMP)	脱氧胸苷二磷酸(dTDP)	脱氧胸苷三磷酸(dTTP)
胞嘧啶(C)	脱氧胞苷	脱氧胞苷酸(dCMP)	脱氧胞苷二磷酸(dCDP)	脱氧胞苷三磷酸(dCTP)

在细胞中，游离的核苷酸及其衍生物执行着大量而多样的代谢功能。如 ATP(图 2-6)是核苷三磷酸类化合物的典型代表，在细胞能量代谢中起着极其重要的作用，是能量的载体或传送者。GTP、CTP、UTP 在某些生化反应中也具有传递能量的作用。UDP、ADP 在多糖合成中可作为携带葡萄糖基

的载体;CDP 在磷脂合成中可作为携带胆碱的载体。而 NTP 和 dNTP 分别是合成 RNA 和 DNA 的直接前体。

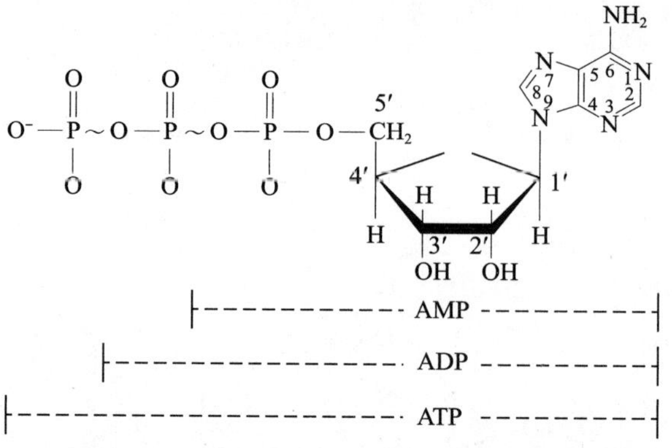

图 2-6 ATP 的结构式

(三)环核苷酸

环核苷酸在动物、植物及微生物中普遍存在。常见的有 3′,5′-环腺苷酸(adenosine 3′,5′-cycle monophosphate,3′,5′-cyclic AMP,cAMP)和 3′,5′-环鸟苷酸(guanosine 3′,5′-cycle monophosphate,3′,5′-cyclic GMP,cGMP),它们均由核苷酸分子中磷酸与核糖的 3′,5′-二羟基形成磷酸二酯键环化而成。其结构式见图 2-7。

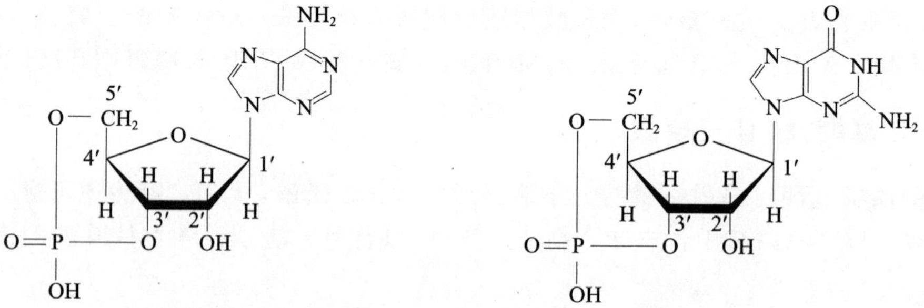

图 2-7 3′,5′-cAMP 与 3′,5′-cGMP 的结构式

细胞从周围介质的激素或其他化学信号中取得信息。细胞外的信号和细胞表面受体互作常导致细胞内产生第二信使,并依次引起细胞内的信号传递和适应性变化。最常见的第二信使是 cAMP 与 cGMP,它们广泛存在于动物、植物和微生物中,含量极少,但有极其重要的生理功能。cAMP 属于放大激素作用信号,cGMP 属于缩小激素作用信号。这两种环核苷酸在细胞代谢过程中起重要的调节作用。另外,cAMP 参与大肠埃希菌中 DNA 转录的调控。

cAMP 的合成及分解过程如下:

$$\text{ATP} \xrightarrow{\text{腺苷酸环化酶}} \text{cAMP} + \text{PPi}$$

$$\text{cAMP} + H_2O \xrightarrow{\text{cAMP 磷酸二酯酶}} 5'\text{-AMP}$$

第三节 DNA的结构

一、DNA的一级结构

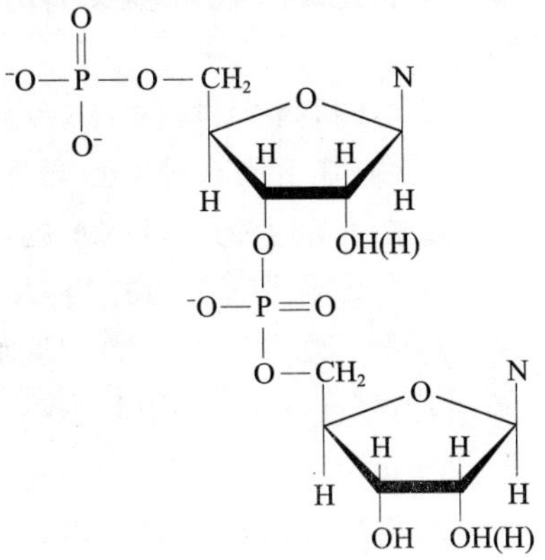

图 2-8 3′,5′-磷酸二酯键

DNA的一级结构(primary structure)是指DNA分子中各脱氧核苷酸之间的连接方式和排列顺序。

DNA分子是由许多个脱氧核苷一磷酸(dNMP)分子通过3′,5′-磷酸二酯键(3′,5′-phosphodiester bond)相连形成的多聚脱氧核苷酸。戊糖和磷酸基团构成核酸分子的主链,而碱基为其侧链基团。DNA主链上的磷酸基具有酸性,在细胞的生理pH条件下带负电荷。碱基相对不溶于水,故有疏水性质。3′,5′-磷酸二酯键由一个dNMP分子的3′-羟基与相邻的另一个dNMP分子的5′-磷酸基团相连形成,其中的磷酸基团分别与相邻戊糖中的3′-羟基和5′-羟基形成酯键,所以叫3′,5′-磷酸二酯键(图2-8)。

DNA链的一级结构的最原始的表示方法是结构式法,即将每个核苷酸的复杂结构以3′,5′-磷酸二酯键相连的形式来实现,但这不仅烦琐,也无必要。线条式法是一种比上述结构式法简单的一种表示方法。用垂直线代表戊糖,线的上、下端分别代表糖环的C1′和C5′;A、C、G、T代表碱基;p代表磷酸;由p引出两条斜线代表3′,5′-磷酸二酯键(图2-9)。

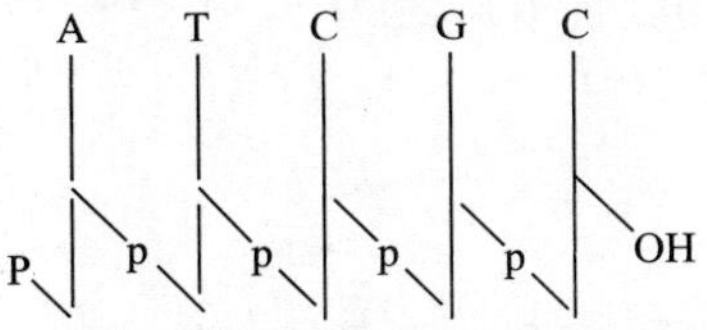

DNA片段的线条式描写

---pApTpCpGpG---

---pA-T-C-G--G---

---A-T-C-G-G----

---ATCGG----

DNA片段的文字式缩写

图 2-9 DNA的一级结构表示法

目前最常用的表示法为文字式法。由于各种DNA分子的主链都是一样的,不同之处在于其碱基排列顺序不同,所以为了方便书写和印刷,通常采用排列碱基符号来表示DNA的一级结构,如pApCpTpG、pA-C-T-G、pACTG(OH)以及-ACTG-(图2-9)。当p放在表示式的左边时,则p与戊糖的C5′上的羟基结合;在右边时,则表示p与C3′上的羟基结合。这种表示法没有明确糖的性质,不仅适用于DNA,也适用于RNA。如果要强调DNA中糖的性质,则可用d-pApCpT-pG或d-ACTG-表示。通常可直接用碱基顺序书写成ACTG。

核酸链一般按5′→3′方向书写,即左侧为5′的单磷酸酯一端,右侧为3′的游离羟基一端。双链DNA的两条链为反向平行,必须注明各条链的走向。如没有注明,则默认为左侧5′端,右侧是3′端,例如序列5′-ACTG-3′,可写成ACTG。

二、DNA的二级结构

DNA的二级结构(secondary structure)是指构成DNA的多聚脱氧核苷酸链之间通过链间氢键卷曲而成的构象。1953年,沃森和克里克依据前人的研究数据,确定了DNA的结构,推导出著名的Watson-Crick 双螺旋模型。

（一）DNA 的二级结构赖以建立的主要实验依据

1. Chargaff 定律

建立 DNA 的二级结构模型的第一个重要线索来自埃尔文·查戈夫（E. Chargaff）及其同事的工作。20 世纪50 年代初，查戈夫用纸层析法定量分析了不同种生物的 DNA 分子组成后，得到了如下重要的结论：

①不同物种生物的 DNA 碱基组成不同，而同一生物不同组织、器官的 DNA 组成是一样的，即 DNA 的碱基组成有种属特异性，却无组织器官的特异性。

②在一个生物中，DNA 的碱基组成并不随年龄、营养状况和环境变化而改变。

③在几乎所有生物的 DNA 中，嘌呤碱基的总分子数等于嘧啶碱基的总分子数，腺嘌呤（A）和胸腺嘧啶（T）的分子数量相等，鸟嘌呤（G）和胞嘧啶（C）及 5-甲基胞嘧啶（m^5C）的分子数量相等，即 $A+G=T+C+m^5C$。

这些重要的结论统称为 Chargaff 定律或碱基当量定律。

2. X 射线衍射数据

DNA 双螺旋结构的第二个依据来自 X 射线衍射对 DNA 纤维的研究，最先是英国物理学家威廉·托马斯·阿斯特（W. T. Astbury）等，后来罗莎琳·富兰克林（R. Franklin）和莫里斯·威尔金斯（M. Wilkins）等得到了更精美的 DNA 纤维 X 射线衍射图（图 2-10）。他们发现不同来源的 DNA 有相似的 X 射线衍射数据，即 DNA 含有两条或两条以上具有螺旋结构的多核苷酸链，且沿纤维长轴有 0.34 nm 与 3.4 nm 两个重要的周期性变化。

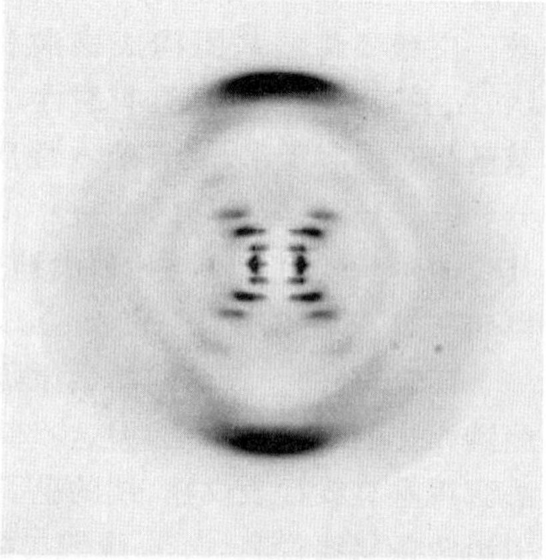

图 2-10　DNA 双螺旋结构的 X 射线衍射图

（二）DNA 双螺旋结构模型

DNA 双螺旋（double helix）结构模型如图 2-11 所示，模型的主要特点如下。

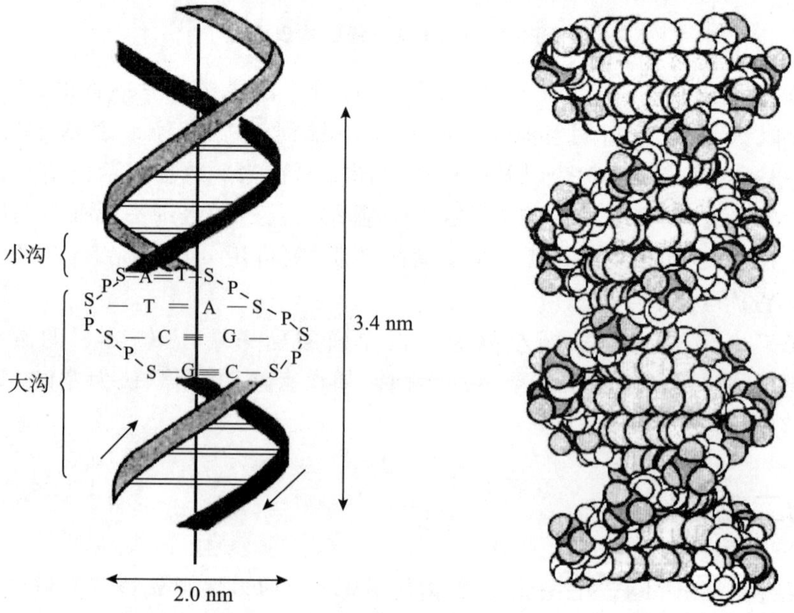

图 2-11　DNA 双螺旋结构模型

①DNA 双螺旋由两条反向平行的多核苷酸链构成，一条链的走向为 5′→3′，另一条链的走向为 3′→5′。两条链绕同一中心轴一圈一圈上升，呈右手双螺旋。

②双螺旋的两条主链骨架由脱氧核糖和磷酸基相间连接而成，处于螺旋外侧，而碱基则处于螺旋的内侧。

③双螺旋的两条链间 A 与 T 或 C 与 G 配对形成碱基对平面，其中 A 与 T 之间有两个氢键，而 G 与 C 之间有三个氢键(图 2-12)。碱基对平面与螺旋的虚拟中心轴近于垂直，而脱氧核糖的平面则与螺旋的虚拟中心轴近于平行。

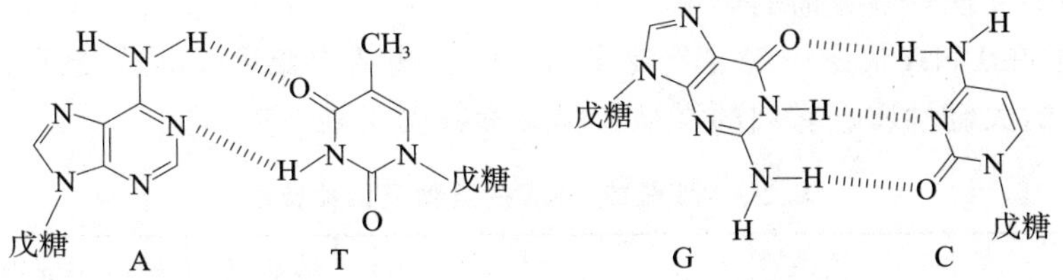

图 2-12　2 种常见碱基配对的氢键生成情况

④双螺旋每转一圈沿轴上升 3.4 nm(即 34Å)，上升 10 个碱基对(base pair，bp)，螺旋直径为 2.0 nm。

⑤双螺旋表面有两条深浅不同的凹沟，分别称为大沟(major groove)和小沟(minor groove)。这些沟在 DNA 和蛋白质的相互识别过程中以及遗传信息的传递和表达中起重要作用。

DNA 双螺旋结构模型揭示了 DNA 作为遗传物质的稳定特性，是 DNA 复制和转录等过程的分子基础。该模型的提出是 20 世纪生命科学的重大突破之一，是生命科学发展的里程碑。

(三)双螺旋结构的稳定因素

DNA 双螺旋结构是十分稳定的，影响其结构稳定的因素主要有 3 种。

1. 碱基堆积力

碱基堆积力也叫碱基平面堆积力，是由芳香族碱基 π 电子之间相互作用而引起的。当碱基层层堆积时，DNA 分子内部形成一个疏水核心，核心内几乎没有游离的水分子，有助于互补的碱基之间形成氢键，免遭水溶性活性小分子的进攻，保证了碱基在化学上的稳定性。这种疏水环境有利于 DNA 分子的稳定，是稳定 DNA 双螺旋结构的最主要因素。

2. 配对碱基形成的氢键

配对碱基之间形成氢键(hydrogen bond)，A 与 T 之间有 2 个氢键，而 G 与 C 之间有 3 个氢键，所以 G≡C 对含量越多，DNA 双螺旋结构越稳定。但是，氢键的断裂有协同性，只要有少数氢键断裂，则其余的也就几乎同时断裂。因此，氢键不可能在稳定 DNA 双螺旋结构的过程中发挥主要作用。

3. 带负电荷磷酸之间的静电斥力

带负电荷的磷酸之间会产生静电斥力，存在于 DNA 双链不同部位之间的这种斥力会造成双螺旋结构的不稳定。当双螺旋外侧带负电荷的磷酸基团同带正电荷的阳离子之间能够形成离子键，则可以减少不稳定性，能够与 DNA 结合的阳离子有 Na^+、K^+、Mg^{2+}、Mn^{2+} 等。原核细胞 DNA 常与多胺[如精胺 $H_2N—(CH_2)_3—NH(CH_2)_4—NH(CH_2)_3—NH_2$、亚精胺 $H_2N—(CH_2)_4—NH(CH_2)_3—NH_2$]结合，真核细胞 DNA 则多与组蛋白相结合，这些都有助于 DNA 双螺旋结构的稳定。

总体而言，一种 DNA 分子结构状态是这几种因素综合作用的结果，碱基堆积力是稳定 DNA 结构最主要的因素。

(四)DNA 双螺旋结构的多态性

研究表明，DNA 双螺旋结构存在着多种构象形式，即 DNA 双螺旋结构具有多态性。

由沃森和克里克提出的双螺旋结构也叫作 B-型 DNA(简写为 B-DNA)。它是在相对湿度为 92% 时析出的 DNA-钠盐纤维所呈现的构象,是 DNA 分子在细胞内和水溶液中的主要存在形式。

当相对湿度降到 75%时得到的或由 B-DNA 脱水制成的 DNA 钠盐纤维为 A-DNA。在相对湿度为 66%和存在锂离子、镁离子的情况下,DNA 分子呈现 C 构型,称 C-DNA。

1979 年亚历山大·里奇(A. Rich)和王连君等发现,序列 dCGCGCG 的双螺旋具有不同形式,呈左手双螺旋结构,称为 Z-DNA。

由此可见,DNA 双螺旋的构象形式可以受外界因素(如相对湿度、盐的种类和浓度等)、DNA 的碱基组成、顺序及顺序重复性等多方面的影响。

这些双螺旋结构在 DNA 代谢中起着重要作用。但这些结构变化并不改变沃森和克里克(Watson-Crick)定义的 DNA 的关键性质。它们的类型及相关参数列于表 2-3。

表 2-3 双螺旋 DNA 的类型及相关参数

类型	螺旋方向	存在条件	螺距/nm	碱基数/螺旋	碱基倾角(相对于水平面)/°
A-DNA	右手螺旋	75%的相对湿度	2.8	11	20
B-DNA	右手螺旋	92%的相对湿度	3.4	10	0
C-DNA	右手螺旋	66%的相对湿度	3.1	9.3	6
Z-DNA	左手螺旋	嘌呤-嘧啶二核苷酸为重复单位	4.5	12	−9

1957 年后,人们发现在 DNA 双螺旋结构基础上会形成三股螺旋结构(图 2-13)。铰链 DNA(hinged-DNA)就是一种分子内折叠形成的三股螺旋。当 DNA 的一段多聚嘧啶核苷酸或多聚嘌呤核苷酸组成镜像重复(mirror repeat),即可回折产生 H-DNA,该重复序列又称为 H 回文结构(H-palindrome sequence)。由于这种结构在形成分子内三股螺旋时胞嘧啶需发生质子化(H^+)过程,故称为 H-DNA。DNA 的三股螺旋结构常出现于 DNA 复制、重组、转录的起始或调节位点,第三股链的存在可能使一些调控蛋白或 RNA 聚合酶等难以与该区段结合,从而阻遏有关遗传信息的表达。其研究对于认识基因的结构以及复制、转录、调控和重组的机制都有重要意义,并有重大的应用前景。

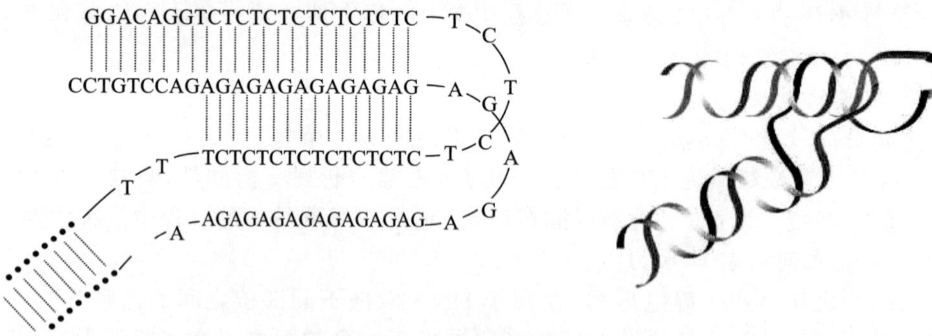

图 2-13 DNA 三股螺旋结构(H-DNA)

三、DNA 的三级结构

DNA 的三级结构(tertiary structure)是指 DNA 双螺旋进一步折叠卷曲而成的构象。在细胞内,DNA 分子与其他分子(特别是蛋白质)的相互作用使 DNA 双螺旋进一步扭曲成三级结构。超螺旋(superhelix)是 DNA 的三级结构中最常见的形式。

DNA 轴不弯曲或扭转时，DNA 处于松弛状态，当 DNA 双螺旋轴弯曲或扭转时就形成 DNA 超螺旋(DNA supercoiling)。简而言之，超螺旋就是指螺旋的螺旋(coiling of a coil)。

在 DNA 双螺旋中，每 10 bp 上升一个螺旋圈，此时双螺旋处于最低能量状态。如果将它额外多转几圈或少转几圈，则双螺旋内的原子会偏离正常位置，分子中就存在额外的张力。如果双螺旋末端是开放的，经链的转动可以将这种张力释放出来，正常的双螺旋得以恢复；如果双螺旋末端是经某种方式固定住的，或是环状 DNA 分子，则这种额外的张力就释放不出来，这时只能在 DNA 分子内部进行原子的位置重排，正常的双螺旋不能恢复，此时 DNA 的轴按一定方式发生扭曲，这种扭曲为超螺旋。在扭曲的 DNA 中，相邻的碱基对定向堆积比 B-DNA 的缠绕更紧密。超螺旋有 2 种方式：放松 DNA 双螺旋形成的超螺旋是负超螺旋，旋紧 DNA 双螺旋形成的超螺旋是正超螺旋，这两种形式是拓扑异构体(图 2-14)。细胞内 DNA 扭曲是在酶帮助下完成的。细菌中的质粒就是以这种超螺旋的结构存在的。

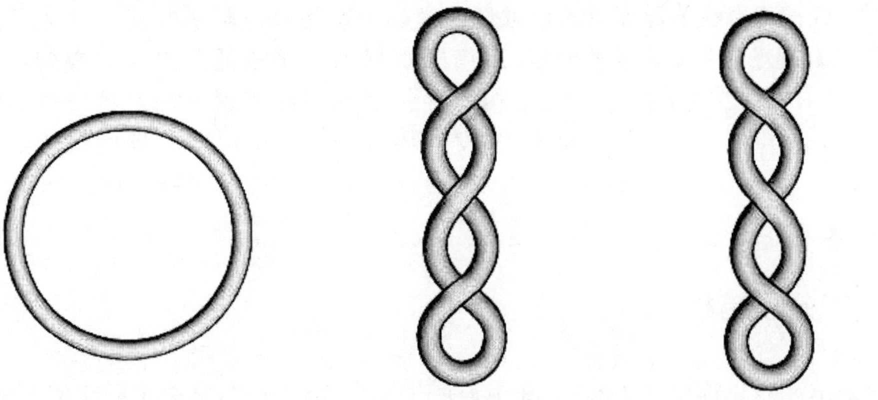

图 2-14 环状 DNA 的超螺旋及其松弛态的互变

四、线粒体 DNA 的结构功能与特点

线粒体是真核细胞能量代谢、物质代谢和信号调控的核心细胞器，能为细胞产生能量(ATP)。线粒体 DNA(mtDNA)是细胞中唯一的细胞核外 DNA，是线粒体中的遗传物质，也是在细胞线粒体内发现的特殊形态的脱氧核糖核酸。一个线粒体中一般有一个或多个 DNA 分子。

线粒体 DNA 是一种环状双链分子，其他动物细胞中的 mtDNA 约为 16 000 个碱基对，人的 mtDNA 约为 16 569 个碱基对，酵母的 mtDNA 是 78 000 个碱基对。其基因组的结构由 2 条分子量不同的链组成：富含鸟嘌呤的重链(H)和富含胞嘧啶的轻链(L)。与细胞核 DNA(nDNA)不同，线粒体 DNA 不需要组蛋白压缩，遗传物质也无核膜包被。线粒体 DNA 具有较高的基因密度，非编码区域少，其全长约 93%为编码基因，编码 13 个肽，分别为氧化磷酸化系统中复合体Ⅰ(7 个)、复合体Ⅲ(1 个)、复合体Ⅳ(3 个)和复合体Ⅴ(2 个)的核心亚基。此外，还编码 2 个 rRNA(12S 及 16S)和 22 个 tRNA。这 13 个蛋白质编码基因通过转移 RNA 或 1～2 个非编码碱基分隔开，但基因间存在重叠，即某碱基既是一个基因的末尾，同时又是下一个基因的开始。线粒体 DNA 非编码区主要位于置换环，或称为 D-环(displacement loop，D-loop)，D-loop 通过承载线粒体 DNA 复制起始位点和两个 H 链转录启动子而发挥重要的调节作用。由于这种功能密集的组织结构，线粒体 DNA 的核苷酸替换比核 DNA 中的突变更容易导致其功能改变，具有母系遗传、多拷贝、高异质性及高变异率等特点。

第四节　RNA 的结构

研究表明，除少数病毒的 RNA 是双链结构外，细胞内 RNA 都是单链分子，分子中没有严格的 A═U、G≡C 的规律。不同来源的同一类 RNA 或同一来源的不同类 RNA，其碱基组成也都不同，特别是 tRNA 上的稀有碱基最丰富，达几十种，这些稀有成分可能与 tRNA 的生物学功能有一定的关系。

RNA 可以通过折叠形成二级结构和三级结构。tRNA、rRNA、mRNA 是 DNA 双螺旋中的反义链局部转录的产物，因此，它们具有与 DNA 不同的结构特点。RNA 的二级结构不像双螺旋 DNA 那样简单而又规则，而是像蛋白质那样复杂而又独特。RNA 单链回折在能配对的区段折叠成局部双螺旋(配对原则是 A 配 U，G 配 C)，在不能配对的地方形成突环。这些双螺旋一般是 A 型右手双螺旋，但在实验室中采用高盐或高温条件时，也有 Z 形螺旋，尚未观察到 B 形螺旋。局部双螺旋所占的比例越大，RNA 分子越稳定。RNA 二级结构的主要结构元件包括双螺旋或碱基配对区(helical or base paired region)、内部环(internal loop)、突起(bulge)和发卡环(hairpin loop)等。螺旋结构广泛存在于 RNA 中，以 tRNA 为最高(约 50%)，rRNA 次之(约 40%)，mRNA 最少。碱基堆积力、氢键在稳定这些结构中起主要作用。

一、tRNA 的分子结构

tRNA 叫转运 RNA，也称受体 RNA。在蛋白质生物合成过程中，它携带活化的氨基酸对应到 mRNA 上的密码子位置，通过其反密码子与密码子的互补关系将 mRNA 上的遗传信息翻译成蛋白质的氨基酸顺序。tRNA 常常以游离状态存在于细胞质中，且对应细胞内 20 种氨基酸各有特异一种或几种同功受体 tRNA(isoaccepting tRNA)。

1. tRNA 一级结构的特点

各种 tRNA 通常都由 75～94 个数目不等的核苷酸连接而成，分子中含有较多的稀有核苷，如二氢尿嘧啶核苷、5-甲基胞嘧啶核苷、假尿嘧啶核苷和其他甲基化的核苷，3′端皆为 CCA 序列，5′端多为 pG(也有的是 pC)。这些稀有核苷是 tRNA 的活性和进入核糖体所必需的。tRNA 一级结构中有较多彼此分隔，而又可能相互配对的保守序列。

2. tRNA 二级结构特点

tRNA 单链经自身反向折叠，根据 A═U、G≡C 配对规律，形成发夹式结构，进而形成链内小双螺旋区，而有些未配对的碱基部分形成突环。已知的 tRNA 都形成三叶草形(cloverleaf pattern)的二级结构，图 2-15 为酵母丙氨酸 tRNA 的二级结构，包括以下部分。

(1)氨基酸臂(amino acid arm)是三叶草柄　由 7 bp 组成，富含鸟嘌呤，3′-CCA 的腺苷酸 3′-OH 或 2′-OH 是活化氨基酸的结合位点。

(2)二氢尿嘧啶环(dihydrouridine loop，DHU，也叫 I 环或 D 环)　由 8～12 bp 组成，以含有 5，6-二氢尿嘧啶为特征。该环通过一个由 3～4 bp 组成的二氢尿嘧啶臂(简称 D-臂，或 D-茎)与 tRNA 分子二级结构的其余部分相连。

(3)反密码环(anticodon loop)　由 7 个核苷酸组成，其碱基顺序是：5′-嘧啶-嘧啶-X-Y-Z-修饰嘌呤-不同碱基-3′，其中-X-Y-Z-组成反密码子。该序列构成的反密码子环通过由 5bp 组成的双螺旋区(反密码臂，简称 AC 臂)与 tRNA 二级结构的其余部分相连。反密码子专一性识别 mRNA 上的密码子。

(4)额外环(extra arm)也叫可变环　通常由 3～21 个核苷酸组成。在不同种类的 tRNA 上，这个环所含的核苷酸数目变化很大，而且通常它缺乏一个螺旋茎，因此是 tRNA 分类的标志。

(5)TψC 环　因含 TψC 顺序而得名。它由 7 个核苷酸组成环，经一个由 5 bp 组成的臂(TψC 臂)与 tRNA 二级结构的其他部分相连。TψC 环与核糖体的结合有关。

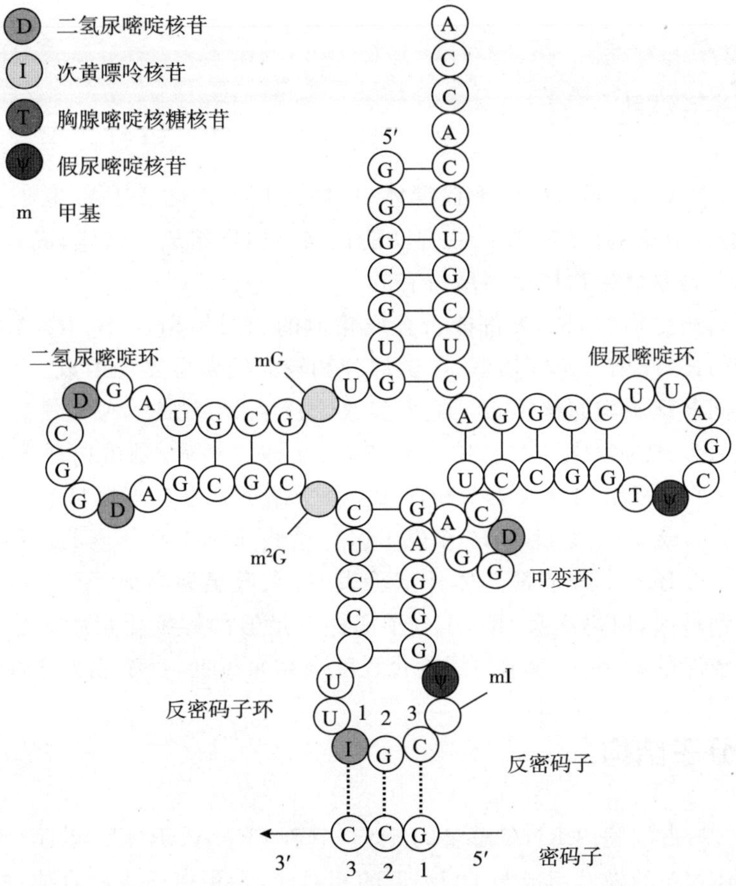

图 2-15　酵母丙氨酸 tRNA 的二级结构(三叶草形)

(邹思湘，2012)

3. tRNA 三级结构的特点

tRNA 的三叶草形结构进一步折叠扭曲形成倒 L 形构象(图 2-16)，即 tRNA 的三级结构。该结构的特点如下。

①氨基酸臂和 TψC 臂形成一个连续的双螺旋区，构成倒 L 的一横，而 D 臂和 AC 臂则形成一个近似连续的双螺旋区，构成倒 L 的一竖。氨基酸的受体部位 3′-CCA 位于一横的端部，反密码子位于一竖的端部，两者相距约 7 nm(70Å)。

②DHU 环和 TψC 环构成倒 L 形结构的拐角，它们和额外环一起形成的构象可能决定着氨酰-tRNA 合成酶对它的专一性识别。这种专一性对具有特定反密码子的 tRNA 携带特定的氨基酸至关重要。

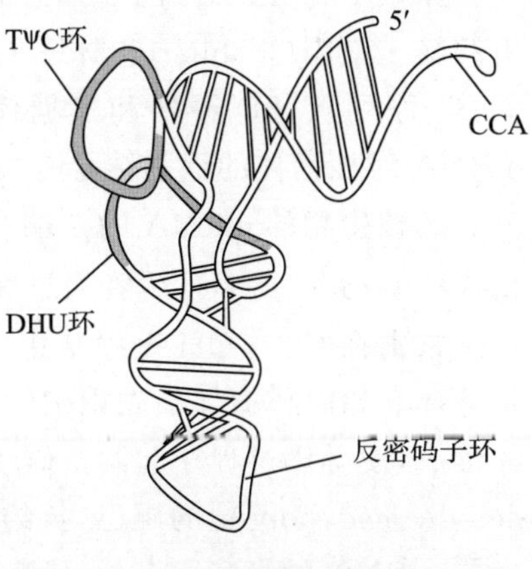

图 2-16　tRNA 的倒 L 形三级结构

③稳定三级结构的力量对氨基酸臂和反密码子环的束缚不太牢固，导致在结合氨基酸和阅读 mRNA 时可发生一定程度的构象变化，产生所谓的“变偶”现象。

具有特定反密码子的 tRNA 特异结合相应的特定氨基酸后，再将所结合的氨基酸运送到多核糖体上，按 mRNA 上的密码子的指令最终将氨基酸合成进肽链中的正确位置上。可见，tRNA 的结构是与其功能统一的。

我国生化工作者于 1981 年完成了具有生物活性的酵母丙氨酸 tRNA 的人工全合成。这是继我国在第一次人工全合成牛胰岛素后，取得的又一重大成就。它对于进一步研究 tRNA 结构与功能的关系具有重要意义。

二、rRNA 的分子结构

rRNA 占细胞总 RNA 的 80%，存在于核糖体中，约占核糖体的 60%。它们分别与多种蛋白质结合，组成核糖体的大小 2 个亚基。rRNA 的主要功能是与蛋白质组成核糖体，成为特异性蛋白质合成的场所，其中 5.8S rRNA 是真核生物核糖体所特有的。

所有原核生物和真核生物的 rRNA 都能折叠成相似的二级结构。5S rRNA 的二级结构类似三叶草形。大肠埃希菌 5S rRNA 由 4 个螺旋区、单链部分和较大的多分支环组成。4 个螺旋分别是分子柄螺旋、弱调节螺旋、共同茎螺旋和原核螺旋。绝大多数原核生物 5S rRNA 中靠近共同茎螺旋区的环有 5′-CGAAC-3′序列，是 5S rRNA 与 tRNA 和 3′-CTG-5′互补的序列，是蛋白质合成时 tRNA 与核糖体结合的基础。16S rRNA 二级结构分为 4 个相对独立区域，分别为 5′端区域、中心区域、3′端大区域和 3′端小区域。整个分子形成 60 个螺旋和 40 个发卡区。这些 rRNA 在体内的三级结构及其如何作为多种蛋白质结合的支架至今还不十分清楚。体外试验表明，在低温和高离子强度下，各种 rRNA 二级结构的螺旋化程度可达到最大，但仍不及 tRNA 分子那样有足够的螺旋化程度来稳定某种三级结构。随着温度的提高和离子浓度的减小，rRNA 的螺旋化程度会越来越低，直至成为变性的单链状态。

三、mRNA 的分子结构

mRNA 含量较少，约占细胞内 RNA 总量的 5%。它在 rRNA、tRNA 和 mRNA 这三种 RNA 中最不稳定、更新迅速。mRNA 的碱基组成与 DNA 上的相对应，在蛋白质生物合成过程中起模板作用。每一种蛋白质对应于一种 mRNA，因此细胞内的 mRNA 种类很多，大小不一。相对而言，原核细胞（如大肠杆菌）的 mRNA 半寿期较短（几秒或几分钟），而真核细胞的则较长。

原核生物 mRNA 的 5′端总有一段富含嘌呤碱基的序列，典型的是 5′-AG-GAGGU-3′，这段序列是由约翰·夏因（J. shine）和林恩·达尔加诺（L. Dalgarno）最先发现的，所以称 Shine-Dalgarno 序列（简称 SD 序列）。SD 序列和核糖体 16S rRNA 的 3′末端富含嘧啶碱基的序列互补，这种互补序列与 mRNA 对核糖体的识别结合有关，有助于蛋白质生物合成时的正确起始。

真核生物的 mRNA 的 5′端有一个称为“帽子”的特殊结构 m^7G-5′ppp5′-Nm，即 5′末端的 N^7 被甲基化成甲基鸟苷（m^7G），后者通过 3 个磷酸基与相邻的核苷酸以 5′-5′-三磷酸酯键相连，而这个相邻的核苷酸常常在 C2′—OH 上甲基化（Nm）。“帽子”结构可抵御 mRNA 被 5′-核酸外切酶降解的作用；它还是翻译起始时核糖体最先识别的部位，mRNA 能非常快地与核糖体结合，促进蛋白质合成起始复合物的形成，使翻译过程在起始密码子 AUG 处开始。真核生物的 mRNA 的 3′端有一段多聚腺苷酸（polyadenylic acid，polyA）的尾巴，长约 20～300 个腺苷酸。该尾巴与 mRNA 由细胞核向细胞质的移动有关，也与 mRNA 的半衰期有关；研究也发现，polyA 的长短与 mRNA 寿命呈正相关，刚合成的 mRNA 寿命较长，“老”的 mRNA 寿命较短。原核生物的 mRNA 则没有这种特殊修饰。

目前对 mRNA 的二级结构、三级结构了解很少。一些实验结果显示，原核、真核生物的 mRNA 分子中都有许多非翻译区段含有互补碱基，它们可折叠成发夹形结构，如小鼠免疫球蛋白轻链 mRNA 的 3′端发夹结构和呼肠孤病毒 mRNA 的 5′端发夹结构。

第五节 核酸与蛋白质的复合体

一、基因组与染色体

原核生物的基因组分子质量较小，多数由环状双链 DNA 分子组成，具有类核结构。真核生物的基因组比原核生物基因组大很多，在 10^9 bp 数量级，真核生物的 DNA 主要以染色体的形式存在于细胞核中。染色体泛指病毒、细菌、真核细胞、细胞器中遗传信息库中的核酸分子。染色体由 DNA、组蛋白、非组蛋白及少量 RNA 组成。其结构基本上涉及控制 DNA 的所有过程，包括转录、DNA 复制和 DNA 修复。在真核细胞内，组蛋白的碱性中和 DNA 的酸性而成为稳定的核小体。在不存在组蛋白的原核生物中，DNA 上的磷酸根负电荷可被 Mg^{2+} 或尸胺、腐胺和精胺等胺类中和而实现某种构象的稳定。染色体和染色质是核蛋白体-核小体随着细胞周期的变化，而呈现的不同层次上的存在形式。

组蛋白(histone)是富含碱性氨基酸——赖氨酸(Lys)和精氨酸(Arg)的碱性蛋白质。根据 Lys/Arg 值的不同，组蛋白可分为 H1、H2A、H2B、H3 和 H4 五种。每种组蛋白都是单链蛋白质，相对分子质量在 11 000～21 000。由于真核生物具有特殊的异二聚体配对能力，组蛋白 H3 与 H4、H2A 与 H2B 可以通过四个螺旋束结合在一起，分别形成异二聚体 H3-H4 和 H2A-H2B，首先两对 H3-H4 形成中心 H3-H4 四聚体，然后两个 H2A-H2B 二聚体分别位于中心 H3-H4 四聚体的两侧，形成类似三明治式结构的组蛋白八聚体。这种高度组织化的核蛋白结构是表观遗传信息的来源，通过影响 DNA、组蛋白和染色质压缩状态可以实现基因组表达功能的调节。

组蛋白和 DNA 组成染色质的结构单位叫核小体，是一种间隔排列成串珠状的复合物。缠绕组蛋白八聚体的 DNA 长约为 200 bp，其中 146 bp 与环绕组蛋白核心紧密结合，绕组蛋白核心 1.75 圈，核小体之间通过 34 bp 左右的连接 DNA 相连。H1 组蛋白锁定进出核小体两端的 DNA，两端分别结合 10 bp 的 DNA 链，从而稳定核小体结构。最终，核小体(核心组蛋白、接头 DNA 和 H1)在原子水平通过 DNA 弯曲形成 DNA 分子，并最终形成高阶螺旋结构(图 2-17)。

一个 10^5 μm 的 DNA 分子被压缩进入直径只有 5～10 μm 的细胞核内需要经过几层高度组织化的折叠。首先，DNA 通过缠绕组蛋白形成核小体大约被压缩 7 倍；其次，核小体排列、折叠形成 30 nm 纤维，这一过程使 DNA 大约再被压缩 100 倍；最后，30 nm 纤维进一步折叠，目前对这一过程还不太了解，初步认为 30 nm 纤维围绕染色体骨架形成 40～90 kb 的突环，突环的基部与柔韧的染色体骨架相连，形成延展的间期染色体。染色体骨架螺旋化，并进一步压缩成中期染色体。

原核细胞没有像真核细胞那样的细胞核，而是在细胞内的一个区域内有丝状的 DNA 分子，但是没有被核膜包围，这个区域称为核区，内含盘绕的细丝，这些细丝是不结合蛋白质的裸露的环状 DNA 双螺旋。它们的外面没有核膜，没有固定形态，结构很简单，也无核仁，比较原始，故称为原始形态的核或拟核。拟核是原核细胞遗传物质储存和复制的场所，相当于真核细胞的细胞核的功能，占原核细胞体积的较大部分。

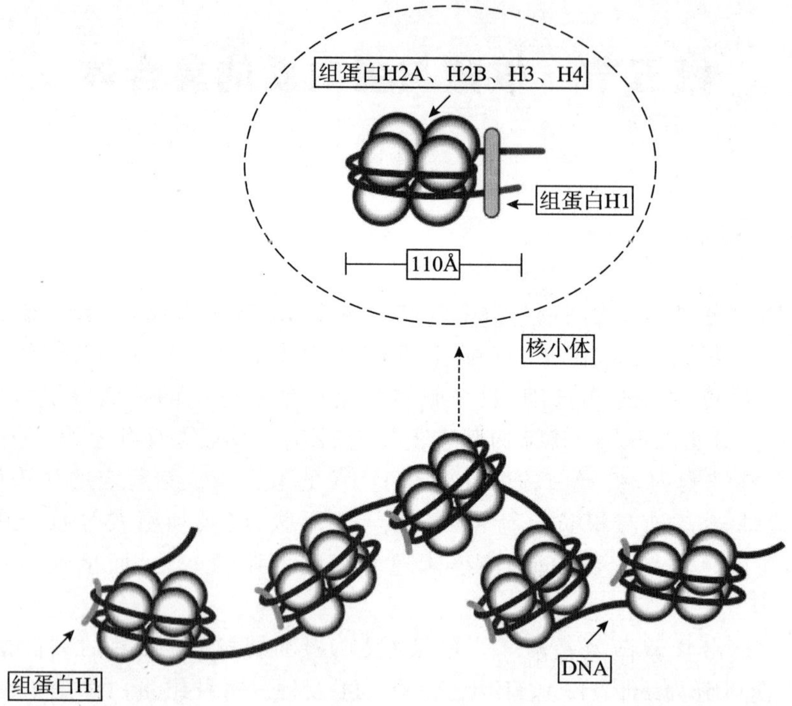

图 2-17 核小体和染色质

（周焕庚等，1992）

二、病毒

病毒是主要由核酸和蛋白质组成的非细胞生物，可以把它们看成是裸露的染色体，带有几个到几百个基因。从结构上看，核酸在内，蛋白质在外包裹着核酸。这层蛋白质外壳称衣壳（capsid），由许多亚基（subunit）组成。病毒核酸也分为 2 类：DNA 和 RNA。只含 DNA 的病毒称为 DNA 病毒；只含 RNA 的病毒称 RNA 病毒。目前尚未发现既含 DNA，又含 RNA 的病毒。RNA 病毒基因组特别小，DNA 病毒基因组的大小有较大差异。一些 DNA 病毒中的 DNA 是单链的，而不是双链的。衣壳起着保护核酸和识别宿主细胞的作用。一些病毒核酸的某些特性列于表 2-4。

表 2-4 一些病毒核酸的某些特性

病毒	核酸类型	核酸分子质量/10^6 Da	单链或双链	形状	宿主细胞
T2 噬菌体	DNA	130	双链	线状	大肠埃希菌
λ 噬菌体	DNA	32	双链	线状	大肠埃希菌
噬菌体中	DNA	1.7	单链	环状	大肠埃希菌
噬菌体 P22	DNA	26	双链	线状	沙门菌
呼肠孤病毒	RNA	12	双链	线状	哺乳类动物
小儿麻痹病毒	RNA	2.2	单链	线状	人
烟草花叶病毒	RNA	2	单链	线状	烟草
多瘤病毒	DNA	3	双链	环状	哺乳类动物
疱疹病毒	DNA	68	双链	球状	人

其中,研究得较详细的噬菌体是 T2 噬菌体(图 2-18);研究得较详细的植物病毒是烟草花叶病毒(TMV)(图 2-19)。T2 噬菌体是一种 DNA 病毒,有一个多面体的头部和一个尾部。TMV 是一种 RNA 病毒,呈杆状,长约为 300 nm,直径约为 18 nm,衣壳由 2 130 个含 158 个氨基酸残基组成的亚基构成,内含一条 6 400 个核苷酸的 RNA 单链。

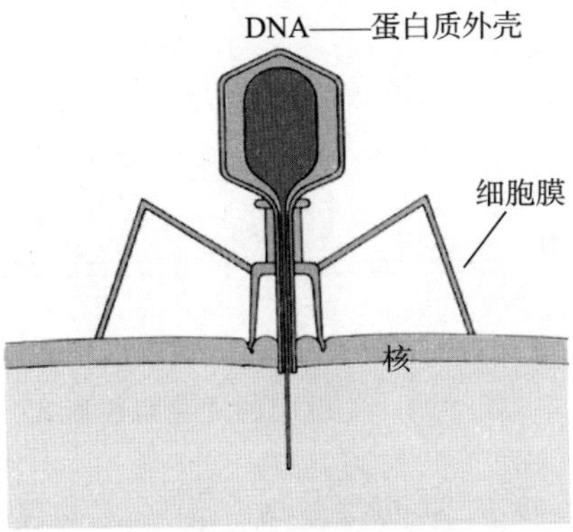

图 2-18　T2 噬菌体结构

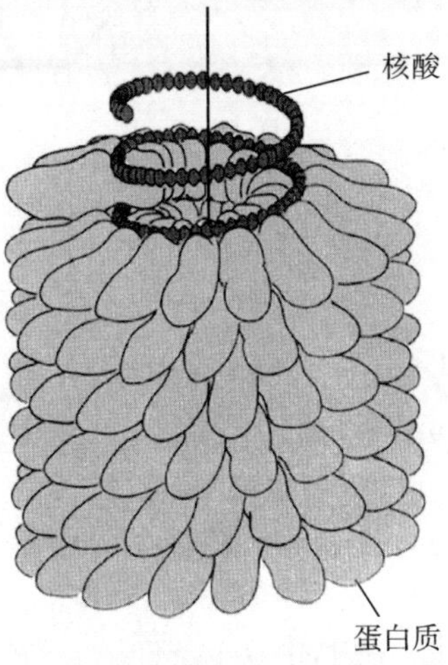

图 2-19　TMV 病毒颗粒的片段结构

第六节　核酸的主要理化性质及其应用

一、核酸的一般性质

DNA 为白色纤维状固体,RNA 为白色粉末,均微溶于水,但不溶于一般有机溶剂,因此常用乙醇沉淀的方法来获取核酸。DNA 双螺旋结构使其具有一定的刚性,故在水溶液中仍可保持双螺旋结构。DNA 分子具有一定的黏性,当其变性时结构会发生由双螺旋向无规则线团的转变,黏度会下降,这是 DNA 变性的指标。

G≡C 碱基对的密度比 A═T 碱基对的要大,所以富含 G≡C 碱基对的 DNA 其浮力密度大。RNA 的浮力密度大于 DNA,而 DNA 的浮力密度大于蛋白质。双链 DNA 热变性后变成单链,此时浮力密度增加,但是单链 DNA 受热后浮力密度不变。这可以用来鉴定 DNA 是单链的,还是双链的。

盐浓度会影响 DNA-蛋白的溶解度。DNA-蛋白在低浓度盐溶液中会随着盐浓度的增加,DNA-蛋白的溶解度增加。

二、核酸的解离性质

核酸既有碱性基团,又有酸性基团,是两性电解质。核酸的强酸性来源于磷酸基团,当 pH 高于 4 时,磷酸基上的氢全部解离,核酸呈多阴离子状态(图 2-20)。这些负电荷一般可与蛋白质、金属离子和多胺等带正电荷的物质相互作用。在高等生物细胞中,多阴离子状态的核酸与碱性蛋白质-组蛋白结合而保持稳定。核酸中碱基的解离也受 pH 的影响,例如胞嘧啶有 3 种形式(图 2-21),其中只有中性形式才能进行正常的碱基配对。其他碱基有不同的带电形式。因此,pH 的变化可能通过影响碱基的解离而影响碱基配对，进而影响核酸的稳定性。例如，当 DNA 在 pH 为 4 或 pH 为 11 时，碱基对之间的氢键将全部断裂，导致 DNA 酸变性或碱变性。

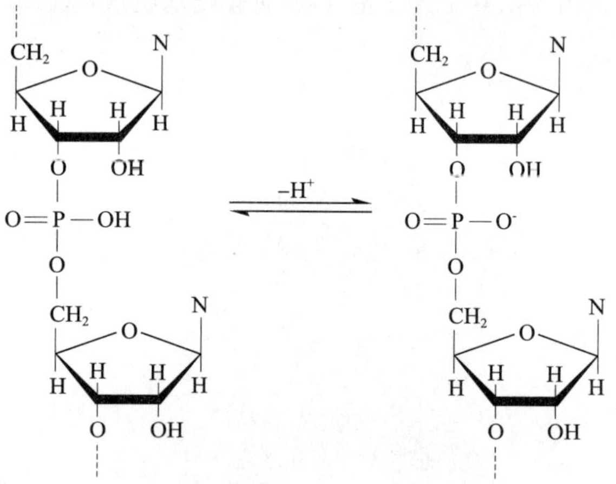

图 2-20 核酸分子中磷酸基的解离

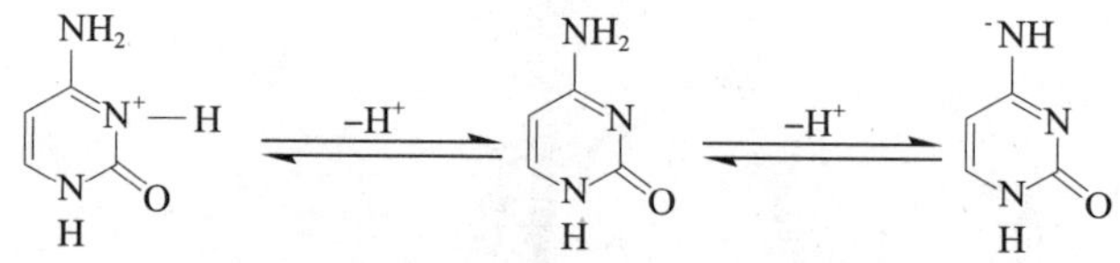

图 2-21 胞嘧啶的 3 种解离形式

一般来说，在中性 pH 条件下，核酸带负电；在酸性 pH 条件下，核酸带正电。由于不同核酸分子解离度不同，所带电荷的电性和数量也有所不同，它们在电场中的能向着与其电性相反的电极移动，因此电泳是分离、鉴定核酸及其片段的常用方法。同样根据核酸的解离性质，离子交换层析法也可将它们分离，尤其是在分离大量的核酸时，离子交换层析法较常用，分离量可达毫克级，甚至克级。

三、核酸的紫外光吸收特性

由于嘌呤环或嘧啶环中存在共轭双键，所以核酸及其降解物核苷酸对 260～290 nm 的紫外光产生光吸收，其中对近 260 nm 的紫外光吸光率(absorbance，A)最大，以 OD_{260} 或 A_{260} 表示。

双螺旋结构和 3′，5′-磷酸二酯键的形成都会减弱碱基对紫外光的吸收。核酸分子的紫外光吸收值比其所含核苷酸单体的紫外光吸收值的总和要低 20%～60%，降低的程度与其分子中双链结构的多少有关，因此天然 DNA 和变性 DNA 的吸光率都比核苷酸单体的总吸收率小。核酸和核苷酸的紫外光吸收性质可用来测定 DNA 含量和纯度鉴定。

四、核酸的变性、复性和分子杂交

(一)核酸的变性

核酸的变性(denaturation)是指核酸在高温、酸、碱或一些变性剂(如尿素)等的作用下，其氢键被破坏，导致有规律的双螺旋结构变成单链的、无规律"线团"的过程。变性时，碱基间的氢键和碱基堆积的疏水力受到破坏，但没有共价键的断裂。

在核酸变性后，DNA 还会发生比旋下降、黏度下降、浮力密度增加、酸碱滴定曲线发生改变等性质变化，甚至会丧失生物学活性。另外，在 260 nm 处对紫外光的吸收增加，这种效应称为增色效应(hyperchromic effect)。从双链到单链的转变可用紫外光(260 nm)吸收的增加，或者 DNA 黏度的降低来测定。

DNA 的热变性过程是爆发式的，是在一个比较狭窄的温度范围内进行的，有一个相变过程。一般将引起 DNA 变性的温度叫作熔点、融点(melting point)或熔解温度、熔融温度(melting temperature，T_m)。具体来说，T_m 是指 DNA 热变性时，增色效应达到 50%时的温度。T_m 有时也指 50%的核酸分子变性时的温度。天然 DNA 的 T_m一般在 70～85 ℃。

T_m值受这些因素的影响：①DNA 的均一程度。均质 DNA(homogenous DNA)的熔解过程发生在一个较小的温度范围内，而异质 DNA(heterogenous DNA)的熔解过程则发生在一个较宽的温度范围内。②DNA 的碱基组成。由于 G≡C 碱基对中含有 3 个氢键，而 A═T 碱基对中只含 2 个氢键，因此 T_m的大小与 DNA 分子中(G+C)的百分含量成正比。可以说，DNA 中 G≡C 含量越高，其 T_m越大。可见，测定 T_m值可粗略推算核酸分子碱基组成情况。③溶液的离子强度。溶液的离子强度低，则 DNA 的 T_m低，熔解温度的范围宽；离子强度高，则 DNA 的 T_m高，熔解温度的范围窄。DNA 保存在 1 mol/L NaCl 溶液中较稳定，而不应该保存在极稀的电解质溶液中，以防止变性。④DNA 的浓度。DNA 的浓度越高，随机碰撞的概率越高，复性速度也越快。

(二)核酸的复性

变性 DNA 在适当的条件下，其两条分开的单链重新配对缔合形成双螺旋结构，这个过程称为复性(renature)。

变性的核酸复性时，其在 260 nm 处的紫外光吸收值降低，甚至恢复到未变性时的水平，这种现象称为减色效应(hypochromic effect)。随着复性，DNA 还会发生比旋增加、黏度增加、浮力密度下降等性质变化，同时可以部分乃至全部恢复生物学活性。

复性有 2 个阶段：第一个阶段是两条链相互辨认，形成一个短的双螺旋片段，这个阶段比较缓慢；第二个阶段是两条链连续配对拉链式地形成双链，这是一个快速的反应过程。

在一般情况下，变性 DNA 片段越大，复性越慢；变性 DNA 浓度越大，复性越快；均质的变性 DNA 较异质的变性 DNA 复性更易。

DNA 水溶液加热变性后，双螺旋的两条链分开。如果将此溶液缓慢冷却至适当的温度，则两条链可能发生特异性的重组而恢复双螺旋，这个降温过程叫作退火(annealing)；如果将此溶液迅速冷却，则两条链继续保持分开状态，难以完全复性，这个降温过程叫作淬火(quenching)。可见 DNA 的变性只在一定条件下是可逆的。

两条 RNA 链，或者一条 RNA 链和一条 DNA 链也可以复性。一般 RNA 双螺旋比 DNA 双螺旋稳定。在中性 pH 条件下，双螺旋 RNA 变性温度比相似的 DNA 分子高出 20 ℃左右。RNA-DNA 杂交分子的稳定性处于 RNA 双螺旋和 DNA 双螺旋之间。这些分子的稳定性差异的原因仍未明了。

(三)分子杂交

核酸的变性与复性是以碱基的互补配对为前提的。如果把不同来源的 DNA 链放在同一溶液中做变性处理，或把变性的 DNA 与 RNA 放在一起，只要它们之间的某些区域有碱基配对的可能，一旦进行退火处理，它们之间就可形成局部的 DNA-DNA 或 DNA-RNA 杂合体双链，这一过程称为分子杂交(molecular hybridization)，生成的双链称杂合双链(heteroduplex)(图 2-22Ⅰ—A)。DNA 与 DNA 的杂交叫作 Southern 杂交，DNA 与 RNA 杂交叫作 Northern 杂交。两种生物进化关系越紧密，它们的 DNA 杂交就越广泛。

核酸杂交技术是目前研究核酸结构、功能常用的手段之一，例如，一段天然 DNA 和它的缺失突变体(假定这种突变是 DNA 分子中部丢失若干碱基对)一起杂交，电镜下可看到杂合双链中部鼓起小泡，测量小泡位置及长度，可确定缺失突变发生的部位和缺失的碱基(图 2-22Ⅱ)。核酸探针(probe)是在核酸杂交的基础上发展起来的一种用于研究和诊断的新技术。将一小段核苷酸聚合体的单链，用放射性同位素或其他方法标记末端或全链，就可作为探针，待测 DNA 变性并吸附于一种特殊的滤膜(如硝酸纤维素膜)上，然后将滤膜与含探针的溶液共同保温一段时间，使之发生杂交。带有标记的探针若能与待测 DNA 结合成杂合双链，表明被测 DNA 与探针有同源性(homogeneity)，即二者碱基序列互补。目前探针技术(图 2-22Ⅲ)已应用于遗传性疾病的诊断,例如,地中海贫血症就可从已确诊的病人白细胞中提取 DNA 作为探针。用该探针诊断不仅可以确诊有症状的患者,还可以发现没有症状的隐性遗传性病人。核酸杂交在现代分子生物学和分子遗传学研究中得到广泛的应用,依赖这种技术可分离鉴定特定基因或 RNA,考察分析物种之间的亲缘关系。例如基因芯片,又称为 DNA 微阵列(DNA microarray),通过微加工技术将数以万计,乃至百万计的探针分子有规律地排列固定于硅片、玻片等支持物上,通过与标记的样品分子进行杂交,检测每个探针分子的杂交信号强度进而获取样品分子的数量和序列信息。基因芯片广泛用于基因测序、疾病诊断、动物育种等。我国科学家自主研发的动物育种芯片打破了国外技术的垄断,极大提升了动物育种效率。

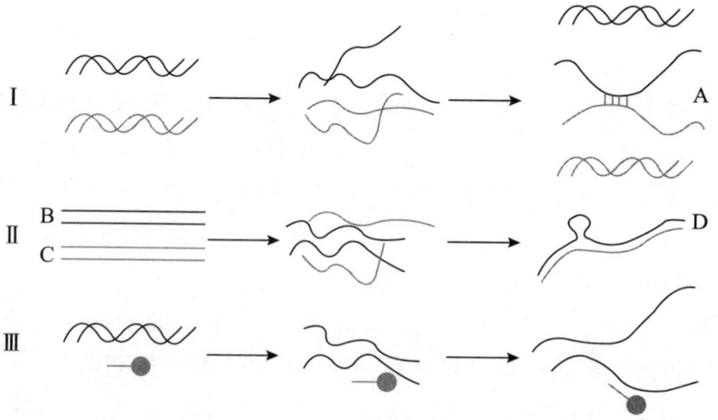

Ⅰ. 变性、复性和杂交,粗细线分别代表不同 DNA;A. 杂化双链;Ⅱ. 突变体的鉴别;B. 代表天然 DNA;C. B 的缺失突变体;D. 显示从天然 DNA 链鼓出小泡;Ⅲ. 粗圆球线代表放射性标记的探针。

图 2-22 核酸杂交及其应用

(桂兴芬等,1998)

案例分析

分子遗传病

分子遗传病是由分子水平上的基因变异,即 DNA 的序列组成和结构发生了改变所引起的疾病,变异基因通过生殖细胞产生的配子传递给后代,产生可遗传性的疾病,故称分子遗传性疾病。其表现为单基因病、多基因病、线粒体遗传病等。单基因变异主要影响单个基因的功能,如酶基因变异,产生代谢功能紊乱,形成代谢性遗传病。多基因病由多种基因变异引起的多基因遗传病,产生机体性状的改变,如生长发育异常、唇裂、腭裂等。线粒体病是指因遗传缺损引起线粒体代谢酶的缺陷,导致 ATP 合成障碍、能量来源不足而出现的一组异质性病变,如线粒体肌病、线粒体脑病可引起四肢无力、脑萎缩等。

二维码 2-1

重视遗传资源保护的重要性

第三章

蛋白质的结构与功能

- 蛋白质的结构与功能
  - 蛋白质的化学组成
    - 组成元素
      - 碳、氢、氧、氮、硫等
      - 含氮量约16%——凯氏定氮法
    - 氨基酸（AA）
      - 分类
        - 蛋白质氨基酸
          - 常见的编码AA（20种）
            - 非极性R基AA（8种）
            - 不带电荷极性R基AA（7种）
            - 带正电荷极性R基AA（3种）
            - 带负电荷极性R基AA（2种）
          - 稀有的编码AA酸（2种）
          - 修饰AA
        - 非蛋白质氨基酸
      - 主要理化性质
        - 光吸收性——280 nm处光吸收最强
        - 两性解离——pH＞PI，带正电；pH＝PI，不带电；pH＜PI，带负电
        - 呈色反应——茚三酮反应、Sanger反应、Edman反应
  - 肽键与肽
    - 概念
    - 肽键——具有部分双键性质，不能旋转
    - 肽平面——组成肽键的C、O、N、H与2个相邻的C_{α}在一个平面上
    - 生物活性肽——如还原型谷胱甘肽
  - 蛋白质的主要性质
    - 两性解离——利用电泳技术分离蛋白质
    - 胶体性质——稳定因素——表面电荷和水化膜
    - 呈色反应
    - 光吸收性——280 nm处光吸收最强
    - 蛋白质相对分子量的测定
      - 凝胶层析法
      - SDS-聚丙烯酰氨凝胶电泳
  - 蛋白质的生物学功能与分类
    - 生物学功能——生物体的重要组成成分、生命现象的体现者
    - 分类
      - 形状
        - 球状蛋白质——大多数蛋白质为球状
        - 纤维状蛋白质——如α-角蛋白
      - 化学组成
        - 简单蛋白质——水解产物只有氨基酸
        - 结合蛋白质——水解产物包括氨基酸与其他物质
  - 蛋白质的分子结构
    - 一级结构
      - 概念——多肽链中的氨基酸的排列顺序
      - 维系力——肽键和二硫键
    - 高级结构
      - 二级结构
        - 概念——多肽链主链上某部分肽段的空间构象
        - 维系力——氢键
      - 超二级结构与结构域
        - 超二级结构——二级结构的聚合体
        - 结构域——在超二级结构的基础上进一步折叠而成
      - 三级结构
        - 概念——多肽链的整体空间结构（主链+侧链）
        - 维系力
          - 非共价键——疏水作用力（主要）
          - 共价键——如二硫键
      - 四级结构
        - 概念——多个具有独立三级结构的亚基缔合而成的构象
        - 维系力——非共价键：疏水作用力（主要）
  - 蛋白质的结构与功能的关系
    - 一级结构与功能的关系
      - 一级结构是基础，尤其是守恒的氨基酸残基
      - 相似的一级结构具有相似的空间结构
      - 分子病——如镰刀型细胞贫血病
    - 空间结构与功能的关系
      - 蛋白质的功能依赖于空间结构
      - 蛋白质的变性与复性
        - 变性时一级结构不变，空间结构被破坏
        - 蛋白质空间结构破坏，丧失生物学功能
        - 一级结构决定高级结构
      - 蛋白质变构效应——构象改变，功能也改变

第一节　蛋白质的生物学功能与分类

蛋白质是生物体中最重要的生物大分子之一，占细胞干重的50%以上，分布于细胞的各个部位。细胞中的蛋白质种类非常多，每一种蛋白质都有其特殊的结构与功能，它们几乎参与生命活动的每一个过程，在错综复杂的生命活动中发挥着重要的作用，表现出广泛的生物学功能。

一、蛋白质的生物学功能

(一)催化功能

生命最基本的特征是新陈代谢，新陈代谢的实质是生物体内发生的各种生物化学反应，生物体内的一切生物化学反应几乎都是在酶(enzyme)的催化下进行的，而绝大多数酶的化学本质是蛋白质，故蛋白质在生物新陈代谢中发挥了重要的作用。

(二)调节功能

许多蛋白质在新陈代谢调节中发挥着重要的调节作用。如胰岛素能调节动物体内的糖代谢，降低血糖；生长激素可促进动物的生长等；还有一些蛋白质(如阻遏蛋白等)能参与基因的表达调控。

(三)运输功能

有些蛋白质能够结合其他物质以实现对这些物质的运输。如动物血浆中的转铁蛋白能结合并转运铁离子，红细胞中的血红蛋白能结合并运输氧，生物膜上的载体蛋白参与物质的跨膜转运。

(四)信息传递功能

受体蛋白存在于细胞的各个部位，在生命活动过程中具有传递化学信息的作用。如细胞膜上的受体能选择性地接受相应的激素或神经递质，向靶细胞内传递信息。

(五)运动功能

有些蛋白质能使细胞和生物体发生运动。如人和动物的运动靠肌肉收缩来实现，而肌球蛋白和肌动蛋白是参与肌肉收缩的主要成分。

(六)防御功能

有些蛋白质能够抵抗外界因素对动物体的侵害，具有防御功能。例如，动物体内的免疫球蛋白能与细菌和病毒结合，发挥免疫保护作用；鸡蛋清、人乳、眼泪中的溶菌酶能破坏某些细菌；干扰素能杀死病毒；凝血酶和血纤维蛋白参与血液凝固，防止大量血液从伤口流出。有些蛋白质起防卫与进攻作用，如极少量的蛇毒与蜂毒的溶血蛋白和神经毒蛋白就能使人和动物中毒，甚至于死亡。

(七)营养与贮存功能

有些蛋白质(如卵白中的卵清蛋白、乳中的酪蛋白)能贮存氨基酸等，可作为人和其他动物的营养物，为胚胎发育和婴幼儿生长提供营养。

(八)保护与支持功能

机体中不溶性的结构蛋白能赋予机体一定的形态而提供机械保护与支持作用。如皮肤、软骨和肌腱中的胶原蛋白，毛发、羽毛、甲、蹄中的角蛋白，昆虫外壳中的硬蛋白以及韧带中的弹性蛋白等。另外，还有一些蛋白质具有上述以外的功能。如生物体内蛋白质的合成需要多种蛋白质参与，细胞膜上的某些蛋白质参与细胞识别。

综上所述，蛋白质在生命活动过程中发挥着极其重要的作用，是生命活动所依赖的重要物质基础之一。可以说，没有蛋白质就没有生命。

二、蛋白质的分类

据估计，在自然界中，蛋白质的种类可达 $10^{10}\sim10^{12}$ 数量级。人类基因组研究显示，人体中的蛋白质有 3 万多种。根据其形状、化学组成和生物学功能等，我们可对蛋白质进行分类。

(一)根据形状分类

1. 球状蛋白质

球状蛋白质(globular proteins)分子外形接近球形或椭圆形，溶解度较好，能结晶。大多数蛋白质属于这一类，具有广泛的功能。

2. 纤维状蛋白质

纤维状蛋白质(fibrous proteins)分子类似纤维或细棒，有很好的物理稳定性，多不溶于水，为细胞和机体提供机械支持和保护。如存在于动物的毛发、蹄子、爪、羽毛、指甲等组织中的 α-角蛋白，存在于动物的皮肤、软骨、肌腱等结缔组织中的胶原蛋白。也有可溶于水的纤维状蛋白分子，如血纤维蛋白原等。

(二)根据化学组成分类

1. 简单蛋白质

简单蛋白质又称单纯蛋白质。当它被水解之后，只产生各种氨基酸。根据溶解度的不同，可以将简单蛋白质(simple proteins)分为清蛋白、球蛋白、谷蛋白、醇溶蛋白、组蛋白、精蛋白以及硬蛋白七小类。

2. 结合蛋白质

结合蛋白质(complex proteins)由蛋白质和非蛋白质两部分组成，水解时除了产生氨基酸外，还产生非蛋白组分。结合蛋白质分子中的非蛋白部分通常称为辅基。根据辅基种类的不同，结合蛋白质可分为核蛋白、糖蛋白、脂蛋白、磷蛋白、黄素蛋白、色蛋白以及金属蛋白七小类。

(三)根据生物学功能分类

近年来，有些学者依据蛋白质的生物学功能进行分类，把蛋白质分为酶、调节蛋白、转运蛋白、受体蛋白、营养和贮存蛋白、运动蛋白、结构蛋白和防御蛋白等。

第二节　蛋白质的化学组成

一、蛋白质的元素组成

元素分析表明，所有蛋白质都含碳、氢、氧、氮 4 种主要元素，大多数蛋白质还含少量硫元素，某些蛋白质还含有微量的磷、铁、铜、锌、碘和钼等元素。

蛋白质是生物体中主要的含氮化合物。各种蛋白质的氮含量比较恒定，平均值约为 16%，因此可通过测定样品中氮的含量，按公式（每克样品含氮克数×6.25 = 每克样品中蛋白质的克数）推算出蛋白质的大致含量，这种方法称作凯氏定氮法，是蛋白质定量的经典方法之一。

二、蛋白质的基本结构单位——氨基酸

（一）氨基酸的分类

根据氨基酸是否存在于蛋白质中，其分为蛋白质氨基酸和非蛋白质氨基酸。

1. 蛋白质氨基酸

蛋白质被酸、碱、蛋白酶彻底水解，可以产生各种氨基酸（amino acid，AA）。因此，氨基酸是蛋白质的基本结构单位，又称构件分子（building block）。根据蛋白质生物合成过程中氨基酸是否被直接引入，又将蛋白质氨基酸分为编码氨基酸和非编码氨基酸。编码氨基酸都有其相应的密码子。

（1）常见的编码氨基酸　虽然从各种生物体中发现的氨基酸已有 180 多种，但组成动物体蛋白质的常见氨基酸却只有 20 种。在 20 种氨基酸中，除脯氨酸为亚氨基酸外，其余均为 α-氨基酸，其结构通式如下：

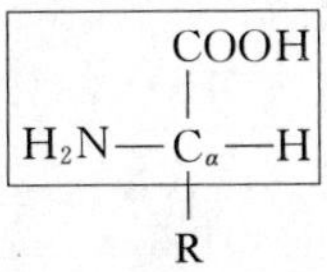

氨基酸的结构通式（L-α-氨基酸）

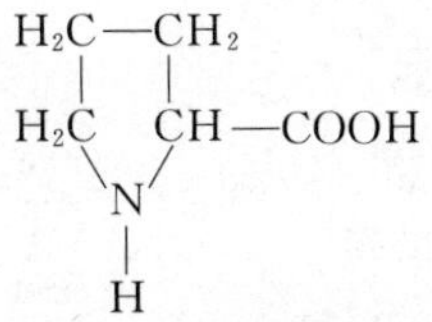

脯氨酸的结构式

式中，R 为氨基酸的侧链基团，不同的氨基酸 R 基团不同；方框内的基团为各种氨基酸的共同结构。除了 R 基团为 H 的甘氨酸外，其余氨基酸的 C_α 均为手性碳原子，因此它们具有旋光性，均为 L-α-氨基酸。

根据 R 基团的极性与所带电荷的不同，常见蛋白质氨基酸可分为 4 类（表 3-1）。

表 3-1　常见蛋白质氨基酸的名称、结构及分类

分类	氨基酸名称	三字母符号	单字母符号	中文简称	R 基化学结构	等电点
非极性 R 基氨基酸	丙氨酸 (alanine)	Ala	A	丙	H_3C-	6.02
	缬氨酸 (valine)	Val	V	缬	$H_3C-CH(CH_3)-$	5.97

续表 3-1

分类	氨基酸名称	三字母符号	单字母符号	中文简称	R 基化学结构	等电点
非极性 R 基氨基酸	亮氨酸 (leucine)	Leu	L	亮	$H_3C-CH(CH_3)-CH_2-$	5.98
	异亮氨酸 (isoleucine)	Ile	I	异亮	$H_3C-CH_2-CH(CH_3)-$	6.02
	苯丙氨酸 (phenylalanine)	Phe	F	苯丙	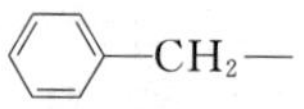	5.48
	色氨酸 (tryptophan)	Trp	W	色	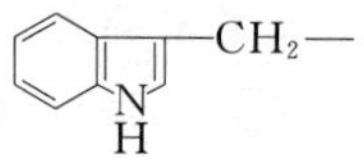	5.89
	蛋氨酸(甲硫氨酸) (methionine)	Met	M	蛋(甲硫)	$H_3C-S-CH_2-CH_2-$	5.75
	脯氨酸 (proline)	Pro	P	脯	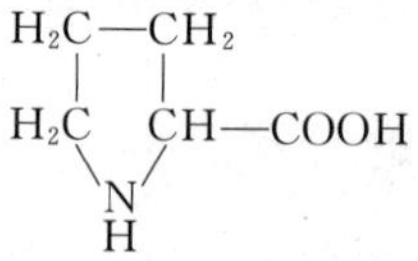	6.30
不带电荷极性 R 基氨基酸	甘氨酸 (glycine)	Gly	G	甘	$H-$	5.97
	丝氨酸 (serine)	Ser	S	丝	$HO-CH_2-$	5.68
	苏氨酸 (threonine)	Thr	T	苏	$H_3C-CH(OH)-$	6.53
	半胱氨酸 (cysteine)	Cys	C	半胱	$HS-CH_2-$	5.02
	酪氨酸 (tyrosine)	Tyr	Y	酪	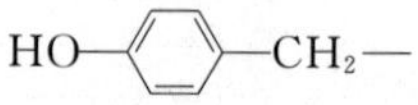	5.66
	天冬酰胺 (asparagine)	Asn	N	天冬酰	$H_2N-C(=O)-CH_2-$	5.41
	谷氨酰胺 (glutamine)	Gln	Q	谷氨酰	$H_2N-C(=O)-CH_2CH_2-$	5.65
带正电荷极性 R 基氨基酸	组氨酸 (histidine)	His	H	组	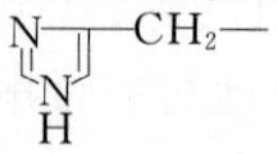	7.59
	赖氨酸 (lysine)	Lys	K	赖	$H_3\overset{+}{N}-CH_2-CH_2-CH_2-CH_2-$	9.74
	精氨酸 (arginine)	Arg	R	精	$H_2N-C(=\overset{+}{N}H_2)-NH-CH_2-CH_2-CH_2-$	10.76
带负电荷极性 R 基氨基酸	天冬氨酸 (aspartic acid)	Asp	D	天冬	$^{-}OOC-CH_2-$	2.97
	谷氨酸 (glutamic acid)	Glu	E	谷	$^{-}OOC-CH_2-CH_2-$	3.22

①非极性R基氨基酸的R基极性很小，多数为烃基，具有疏水性，包括Ala、Val、Leu、Ile、Phe、Trp、Met、Pro。

②不带电荷的极性R基氨基酸的R基为不解离的极性基团，易溶于水，包括Gly、Ser、Thr、Cys、Tyr、Asn、Gln。甘氨酸的R基为H，介于极性和非极性之间，有时也把它归入非极性氨基酸类。

③带正电荷极性R基氨基酸的R基分别含有氨基、胍基、咪唑基，在中性溶液中带正电荷，并且这些基团均为碱性基团，故又称为碱性氨基酸，包括His、Lys、Arg。

④带负电荷极性R基氨基酸的R基中含有一个羧基。当溶液pH大于其等电点时，该羧基可解离出H^+，故又称为酸性氨基酸，包括Asp、Glu。

基于代谢及营养学分析，可将常见蛋白质氨基酸分为非必需氨基酸和必需氨基酸。前者可由动物机体自行合成，后者则在动物体内不能合成或合成量不足以维持动物正常的生命活动，因此必须依赖饲料供给。可见，这里所说的“必需”还是“非必需”是指其是否需要由饲料供给，并非指其对动物来说需要与否。现已证明，对动物而言，赖氨酸、甲硫氨酸、色氨酸、苯丙氨酸、亮氨酸、异亮氨酸、缬氨酸及苏氨酸8种氨基酸是必需氨基酸，组氨酸和精氨酸虽然在动物体内也能合成，但合成的量不足，长期缺乏也会影响动物的生长发育，须从饲料中补充获得。此外，雏鸡还需要在饲料中添加甘氨酸。对于成年反刍动物来说，由于瘤胃中的细菌能够利用饲料中的含氮物质合成各种必需氨基酸，并被畜体吸收利用，故在反刍动物饲料中添加必需氨基酸并不像非反刍动物那么需要与重要。

(2)稀有的编码氨基酸　1986年，科学家在原核和真核生物少数蛋白质中还发现了第21种编码氨基酸——硒代半胱氨酸(selenocysteine，Sec)，即半胱氨酸中的硫被硒取代，只存在于含硒蛋白质中。2002年，在某些古细菌中，科学家发现了第22种编码氨基酸——吡咯赖氨酸(pyrrolysine，Pyl)，比较罕见，仅存在于一些能够产生甲烷的原核生物中。它们的结构式如下：

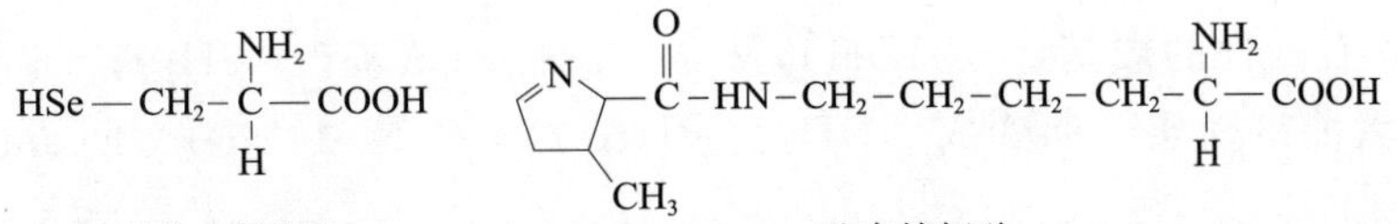

硒代半胱氨酸　　吡咯赖氨酸

(3)修饰氨基酸　某些蛋白质中还存在一些不常见的氨基酸，它们没有遗传密码，都是由常见的蛋白质氨基酸掺入多肽链后经酶促修饰而形成的，称为稀有蛋白质氨基酸，也称为修饰氨基酸。例如，胶原蛋白中的4-羟脯氨酸和5-羟赖氨酸，肌球蛋白中的6-*N*-甲基赖氨酸，甲状腺球蛋白中的3,5-二碘酪氨酸等(图3-1)。

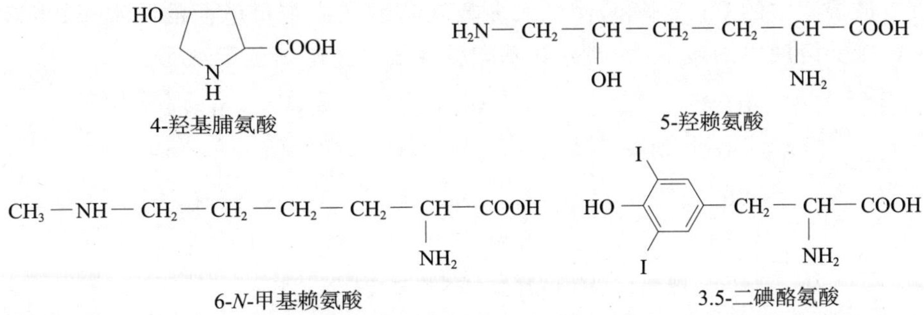

图3-1　几种修饰氨基酸

2. 非蛋白质氨基酸

有些氨基酸能以游离或结合的形式存在于自然界，但不是构成生物体蛋白质的成分，这样的氨基酸称为非蛋白质氨基酸。现已在生物体的各种组织和细胞中发现150多种非蛋白质氨基酸，它们以游离态或结合态存在。大多数非蛋白质氨基酸是蛋白质中存在的*L*型α-氨基酸的衍生物，也有一些是β-氨基酸、γ-氨基酸或 δ-氨基酸，还有一些是 D 型氨基酸。有些非蛋白质氨基酸是重要的代谢物前体或代谢中间产物，有些非蛋白质氨基酸是体内重要的生物活性物质。如 β-丙氨酸是维生素 B_3（泛酸）的组成成分；L-鸟氨酸、L-瓜氨酸是尿素循环的中间产物；γ-氨基丁酸是传递神经冲动的化学介质（又称神经递质）；D-环丝氨酸是一种由链霉菌产生的抗生素，能抑制细菌细胞壁的形成。

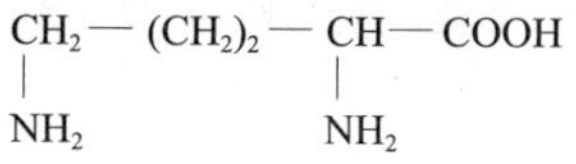

L-鸟氨酸

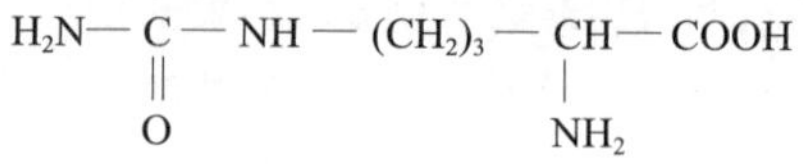

L-瓜氨酸

（二）氨基酸的主要理化性质

1. 氨基酸的溶解性与味感

常见 α-氨基酸均为无色结晶，在水中的溶解度差别很大，能溶解于稀酸或稀碱中，一般不能溶解于有机溶剂（脯氨酸和羟脯氨酸能溶于乙醇或乙醚），故通常用乙醇把氨基酸从其溶液中沉淀析出。氨基酸的味感与其立体构型有关。D-型氨基酸多数带有甜味，甜味最强的是 D-色氨酸，甜度可达蔗糖的 40 倍；L-型氨基酸有甜、苦、酸、鲜等 4 种不同味感，其中谷氨酸单钠盐是味精的主要成分。

2. 氨基酸的光吸收特征

20 种常见蛋白质氨基酸在可见光区都没有光吸收。在紫外光区，色氨酸、酪氨酸和苯丙氨酸有光吸收，其最大吸收波长分别为 280 nm、275 nm 和 257 nm。绝大多数蛋白质中都含有这些氨基酸，所以蛋白质也有紫外光吸收特性，一般最大光吸收波长为 280 nm。因此，利用紫外光吸收法可以方便、快速地测定这三种氨基酸的含量；也可用这种方法粗略测定样品中蛋白质的含量。

3. 氨基酸的两性解离及等电点

氨基酸分子既含有酸性的羧基（—COOH），又含有碱性的氨基（$—NH_2$）。前者能提供质子（H^+）而变成$—COO^-$，后者能接受质子而变成$—NH_3^+$。因此，氨基酸是两性电解质（ampholyte），具有两性解离的特性。

氨基酸的解离方式取决于其所处溶液的酸碱度。在某一 pH 的溶液中，若氨基酸解离成阳离子和阴离子的趋势及程度相等，氨基酸带有数量相等的正负两种电荷，即静电荷等于零，此时溶液的 pH 就称为该氨基酸的等电点（isoelectric point，pI）。在等电点时，氨基酸所处的解离状态称为两性离子（图 3-2）。许多实验证明，氨基酸在结晶形态或在水溶液中，并不是以游离的羧基或氨基形式存在，而主要是离解成两性离子，故氨基酸的熔点极高，一般在 200 ℃ 以上。当溶液的 pH＞pI 时，由于氨基酸的$—NH_3^+$上的质子被溶液中的 OH^- 中和，使绝大多数氨基酸变成带负电荷的阴离子；当溶液的 pH＜pI 时，由于$—COO^-$ 接受溶液中的质子，大部分氨基酸就变成带正电荷的阳离子。

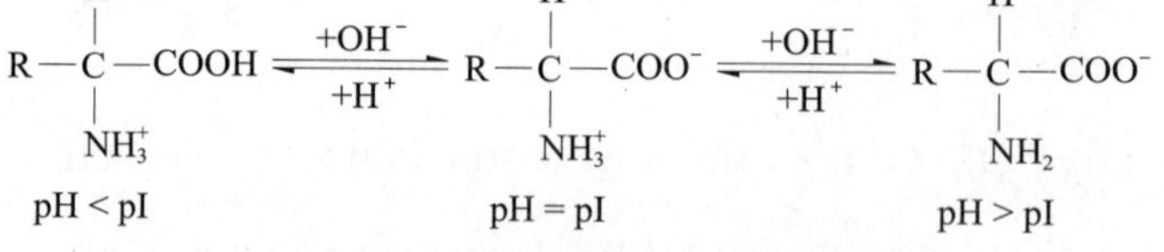

图 3-2　不同 pH 条件下氨基酸的解离状态

在一定的实验条件下，等电点是氨基酸的特征性常数。不同的氨基酸由于 R 基结构的不同而有不同的等电点，20 种常见蛋白质氨基酸的等电点范围为 2.97～10.76（表 3-1）。

4. 氨基酸的一些重要化学反应

①在弱酸性条件下，氨基酸与茚三酮反应生成蓝紫色物质（脯氨酸和羟脯氨酸与茚三酮反应生成亮黄色化合物），该反应可用于氨基酸的定性和定量分析。

②在弱碱性条件下，氨基酸的 α-氨基与 2,4-二硝基氟苯(Sanger 试剂)反应生成黄色化合物。因该反应首先被英国生物化学家桑格用来鉴定蛋白质多肽链的 N-末端氨基酸，故称为 Sanger 反应。

③在弱碱性条件下，氨基酸的 α-氨基易与苯异硫氰酸酯(phenylisothiocyanate，PITC)反应，生成相应的苯氨基硫甲酰氨基酸(phenylthiocarbamoyl，PTC-氨基酸)，后者在硝基甲烷中与酸作用发生环化，生成相应的苯乙内酰硫脲(phenyl-thiohydantoin，PTH)衍生物 PTH-氨基酸。PTH-氨基酸可采用层析法鉴定。

蛋白质多肽链 N-末端氨基酸的 α-氨基也可以与 PITC 发生上述反应生成 PTH-肽，PTH-肽在酸性溶液中释放出末端的 PTH-氨基酸和比原来少一个氨基酸残基的多肽链，所得的 PTH-氨基酸用层析法鉴定，即可确定蛋白质多肽链 N-末端氨基酸的种类。剩余的比原来少了一个氨基酸残基的多肽链重复应用此方法测定其 N-端的氨基酸，如此重复就可测定出多肽链全部序列。由于 Edman 成功地将此方法用于氨基酸序列分析，故此反应又称为 Edman 反应。目前根据此原理设计出的蛋白质序列仪(protein sequencer)大大提高了蛋白质测序的效率。

第三节　肽键与肽

一、基本概念

(1)肽键　肽键(peptide bond)是指 1 个氨基酸分子的 α-羧基与另 1 个氨基酸分子的 α-氨基脱去 1 分子水而形成的酰胺键。肽键中的 C—N 键具有部分双键的性质，不能自由旋转；而且肽键中羰基的氧和亚氨基的氢呈反式排布。其结构如下：

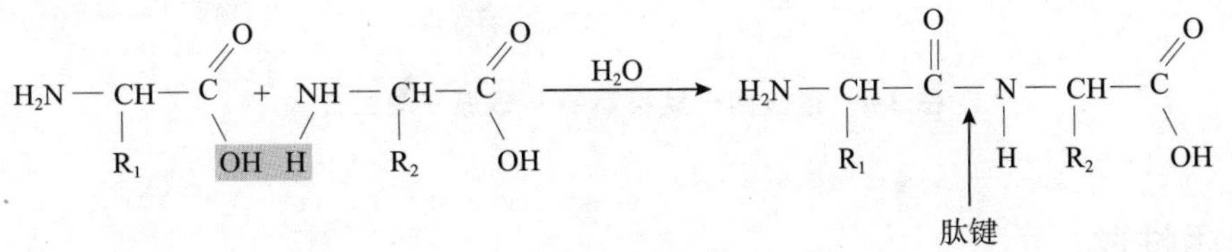

(2)肽　一分子氨基酸的 α-羧基与另一分子氨基酸的 α-氨基脱水缩合而成的化合物叫做肽(peptide)。

(3)二肽、寡肽和多肽　由 2 个氨基酸通过肽键相连形成的肽，称为二肽(dipeptide)；含 3 个、4 个、5 个氨基酸残基的肽，分别称为三肽、四肽、五肽，依此类推。通常把含几个至十几个氨基酸残基的肽链统称为寡肽(oligopeptide)，更长的肽链称为多肽(polypeptide)。一般来说，把含 50 个以上氨基酸残基的多肽称为蛋白质。但是寡肽和多肽、多肽和蛋白质之间很难划定一个严格的界限。

(4)氨基酸残基　由于参与肽键的形成，肽链中的氨基酸已经不再具有完整的氨基或羧基，因此称为氨基酸残基(amino acid residue)。

(5)主链和侧链　多肽链中的肽键通过 α-碳原子连接而成的线性结构，称为多肽链的主链；而多肽链中的所有氨基酸残基的 R 基则称为多肽链的侧链。

(6)氨基端和羧基端　除了末端修饰和环状多肽链，一条多肽链的主链通常在一端含有一个游离的末端氨基，称为氨基端或 N 端；在另一端含有一个游离的末端羧基，称为羧基端或 C 端。习惯上，我们把氨基端写在左侧，把羧基端写在右侧。

(7)肽平面　在多肽链或蛋白质分子中，组成肽键的 C、O、N、H 4 个原子与 2 个相邻的 α-碳原子(C_α)共处一个平面，称为肽平面(peptide plane)。因肽平面是多肽链主链的重复单位，故肽平面又被称为肽单位(peptide unit),见图 3-3。肽平面中 α-碳原子($C_α$)和羰基碳原子之间的化学键是单键,亚氨基的氮原子和 α-碳原子之间的化学键也是单键,均可以自由旋转,所以肽平面间的夹角是可变的。

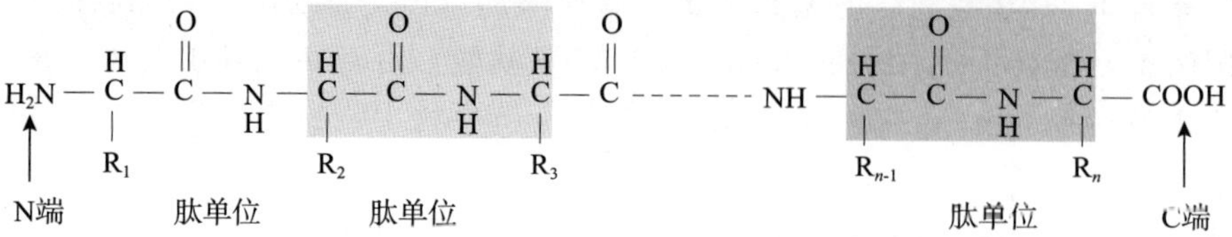

图 3-3 肽单位——多肽链主链的重复单位

(8)二面角 从图 3-4 可见,$C_α$原子位于相邻两个肽平面的连接处,$C_α$—N 和 $C_α$—C 均为单键,可自由旋转。左面的肽平面可以围绕 $C_α$—C 单键旋转,其旋转角度称 Ψ(Psi);右面的肽平面可以围绕 $C_α$—N 单键旋转,其旋转角度称 Φ(Phi)。由于 Φ 和 Ψ 这两个转角决定了相邻两个肽平面在空间上的相对位置,因此,习惯上将这两个转角称为二面角(dihedral angle)。由于多肽链主链骨架是由许许多多肽平面通过 α-碳原子连接而成的,因此,多肽链主链骨架的构象是由一系列 α-碳原子的成对二面角(Φ,Ψ)所决定的。在多肽链中,任何一个 α-碳原子的二面角(Φ,Ψ)发生改变,多肽链的构象必然会发生相应的变化。由于受 R 侧链的影响及肽平面本身几何特征的限制,多肽链中的每个 α-碳原子的二面角 Φ 和 Ψ 的组合都是十分有限的,因而多肽链实际可能形成的空间构象也是有限的,天然多肽与蛋白质分子往往只存在一种或少数几种稳定的构象。

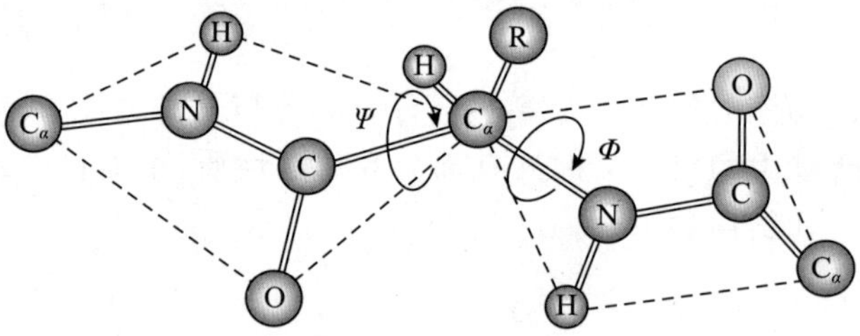

图 3-4 连接两个肽平面的 α-碳原子与二面角

二、生物活性肽

在生物体内有很多以游离状态存在、相对分子质量往往小于 6 000、在构象上较松散、并且具有多种特殊生物学功能的小肽,其中有些小肽中还含有蛋白质中不存在的 γ-肽键、β-氨基酸和 *D* 型氨基酸,它们被统称为生物活性肽(active peptide)。生物活性肽在机体中分布广泛,种类很多。其功能主要体现在传递信息、调节代谢和协调器官等。现举例如下。

①加压素是脑垂体分泌的九肽激素,含有 1 个二硫键。加压素有升高血压和抗利尿的作用,临床上用于治疗尿崩症等。体内还分泌许多其他的肽类激素,如催产素、促甲状腺激素释放激素、促性腺激素释放激素、促肾上腺皮质激素等。

②脑啡肽是 1975 年发现的,是由 5 个氨基酸残基构成的寡肽,属于一种内啡肽。脑啡肽能与吗啡受体结合,产生镇痛、愉快的作用。1982 年,中国科学院上海生物化学研究所利用蛋白质工程技术成功合成了脑啡肽。现在已经发现了 100 多种小肽类的神经递质。

③由于对新生哺乳动物和普通动物消化道代谢活动有重要影响,故乳源的和其他食物与饲料蛋白来源的生物活性肽也日益受到人们的关注。

④还原型谷胱甘肽(GSH)是存在于动、植物细胞中一种重要的三肽。它是由谷氨酸、半胱氨酸和甘氨酸组成的,第一个肽键与一般肽键不同,即谷氨酸是以 γ-羧基,而不是以 α-羧基与半胱氨酸的氨基

形成肽键，结构式如图 3-5 所示，其命名为 γ-谷氨酰半胱氨酰甘氨酸。GSH 分子中的半胱氨酸的巯基是该化合物的主要功能基团，巯基具有还原性，可作为体内重要的还原剂保护体内蛋白质或酶分子中巯基免遭氧化，使蛋白质或酶处在活性状态。此外，GSH 的巯基还有亲核特性，能与外源的亲电子毒物，如致癌剂或药物等结合、阻断这些化合物与机体 DNA、RNA 或蛋白质结合，从而使机体免遭毒物损害。

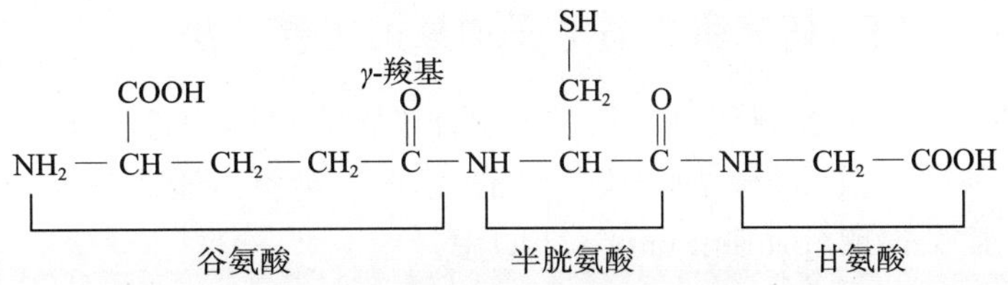

图 3-5　γ-谷胱甘肽(还原型)的结构

⑤某些蕈产生的剧毒毒素也是肽类化合物，例如 α-鹅膏蕈碱是从鹅膏蕈属的鬼笔鹅膏中分离出来的，是一个环状八肽。α-鹅膏蕈碱能与真核生物的 RNA 聚合酶Ⅱ牢固结合，从而抑制酶的活性，RNA 的合成不能进行，但不影响原核生物的 RNA 合成。

⑥甜味剂阿斯巴甜是 Asp-Phe 甲酯，是一种被广泛应用于饮料中的食品添加剂。

生物活性肽在体内含量甚微、代谢快速、容易降解，生物活性检测较困难。近年来，随着各种高灵敏度多肽检测技术的应用，新的活性肽不断地被发现。与此同时，人们还能够利用多肽合成仪很方便地合成分子量较小的活性肽及其类似物。基因工程技术也为活性肽的研究提供了新的途径，因此随着研究的不断深入，更多的活性肽会被发现并应用。

第四节　蛋白质的分子结构

一、概述

(一)蛋白质分子

蛋白质分子是一种结构极其复杂的生物大分子。有的蛋白质分子只包含一条由氨基酸首尾相连而成的共价多肽链，有的则包含数条这样的多肽链。蛋白质在体内发挥各种功能并不是以走向随机的松散线性多肽链形式，而是靠组成蛋白质的多肽链在空间排布所形成的特定的三维结构(或称空间结构、高级结构)，这种三维结构通常被称为蛋白质的构象。特定的构象是蛋白质分子发挥生物学功能所必需的。

(二)构象与构型

构象与构型虽然都是立体结构，但两者的概念是不同的。构型是指在具有相同分子式的立体异构体中取代基团在空间的相对取向。构型的改变(如氨基酸从 *D*-型变成 *L*-型)是由共价键的变化而产生的，如果没有共价键的改变，不同的构型是不能互变的。除甘氨酸外，动物体内的其他编码氨基酸都具有 *L*-型，蛋白质没有构型。而构象是指具有相同结构式和相同构型的分子在空间里可能的多种形态；构象形态间的改变是由于单键的旋转而产生的，它不涉及共价键的断裂。由于每个氨基酸中均有可旋转的单键，因此一个给定的蛋白质分子理论上的构象似乎是个天文数字。在生理条件下，只有一种或很少几种构象在能量上是有利的。指导蛋白质多肽链折叠成能量上有利的构象的规律至今仍不完全清楚，寻找这些规律是当前研究的热门课题之一。

(三)研究蛋白质分子构象的主要方法

应用X射线晶体衍射技术能够测定晶体中蛋白质分子的构象，应用二维核磁共振法能够测定水溶液中蛋白质分子的构象。目前，已有大量蛋白质及其复合物的空间构象被测定，相关数据被保存在蛋白质数据库(protein data bank)中。

(四)蛋白质分子的结构层次

对蛋白质等生物大分子结构的研究已经形成了一门独立的学科，即结构生物学(structural biology)，它是当前生命科学的前沿学科。为了研究和叙述上的方便，人们把蛋白质分子结构划分为不同的层次。大体上分为一级结构(primary structure)和空间结构，后者又分为二级结构(secondary structure)、超二级结构(super secondary structure)、结构域(structural domain)、三级结构(tertiary structure)和四级结构(quarternary structure)。

二、蛋白质一级结构

(一)概念

蛋白质一级结构(primary structure)是指蛋白质多肽链中的氨基酸残基从N末端到C末端的排列顺序，即氨基酸序列。维持蛋白质一级结构的化学键是肽键，有些蛋白质还包含二硫键。二硫键是指两个硫原子之间形成的共价键。在蛋白质中，二硫键是由半胱氨酸的—SH之间脱氢连接而成的。

过去曾经将蛋白质一级结构混同于蛋白质的化学结构。1969年国际纯粹与应用化学联合会规定：蛋白质的化学结构(又称共价结构)包括氨基酸组成、末端氨基酸组成、氨基酸序列、多肽链数目以及二硫键的位置等。

(二)蛋白质一级结构的测定

1953年，英国的Sanger等首次完成了牛胰岛素的全部化学结构的测定工作，这是蛋白质化学研究史上的一项重大成就，Sanger也因此获得1958年诺贝尔化学奖。牛胰岛素的相对分子质量为5 700，含有2条多肽链，一条称A链(含21个氨基酸残基)，另一条称B链(含30个氨基酸残基)；这两条多肽链通过2个链间二硫键连接起来。另外，A链中的6位和11位上的2个半胱氨酸残基可形成1个链内二硫键。牛胰岛素分子的整个化学结构如图3-6所示。

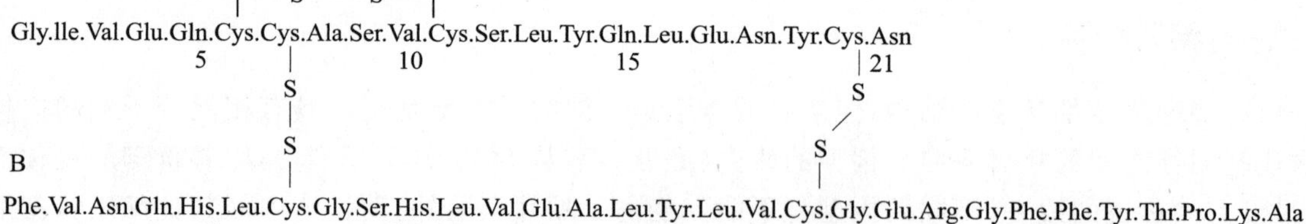

图3-6　牛胰岛素分子的化学结构

我国科技工作者在此基础上经过大量试验，终于在1965年9月17日，首次人工合成了牛胰岛素，这也是世界上第一个蛋白质的全合成。牛胰岛素的人工合成被认为是继“两弹一星”之后我国的又一重大科研成果。这段历史是新中国科技发展史上浓墨重彩的一页，也是中国科技界“与祖国同行、与科学共进”的最好注脚。

蛋白质测序的一般程序可以概括为：①测定蛋白质(要求纯度必须达到97%以上)的相对分子质量

和它的氨基酸组成，推测所含氨基酸的大致数目。②测定多肽链 N 末端和 C 末端的氨基酸，从而确定蛋白质分子中多肽链的数目。然后通过对二硫键的测定，查明蛋白质分子中二硫键的有无及数目。如果蛋白质分子中多肽链之间含有二硫键，则必须拆开二硫键，并对不同的多肽链进行分离提纯。③用裂解点不同的两种裂解方法(如胰蛋白酶裂解法和溴化氰裂解法)分别将很长的多肽链裂解成两套较短的肽段。④分离提纯所产生的肽段，用蛋白质序列仪分别测定它们的氨基酸序列。⑤应用肽段序列重叠法确定各种肽段在多肽链中的排列次序，即确定多肽链中氨基酸排列顺序。⑥如果有二硫键，就需要确定其在多肽链中的位置。

目前已有大量蛋白质的一级结构被测出并被保存在蛋白质数据库中。由于 DNA 序列分析简单、快速，因此人们越来越多地利用编码蛋白质的 DNA 序列推测相应的蛋白质序列。该法不能确定二硫键的位置以及氨基酸的修饰情况等。

三、蛋白质二级结构

(一)概念

蛋白质多肽链主链上的某些肽段可以借助氢键形成一些有规则的构象，包括 α-螺旋、β-折叠、β-转角和无规卷曲 4 种构象单元。蛋白质二级结构并不涉及 R 基侧链的构象。

(二)基本类型

1. α-螺旋

1951 年，莱纳斯 · 卡尔 · 鲍林(L. Carl Pauling)等根据羊毛、猪毛和羽毛等的 *α*-角蛋白的 X 射线衍射图谱，提出了蛋白质中最常见的一种构象——α-螺旋(α-helix)，见图 3-7，其特征如下。

①多肽链主链围绕同一中心轴螺旋式上升，形成螺旋结构。3.6 个氨基酸残基旋转一圈，上升的垂直距离 0.54 nm。因此，每个氨基酸残基围绕螺旋中心轴旋转 100°，上升 0.15 nm。

②相邻的螺旋之间形成链内氢键。即多肽链主链上的一个肽键中的羰基氧原子与其朝向 C 末端的第三个肽键中的—NH 的氢原子形成氢键。氢键封闭环本身包含 13 个原子，故典型的 α-螺旋又称 3.6_{13} 螺旋(3.6_{13}-α-helix)。α-螺旋的所有肽键均能参与链内氢键的形成。如果破坏氢键，则 α-螺旋遭到破坏，变成伸展的多肽链。

③R 基侧链位于 α-螺旋的外侧，以减少空间位阻效应；但 α-螺旋的形成和稳定性仍受 R 基侧链的影响。如 Ala 易存在于 α-螺旋中；但遇到脯氨酸，螺旋就中断，因为脯氨酸是 α-亚氨基酸，其空间位阻大，另外其亚氨基形成肽键后再没有氢原子可以用来形成氢键，以维持 α-螺旋的稳定。

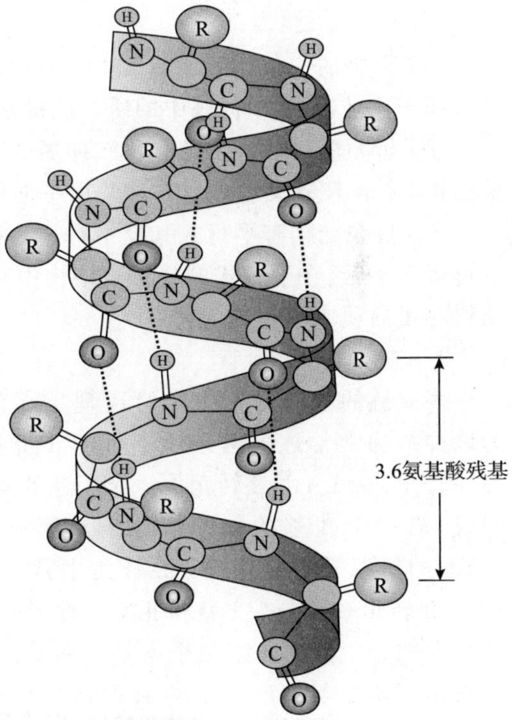

图 3-7 右手 α-螺旋

④α-螺旋分为左手 α-螺旋和右手 α-螺旋。天然蛋白质分子中的 α-螺旋绝大多数都是右手 α-螺旋，不过在嗜热菌蛋白酶中发现了一个左手 α-螺旋。

2. β-折叠

1951 年，鲍林等还提出蛋白质多肽链主链的另一种有规则的构象形式，即 β-折叠(β-sheet)，也称 β-折叠片。它是指由两条或多条主链呈锯齿状(ZigZag)状伸展的肽链(1 条肽链的不同肽段或 2 条肽链与多条肽链)，借助于链间形成的氢键，侧向聚集在一起而形成的折叠的层状结构(图 3-8)，其特征如下。

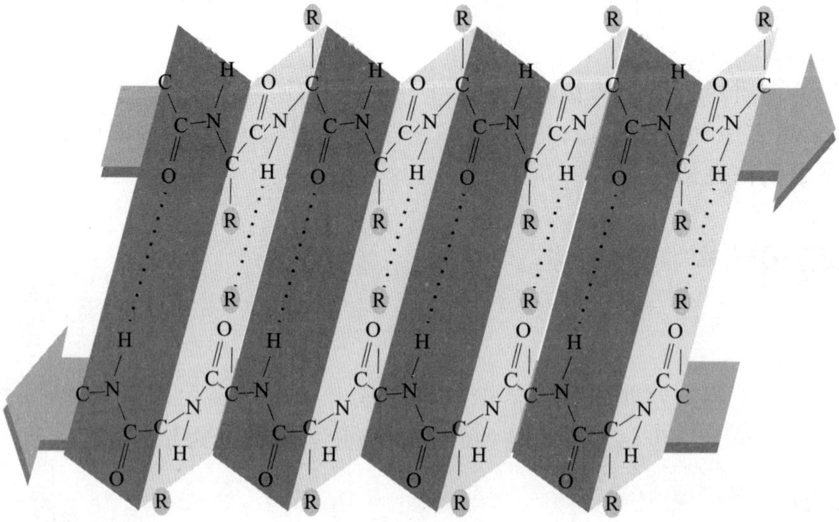

图 3-8　β-折叠

①β-折叠的一条肽链或肽段中构成肽键的羰基氧原子与另一条肽链或肽段中构成肽键的—NH—的氢原子生成氢键，β-折叠中的所有肽键都参与了链间氢键的形成。

②β-折叠的多肽链主链是比较伸展的，呈锯齿状折叠构象，很像 α-螺旋适当伸展而形成的锯齿状肽链结构；侧链 R 基交替地分布在片层平面的上方和下方，以避免相邻侧链 R 基之间的空间障碍。

③β-折叠结构有平行式和反平行式 2 种。在反平行式的 β-折叠结构中，相邻肽链的走向相反，链间氢键近于平行；在平行式的 β-折叠结构中，相邻肽链的走向相同，链间氢键不平行。反平行式的 β-折叠结构在蛋白质中存在更为普遍。

3. β-转角

多肽链的主链骨架中经常出现 180°的转弯，因为该种结构常常连接两条反平行的 β-折叠，所以称为 β-转角(β-turn)。β-转角由 4 个相连的氨基酸残基组成，第一个残基的羰基氧原子与第 4 个残基的—NH的氢原子形成氢键。β-转角中常存在 Gly 和 Pro。β-转角一般分为 Ⅰ 型和 Ⅱ 型 2 种形式(图 3-9)。其差别在于 Ⅰ 型中的第 2 个氨基酸残基的羰基氧原子与相邻两个氨基酸残基的 R 侧链呈反式，在 Ⅱ 型中位于同一侧；Ⅰ 型稳定，Ⅱ 型一般不稳定。Ⅰ 型中的 β-转角存在于大多数球蛋白中，含量较多，并且大多数位于球蛋白分子的表面。

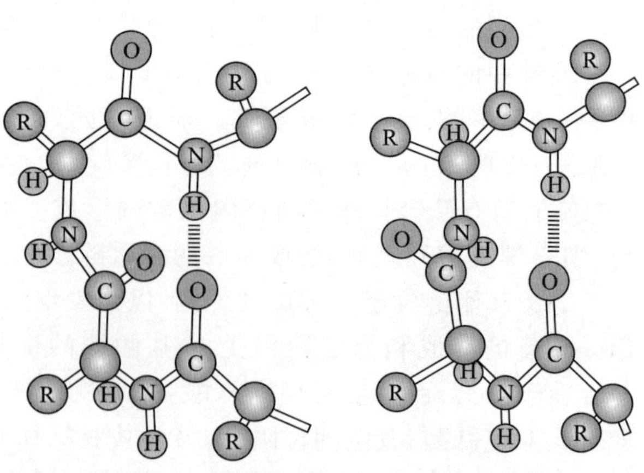

Ⅰ 型　　Ⅱ 型

图 3-9　两种类型的 β-转角

4. 无规卷曲

除了 α-螺旋、β-折叠、β-转角这三种有规则的二级结构，在球蛋白分子的多肽链主链骨架中还存在一些无确定规律性的盘曲，称为无规卷曲。无规卷曲中的大多数二面角(Φ,Ψ)都不相同,因而表现出多种构象,以利于多肽链形成灵活的具有特异生物活性的球状蛋白分子结构。

(三)维持蛋白质二级结构的作用力

维持蛋白质二级结构稳定的作用力是链内氢键,由肽键中的羰基氧原子(电负性强、原子半径小)与—NH—的氢原子生成。

四、蛋白质超二级结构与结构域

自20世纪70年代以来,人们陆续发现了在蛋白质分子(特别是球状蛋白质分子)二级结构与三级结构之间还有一些结构,并将它们分为2个结构层次,称其为超二级结构与结构域。

(一)超二级结构

1973年,迈克尔·罗斯曼(M. G. Rossman)首次提出了超二级结构的概念。它是指在蛋白质中,某些相邻的二级结构单元(α-螺旋、β-折叠、β-转角、无规卷曲)常常相互靠近、彼此作用,在局部区域形成有规则的二级结构聚合体,充当更高层次结构的构件,该二级结构的聚合体就称为蛋白质的超二级结构。超二级结构有多种类型,常见的有αα组合、βαβ组合和ββ组合。

(二)结构域

1973年,Wetlaufer首次提出了结构域的概念。它是指较大的球状蛋白分子的一条长的多肽链在超二级结构的基础上进一步卷曲折叠,形成若干个空间上相对独立,且具有一定功能的近似球状的紧密实体,这种紧密球状结构被称为结构域。结构域是较大球状蛋白分子三级结构的局部折叠区,较大的球状蛋白常常包含2个或2个以上的结构域,例如抗体分子包含12个结构域(图3-10)。较小的球状蛋白分子(如肌红蛋白分子)只含有1个结构域。

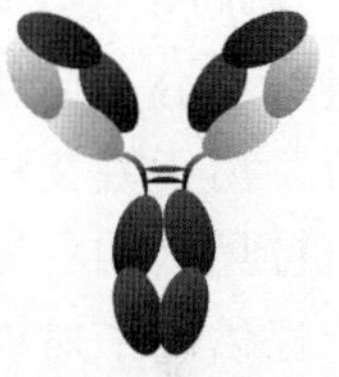

图3-10　抗体分子包含的结构域

结构域间常常由一段柔性的肽链松散地连接,结构域能在较大范围内相对运动;而且结构域之间的区域常形成裂缝,可作为与其他分子(底物、酶和调节物等)结合的位点,以利于完成蛋白质的功能。

五、蛋白质三级结构

(一)概念

蛋白质三级结构是指在二级结构、超二级结构乃至结构域的基础上,由肽链的不同区段的侧链基团相互作用,在空间进一步盘绕、折叠,形成包括主链和侧链构象在内的近似球状的特征性三维结构。三级结构研究的内容是蛋白质分子中全部氨基酸残基的相对空间位置,也就是整条肽链中的所有原子在三维空间中的排布。

(二)三级结构的形成

溶剂的挤压迫使多肽链在二级结构、超二级结构乃至结构域基础上进一步折叠,使得在一级结构上距离较远的疏水性基团聚集到一起,同时在其他作用力的协助下,蛋白质分子形成了在一定条件下热力学上最稳定的空间结构。

(三)维系力

维系这种特定结构主要靠疏水作用力、氢键、离子键、范德华力等非共价键,尤其是氨基酸残基侧链基团间形成的疏水作用力发挥着很重要的作用。此外,在某些蛋白质中二硫键、配位键也参与维持蛋白质的三级结构(图 3-11)。

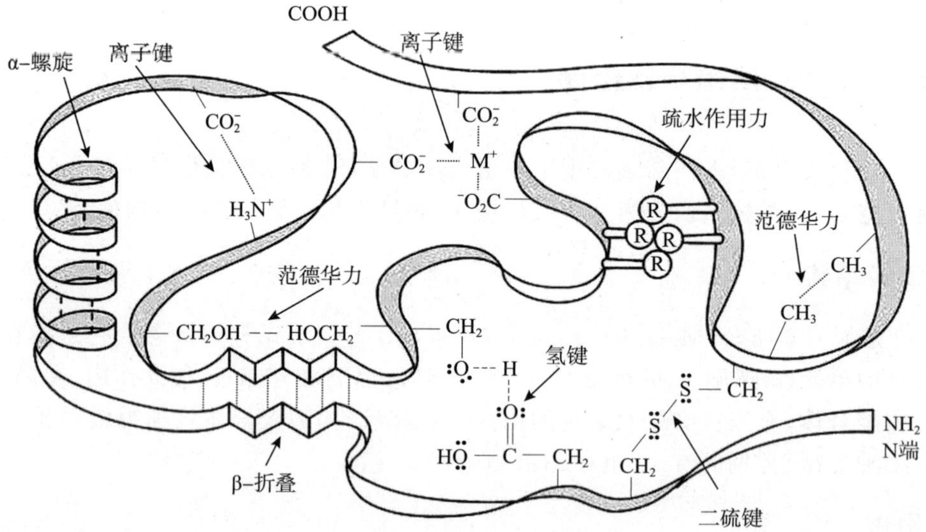

图 3-11 维持蛋白质分子构象的化学键

疏水作用力又称疏水键,通常是指疏水基团之间的相互作用力;实际上,它是疏水基团或疏水侧链为避开水分子而相互靠近聚集形成的作用力。范德华力的实质是静电引力,它包括取向力、诱导力和色散力。离子键又称盐键或盐桥,它是正、负离子之间的一种静电吸引力;在一定条件下,蛋白质分子中的正、负离子(如—NH_3^+与—COO^-)之间可以形成离子键。配位键指在两个原子之间由其中的一个原子单独提供电子对而形成的一种特殊的共价键;在金属蛋白质分子(如血红蛋白)中,金属离子与多肽链的连接往往是配位键。主链和侧链间形成的氢键也用以维持蛋白质三级结构。

(四)肌红蛋白分子结构

肌红蛋白是一种氧结合蛋白,其结合的氧分子可以在肌肉中扩散。海洋哺乳动物(如鲸、海豹)之所以能长时间潜水是因为其肌肉中的肌红蛋白含量达 8%,能储存大量氧气。肌红蛋白分子具有典型的蛋白质三级结构(图 3-12)。

1. 一级结构

其一级结构为 153 个氨基酸残基组成的单条肽链,另外含有 1 个血红素辅基。

2. 二级结构

其二级结构为多肽链形成长短不等的 8 个右手 α-螺旋,分别命名为 A、B、C、D、E、F、G、H,分子中几乎 80%的氨基酸残基都是位于 α-螺旋结构中;α-螺旋之间的拐弯处及 N 末端和 C 末端是无规卷曲。

3. 三级结构

由于受周围溶剂的碰撞、挤压,具有非极性侧链基团的氨基酸残基被埋于分子内部;而具极性侧链基团的氨基酸残基几乎全部分布于球状分子表面,也即形成一个疏水的内核和一亲水的外壳,使肌红蛋白形成稳定的结构,并且在水溶液中具有良好的可溶性。肌红蛋白分子表面有一个深陷的洞穴。该洞穴由 C、E、F、G 4 个螺旋段构成,洞穴周围分布有许多疏水氨基酸残基的侧链基团,从而为洞穴构成了疏水性环境。含 Fe^{2+} 的血红素分子(图 3-12 中网面代表血红素分子)位于疏水的洞穴内,血红素分子

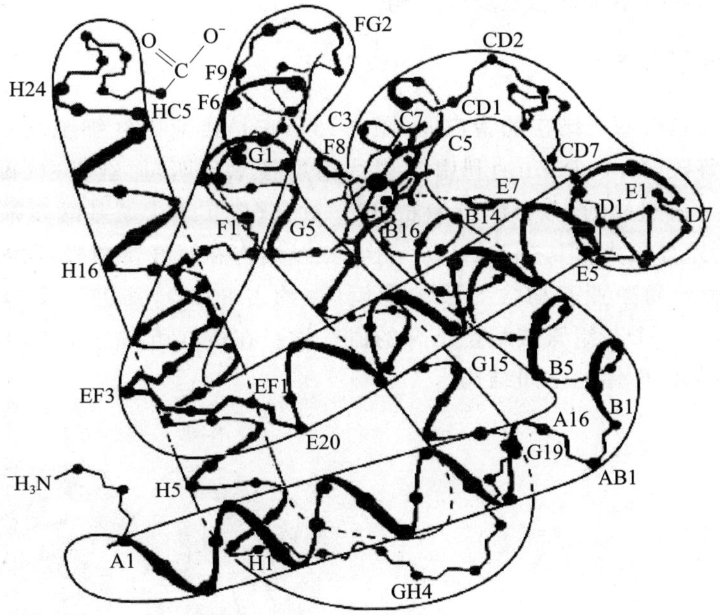

图 3-12　肌红蛋白分子的三级结构

中的 Fe^{2+} 有 6 个配位键，其中 2 个与血红素分子平面垂直，并分别与 1 个氧分子以及肌红蛋白 F8 的组氨酸残基的咪唑环上的 N 结合。疏水性洞穴可防止 Fe^{2+} 被氧化，保证了 Fe^{2+} 与 O_2 的可逆结合。若脱离了肌红蛋白，游离的血红素在水溶液中不能可逆地结合氧分子，因为在这种状况下，游离血红素的 Fe^{2+} 会立刻被氧化成 Fe^{3+}，失去氧合的能力。

六、蛋白质四级结构

（一）概念

1. 寡聚蛋白

由两条或两条以上的多肽链通过非共价键组成的蛋白质叫寡聚蛋白（oligomeric protein）。由几十条、甚至更多条肽链聚合而成的蛋白质称为多聚蛋白（polymeric protein）。这两种蛋白质中的肽链又可称为亚基或亚单位。1 个亚基通常只有 1 条多肽链，有的亚基由 2 条或多条肽链组成，这些多肽链彼此以二硫键相连。

2. 四级结构

蛋白质四级结构是指由两个或两个以上具有三级结构的亚基，通过非共价键彼此缔合在一起而形成的三维构象。组成蛋白质四级结构的亚基可以是相同的，也可以是不同的，单独的亚基并无活性。维系蛋白质四级结构的作用力与三级结构相同，仍是疏水作用力、氢键、离子键、范德华力等。

生物体内有许多类似胰岛素的蛋白质。它们由两条或多条肽链组成，但是肽链间通过二硫键相连，这些蛋白质不具有四级结构。

（二）四级结构的形成

在一般情况下，寡聚蛋白中含有较多的非极性 R 基氨基酸，在形成三级结构时，一些疏水性 R 基侧链不能被包裹到疏水性内核中。对于这样的基团而言，它们处于不稳定的存在状态。当亚基间靠近时，在疏水作用力的作用下，这些疏水基团可以重新包裹到亚基间的界面处，且蛋白质的表面有一些解离的带正电或负电的基团，在不同亚基间的这些基团可以形成盐键。在上述化学键的共同作用下，寡聚蛋白就形成了一种被称之为四级结构的稳定空间结构。

(三)血红蛋白分子结构

血红蛋白是典型的具有四级结构的蛋白质(图 3-13),它是血液中红细胞的主要成分,能够运输 O_2 与 CO_2。马克斯·佩鲁茨(M. F. Perutz)利用 X 射线衍射技术证明:血红蛋白(Hb)分子是由 2 条相同的 α 链和 2 条相同的 β 链组成的,分子质量为 65 kD。α 链(含 141 个氨基酸残基)和 β 链(含 146 个氨基酸残基)的一级结构差异甚大,但它们的二级结构、三级结构和肌红蛋白极其相似,并与肌红蛋白一级结构具有一定的同源性。每个亚基均含 8 段 α-螺旋区(约占 80%),并进一步折叠成一近似球形的分子,在其疏水凹穴中各含 1 个与组氨酸配位结合的血红素。在血红蛋白分子中,4 个亚基以非共价键相互精确嵌合,组装成近似四面体的空间结构。

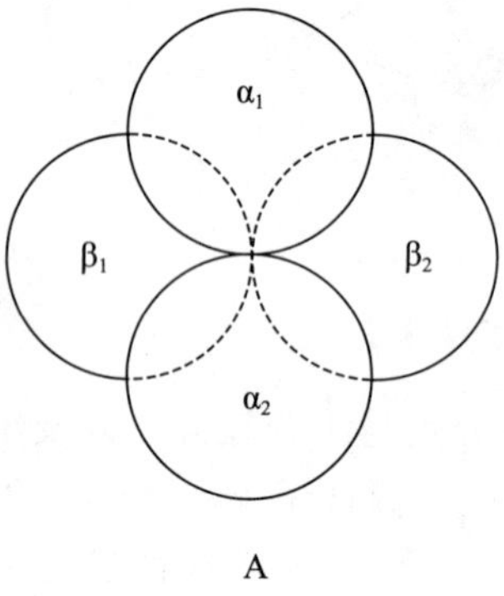

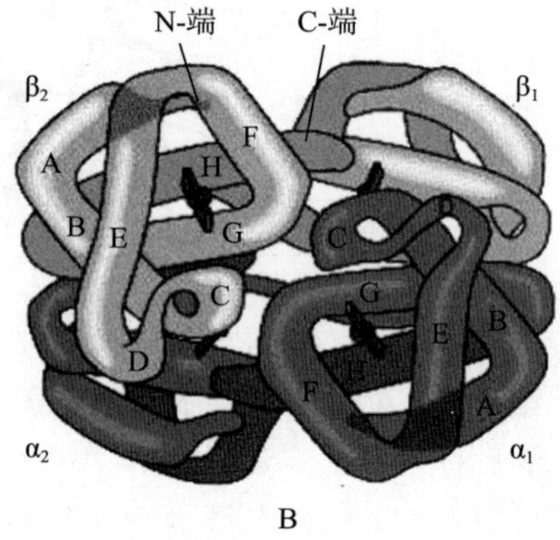

A. 表示 2 个 α 亚基与 2 个 β 亚基呈四面体排布;B. 显示 2 个 α 亚基与 2 个 β 亚基的三级结构,圆柱形片段是 α-螺旋区,血红素以平盘表示,平盘中心的小球代表 Fe^{2+}。

图 3-13　血红蛋白分子的四级结构

七、血红蛋白与肌红蛋白的氧合能力

血红蛋白和肌红蛋白一样具有结合氧的能力,但结合特性有很大差异。以氧分压为横坐标,结合氧饱和度为纵坐标,可以得到这两种蛋白质的氧结合曲线(图 3-14)。从图 3-14 可见,①肌红蛋白的氧结合曲线为双曲线,而血红蛋白为 S 形氧结合曲线;②在相同氧分压情况下,肌红蛋白的氧饱和度总是高于血红蛋白的氧饱和度;③在氧分压较低时,血红蛋白较难与氧结合。

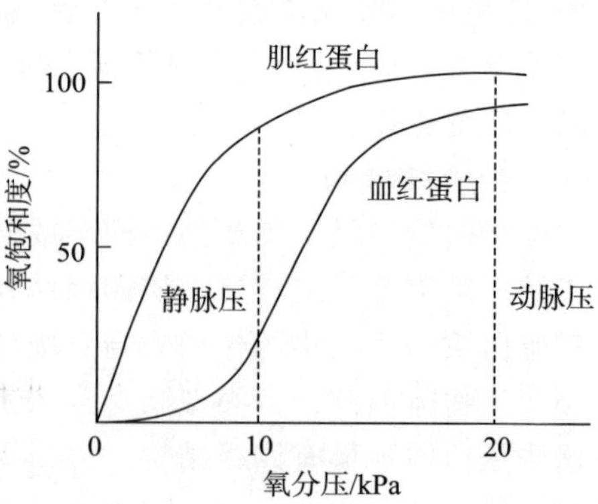

图 3-14　血红蛋白和肌红蛋白的氧结合曲线

用 X 射线晶体衍射技术分析去氧血红蛋白和氧合血红蛋白的三维结构,发现去氧血红蛋白与氧合血红蛋白的分子构象不同。前者是紧密型构象(tense state,T),与氧的亲和力低;后者是松弛型构象(relaxed state,R),与氧的亲和力高。两者可以相互转变。

在去氧血红蛋白分子中,4 个亚基之间通过 8 个盐键相连,各亚基受到较大约束,成为紧密型构象,其氧亲和力小于肌红蛋白的氧亲和力,所以在氧分压低时,血红蛋白的氧合曲线上升缓慢。一旦氧分子与其中一个亚基结合(目前认为第 1 个结合氧是 α 亚基),该亚基发生构象改变,继而引起相邻的亚基发生构象改变,消除了亚基的氧结合部位的空间位阻,更易与氧结合。实验证明,第 4 个亚基与氧分子的亲和力比第 1 个亚基大 200～300 倍。当 4 个亚基均与氧分子结合后，血红蛋白分子构象就由紧密型变成了松弛型。同样道理，当一个氧分子与血红蛋白亚基分离后，就能降低其余亚基与氧分子的亲和力，有助于氧分子的释放。

肌红蛋白没有四级结构，不存在亚基之间的相互限制，表现为单一的平衡常数，因此它与氧的亲和力大，在氧分压低的情况下能迅速与氧结合成接近饱和的状态，其氧结合曲线必然呈双曲线。

血红蛋白的 S 形氧结合曲线具有重要的生理意义。在肺部因氧分压高，去氧血红蛋白与氧的结合接近饱和。在肌肉中氧分压低，与肌红蛋白相比，氧合血红蛋白能释放更多的氧。又由于肌红蛋白与氧的亲和力总是高于血红蛋白，它可接受氧合血红蛋白中的氧，贮存在肌肉中，以满足肌肉运动和代谢对氧的需求。可见，血红蛋白比肌红蛋白更适合运输氧。

血红蛋白还可结合组织产生的 CO_2 并在肺部通过气体交换将其排出体外。另外，血红蛋白与 CO（煤气的主要成分）有很高的亲和力，结合后无法再运输氧，因而导致人和动物中毒。

第五节　蛋白质结构与功能的关系

由于自然界中蛋白质种类繁多，结构与功能各异，所以蛋白质结构与功能的关系相当复杂。通过研究某些蛋白质得出的结论不能推广和应用于其他蛋白质，有时通过研究不同的蛋白质得出的结论还可能相互矛盾。我们仅仅举几个有代表性的例子来简单讨论一下蛋白质结构与功能的关系。

一、蛋白质一级结构与功能的关系

（一）同功能蛋白质一级结构的保守性与分子进化

同功能蛋白质（又称同源蛋白质）是指来源于不同生物的具有同一生物学功能的蛋白质。研究同功能蛋白质不仅能了解蛋白质一级结构与功能的关系，而且可以根据它们在一级结构上的差异程度，判断它们在亲缘关系上的远近，为研究生物进化提供有关分子进化的证据。

通过比较同功能蛋白质的一级结构，发现它们有许多氨基酸残基都是相同的，这些同功能蛋白质共有的、不变的氨基酸残基被称作守恒残基（constant residue），守恒残基序列正是同源蛋白质具有相同生物学功能的基础。而那些对同源蛋白质生物学功能不起决定作用的氨基酸残基，在不同种属间差异十分明显，且亲缘关系愈远，差异愈大。

1. 细胞色素 c

细胞色素 c（cytochrome c，Cyt c）是一个最典型的例子，它广泛存在于需氧生物细胞的线粒体中。Cyt c 是一种含血红素辅基的单链蛋白质，在生物氧化时，起到传递电子的功能。通过研究 50 多种不同生物来源的 Cyt c 的一级结构，可以得出 2 点结论：①在不同物种中，Cyt c 的一级结构不同。Cyt c 由 104～114 个氨基酸残基组成，且亲缘关系愈远，一级结构差别愈大。②Cyt c 分子中有 35 个氨基酸残基在各种生物中是保守的。进一步研究表明，保守性氨基酸残基是保证 Cyt c 功能的关键部位。如肽链上第 14 位和第 17 位上 2 个半胱氨酸通过共价键与血红素的乙烯基相连；第 48 位酪氨酸和第 59 位的色氨酸通过氢键与血红素的丙酸基相连；第 18 位组氨酸和第 80 位甲硫氨酸通过配位键与血红素中的铁离子相连。这些守恒残基可能对于维持蛋白质的特定构象和发挥其生物学功能起着重要作用，因此不能改变。Dickerson 等根据各种生物细胞色素 c 氨基酸序列的异同绘出的生物界的进化树（evolutionary tree）与经典的形态分类进化树十分一致，由此可见，蛋白质分子的进化反映了生物的进化。

2. 胰岛素

不同动物胰岛素的一级结构不同。在组成胰岛素分子的 51 个氨基酸残基中，有 24 个氨基酸残基始终保持不变，为不同动物所共有，其中包括形成 3 对二硫键的 6 个 Cys 是守恒残基，其他绝大多数守恒残基是带有疏水侧链的氨基酸。一般认为，蛋白质的活性中心以及维持活性中心构象的氨基酸残基不能改变，否则蛋白质将失去生物活性。胰岛素 A 链的 8 位、9 位、10 位和 B 链 30 位氨基酸残基存在种属差异，说明这些氨基酸残基对胰岛素的生物活性并不起决定作用。一般认为，这些可变动的氨基酸残基对维持关键部位的构象不重要，只与免疫活性有关。我国治疗人糖尿病的胰岛素大多是从猪的胰腺中提取出来的。由于与人的胰岛素相比，猪的胰岛素只有 B_{30} 一个氨基酸残基不同（人的是苏氨酸，猪的是丙氨酸），因此，用猪胰岛素治疗人糖尿病，既不易引起胰岛素抗体的产生，而且疗效也较好。

（二）同种蛋白质一级结构的微观差异与分子病

同种生物来源的某种蛋白质（简称同种蛋白质）有时存在 2 种或 2 种以上的形式，它们的一级结构差异往往很细微，通常只有极个别氨基酸残基的差别，称作个体差异，也称微观差异。但微观差异在某些情况下可引起蛋白质功能的明显改变，有时甚至可能引起疾病的发生。

分子病（molecular disease）是指遗传上的原因造成的蛋白质分子结构或由合成量的异常所引起的疾病。

由此可见，每种蛋白质都具有特定的一级结构来支撑它行使特定的功能，甚至一级结构中个别氨基酸残基的变化也能引起该蛋白质功能的改变或丧失，表明蛋白质一级结构对维持蛋白质功能的正常发挥起着极其重要的作用。

案例分析

镰刀型细胞贫血病

镰刀型细胞贫血的病因是正常血红蛋白 β 亚基（链）第 6 位的 Glu 被 Val 取代。由于 Glu 的 R 侧链是带负电荷的亲水基团，而 Val 的 R 侧链是不带电荷的疏水基团，且 β 链第 6 位氨基酸残基位于血红蛋白分子表面，从而导致疏水侧链间相互作用，易于聚集形成纤维状沉淀，使去氧血红蛋白分子溶解度显著降低，进而圆盘状的红细胞能变成镰刀状，运输氧的功能下降，细胞脆性增大，易于破裂、溶血，病情严重的可以导致死亡。

二、蛋白质空间结构与功能的关系

（一）蛋白质的变性与复性

1. 蛋白质变性的概念、表现及其机理

蛋白质变性的概念是我国生物化学家吴宪于 20 世纪 30 年代首先提出的。在一些理化因素的作用下，维持天然蛋白质分子特定空间构象的化学键被破坏，使天然蛋白质分子从原来紧密有序的折叠构象（天然态）变成了松散无序的伸展构象（变性态），并导致蛋白质生物学功能的丧失和某些物理及化学性质的改变，这种现象被称为蛋白质的变性（denaturation）。蛋白质变性仅涉及维持蛋白质分子空间构象的化学键（氢键、范德华力、疏水键、离子键，在某些蛋白质中二硫键、配位键也参与维持构象）的破坏，而维持氨基酸序列的肽键没有被破坏，即天然蛋白质分子的空间结构被破坏（有些蛋白质变性后还保留着部分二级结构），而蛋白质的一级结构仍保持不变。

引起蛋白质变性的物理因素主要包括高温、紫外线、超声波、高压、表面张力以及剧烈的振荡、研磨、搅拌等。引起蛋白质变性的化学因素（又称化学变性剂）主要包括酸、碱、有机溶剂、尿素、盐酸胍、重金属盐、三氯醋酸、苦味酸、磷钨酸以及去污剂等。不同的蛋白质对这些各种变性因素的敏感程度不同。

对于含有二硫键的蛋白质，使其变性除了需要破坏疏水键、氢键、离子键、范德华力外，还需要破坏二硫键，可以通过加入巯基试剂如β-巯基乙醇、二硫苏糖醇(DTT)使二硫键被破坏。

变性蛋白质有各种表现：①生物活性丧失。这是变性蛋白质最突出的表现。如酶丧失催化活性，激素蛋白丧失生理调节作用，抗体失去与抗原专一结合的能力等。另外，蛋白质的抗原性也会发生改变。②物理性质发生改变。由于多肽链从折叠态变成了伸展态，使原来埋藏在分子内部的疏水基团暴露在分子表面上，因此变性蛋白质溶解度明显降低，易结絮、凝固沉淀，失去结晶能力，电泳迁移率改变，黏度增加，紫外光谱和荧光光谱发生改变等。③化学性质发生改变。蛋白质变性后由于酶切位点的大量暴露使之更容易被蛋白酶水解，这也是吃熟食易于消化的原因。根据有无上述变化，可以判定蛋白质是否发生变性及变性的程度。

2. 蛋白质变性的应用

蛋白质变性有许多实际应用。如在医疗上，利用高温高压消毒手术器械，用紫外线照射手术室，用70%～75%酒精消毒手术部位的皮肤；这些变性因素都可使细菌、病毒的蛋白质发生变性，从而使其失去致病作用，防止病人伤口感染。再如，在临床化验，测定血清中的非蛋白成分时，为了防止蛋白质对测定的干扰，常常加入三氯乙酸等，使血清中的蛋白质变性沉淀。另外，在蛋白质、酶的分离纯化过程中，为了防止蛋白质变性，我们必须保持低温，防止强酸、强碱、重金属盐、剧烈振荡等变性因素的影响。

3. 蛋白质的复性及影响因素

蛋白质(尤其是小分子蛋白质)的变性作用如果不过于剧烈，当除去变性因素后，可重新恢复原来的天然构象，并恢复全部的生物活性，这种现象称为蛋白质的复性(renaturation)。能够复性的蛋白质变性称为可逆变性。不过，实践中大多数的变性蛋白质根本无法复性，这种变性称为不可逆变性。关于蛋白质变性是否可逆的问题至今仍有疑问，目前能被大多数人接受的观点是：蛋白质变性的可逆性与导致变性的因素、蛋白质的种类、蛋白质结构被改变的程度以及复性的条件等都有紧密的关系。

4. 核糖核酸酶的变性与复性实验

蛋白质的一级结构决定其空间结构。这一结论最直接和最有力的证据来自某些蛋白质的可逆变性实验，其中最经典的实验是20世纪60年代初美国科学家克里斯琴·伯默尔·安芬森(C. B. Anfinsen)进行的牛胰核糖核酸酶(RNA酶)的变性与复性实验。天然的RNA酶分子是一个由124个氨基酸残基组成的含有4个二硫键的单链蛋白质分子，安芬森用含有β-巯基乙醇的8 mol/L尿素处理该酶，结果该酶的二硫键被还原，酶分子由原来紧密有序的折叠构象变成了松散无序的伸展构象，变性的RNA酶失去了活性。用透析方法将尿素和β-巯基乙醇除去，松散的多肽链循其特定的氨基酸顺序，又卷曲折叠成天然酶的空间构象，4对二硫键也正确配对，这时酶活性又逐渐恢复至原来水平(图3-15)。概率计算表明，8个—SH结合成4个二硫键，可随机组合成105种可能的配对方式，然而在实验中只形成了天然核糖核酸酶分子中唯一的那种配对方式。1972年因核糖核酸酶分子结构的研究成果，美国科学家安芬森、斯坦福·摩尔(S. Moore)与威廉·霍华德·斯坦(W. H. Stein)共获诺贝尔化学奖。

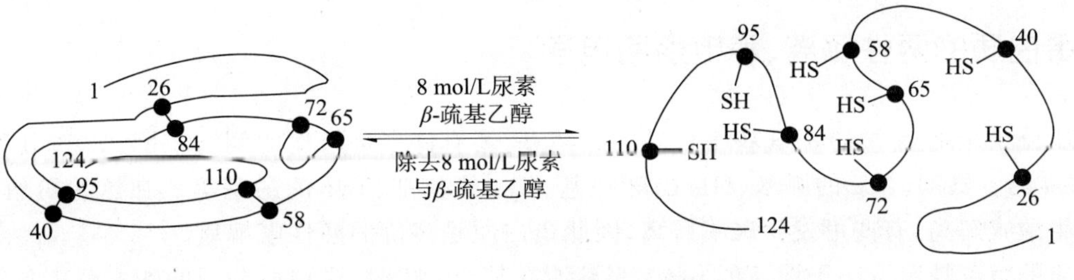

图3-15 RNA酶的变性与复性

蛋白质一级结构决定其空间结构的另一个证据是有活性牛胰岛素的人工合成。1965年我国科学家在世界上首次人工合成出具有生物活性的蛋白质——牛胰岛素。当牛胰岛素的一级结构被合成后，多肽链便自行折叠盘曲形成具有特定空间结构和生物活性的胰岛素分子。肽链通过正确的折叠形成特定的空间结构是其发挥生物学功能的关键。

这两个实验以及随后的许多实验研究都证明，蛋白质一级结构能决定其空间结构的形成。

案例分析

蛋白质立体构象与其功能的关系——疯牛病

疯牛病是指由朊病毒蛋白(prion protein，PrP)引起的一种亚急性进行性神经系统疾病，通常脑细胞组织出现空泡，星形胶质细胞增生，脑内解剖发现淀粉样蛋白质纤维，发病的牛伴随中枢神经系统功能退化及全身性的共济失调，该病以潜伏期长、死亡率高、传染性强为特征。其发病机制是朊蛋白二级结构中的 α-螺旋变为 β-折叠。正常朊蛋白(PrP^c)二级结构中仅存在 α-螺旋，它可能与神经系统功能维持有关；致病朊病毒(PrP^{Sc})中有多个 β-折叠存在，是 PrP^c 的构象异构体。初始的和新生的 PrP^{Sc} 会继续攻击正常 PrP^c，类似多米诺效应使 PrP^{Sc} 积累，直至致病。

(二)蛋白质的变构效应

氧与血红蛋白结合后会引起血红蛋白构象变化，并进一步引起与氧结合能力的改变，这种现象在蛋白质中普遍存在，统称为变构效应或变构作用。变构效应(allosteric effect)是指在寡聚蛋白分子中，一个亚基与其他分子结合而发生构象变化，进而引起相邻亚基及整个分子的构象和功能也发生改变。变构效应也存在于寡聚酶分子中，是机体调节蛋白质或酶生物活性的一种方式。

研究蛋白质结构与功能的关系不仅有助于我们从分子水平上认识生命的起源以及生命现象的本质，而且对疾病的诊断与治疗、新药的研究与开发等实践具有指导意义。近年来，科学家正试图对细胞在某一生理时期全部的蛋白质进行分析、鉴定，并进行结构与功能关系的研究，这是继“人类基因组计划”后发展起来的一个新的研究领域——蛋白质组学(proteomics)。曾有科学家预言，人类将用数百年时间进行蛋白质组学研究。由此可见，蛋白质结构及其与功能关系的研究意义重大，是一项长期的重大的研究课题。

第六节　蛋白质的主要性质

蛋白质是指由各种氨基酸组成的生物大分子，其理化性质有些与氨基酸相似，如两性解离、等电点、侧链基团反应等；但也有其特殊的性质，如蛋白质相对分子量较大，有胶体性质，还能发生变性、沉淀等。

一、蛋白质的两性解离、等电点和电泳

蛋白质分子中除 N 端的 α-氨基和 C 端的 α-羧基，还有许多可解离的侧链基团，如 Asp 和 Glu 侧链的羧基、Lys 的 ε-氨基、Arg 的胍基、His 的咪唑基、Cys 的巯基、Tyr 的酚基等。在这些可解离基团中，有些可发生酸式解离，有些可发生碱式解离，因此蛋白质是多价的两性电解质。

蛋白质的解离情况取决于溶液的 pH。当溶液在某个 pH 时，蛋白质分子的酸式解离与碱式解离达到平衡，所带正电荷数与负电荷数恰好相等，净电荷为零，此时溶液的 pH 就是该蛋白质的等电点(pI)。当溶液 pH＜pI 时，蛋白质分子带正电荷；当溶液 pH＞pI 时，蛋白质带负电荷。大多数体内的蛋白质的等电点接近 6，故在生理条件下(pH 约为 7.24)带负电荷。蛋白质分子在等电点时的净电荷为零，容易

碰撞而聚集沉淀，因此可以利用这一性质分离不同的蛋白质，这种方法称等电点沉淀法，是蛋白质分离纯化的常用方法之一。

在直流电场中，带电颗粒向着与其所带电荷相反的电极方向移动的现象称为电泳(electrophoresis)。电泳速度一般用迁移率来表示，迁移率(U)是指带电颗粒在单位电场强度(E)下的移动速度(v)，即$U=v/E$。迁移率的大小与蛋白质相对分子量的大小、形状和所带净电荷量有关。净电荷数量越大，迁移率越大；相对分子量越大，迁移率越小；球状分子的迁移率大于纤维状分子的迁移率。在一定的电泳条件下，不同的蛋白质分子，由于其净电荷量、分子量大小、形状的不同，一般有不同的迁移率。因此，我们可以利用电泳法将多种蛋白质的混合物加以分离，并进一步检测、分析。电泳是蛋白质分离、分析很有效的方法。在蛋白质化学中，最常用的电泳法包括聚丙烯酰胺凝胶电泳、等电聚焦电泳和高效毛细管电泳等。

二、蛋白质的胶体性质与蛋白质的沉淀

(一)蛋白质的胶体性质

蛋白质是生物大分子，相对分子质量一般为$(6\times10^3)\sim(6\times10^6)$，分散于水中的颗粒直径为1～100 nm，恰好在胶体颗粒的直径范围之内，因此，蛋白质溶液具有胶体的性质。蛋白质分子表面有许多亲水的基团，这些亲水的基团在水溶液中能与极性的水分子相互作用，从而使蛋白质分子表面形成一层水化膜。由于这层水化膜的分隔作用，使蛋白质分子彼此不能接近或相互结合，而是以分子的形式均匀地分散在水溶液中，因而增加了蛋白质溶液的稳定性，阻碍了蛋白质分子的沉淀。另外，蛋白质分子表面具有许多可解离的基团，在适当的pH条件下，蛋白质分子都带有相同的净电荷，因为同性电荷的相互排斥，使蛋白质分子不能互相结合成较大的颗粒而沉淀。由于上述的水化膜和电荷这两种稳定因素的作用，从而使蛋白质的水溶液成为稳定的亲水性胶体溶液，并具备胶体溶液扩散慢、黏度大、不能通过半透膜等特性。

蛋白质分子不能通过半透膜，而无机盐等小分子化合物能自由通过半透膜。利用这一性质差异，可用透析法将蛋白质溶液中的小分子化合物去除。

(二)蛋白质的沉淀

由于受某些物理或化学因素的影响，蛋白质从溶液中析出，这种现象称为蛋白质的沉淀(precipitation)。其实质是这些因素影响了维持蛋白质溶液稳定的水化膜或电荷，任何影响这两个稳定条件的因素都会使蛋白质沉淀。沉淀和变性的概念是不同的。变性的蛋白质溶解度明显降低、易结絮、凝固而沉淀；但是沉淀的蛋白质却不一定变性。如加热引起的蛋白质沉淀是由于蛋白质热变性所致，而硫酸铵盐析所得蛋白质沉淀一般不会变性。

沉淀蛋白质的方法包括盐析法、有机溶剂沉淀法、重金属盐沉淀法、生物碱试剂沉淀法和加热变性沉淀法等。

三、蛋白质的呈色反应

蛋白质分子中游离的氨基和羧基、肽键及某些氨基酸的侧链基团能与某些化学试剂发生反应，产生有色物质。比较重要的呈色反应：①蛋白质与酚试剂反应生成蓝色物质，该法称福林-酚法，又称Lowry法，是蛋白质定量的经典方法；②蛋白质与考马斯亮蓝G250结合生成蓝色的物质，在595 nm处有最大光吸收，是目前蛋白质定量的常用方法，这种方法被称为染料结合分析法或Bradford法；③蛋白质中的

肽键能与双缩脲试剂反应，生成紫红色或蓝紫色物质，该反应可用于蛋白质的定量分析；④蛋白质与茚三酮反应生成蓝紫色物质，该反应可用于蛋白质的定性和定量分析。

四、蛋白质的紫外光吸收

虽然蛋白质不能吸收可见光，但能吸收一定波长范围内的紫外光。大多数蛋白质在 280 nm 波长附近有最大的光吸收，这主要与蛋白质中 Trp、Tyr 及 Phe 对紫外光的吸收有关。因此，可利用紫外分光光度法，根据蛋白质溶液在 280 nm 波长的吸光值，测定溶液中蛋白质的含量。

五、蛋白质相对分子质量的测定

测定蛋白质的相对分子质量有许多方法，下面仅介绍 2 种最常见的方法。

（一）凝胶层析法

凝胶层析（gel chromatography）又称凝胶过滤（gel filtration）、凝胶排阻层析（gel exclusion chromatography）、分子筛层析（molecular sieve chromatography）等。它是一种利用凝胶把混合物中不同组分按分子量大小顺序进行分离的层析技术。在层析柱中装入具有多孔网状结构的葡聚糖凝胶颗粒，当含有不同组分的样品进入凝胶层析柱后，比凝胶颗粒孔穴孔径大的分子不能扩散到凝胶颗粒内部的网状孔穴中，被完全排阻在凝胶颗粒之外，即只能在凝胶颗粒之间的空隙随流动相向下流动，它们的流程短，所以首先被洗脱出来；比凝胶颗粒孔穴孔径小的分子则可以进入凝胶颗粒内部的孔穴中，被洗脱出来需要经历的流程长，即后被洗脱出来。由此可见，混合样品在经过凝胶层析柱时，各个组分是按分子量从大到小的顺序依次被洗脱出来的，从而达到分离的目的（图 3-16）。

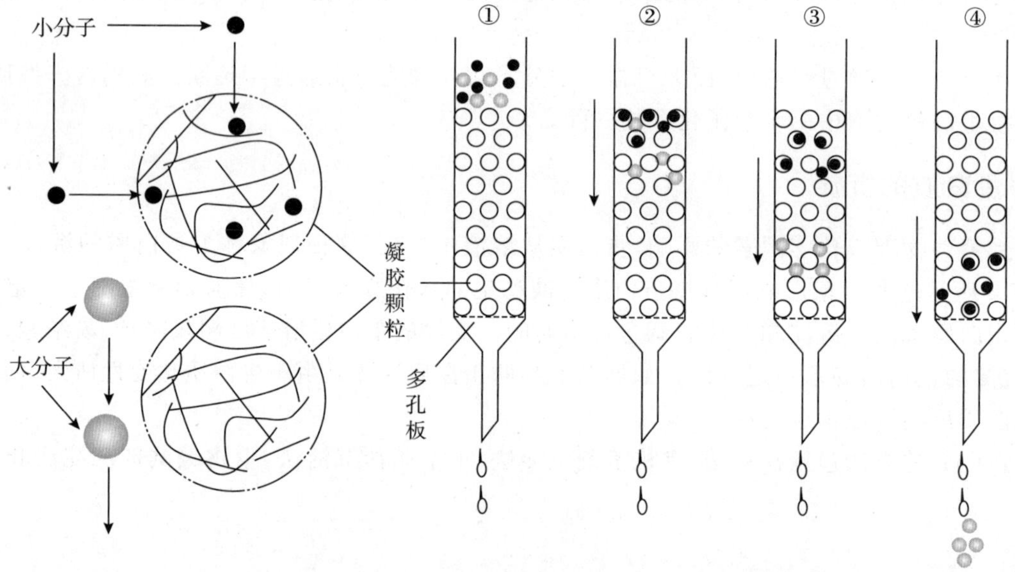

①样品上柱；②洗脱开始：小分子被滞留，大分子向下移动，大、小分子开始分开；
③大、小分子完全分开；④大分子已被洗脱出层析柱，小分子还滞留在层析柱中。

图 3-16　凝胶层析的基本原理

对于小于所用葡聚糖凝胶排阻极限的蛋白质而言，其相对分子质量的对数和洗脱体积之间呈线性关系，因此将几种已知相对分子质量（应小于所用葡聚糖凝胶的排阻极限）的标准蛋白质混合溶液上柱洗脱，记录各种标准蛋白质的洗脱体积。然后，以每种蛋白质相对分子质量的对数为纵坐标，以相对应的洗脱体积为横坐标，绘制标准曲线，再通过线性回归，获得蛋白质相对分子质量对数对洗脱体积的标准曲线与方程；再将待测蛋白质溶液在上述相同的层析条件下上柱洗脱，记录其洗脱体积，利用上述标准曲线与方程，便可计算获得待测蛋白质的相对分子质量(图 3-17)。

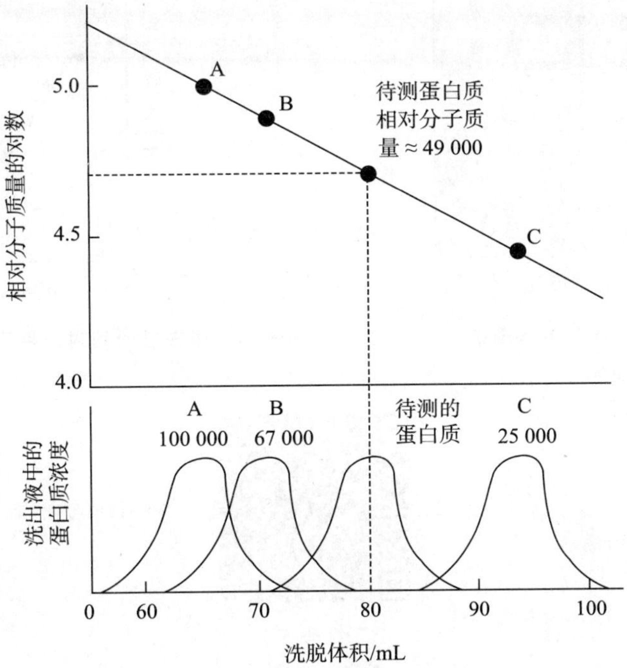

图 3-17　蛋白质洗脱体积与相对分子质量的关系

(二)SDS-聚丙烯酰胺凝胶电泳法

聚丙烯酰胺凝胶是一种凝胶介质，蛋白质在其中的电泳速度取决于蛋白质相对分子质量的大小、形状和所带净电荷的数量。十二烷基硫酸钠(SDS)是一种有效的蛋白质变性剂，它能破坏蛋白质分子中的疏水键和氢键，而巯基乙醇又能打开二硫键。因此，当在聚丙烯酰胺凝胶系统中加入 SDS 和少量巯基乙醇时，寡聚蛋白解离成亚基，且亚基或单体蛋白质的多肽链能由紧密状态变成伸展状态，此时，SDS 以其烃链与蛋白质分子的侧链结合成复合体，SDS 与蛋白质的结合比一般为 1.4 g SDS∶1 g 蛋白质，相当于每 2 个氨基酸残基结合 1 个 SDS 分子。SDS 与蛋白质的结合会带来 2 个后果：①由于 SDS 是阴离子，大量的 SDS 与蛋白质结合使蛋白质分子带上大量的负电荷，掩盖了不同蛋白质分子间或不同蛋白质亚基间的电荷差异；②不同蛋白质分子间或不同蛋白质亚基间的形状都变成杆状。在这种情况下，蛋白质电泳的相对迁移率只决定于其相对分子质量的大小。当用 SDS-聚丙烯酰胺凝胶电泳(SDS-polyacrylamide gel electrophoresis，SDS-PAGE)分离蛋白质时，常用溴酚蓝作指示剂(电泳时迁移速度最快)，蛋白质分子在凝胶中的移动距离与指示剂移动距离的比值称相对迁移率，相对迁移率与蛋白质相对分子质量的对数呈反比。

因此，几种已知相对分子质量的标准蛋白质混合溶液以及待测蛋白溶液能被分别点在不同的点样孔中，进行 SDS-PAGE，电泳图谱见图 3-18。然后，以标准蛋白质相对分子质量的对数为纵坐标，以相对应的相对迁移率为横坐标，绘制标准曲线；再通过线性回归，获得蛋白质相对分子质量对数对相对迁移率的标准曲线与方程；再根据待测蛋白质的相对迁移率，即可计算出待测蛋白质的相对分子质量(图 3-19)。

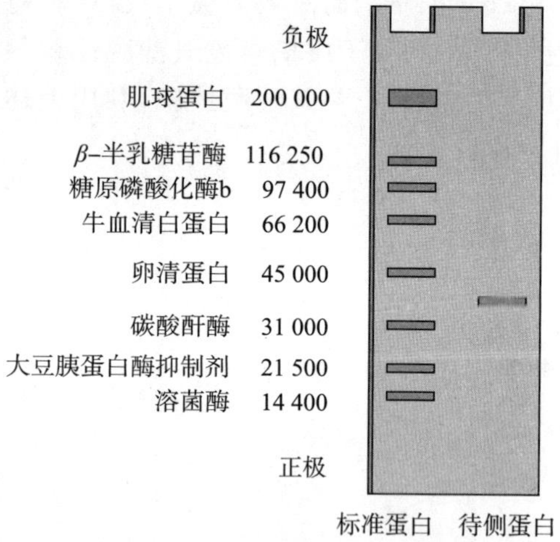

图 3-18 蛋白质 SDS-PAGE 电泳图谱

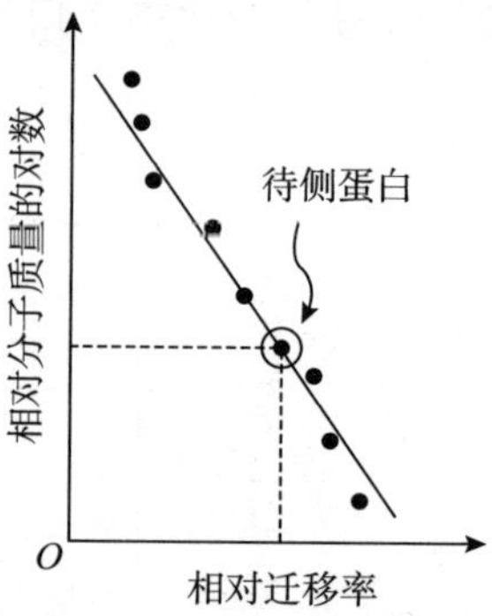

图 3-19 蛋白质的相对迁移率与相对分子质量的关系

二维码 3-1

勇攀科学高峰

第四章

酶

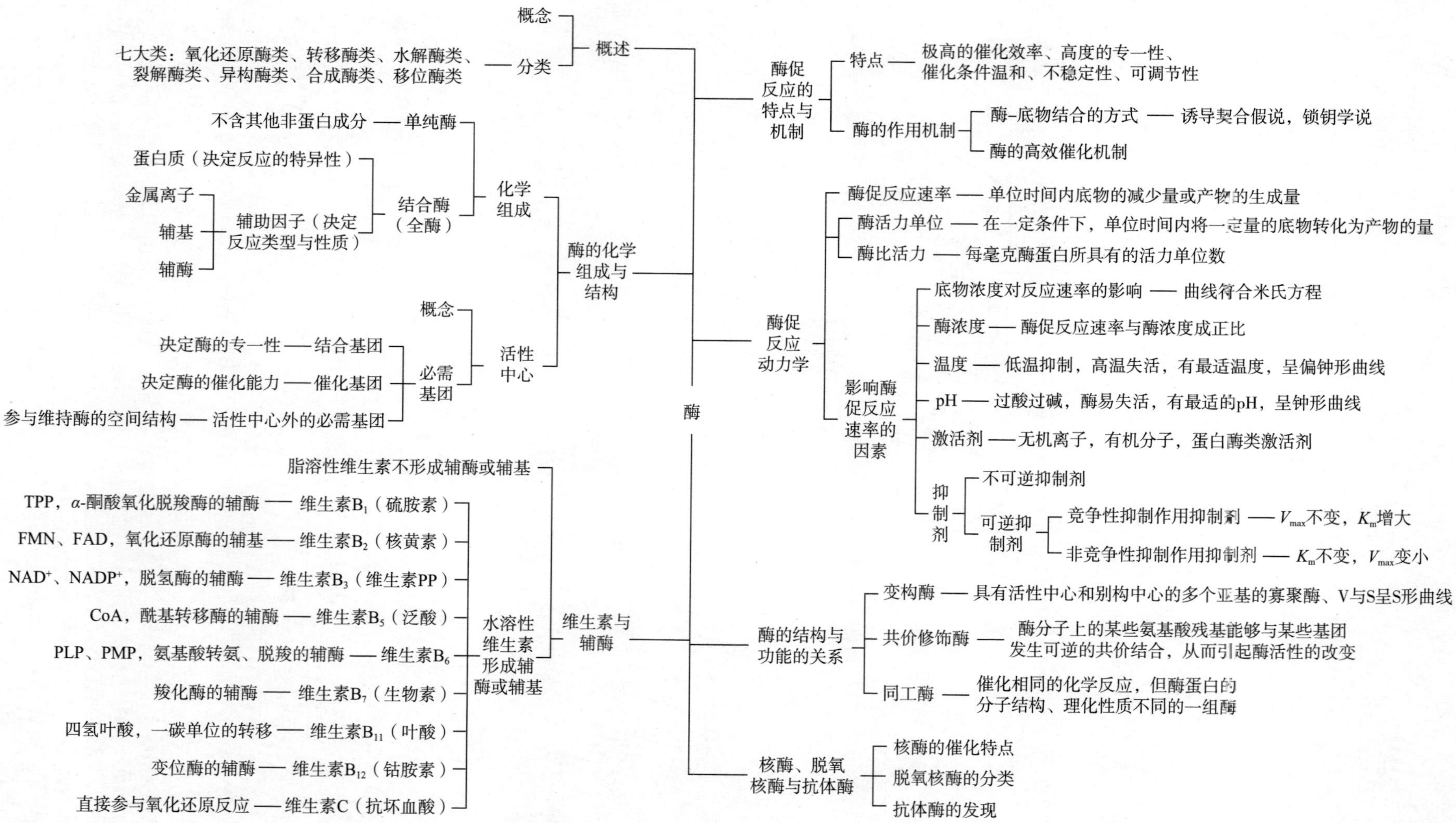
酶
概述
概念
分类
七大类：氧化还原酶类、转移酶类、水解酶类、裂解酶类、异构酶类、合成酶类、移位酶类
酶的化学组成与结构
化学组成
单纯酶
不含其他非蛋白成分
结合酶（全酶）
蛋白质（决定反应的特异性）
辅助因子（决定反应类型与性质）
金属离子
辅基
辅酶
活性中心
概念
必需基团
结合基团
决定酶的专一性
催化基团
决定酶的催化能力
活性中心外的必需基团
参与维持酶的空间结构
维生素与辅酶
脂溶性维生素不形成辅酶或辅基
水溶性维生素形成辅酶或辅基
维生素B1（硫胺素）
TPP，α-酮酸氧化脱羧酶的辅酶
维生素B2（核黄素）
FMN、FAD，氧化还原酶的辅基
维生素B3（维生素PP）
NAD+、NADP+，脱氢酶的辅酶
维生素B5（泛酸）
CoA，酰基转移酶的辅酶
维生素B6
PLP、PMP，氨基酸转氨、脱羧的辅酶
维生素B7（生物素）
羧化酶的辅酶
维生素B11（叶酸）
四氢叶酸，一碳单位的转移
维生素B12（钴胺素）
变位酶的辅酶
维生素C（抗坏血酸）
直接参与氧化还原反应
酶促反应的特点与机制
特点
极高的催化效率、高度的专一性、催化条件温和、不稳定性、可调节性
酶的作用机制
酶-底物结合的方式
诱导契合假说，锁钥学说
酶的高效催化机制
酶促反应动力学
酶促反应速率
单位时间内底物的减少量或产物的生成量
酶活力单位
在一定条件下，单位时间内将一定量的底物转化为产物的量
酶比活力
每毫克酶蛋白所具有的活力单位数
影响酶促反应速率的因素
底物浓度对反应速率的影响
曲线符合米氏方程
酶浓度
酶促反应速率与酶浓度成正比
温度
低温抑制，高温失活，有最适温度，呈偏钟形曲线
pH
过酸过碱，酶易失活，有最适的pH，呈钟形曲线
激活剂
无机离子，有机分子，蛋白酶类激活剂
抑制剂
不可逆抑制剂
可逆抑制剂
竞争性抑制作用抑制剂
Vmax不变，Km增大
非竞争性抑制作用抑制剂
Km不变，Vmax变小
酶的结构与功能的关系
变构酶
具有活性中心和别构中心的多个亚基的寡聚酶、V与S呈S形曲线
共价修饰酶
酶分子上的某些氨基酸残基能够与某些基团发生可逆的共价结合，从而引起酶活性的改变
同工酶
催化相同的化学反应，但酶蛋白的分子结构、理化性质不同的一组酶
核酶、脱氧核酶与抗体酶
核酶的催化特点
脱氧核酶的分类
抗体酶的发现

新陈代谢是生命有机体最基本的特征之一，在新陈代谢过程中，成千上万的化学反应有条不紊地进行。由于酶的存在，代谢的调节是通过酶来实现的，因此生命活动离不开酶的催化作用。动物的许多疾病与酶的异常表现有密切联系，许多药物是通过对酶的影响来达到治疗疾病的目的，因此没有酶就没有生命的存在。现已发现的酶有数千种，它们既参与生物体内物质的合成与分解过程，也参与机体的能量代谢过程。本章将讨论酶的化学本质、组成、性质、结构和功能等基础知识。

第一节 概 述

一、酶的概念与酶促反应的特点

(一)酶的概念

酶(enzyme)也称为生物催化剂(biological catalyst)，是指由生物活细胞产生的能在体内或体外起催化作用的生物大分子，多数酶的化学本质是蛋白质；少数酶的化学本质是核酸(RNA 或 DNA)分子。

1878 年，威尔海姆·库奈(Wilhelm Kunne)首次将酵母中存在的能促使葡萄糖转化为酒精的物质命名为"Enzyme"。1926 年，詹姆斯·巴彻勒·萨姆纳(James Batchuer Summer)第一次从刀豆中提取出了脲酶并制成结晶，同时提出酶的化学本质是蛋白质。现已发现和鉴定的蛋白酶有 8 000 多种，其中近千种已得到结晶，很多种酶的化学结构和三维结构也已被彻底阐明。

凡是蛋白质所具有的性质酶也同样具有，但是，不是所有的蛋白质都是酶，具有催化作用的蛋白质才称为酶。1982 年，托马斯·罗伯特·切赫(Thomas Robert Cech)等发现 rRNA 前体在加工剪接中具有自我催化作用，首次发现某些 RNA 分子具有催化功能，并提出了核酶(ribozyme)的概念，打破了酶是蛋白质的传统观念。1986 年，彼得·舒尔茨(Schultz)与理查德·勒纳(Lerner)等研制成功了抗体酶。1994 年，杰勒德·F·乔伊斯(G. F. Joyce)等首次发现了能够切割 RNA 的 DNA 分子，并命名为脱氧核酶(deoxyribozyme)。以后不少的实验证明，某些 RNA 和 DNA 确实具有酶的催化活性。

(二)酶促反应的特点

作为生物催化剂，酶也具有一般化学催化剂的性质，如只能催化热力学所允许进行的化学反应；不改变平衡常数，但缩短达到化学平衡的时间；在化学反应的前后没有质和量的改变；通过降低反应的活化能(activation energy)，加快反应速率。但酶是生物催化剂，与一般催化剂不同，酶具有以下特有特点。

1. 酶具有极高的催化效率

酶催化反应速率比一般非催化反应高 $10^8 \sim 10^{20}$ 倍。如 Fe^{3+}、血红素和过氧化氢酶都能催化过氧化氢的分解，反应速率分别为 6×10^{-4} (mol 底物/mol 催化剂)、6×10^{-1} (mol 底物/mol 催化剂)和 6×10^{6} (mol 底物/mol 催化剂)。

2. 酶具有高度的专一性

一种酶只作用于一种或一类底物，催化一定类型的化学反应，并生成特定的产物，这种现象称为酶的专一性(specificity)或特异性。受酶催化的反应物习惯上称为该酶的底物或作用物(substrate)。酶的专一性可分为以下 3 种类型。

(1)绝对专一性 一种酶只作用于一种底物，发生特定的反应，并产生特定的产物，称为绝对专一性(absolute specificity)。如脲酶(urease)只能催化尿素水解生成 NH_3 和 CO_2，而对尿素的衍生物如甲基尿素不起作用。

$$NH_2-\overset{O}{\overset{\|}{C}}-NH_2+H_2O\xrightarrow{\text{脲酶}}2NH_3+CO_2$$

尿素

(2)相对专一性　一种酶可作用于一类化合物或一种化学键，这种不太严格的专一性称为相对专一性(relative specificity)。如脂肪酶不仅能水解脂肪，也能水解简单的酯类；磷酸酯酶对一般的磷酸酯的水解反应都有作用。

相对专一性又可分为键专一性和基团专一性。键专一性只要求作用于一定的键，而对键两端的基团并无严格要求。基团专一性不但要求一定的化学键，而且对键一端的基团有严格的要求，对键另一端的基团无严格要求。如胰蛋白酶能催化水解碱性氨基酸(Arg、Lys)的羧基所形成的肽键，而对此肽键氨基端的氨基酸没有什么要求。

(3)立体异构专一性　立体异构专一性(stereo specificity)指酶只能作用于立体异构体中的一种，如 *L*-乳酸脱氢酶的底物只能是 *L*-型乳酸，而不能是 *D*-型乳酸；*L*-氨基酸氧化酶也只能催化 *L*-氨基酸氧化，而对 *D*-型氨基酸无作用。

3. 催化条件温和

非生物催化剂往往在极端的酸碱条件或高温情况下催化反应进行；而酶促反应一般是在常温、常压、pH 中性和有水的反应条件下进行的。

4. 酶的不稳定性

绝大多数酶是蛋白质。酶促反应要求具备比较温和的 pH 和温度等条件，所以强酸、强碱、有机溶剂、重金属盐、高温和紫外线等任何使蛋白质变性的理化因素都可使酶的活性降低或丧失。

5. 酶的催化活性可调节

酶是细胞的组成成分，和体内其他物质一样，在不断地进行新陈代谢，酶的催化活性和酶的含量也受多方面的调控。不同的酶调节方式也各不相同，如可通过反馈抑制、酶原激活、同工酶、共价修饰、激素控制等方式调控酶的活性；又如可通过诱导等方式调控酶的合成。

二、酶的分类和命名

(一)酶的分类

酶学专门委员会(enzyme commission，EC)根据酶催化的反应类型将酶分为 7 大类：氧化还原酶类、转移酶类、水解酶类、裂解酶类、异构酶类、合成酶类和移位酶类，如表 4-1 所列。

表 4-1　各类酶催化的反应及反应通式

名称	催化底物进行的反应	举例	反应通式
氧化还原酶类 (oxidoreductases)	氧化还原反应	琥珀酸脱氢酶 苹果酸脱氢酶	$AH_2+B\rightleftharpoons A+BH_2$
转移酶类 (transferases)	底物之间进行基团的转移或交换	转氨酶	$AR+B\rightleftharpoons A+BR$
水解酶类 (hydrolases)	水解反应	淀粉酶 蛋白酶	$AB+H_2O\rightleftharpoons AOH+BH$
裂解酶类 (lyases)	底物化学键断裂，并移去一个基团	碳酸酐酶 醛缩酶	$AB\rightleftharpoons A+B$
异构酶类 (isomerases)	同分异构体之间相互转化	葡萄糖异构酶 顺反异构酶	$A\rightleftharpoons B$

续表 4-1

名称	催化底物进行的反应	举例	反应通式
合成酶类 (ligases)	两种底物生成一种产物，同时消耗能量	谷氨酰胺合成酶 氨酰-tRNA 合成酶	$A+B+ATP \rightleftharpoons AB+ADP+Pi$
移位酶类 (translocases)	将离子或分子从膜的一侧转移到另一侧	ATP 合酶	$ATP+H_2O+H^+(side1) \rightleftharpoons ADP+Pi+H^+(side2)$

(二)酶的命名

酶的命名法有习惯命名法和系统命名法 2 种。

1. 习惯命名法

习惯命名法是 1961 年推出“国际系统命名法”前使用的命名方法。通常依据所催化的底物、反应的性质进行命名，有时还要加上酶的来源。如：催化乳酸脱氢反应的酶叫乳酸脱氢酶，催化草酰乙酸脱去 CO_2 生成丙酮酸的酶叫草酰乙酸脱羧酶。催化水解反应的酶，在酶的命名时省去反应的类型，如水解蛋白的酶叫蛋白酶，根据不同来源可命名为胃蛋白酶、胰蛋白酶等。习惯命名法的特点是简单、使用方便。但缺乏系统性，不准确，容易出现一个名字表示多种酶或一个酶用多种不同名字表示的现象。

2. 系统命名法

1961 年酶学专门委员会提出了酶的系统命名法。系统命名法包括底物名称和反应类型，底物名称之间以“:”分隔，底物有水的可以省略。如催化乳酸脱氢反应的酶，系统名称是乳酸:NAD^+ 氧化还原酶；催化己糖磷酸化反应的酶，系统名称是 ATP :*D*-己糖磷酸转移酶。

3. 酶的分类编码

酶学专门委员会规定每一个酶都有一个特定的编码，它由 4 个数字组成，数字之间用“.”隔开。第 1 个数字指明该酶属于 7 大类中哪一类；第 2 个数字表示酶的亚类；第 3 个数字指明该酶属于哪一个亚亚类；第 4 个数字指明该酶在亚亚类中的排号(即被发现的先后顺序)，编号之前冠以 EC。如乳酸脱氢酶的标码为：EC1. 1. 1. 27(图 4-1)。

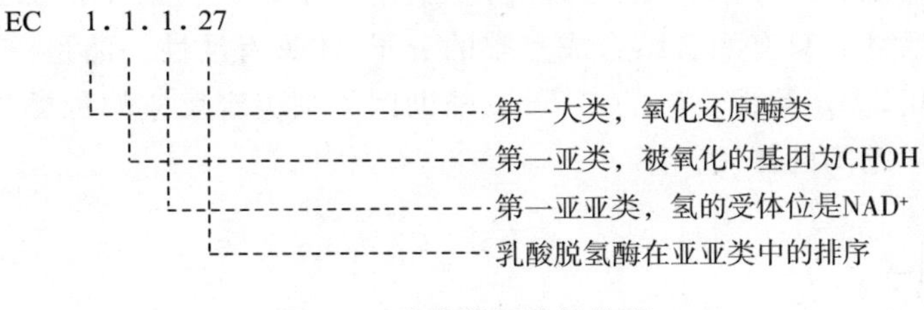

图 4-1　乳酸脱氢酶的编码

三、酶与动物和人类健康的关系

酶是生命存在必不可少的物质，很多疾病的发生都与酶的缺失或者其功能失调相关。如果人和动物体内缺少某种酶或某种酶量不足或酶的功能异常，就会导致人和动物生病或死亡。如先天性酪氨酸酶缺乏会使黑色素不能形成，引起白化病；苯丙氨酸羟化酶缺乏会使苯丙氨酸和苯丙酮酸在体内堆积，导致精神幼稚化。有些疾病的发生是由于酶的活性受到抑制。例如氧化物或叠氮化合物中毒是由于呼吸链中细胞色素氧化酶的活性受到了抑制，重金属盐中毒是巯基酶的活性受到了抑制。

当某些组织器官受损伤时，细胞内的一些酶可大量释放入血液，所以血清(或血浆)、尿液等体液中酶活力测定是疾病诊断常用的方法。如测定血清淀粉酶活性可作为急性胰腺炎临床诊断的依据；测定血清转氨酶活性，可作为急性肝炎或心肌梗死临床诊断的依据；测定血清乳酸脱氢酶同工酶的活性对疾病的器官定位和相关的疾病诊断都有重要的意义;测定尿酸氧化酶的活性可以作为痛风病诊断的依据;测定胆碱酯酶和胆固醇氧化酶活性,可作为心血管疾病或高血压临床诊断的依据。

酶制剂应用于疾病的治疗已有很多年的历史。目前,用于医药工业和食品业的酶制品已有上百种。它们可大致分成以下几大类:助消化类(如双糖酶、淀粉酶、胃蛋白酶、脂肪酶、胰酶和纤维素酶);抗炎清创酶类(如透明质酸酶、糜胰蛋白酶、菠萝蛋白酶和溶菌酶);解蛇毒酶类(如胰蛋白酶);促凝血和纤溶酶类(如纤溶酶.链激酶、尿激素酶);促生物氧化酶类(如细胞色素 c、辅酶 Q)。许多酶已经用于疾病的治疗,如天冬酰胺酶用于治疗白血病;精氨酸酶、蛋氨酸酶、谷氨酰胺酶等用于抗癌。给动物饲料添加纤维素酶、木聚糖酶、果胶酶等,可以促进畜禽生长与健康。酶的抑制作用原理可作为许多新药设计的依据。

第二节　酶的化学组成与结构

一、酶的化学组成

根据化学组成不同,酶可分为单纯酶和结合酶。

(一)单纯酶

单纯酶(simple enzyme)是指只含有蛋白质,水解后的产物只有氨基酸的酶类。催化水解反应的酶,如淀粉酶、蛋白酶、脂肪酶、核糖核酸酶等均属于该类酶。

(二)结合酶

酶分子中除蛋白质部分外,还含有对热稳定的非蛋白质的有机小分子或金属离子,这类酶统称为结合酶(conjugated enzyme)或称为全酶(holoenzyme)。全酶中蛋白质部分称为酶蛋白(apoenzyme),辅助成分称为辅助因子(cofactors),即全酶=酶蛋白+辅助因子。当全酶中的酶蛋白与辅助因子单独存在时,它们都没有催化活性。只有两者结合成完整的分子,才具有活性。酶蛋白在酶促反应中主要起识别底物、结合底物的作用,决定酶促反应的专一性;辅助因子则决定反应的种类和性质,在反应中起到传递电子、原子或某些化学基团的作用。

二、酶的辅助因子

(一)金属离子

有些酶的辅助因子是金属离子,如 K^+、Na^+、Mg^{2+}、Cu^+/Cu^{2+}、Zn^{2+} 和 Fe^{2+}/Fe^{3+} 等均可作为某些酶的辅助成分(表 4-2)。酶分子中的金属离子的作用主要表现在几个方面:①酶活性中心的组成部分;②维持酶的特定构象所必需;③在酶与底物反应中起桥梁作用。

表 4-2　需要金属离子作为辅助因子的酶类

金属离子	酶种类	金属离子	酶种类
Fe^{2+}/Fe^{3+}	细胞色素 c 氧化酶	Mg^{2+}	己糖激酶、磷酸果糖激酶
	精氨酸酶	过氧化氢酶	Mn^{2+}
Cu^+/Cu^{2+}	细胞色素 c 氧化酶	Mo^{2+}	黄嘌呤氧化酶
	丙酮酸激酶	酪氨酸酶	K^+

续表 4-2

金属离子	酶种类	金属离子	酶种类
Zn^{2+}	DNA 聚合酶	Na^{+}	质膜 ATP 酶
	脲酶	羧肽酶	Ni^{2+}

(二)辅酶与辅基

有些酶的辅助因子是小分子有机化合物,其主要作用是在反应中传递电子、原子或某些基团。根据辅助因子与酶蛋白结合的牢固程度不同可将其分为辅酶(coenzyme)和辅基(prosthetic group)。辅酶是指以非共价键与酶蛋白结合的小分子有机物质,通过透析或超滤等物理方法可以除去;辅基是指以共供健与酶蛋白结合的小分子有机物质,不能通过透析或超滤的方法除去。辅酶和辅基的差别仅仅在于它们与酶蛋白结合的牢固程度不同,并无严格的界限。

有些酶既需要金属离子,又需要辅酶或辅基才能发挥催化作用。如细胞色素氧化酶既含有血红素,又含有铜离子。通常一种酶蛋白必须与某一特定的辅助因子结合,才能成为有活性的全酶。而一种辅助因子往往能与多种不同的酶蛋白结合,组成具有不同专一性的全酶。现在已知大多数水溶性维生素是许多酶的辅酶或辅基的成分(表 4-3)。

表 4-3　维生素的辅酶(辅基)形式及在酶反应中的主要功能

维生素	辅酶形式	酶促反应中的主要作用
硫胺素(维生素 B_1)	焦磷酸硫胺素(TPP)	α-酮酸氧化脱羧、酰基转移作用
核黄素(维生素 B_2)	黄素单核苷酸(FMN) 黄素腺嘌呤二核苷酸(FAD)	氧化还原反应中转移氢原子
烟酰胺(PP)(维生素 B_3)	烟酰胺腺嘌呤二核苷酸(NAD^+) 烟酰胺腺嘌呤二核苷酸磷酸 ($NADP^+$)	氢原子(电子)转移
泛酸(维生素 B_5)	辅酶 A(CoA)	酰基转移作用
吡哆醇(醛、胺)(维生素 B_6)	磷酸吡哆醛	氨基酸转氨基、脱羧作用
生物素(H)(维生素 B_7)	生物素	羧化作用
叶酸(维生素 B_{11})	四氢叶酸	转移"一碳基团"(一碳单位)
钴胺素(维生素 B_{12})	甲基钴胺素、5′-脱氧腺苷钴胺素	甲基转移、变位反应
维生素 C(抗坏血酸)		羟基化反应辅助因子、氧化还原
硫辛酸		酰基转移、氧化还原

三、维生素与辅酶

维生素(vitamin)是维持机体正常生命活动及生理功能所不可缺少的,必须从食物中获得的一类小分子有机化合物。维生素不是构成机体组织的主要原料,也不是体内供能的物质。它们的主要功能是调节机体的新陈代谢、维持机体正常的生理功能。如果缺乏某种维生素,可使物质代谢发生障碍,严重时会导致维生素缺乏症的发生。

目前已发现的维生素有 60 多种。根据溶解性的不同,维生素可分为脂溶性维生素和水溶性维生素 2 大类。水溶性维生素包括 B 族维生素和维生素 C。B 族维生素包括维生素 B_1、维生素 B_2、维生素 B_3、维生素 B_5、维生素 B_6、维生素 B_7、维生素 B_{11} 和维生素 B_{12},这 8 种维生素的结构和功能各不相同,但其溶解性和在体内的分布基本相同，所以提取时常常混杂在一起。B族维生素几乎都是辅酶的组成成分，参与体内的代谢过程。维生素C则在一些氧化还原及某些重要羟化反应中起着重要作用。脂溶性维生素包括维生素A、维生素D、维生素E和维生素K。在生命活动过程中，虽然脂溶性维生素各自起着不同的作用，但均不是通过辅酶。

（一）维生素B_1

1. 化学结构和辅酶形式

维生素B_1又称硫胺素（thiamine），其化学结构是由噻唑环和嘧啶环组成的。在生物体内常以焦磷酸硫胺素（thiamine pyrophosphate，TPP）的辅酶形式存在，其分子结构见图4-2。

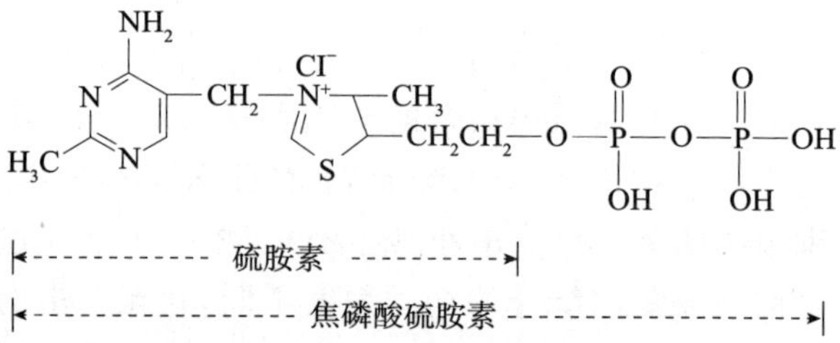

图4-2　硫胺素与焦磷酸硫胺素

2. 生化功能与作用机理

焦磷酸硫胺素是α-酮酸氧化脱羧酶系的辅酶，主要功能是参与α-酮酸的氧化脱羧作用。

首先，维生素B_1和糖代谢关系密切。当维生素B_1缺乏时，糖代谢受阻，丙酮酸的氧化脱羧发生障碍，丙酮酸积累，能量供应减少，机体不能维持正常功能，出现一系列临床症状，如神经性脚气病。其次，维生素B_1可抑制胆碱酯酶的活性，当维生素B_1缺乏时，将引起消化不良等消化道症状。维生素B_1广泛分布于种子外皮、胚芽、米糠、肝脏，酵母中的维生素B_1含量也多。

（二）维生素B_2

1. 化学结构和辅酶形式

维生素B_2又称核黄素（riboflavin），是核糖醇与7,8-二甲基异咯嗪的缩合物。其异咯嗪的第1和第5位氮原子可反复接受和放出氢，从而呈现氧化型和还原型2种结构形式。

2. 生化功能与作用机理

维生素B_2常以黄素单核苷酸（flavin mononucleotide，FMN）和黄素腺嘌呤二核苷酸（flavin adenine dinucleotide，FAD）两种辅酶（辅基）形式存在，为体内磷酸化作用的产物，其分子结构见图4-3。多与蛋

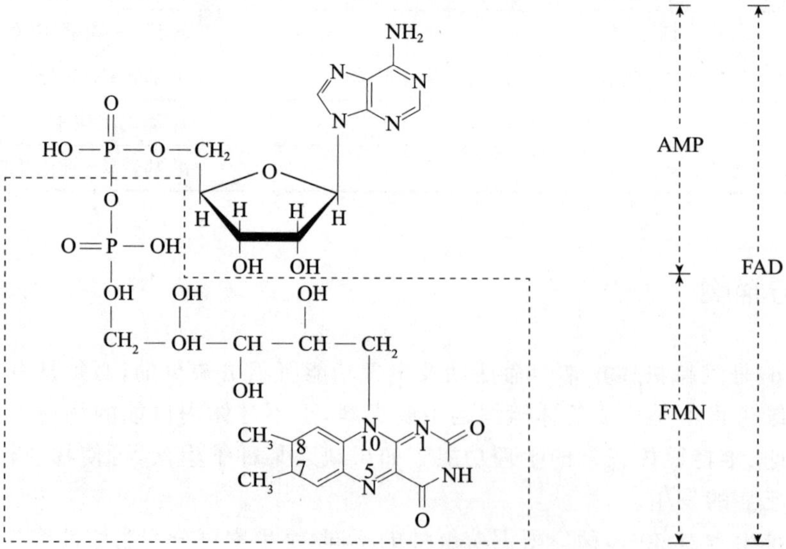

图4-3　黄素单核苷酸（FMN）和黄素腺嘌呤二核苷酸（FAD）

白质结合形成黄素蛋白，作为辅基在生物体内氧化还原反应过程中起传递氢和电子的作用，对体内的糖、脂肪和蛋白质代谢都有影响。

核黄素在自然界分布广泛，动物的肝、肾、心，鳝鱼、奶等含量丰富，植物中豆类及绿叶蔬菜含量也较多。

当维生素 B_2 缺乏时，引发口角炎、舌炎、唇炎、眼炎、阴囊炎、继发性贫血以及皮肤的多种炎症等。

(三)维生素 B_3

维生素 B_3 又称维生素 PP 或抗癞皮病维生素。

1. 化学结构和辅酶形式

维生素 PP 是吡啶的衍生物，包括烟酸(nicotinic acid)、烟酰胺(nicotinamide)2 种化合物。在生物体内烟酰胺常以烟酰胺腺嘌呤二核苷酸(nicotinamide adenine dinucleotide, NAD^+，辅酶Ⅰ，CoⅠ)和烟酰胺腺嘌呤二核苷酸磷酸(nicotinamide adenine dinucleotide phosphate, $NADP^+$，辅酶Ⅱ，CoⅡ)2 种辅酶形式存在，其分子结构见图 4-4。

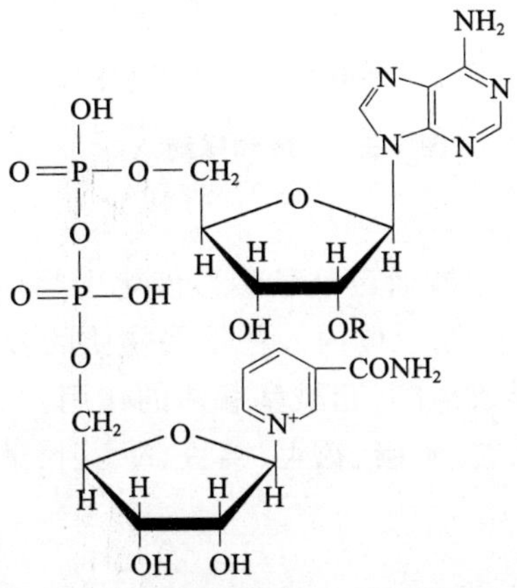

当 R=H 时，为烟酰胺腺嘌呤二核苷酸（NAD^+）；
当 $R=PO_3^{2-}$ 时，为烟酰胺腺嘌呤二核苷酸磷酸（$NADP^+$）。

图 4-4 维生素 PP 与 NAD^+ ($NADP^+$)

2. 生化功能与作用机理

NAD^+ 和 $NADP^+$ 都是不需氧脱氢酶的辅酶，主要参与呼吸作用，在多数情况下代谢物脱下的氢先交给 NAD^+，使之成为 NADH 和 H^+，然后再经过一系列的中间传递体，将电子传递给氧以生成水。其次，NAD^+ 对 DNA 复制有重要的意义。而以 $NADP^+$ 为辅酶的脱氢酶类，主要是接受分解代谢中间物上的氢生成 NADPH 和 H^+，NADPH 和 H^+ 主要是在生物合成反应中提供还原能力。

维生素 PP 在自然界中分布很广。肉类、谷物及花生中的维生素 PP 含量丰富；人和动物体内的肠道细菌也能以色氨酸为原料合成维生素 PP，以作为补充。缺乏烟酰胺会导致神经营养障碍，出现癞皮病。

(四)维生素 B_5(泛酸)与辅酶 A

1. 化学结构和辅酶形式

维生素 B_5，又称泛酸(pantothenic acid)、遍多酸，由丙氨酸与 2，4-二羟基-3，3-二甲基丁酸缩合而成。在生物体内与巯基乙胺、焦磷酸及腺苷-3′-磷酸结合生成活性形式辅酶 A(CoA 或 CoA-SH)，其分子结构见图 4-5。另外，泛酸也是酰基载体蛋白 ACP-SH 的成分。

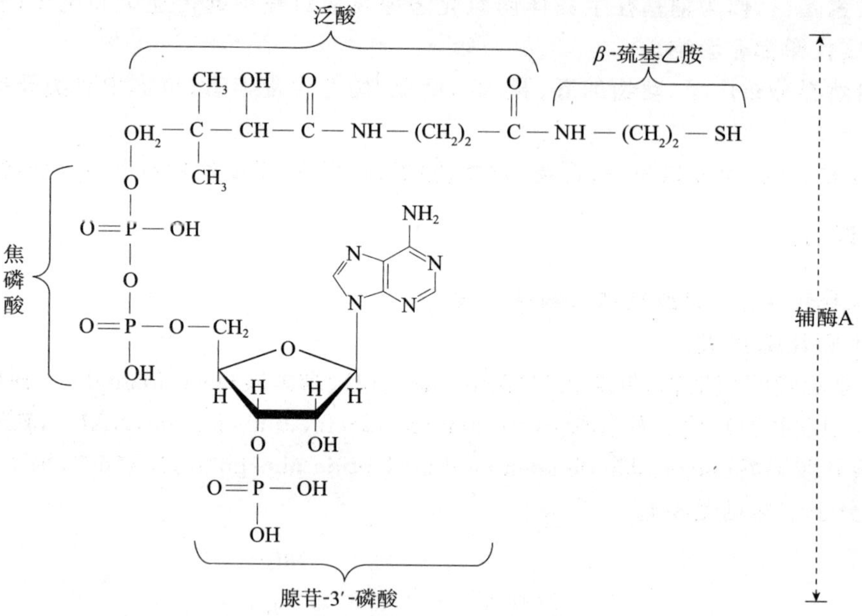

图 4-5　泛酸和辅酶 A

2. 生化功能与作用机理

CoA 是许多酰基转移酶类的辅酶，它能通过酰基转移催化生物体内的乙酰化反应或其他酰基化反应，参与糖代谢、脂质分解代谢、氨基酸代谢及体内一些重要物质的合成，在反应中主要起传递酰基的作用。CoA 中的巯基(—SH)可与酰基形成硫酯，起酰基载体的作用。

泛酸广泛存在于动植物体中，在麸皮、米糠、花生、豌豆、胡萝卜、酵母等，尤其肝、肾、蛋、瘦肉中含量丰富，人类很少发生泛酸缺乏病。

(五)维生素 B_6

1. 化学结构和辅酶形式

维生素 B_6 是吡啶衍生物，有 3 种形式：吡哆醇、吡哆醛和吡哆胺。常以磷酸吡哆醛(pyridoxal phosphate，PLP)和磷酸吡哆胺(pyridoxamine phosphate，PMP)2 种活性形式存在，两者之间可以相互转变。其分子结构见图 4-6。

2. 生化功能与作用机理

维生素 B_6 的活性形式是氨基酸代谢中多种酶的辅酶，如作为转氨酶和脱羧酶的辅酶。此外，维生素 B_6 还参与血红素的合成。临床上可应用维生素 B_6 制剂防治妊娠呕吐和放射病呕吐。维生素 B_6 在酵母菌、肝脏、谷粒、肉、鱼、蛋、豆类及花生中含量较多。

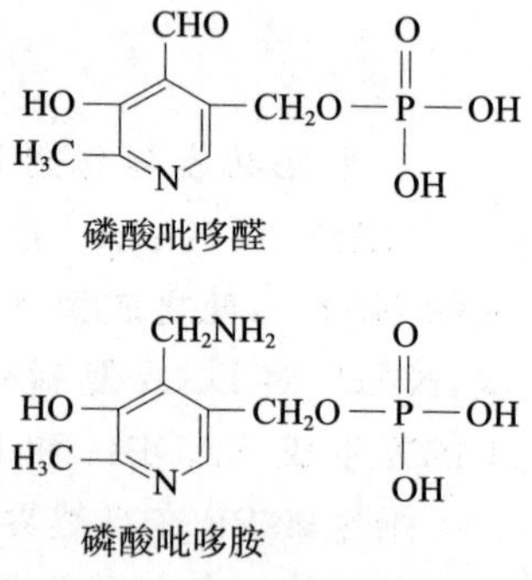

图 4-6　磷酸吡哆醛和磷酸吡哆胺

(六)维生素 B_7(生物素)

1. 化学结构和辅酶形式

维生素 B_7 又称生物素(biotin)，化学结构式为带有戊酸侧链的噻吩环和尿素所结合的骈环。其分子结构式见图 4-7。生物素通过戊酸羧基与羧化酶蛋白上赖氨酸残基的氨基结合形成酰胺键，即与专一性的酶蛋白结合。

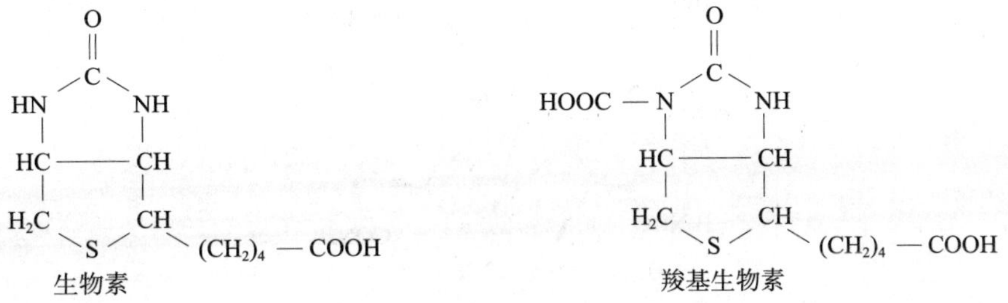

图 4-7　生物素和羧基生物素

2. 生化功能与作用机理

生物素可直接作为多种羧化酶的辅酶，参与 CO_2 的固定及羧化反应。在羧化反应中，CO_2 先与尿素环上的氮原子结合形成羧基生物素，然后再将 CO_2 转给适当的受体，因此生物素在代谢过程中起 CO_2 载体的作用。生物素广泛分布于生物界，在牛奶、肝、蛋黄、肾、谷类、蔬菜、酵母中都含有生物素。

(七)维生素 B_{11}(叶酸)

1. 化学结构和辅酶形式

维生素 B_{11} 即叶酸（folicacid），也称蝶酰谷氨酸，由蝶呤啶、对氨基苯甲酸与谷氨酸 3 种成分相连组成的。在生物体内 5,6,7,8-四氢叶酸（THFA 或 FH_4）是叶酸的活性形式（图 4-8）。

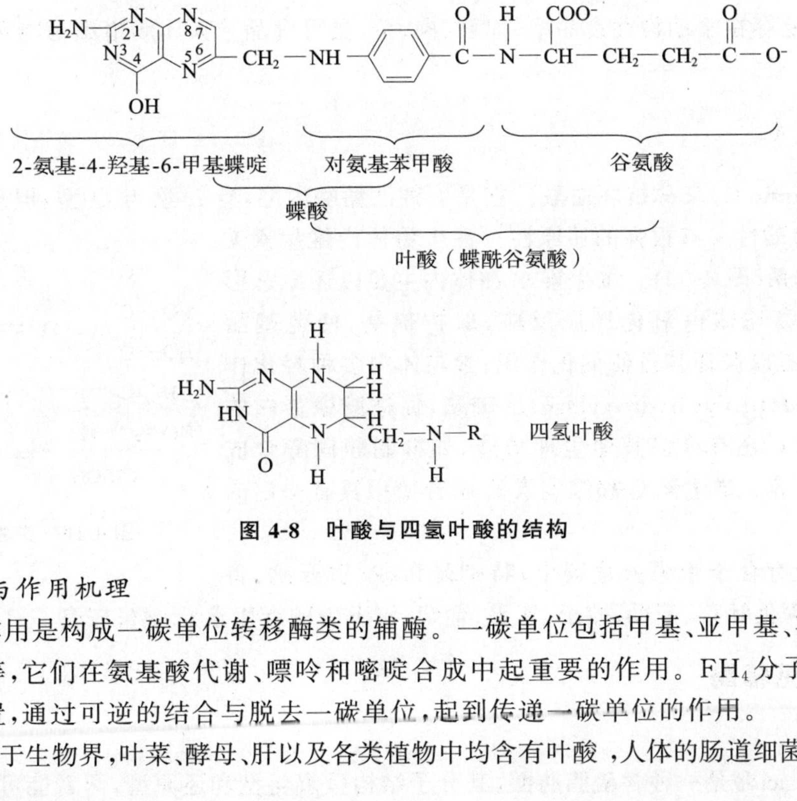

图 4-8　叶酸与四氢叶酸的结构

2. 生化功能与作用机理

FH_4 的主要作用是构成一碳单位转移酶类的辅酶。一碳单位包括甲基、亚甲基、次甲基、羟甲基、甲酰基和亚氨甲基等，它们在氨基酸代谢、嘌呤和嘧啶合成中起重要的作用。FH_4 分子中的 N^5、N^{10} 是结合一碳单位的位置，通过可逆的结合与脱去一碳单位，起到传递一碳单位的作用。

叶酸广泛分布于生物界，叶菜、酵母、肝以及各类植物中均含有叶酸，人体的肠道细菌也可以合成叶酸。

(八)维生素 B_{12}

1. 化学结构和辅酶形式

维生素 B_{12} 又称钴胺素（cobalamin）。化学结构是由金属元素钴和围绕在钴周围的咕啉环平面所组成的，在生物体内可有多种形式存在，如氰钴胺素、羟钴胺素、甲钴胺素和 5′-脱氧腺苷钴胺素，如图 4-9 所示。甲钴胺素和 5′-脱氧腺苷钴胺素是维生素 B_{12} 的活性形式，后者又称为 B_{12} 辅酶。

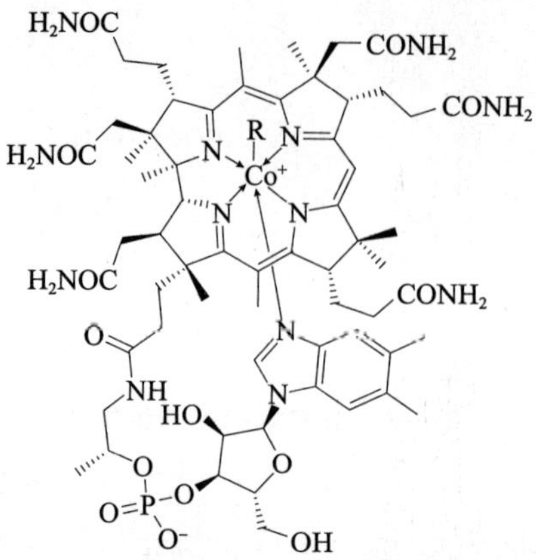

R=5′-脱氧腺苷钴氨素，CH_3，OH，CN

图 4-9 维生素 B_{12} 的结构

2. 生化功能与作用机理

B_{12} 辅酶是某些变位酶、甲基转移酶的辅酶，主要参与体内的分子重排和甲基的转运。维生素 B_{12} 辅酶也参与其他一碳单位的转移反应。

最新研究表明，生命早期维生素 B_{12} 的缺乏会引起成年期肥胖或生殖缺陷，也就是不孕不育。缺乏维生素 B_{12} 会引起巨幼红细胞性贫血（俗称"恶性贫血"）。

维生素 B_{12} 广泛存在于动物性食品中，如肝、肉、鱼、蛋等食品。人体肠道细菌能合成，而自然界中只有微生物才可以合成。

（九）维生素 C

维生素 C（vitamin C）又称抗坏血酸。它是一种己糖酸内酯，有 *L*-型与 *D*-型，但只有 *L*-型具生理作用。维生素 C 既有酸性又有很强的还原性。在生物体内维生素 C 能自成氧化还原体系（图 4-10）。维生素 C 在体内主要以还原态形式发挥生物功能：参与体内氧化还原反应，保护巯基，使巯基酶的—SH 处于还原态以保证其行使催化作用；参与体内多种羟化作用，是脯氨酸羟化酶（prolyl hydroxylase）的辅酶，促进胶原蛋白的合成；此外，维生素 C 还有许多其他生理功能，如抑制胆固醇合成途径关键酶的活性等。维生素 C 和维生素 E 联合使用具有一定的防癌作用。

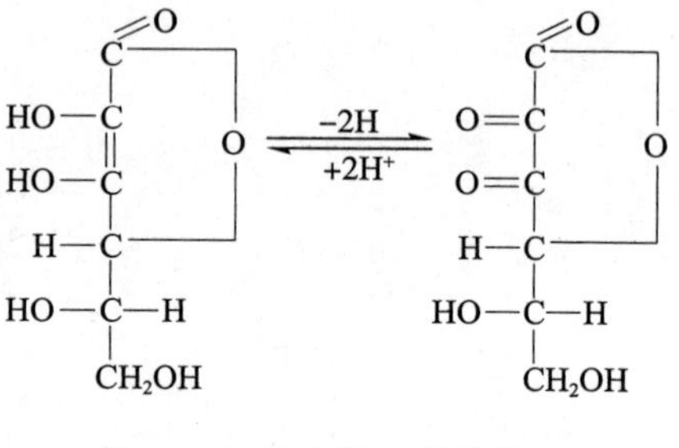

图 4-10 维生素 C 的结构

维生素 C 广泛存在于水果及蔬菜中，特别是柑橘、猕猴桃、番茄、菜花、柿子椒、深色叶菜、苦瓜、柚子、苹果、葡萄、鲜枣中的维生素 C 含量较高。

（十）其他常见辅酶

1. 硫辛酸

硫辛酸（lipoic acid）是一种含硫脂肪酸，其分子结构呈氧化型和还原型，两者能可逆变化（图 4-11）。

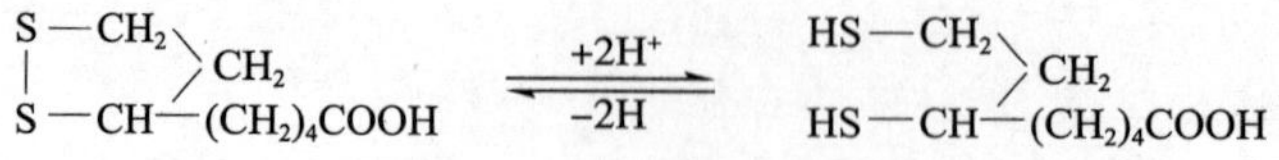

图 4-11 硫辛酸的结构

硫辛酸在糖代谢中有重要的作用，是丙酮酸脱氢酶系和 α-酮戊二酸脱氢酶系的辅基，在氧化脱羧过程中起传递酰基和氢的作用。

2. 铁卟啉

铁卟啉俗称血红素，由4个吡咯环借助4个甲烯基桥连接而成。分子中有1个铁原子，位于卟啉环中心。铁有6个配位键，其中4个配位键分别与吡咯环上的氮相连，其余2个配位键分别与酶蛋白的氨基酸结合。

铁卟啉是细胞色素c氧化酶、过氧化氢酶和过氧化物酶的辅基，有传递电子的功能。通过铁卟啉的 Fe^{3+} 和 Fe^{2+} 的相互转化来传递电子。

四、单体酶、寡聚酶及多酶复合体

根据酶蛋白分子结构的特点，其可分为3类。

(一)单体酶

单体酶(monomeric enzyme)只有一条多肽链，相对分子质量一般为13 000～35 000，如核糖核酸酶、胰蛋白酶、羧肽酶等。

(二)寡聚酶

寡聚酶(oligomeric enzyme)由几个甚至几十个亚基组成，相对分子质量为35 000至几百万，如乳酸脱氢酶、丙酮酸激酶、醛缩酶等，这类酶多属于调节酶类。

(三)多酶复合体

多酶复合体(multienzyme complex)是指由几个功能相关的酶彼此嵌合而形成的复合体，分子质量一般在几百万Da以上。多酶复合体的生成能够提高酶的催化效率，也有助于保证反应的方向。生物体内存在的多酶复合体种类不多，常见的有丙酮酸脱氢酶系、α-酮戊二酸脱氢酶系、脂肪酸合成酶复合体等。

五、酶活性中心与必需基团

(一)酶活性中心

酶活性中心(active center)是指酶分子中直接与底物结合，并和酶催化作用有关的部位。活性中心也称活性部位。活性中心分为结合部位和催化部位，前者决定酶与底物结合的专一性，后者决定酶的催化能力。酶的活性中心只占酶分子的1%～2%，往往位于酶分子表面的一个裂缝内，底物通过次级键与之结合。对于单纯酶而言，活性中心由极性氨基酸残基的侧链基团组成；对于结合酶而言，除上述氨基酸残基外，辅酶或辅基上的一部分结构往往也是活性中心的组成部分。构成活性部位的氨基酸残基在一级结构上并不相邻，也可能相距很远，有的甚至不在一条肽链上，但在蛋白质形成空间结构时彼此靠近，形成具有一定空间结构的活性部位。

(二)必需基团

与酶活性密切相关的基团称为酶的必需基团(essential group)。必需基团包括酶活性中心的有关氨基酸残基和维持酶分子空间构象所必需的氨基酸残基。多数必需基团位于酶的活性中心，少数必需基因位于活性中心以外。常见的必需基团有Cys-SH、His-咪唑基、Ser-OH、Lys-ε-NH_2等。酶活性中心和必需基团见图4-12。

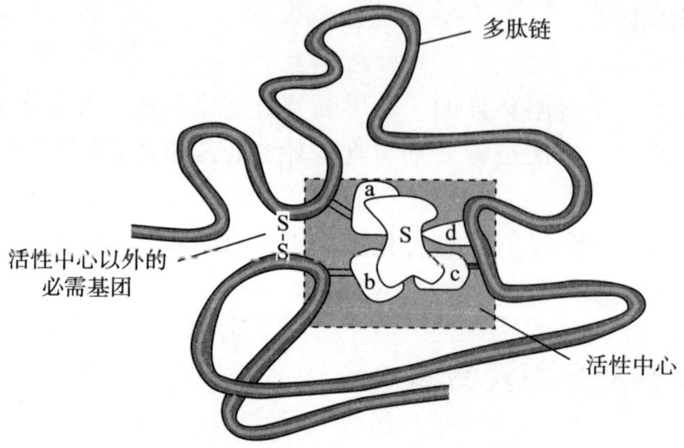

S. 底物分子；a，b，c. 结合基团；d. 催化基团。

图 4-12　酶活性中心和必需基团

（邹思湘，2005）

第三节　酶的作用机理

一、酶降低反应的活化能

在化学反应体系中，只有那些具有足够能量的分子在有效碰撞之后才能发生化学反应，这些反应分子称为活化分子，活化分子所必须具有的最低能量称为活化能(energy of activation，Ea)。在一般的反应系统中，活化分子数越多，反应速率越快。酶加快反应速率的原因是降低了反应的活化能，以相同的能量能使更多的分子活化，提高了反应体系的活化分子数，从而加速反应的进行。

催化剂的存在不改变反应的自由能，但能大大降低反应的活化能。酶作为生物催化剂同样可以降低反应的活化能(图 4-13)。

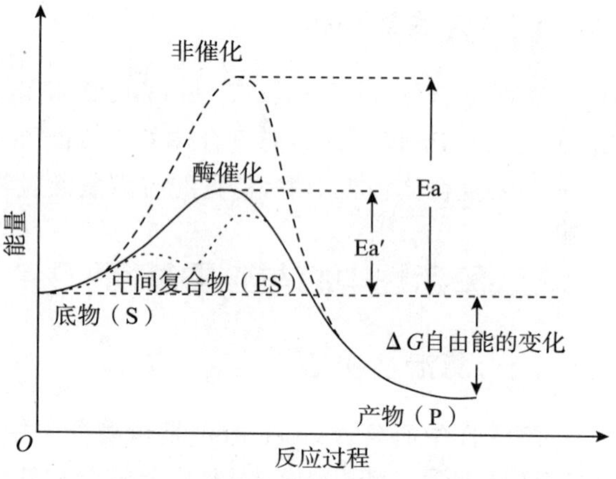

图 4-13　酶促反应的活化能变化

（邹思湘，2012）

二、中间产物学说

在酶促反应中，酶先与底物结合形成不稳定的中间复合物，以降低酶促反应的活化能。中间产物学说认为，当酶催化某一化学反应时，酶先与底物结合生成中间复合物(ES)，然后继续转化生成产物(P)并释放酶。反应过程可用下式表示：

$$S+E \rightleftharpoons ES \longrightarrow P+E$$

E 与 S 结合生成了 ES，致使 S 分子内部某些化学键发生变化，呈不稳定状态或过渡态，这就大大降低了反应的活化能，使其反应加速进行。现已有多种方法证明，中间复合物是客观存在的，有些已经分离得到。例如，*D*-氨基酸氧化酶与 *D*-氨基酸结合而成的复合物已被分离并结晶出来；在过氧化氢酶催化的反应中，H_2O_2 先与过氧化氢酶结合生成中间复合物，已进行光谱测定。

三、诱导契合学说

酶和底物结合形成中间复合物的解释有多种，其主要的有锁钥学说和诱导契合学说 2 种。1948 年，德国有机化学家埃米尔·费歇尔（E. Fisher）提出锁钥学说（lock and key theory）。底物结构必须与酶活性部位的结构非常互补，就像锁与钥匙一样（图 4-14），须完全契合（刚性互补）才能紧密结合，形成酶一底物复合物。这个学说可以解释酶的绝对专一性，但是不能很好地解释酶的相对专一性。

1958 年，考斯兰德（Koshland）提出诱导契合学说（induced fit theory）。该学说是目前公认的可以较好地解释酶催化反应选择特异性的机制。其要点是酶分子本身的结构不是固定不变的，酶活性中心的结构具有柔性，当酶与其底物结合时，酶受底物的诱导，其构象发生改变，从而引起催化部位有关基团的空间位置发生改变，结果酶的催化基团与底物敏感键正确契合，形成酶-底物复合物（图 4-15）。近年来，各种物理、化学方法和 X 射线衍射、核磁共振等技术证明了酶与底物结合存在显著的构象变化，这也有力地支持了诱导契合学说。

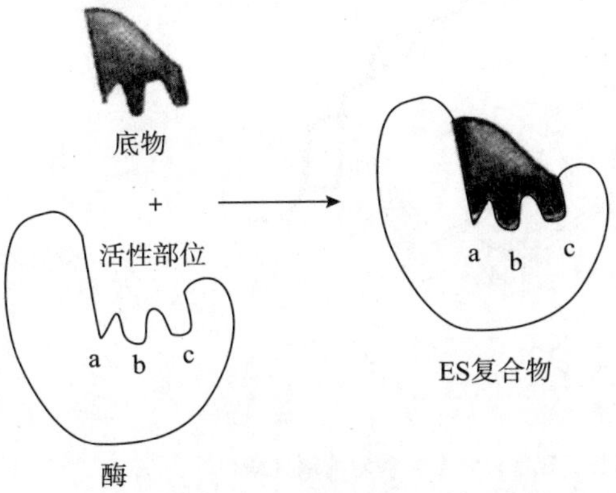

a, b, c 代表酶的活性部位可发生形变的部分。

图 4-14　锁钥学说

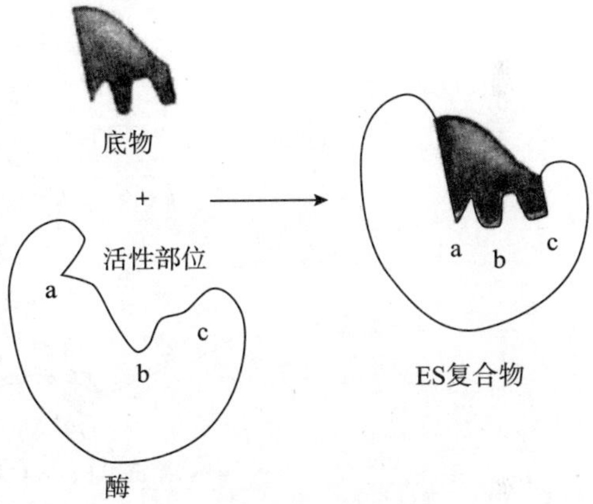

a, b, c 代表酶活性部位形变的部分。

图 4-15　诱导契合学说

四、酶作用高效率的机理

在确认酶与底物形成 ES 复合物以后，关于酶的高效性有下列几种可能。

（一）邻近效应和定向效应

邻近效应（approximation effect）和定向效应（orientation effect）是指底物的反应基团与酶活性部位的邻近，也包括双底物反应中酶活性部位上两底物分子间的邻近，且互相靠近的底物分子之间、底物分子与酶活性中心的基团之间的严格定向，即形成正确的立体化学排布，使反应速率加快（图 4-16）。

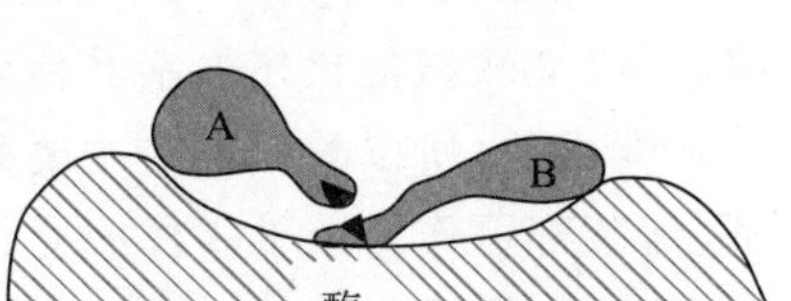

A.底物的反应基因；B.酶的催化基因。

图 4-16　邻近与定向效应

（李留安，2013）

在酶促反应中，通过邻近与定向效应，才能迅速形成过渡态，共同产生较高的催化效率。

（二）底物分子的变形与电子张力

当酶遇到它的专一性底物时，许多活性部位并不直接与底物契合，而是发生扭曲变形，发生构象变化后与底物结合，从而有利于催化反应的进行。酶分子中的某些基团或离子可以使底物分子中某些基团的电子云密度增高或降低，并产生“电子张力”，导致已有的键变弱，甚至使底物发生形变，易于形成酶一底物的中间复合物。

X 射线晶体衍射证明，在溶菌酶与底物结合后，底物 *D*-糖环中的吡喃环可从椅式扭曲成半椅式(图 4-17)，从而导致糖苷键断裂，以实现酶的催化作用。

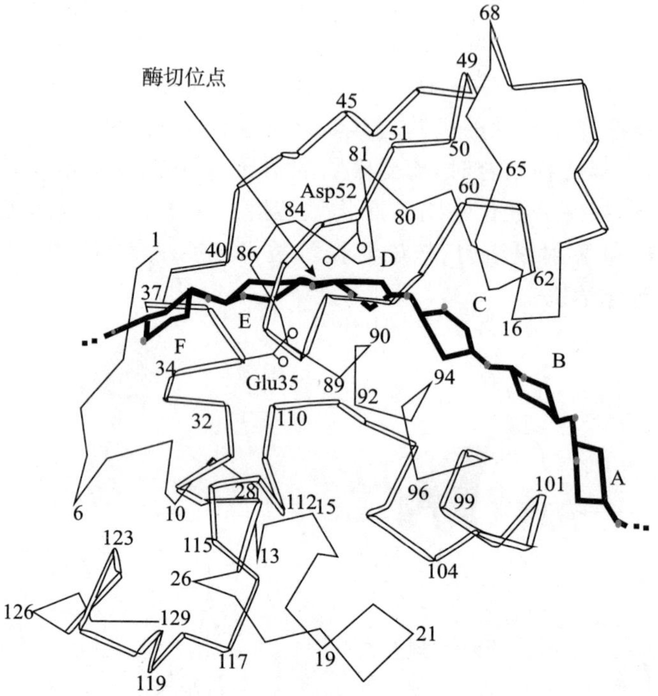

图 4-17　溶菌酶与底物的复合物

(三)酸碱催化

在化学反应中，通过瞬时反应向反应物提供质子或从反应物接受质子以稳定过渡态，加速反应进行的机制叫作酸碱催化(acid-base catalysis)。

酸碱催化可分为广义酸碱催化和特殊酸碱催化两种：特殊酸碱催化是特指 H^+ 和 OH^- 的催化作用，而广义酸碱催化还包括其他弱酸弱碱的催化作用。酶促反应一般发生在近中性条件，H^+ 和 OH^- 的浓度很低，所以酶促反应主要是广义酸碱(general acid or base)催化。酶活性中心的咪唑基、羧基、氨基、巯基都可作为质子供体或受体参与酸碱催化作用，其中咪唑基最为活泼有效。

(四)共价催化

某些酶能与底物形成反应活性很高的不稳定的共价中间体，降低反应的活化能，从而加快反应速率，这种催化方式称为共价催化(covalent catalysis)。共价催化是酶分子中的亲核基团或亲电子基团对底物的缺电子中心或负电中心作用的结果，其中亲核催化最重要。通常酶分子活性中心内都含有亲核基团，如 Ser-OH、Cys-SH、His-咪唑基等。这些基团都有孤对电子，可以对底物缺电子基团发动亲核进击。在酶催化反应时，同一酶分子常常既可起亲核催化，又可起亲电子催化，从而大大提高了反应效率。胰凝乳蛋白酶活性中心由 Ser_{195}、His_{57} 及 Asp_{102} 组成，三者构成一个氢键体系，将 Ser_{195}-OH 的 H 通过 His_{57} 传向 Asp_{102} 后，Ser_{195}-OH 成为强的亲核基团，该亲核基团可攻击底物的羰基碳(图 4-18)。

(五)活性中心微环境的影响

有些酶的活性中心多为“疏水口袋”,介电常数较低。这种环境有利于电荷之间的相互作用,活性中心的水分子被排挤出去,从而降低了水分子的介入和干扰,便于反应物和酶分子之间的直接密切接触,同时消除了周围大量水分子(水是极性分子)对底物和酶的功能基团的干扰性吸引或排斥,使酶的活性基团对反应物的催化反应更为激烈。羧肽酶 A 底物——羧基末端的酪氨酸正好容纳于酶的疏水口袋中,如图 4-19 所示。

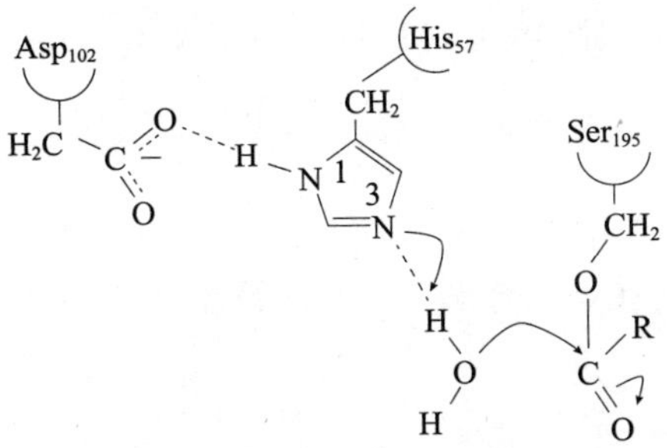

图 4-18　胰凝乳蛋白酶的共价催化机制

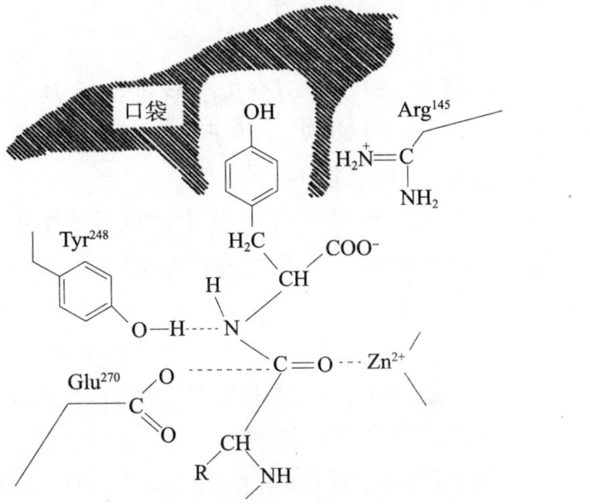

图 4-19　羧肽酶 A 的催化作用
(秦立金,2018)

第四节　酶促反应动力学

酶促反应的动力学(kinetics of enzyme-catalyzed reaction)是研究酶促反应速率的规律以及影响酶促反应速率各种因素的科学。影响酶促反应速率的因素主要包括酶浓度、底物浓度、pH、温度、抑制剂和激活剂等。研究酶促反应的动力学,有助于阐明酶结构与功能的关系、酶催化机理、某些药物的作用机理以及寻找酶作用的最佳条件等。

一、酶活力测定

(一)酶活力测定

酶活力又称酶活性,是指酶催化化学反应的能力。酶活力的大小可用在一定的条件下酶催化某一化学反应的反应速率来表示。两者之间的关系为:酶催化的反应速率越大,酶的活力就越大;反应速率越小,酶的活力就越低。所以测定酶的活力就是测定酶所催化的化学反应的速度。化学反应速率可用单位时间内底物的减少量或产物的生成量来表示。在一般的酶促反应体系中,底物的量往往是过量的。底物减少量仅为底物总量的很小一部分,不易准确测定。而产物从无到有,较易准确测定。由于在酶促反应中,底物减少与产物的增加速率相等,因此一般用单位时间内产物生成的量来表示酶催化的反应速率。反应时间对产物浓度如图 4-20 所示。

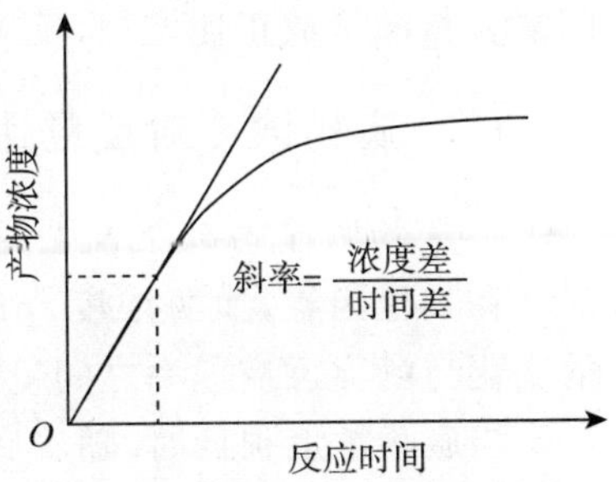

图 4-20　酶促反应的时间进程曲线

根据酶促反应的速率曲线，测定酶活力要测定反应的初速度（底物开始反应后 5～10 min 所具有的速度）。

（二）酶活力单位

酶活性的大小可用酶活力单位来表示。酶活力单位是指在特定的条件下，酶促反应在单位时间内生成一定量的产物或消耗一定量的底物所需的酶量。这种表示法随测定条件不同而异，国际上通用的酶活力单位有以下 2 种。

1. 国际单位

1961 年，酶学专门委员会规定：1 个酶活力国际单位（International Unit，IU）是指在 25 ℃，最适底物浓度，最适缓冲液的离子浓度以及最适 pH 等条件下，每分钟催化减少 1 μmol/L 底物或生成 1 μmol/L 产物所需的酶量。

如果酶的底物中有一个以上的可被作用的键或基团，则一个国际单位就是指每分钟催化 1 μmol/L 的有关基团或键的变化所需的酶量。

2. Kat 单位

1972 年，酶学专门委员会为了使酶的活力单位与国际单位制中的反应速率表达方式相一致，推荐使用一种新的单位，即“催量”（Katal），简称 Kat。1 Kat 定义为：在最适条件下，每秒钟能使 1 mol/L 底物转化为产物所需的酶量。

催量（Kat）和国际单位（IU）之间的换算关系是 $1Kat=6\times10^{7}$ IU。

（三）酶比活力

酶比活力也称为比活性，是指每毫克酶蛋白所具有的活力单位数。有时也用每克酶制剂或每毫升酶制剂所含有的活力单位数来表示。比活力是表示酶制剂纯度的一个重要指标。对同一种酶来说，酶比活力越高，纯度越高。

比活力＝活力单位数/mg 蛋白质

测定酶活力常使用的方法为分光光度法、荧光法、同位素测定法、电化学法等。

二、影响酶促反应速度的因素

（一）酶浓度对反应速率的影响

在一定的温度和 pH 条件下，当底物浓度大大超过酶浓度时，随着酶浓度的增加，形成的酶底物中间复合物的量成正比增加，反应速率成正比增加，所以酶的浓度与酶促反应速率之间成正比关系。

（二）底物浓度对反应速率的影响

1. 底物浓度与酶促反应速率的关系曲线

在其他因素，如酶浓度、pH、温度等不变的情况下，底物浓度的变化与酶促反应速率之间呈矩形双曲线关系（图 4-21）。

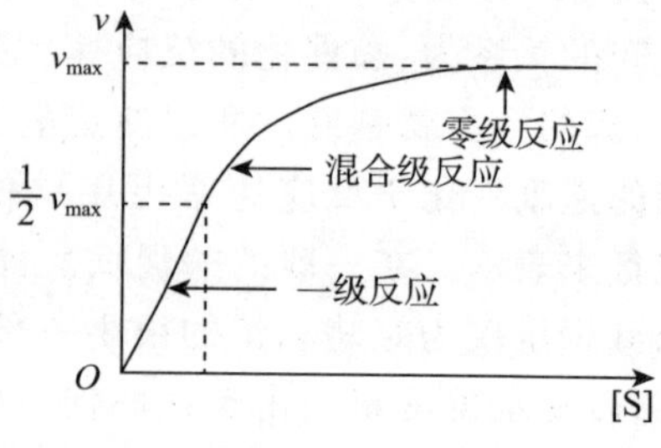

图 4-21　底物浓度与反应速率的关系

当底物浓度很低时，随着底物浓度的增加，酶促反应速率几乎呈正比加快，表现为一级反应。随着底物浓度的增大，反应速率的增加量减小，不再呈正比关系，表现为混合级反应。当底物浓度达到一定量时，反应速率达到最大值，反应速率不再增加，表现为零级反应。此时，酶处于饱和状态。所有的酶都有饱和现象，只是达到饱和时所需的底物浓度不同而已。

2. 米氏方程

1913 年，米凯利斯(L. Michaelis)和曼顿(M. Menten)在前人工作的基础上，经过大量的实验，提出了反应速率和底物浓度关系的数学方程式——米曼氏方程(Michaelis-Menten equation)，简称米氏方程，1925 年布里格斯(G. E. Briggs)和霍尔丹(J. B. S. Haldane)对米氏方程进行了修正。修正后的方程如下：

$$v=\frac{V_{max}[S]}{K_m+[S]}$$

式中，V_{max}为最大反应速度；[S]为底物浓度；K_m为米氏常数(Michaelis constant)；v 为在不同[S]时的反应速率。

当底物浓度很低($[S] << K_m$)时，则 $v = V_{max} \times [S]/K_m$，反应速率与底物浓度成正比。当底物浓度很高($[S] >> K_m$)时 $v \approx V_{max}$，反应速率达到最大，再增加底物浓度也不影响反应速率。

3. K_m的意义

当 $v = V_{max}/2$ 时，整理米氏方程可得：$K_m = [S]$，由此可知，K_m值等于酶促反应速率为最大速度一半时的底物浓度。米氏常数的单位为浓度单位，一般用 mol/L 或 mmol/L 表示。分析米氏方程和底物浓度与酶促反应速率关系图，可以得出如下几点结论。

①K_m值的大小可以近似地表示酶和底物的亲和力。K_m值大，酶和底物的亲和力小，反之则大。米氏方程只适用于单底物酶促反应过程。

②K_m是酶的特征性常数之一，其大小只与酶的结构、底物和环境有关，而与酶的浓度无关。对酶促反应而言，在一定的条件下都有特定的 K_m值，可用来鉴别酶。

③对于作用于多个底物的酶而言，不同的底物有不同的 K_m值，具有最小的 K_m值的底物就是该酶的最适底物或天然底物。

④催化可逆反应的酶，当正反应和逆反应 K_m值不同时，可以大致推测该酶正逆两向反应的效率，K_m值小的底物进行的反应方向应是该酶催化的优势方向。

⑤当一系列的酶催化一个代谢过程的连锁反应时，如能确定各种酶 K_m值及相应的底物浓度，有助于确定代谢过程的限速步骤。一般 K_m值大的酶为限速酶。

⑥根据米氏方程，若已知某酶的 K_m值，就可以计算在一定的底物浓度下的反应速率相当于 V_{max}的百分率。

米氏方程和 K_m值很重要，它不仅是酶性质的表现，而且在实践中有很多应用。当使用酶制剂时，可以根据 K_m值判断使酶发挥一定反应速率时需要多大的底物浓度。例如，如果要求酶促反应速率达到最大速度的 99%，将 $v=99\%V_{max}$带入米氏方程可得$[S]=99K_m$。反过来，在已经规定了底物浓度的条件下，也可根据 K_m值估算出能够获得多大的反应速率。再如当反应体系的$[S]=9K_m$时，通过米氏方程可知此时的酶促反应速率 $v=0.9V_{max}$。

4. K_m和 V_{max}的求法

测定 K_m和 V_{max}最常用的是双倒数作图法。米氏方程两边取倒数，可得下列公式：

$$\frac{1}{v}=\frac{K_m}{V_{max}}\times\frac{1}{[S]}+\frac{1}{V_{max}}$$

从图 4-22 可知，$1/v$ 对 $1/[S]$作图得一直线，其斜率是 K_m/V_{max}，在纵轴上的截距为 $1/V_{max}$，横轴上的截距为$-1/K_m$。即可得到 K_m和 V_{max}的数值。

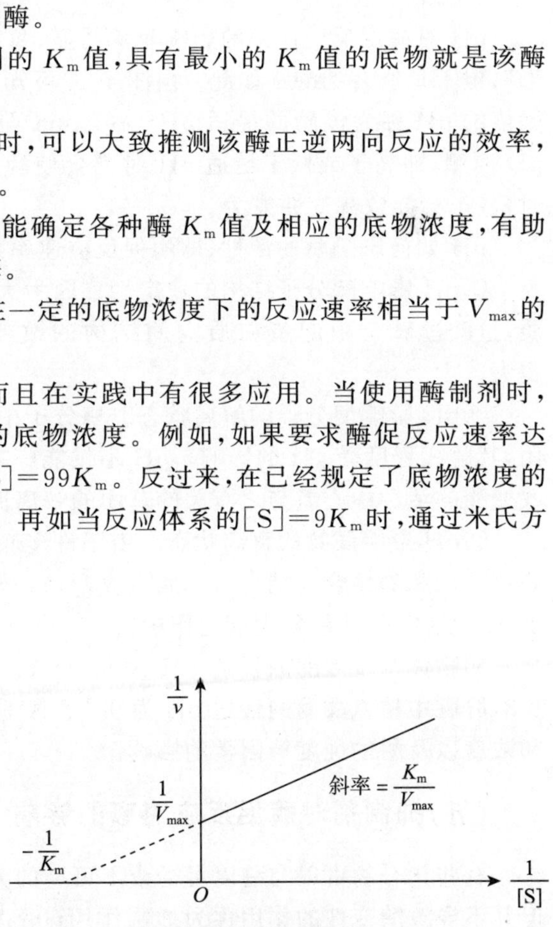

图 4-22　双倒数作图

(三)温度对酶促反应速率的影响

一般情况下,酶促反应速率随温度的升高而加快,但增加到某个特定温度后,由于酶蛋白受热变性,反应速率会迅速下降。酶促反应速率最大时的温度称为该酶的最适温度(optimum temperature)。温度每升高 10 ℃,反应速率增加 1～2 倍,称为温度系数。

由图 4-23 可以看出,温度对酶促反应速率的影响曲线呈稍有倾斜的钟罩形。

温度对酶促反应速率的影响可以解释为:温度升高,使系统中活化分子数增加,所以酶促反应速率加快。由于酶的主要成分是蛋白质,所以温度升高到一定程度后,因酶蛋白逐步变性导致酶活性降低(少数酶除外),且随着温度的升高,变性分子的比率逐渐增加,反应速率逐渐降低。

动物体内酶的最适温度为 35～40 ℃,大多数酶在 60 ℃以上变性失活。少数酶能耐受较高的温度,如细菌淀粉酶在 93 ℃下活力最高,牛胰核糖核酸酶在 95 ℃时仍不失活。酶的最适温度不是酶的特征性常数,只在一定的条件下才有意义。

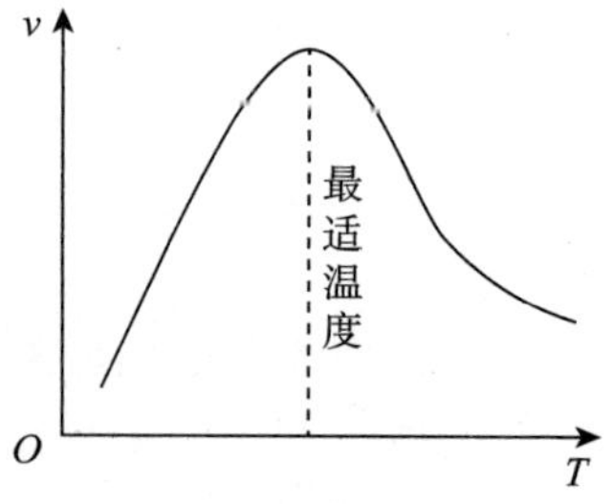

图 4-23　温度对酶促反应速率的影响

低温一般不破坏酶,温度升高,酶即可恢复活性。这就是生物制品、细菌菌种以及精液可以低温保存的原因。

(四)pH 对酶促反应速率的影响

pH 对酶促反应速率的影响非常明显,每种酶只在一定的 pH 范围内才具活性,其影响曲线呈“钟形”,但不是所有的酶都如此。由图 4-24 可知,①使酶促反应速率达到最大值的 pH 称为该酶的最适 pH(optimum pH)。②溶液的 pH 在最适 pH 两侧,即高于或低于最适 pH 时都会使酶的活性降低,远离最适 pH 时,甚至会导致酶变性失活。

pH 如何影响酶的活性(即酶促反应速率),其分析如下。

①pH 影响酶分子结构的稳定性。因为大多数酶的化学本质是蛋白质,过酸过碱会引起蛋白质空间结构的改变,发生蛋白变性、酶活性丧失。

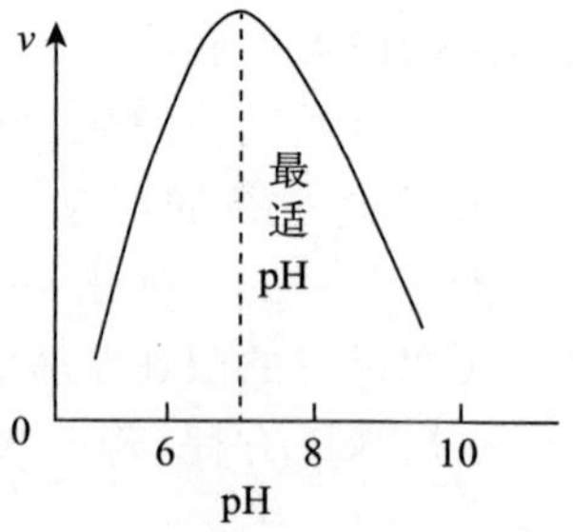

图 4-24　pH 对酶活性的影响

②pH 影响酶分子的解离状态。酶分子中含有许多可解离的极性基团,其解离程度受 pH 的影响。pH 不仅能影响整个酶分子的存在形式、带电数量、空间构象等,且能够改变酶的活性中心或与之有关的基团的解离而影响酶的活性中心的构象,从而影响酶的专一性。

③pH 影响底物的解离状态。由于许多底物或辅酶具有离子特性,pH 影响了底物的解离状态或使底物不能和酶结合或结合后不能生成产物。如当 pH 为 9.0～10.0 时,精氨酸解离成正离子,精氨酸酶解离成负离子,才能发生催化作用。

动物体内多数酶的最适 pH 为 6.5～8.0,基本接近中性。有些酶,如胃蛋白酶的最适 pH 约为 1.8,肝脏中精氨酸酶的最适 pH 为 9.7。最适 pH 不是酶的特征性常数,它受底物浓度、缓冲液的种类和浓度以及酶的纯度等因素的影响。

(五)抑制剂对酶促反应速率的影响

有些化合物可以与酶以可逆或不可逆的方式结合,从而影响酶与底物的结合或引起酶活力的下降,但并不导致酶变性的作用称为抑制作用(inhibition)。凡能与酶分子上的某些基团结合使酶活力降低或完全丧失的物质称为酶的抑制剂(inhibitor)。

抑制作用不同于失活作用。凡是使酶变性失活的因素(如强酸、强碱等)而使酶的活性降低或丧失的都不属于抑制剂。抑制剂对酶活的抑制作用与酶变性的不同点在于 2 个方面:①抑制剂对酶有一定的选择性,一种抑制剂只能引起某一类或某几类酶的抑制;而使酶变性失活的因素,如强酸、强碱等,对酶没有选择性。②抑制剂虽然可使酶失活,但它并不明显改变酶的结构,不引起酶蛋白变性,去除抑制剂后,酶又可恢复活性。而变性因素常破坏酶分子的非共价键,部分或全部地改变酶的空间结构,从而导致酶活性的降低或丧失。根据抑制剂与酶分子之间作用特点的不同,抑制作用可分为不可逆抑制和可逆抑制。

1. 不可逆抑制作用

抑制剂以共价键与酶的必需基团结合,不能用透析、超滤等物理方法解除抑制,这类抑制剂称为不可逆抑制剂,这种抑制作用称为不可逆抑制作用(irreversible inhibition)。该类抑制剂如有机磷化物、有机汞化物、有机砷化物、碘代乙酸等。

案例分析

有机磷化物的中毒与解毒

有机磷化合物,如农药 1059、敌百虫等,能通过其磷原子与丝氨酸羟基共价结合,抑制胆碱酯酶的活性,从而导致乙酰胆碱在体内积聚,过多的乙酰胆碱会导致胆碱能神经过度兴奋,使昆虫由于功能失调而死亡,人和家畜误食也会出现相应的中毒症状。有机磷化合物中毒时,可用含有—CH ═NOH 基的肟化物将其从酶分子上取代下来,使酶恢复活性。这类化合物是有机磷杀虫剂的特效解毒剂(图 4-25)。

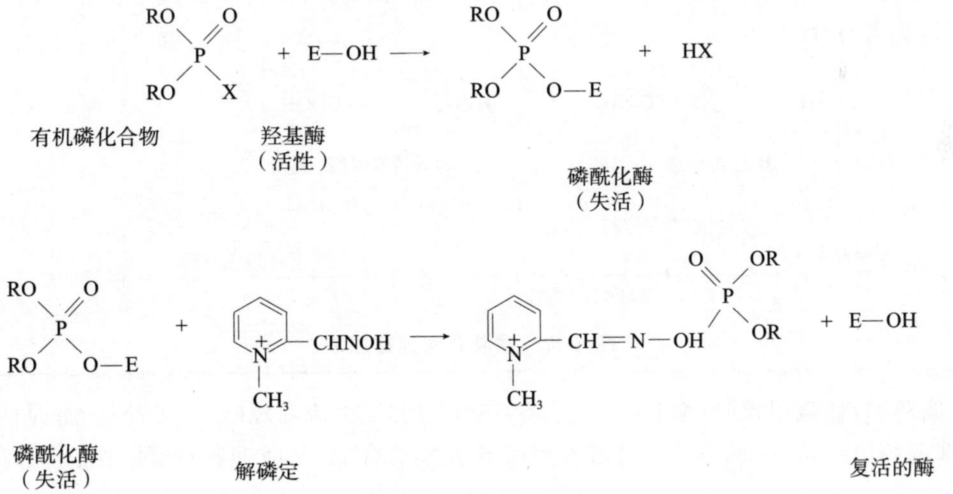

图 4-25　有机磷中毒与解毒

(邹思湘,2012)

碘代乙酸能与酶分子的巯基进行不可逆结合,巯基是多种酶的必需基团,结合后会抑制酶的活性。与该作用机理相似的物质还有某些重金属,如 Pb^{2+}、Cu^{2+}、Hg^{2+}、对氯汞苯甲酸等。不可逆抑制作用随抑制剂浓度的增加、酶与抑制剂接触时间的延长而逐渐增强。不能用透析、超滤等物理方法解除抑制,但是可以通过化学反应将之除去。重金属中毒时可用二巯基丙醇或二巯基丁二酸钠等含巯基的化合物使酶恢复活性。

2. 可逆抑制作用

抑制剂以非共价键与酶结合,用超滤、透析等物理方法能够解除抑制,这类抑制剂称为可逆抑制剂,这种抑制作用称为可逆抑制作用(reversible inhibition)。可逆抑制作用的类型主要有2种:竞争性抑制作用和非竞争性抑制作用。

可逆抑制剂与酶的结合是可逆的,抑制强度的大小取决于抑制剂与酶的相对亲和力以及抑制剂与底物浓度的相对比例。

(1)竞争性抑制作用　有些抑制剂的结构与底物结构相似,能与底物竞争结合在酶活性中心,从而降低或抑制酶的活性,这种抑制剂称竞争性抑制剂,这种抑制作用称竞争性抑制作用(competitive inhibition)(图4-26)。

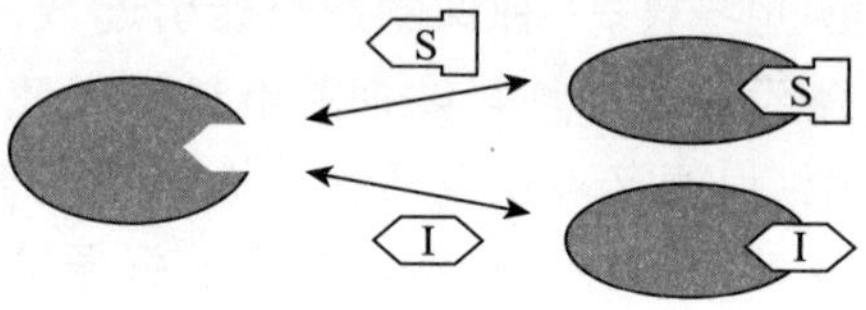

S.底物;I.抑制剂。

图4-26　竞争性抑制作用

竞争性抑制剂与底物竞争性地与酶的活性位点结合阻碍了底物与酶的结合,相当于竞争性抑制剂降低了可用于和底物结合起催化作用的有效酶的浓度。增加底物浓度可降低或解除抑制剂对酶的抑制作用。例如琥珀酸脱氢酶催化琥珀酸脱氢生成延胡索酸,而丙二酸、苹果酸及草酰乙酸与琥珀酸结构相似,所以它们都可与琥珀酸脱氢酶的底物结合部位结合,抑制该酶的活性,这几种物质均是琥珀酸脱氢酶的竞争性抑制剂。竞争性抑制作用的原理可用来阐明某些药物的作用原理(如磺胺类药物)和指导新药合成。

案例分析

磺胺药物的抑菌作用机制

某些细菌以对氨基苯甲酸、二氢蝶呤及谷氨酸为原料合成二氢叶酸,并进一步生成四氢叶酸,四氢叶酸是细菌核酸合成的辅酶。磺胺药物与对氨基苯甲酸结构相似,是细菌二氢叶酸合成酶的竞争性抑制剂。它通过降低菌体内四氢叶酸的合成能力,阻碍核酸的生物合成,抑制细菌的繁殖,达到抑菌的作用(图4-27)。

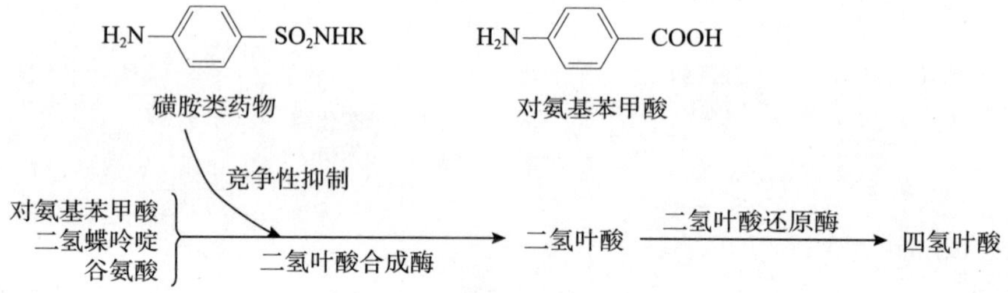

图4-27　磺胺药物抑菌原理

许多抗癌药物,如氨甲蝶呤(MTX)、5-氟尿嘧啶(5-FU)、6-巯基嘌呤(6-MP)等,都是酶的竞争性抑制剂,分别抑制四氢叶酸、脱氧嘧啶核苷酸及嘌呤核苷酸的合成,从而抑制肿瘤的生长,在临床上被用作抗癌药物。

竞争性抑制剂、酶和底物三者之间的关系如下:

$$\begin{array}{l} E+S \rightleftharpoons ES \longrightarrow E+P \\ + \\ I \\ \Big\Updownarrow K_i \\ EI \end{array}$$

按米氏方程推导方法,竞争性抑制动力学方程为:

$$v=\frac{V_{max}[S]}{K_m\left(1+\frac{[I]}{K_i}\right)+[S]}$$

速度方程的双倒数方程为：

$$\frac{1}{v}=\frac{K_m}{V_{max}}\left(1+\frac{[I]}{K_i}\right)\frac{1}{[S]}+\frac{1}{V_{max}}$$

竞争性抑制剂的动力学曲线如图 4-28 所示。

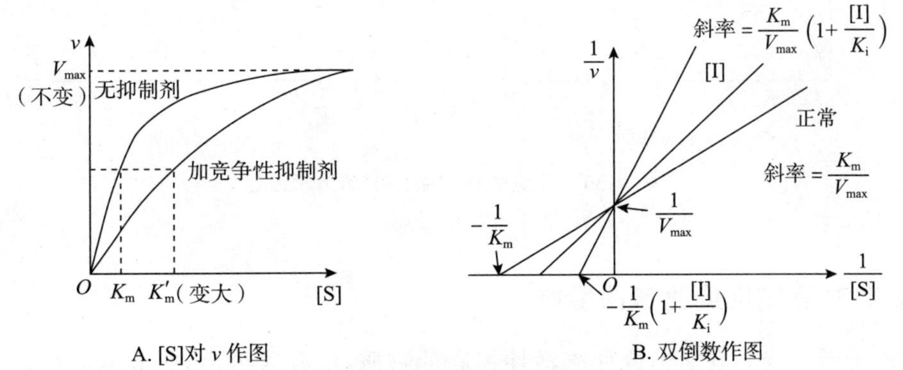

图 4-28　竞争性抑制剂的动力学曲线

（邹思湘，2005）

从图 4-28 可看到，竞争性抑制剂使反应速率降低，K_m值（称表观 K_m）增大，但对 V_{max}并无影响。

(2)非竞争性抑制作用　有些抑制剂可与酶活性中心以外的必需基团结合，不影响酶与底物的结合，即抑制剂和底物可同时结合在酶分子上，形成的酶底物抑制剂复合物(ESI)，不能释放出产物，导致酶催化活性降低，这种抑制剂称为非竞争性抑制剂，这种抑制作用称为非竞争性抑制作用(noncompetitive inhibition)。

非竞争性抑制作用如图 4-29 所示。该类抑制剂主要结合在维持酶分子构象的必需基团上或结合在活性中心的催化基团上导致酶的构象发生变化，从而降低酶的活性。

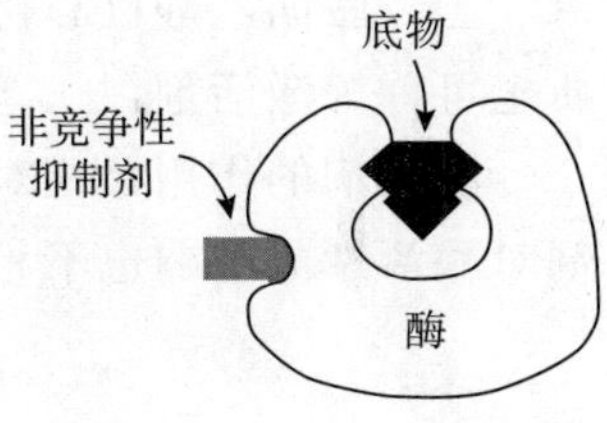

图 4-29　非竞争性抑制作用

非竞争性抑制剂、酶和底物三者之间的关系如下：

$$\begin{array}{ccccc} E+S & \rightleftharpoons & ES & \longrightarrow & E+P \\ + & & + & & \\ I & & I & & \\ \updownarrow K_i & & \updownarrow K'_i & & \\ EI+S & \rightleftharpoons & ESI & & \end{array}$$

按米氏方程推导方法，非竞争性抑制作用动力学方程为：

$$v=\frac{V_{max}[S]}{\left(1+\frac{[I]}{K_i}\right)(K_m+[S])}$$

速度方程的双倒数方程为：

$$\frac{1}{v}=\frac{K_m}{V_{max}}\left(1+\frac{[I]}{K_i}\right)\frac{1}{[S]}+\frac{1}{V_{max}}\left(1+\frac{[I]}{K_i}\right)$$

非竞争性抑制剂的动力学曲线如图 4-30 所示。从图中可以看出，非竞争性抑制剂存在的曲线与无抑制剂存在的曲线共同相交于横坐标 $-1/K_m$ 处，纵坐标截距因抑制剂的存在而变大，这说明非竞争抑制剂使反应速率降低，K_m 值（称表观 K_m）不发生改变，V_{max} 减小。

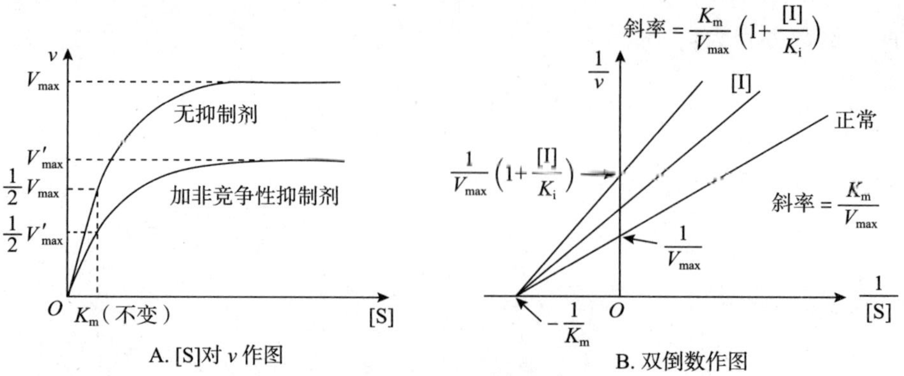

图 4-30　非竞争性抑制剂的动力学曲线

（邹思湘，2005）

（六）激活剂对酶促反应速率的影响

凡能使酶由无活性变为有活性或使酶活性提高的物质，统称为激活剂（activator）。激活剂的种类很多，从无机离子到高分子有机化合物。如 DNA 聚合酶、已糖激酶、磷酸果糖激酶等催化反应时都需要有 Mg^{2+} 存在，而低浓度 Cl^- 可提高唾液淀粉酶的活性。某些有机小分子，如抗坏血酸、半胱氨酸、还原型谷胱甘肽等对巯基酶有激活作用，可以使氧化过程中转变为二硫键的巯基酶的二硫键打开，恢复酶的催化活性。

乙二胺四乙酸（EDTA）是金属螯合剂，能除去重金属离子对酶的抑制作用，这类能除去抑制剂的物质也可称为激活剂。

激活剂的作用是相对的，一种酶的激活剂对另一种酶来说，也可能是一种抑制剂。不同浓度的激活剂对酶活性的影响也不相同，往往是低浓度下起激活作用，高浓度下则产生抑制作用。

第五节　酶的结构与功能的关系

一、酶原及酶原的激活

（一）概念

生物体内的有些酶最初以无活性的形式合成或分泌，无催化活性，须经适当的改变才能变成有活性的酶，这类酶的无活性前体称为酶原（zymogen）。无活性的酶原转变成有活性的酶的过程称为酶原的激活。如消化系统酶类、血液凝固系统的多种酶等都是以酶原形式合成的，激活后才能起作用。

（二）酶原激活的本质

酶原激活的本质是切除部分肽段以便于酶活性中心的形成和暴露。例如胰蛋白酶原是由胰腺细胞分泌的，进入小肠后，在有 Ca^{2+} 环境中受肠激酶或胰蛋白酶本身的激活，其第 6 位赖氨酸与第 7 位异亮氨酸残基之间的肽键被切断，从氨基端水解去掉一个酸性六肽，使酶分子空间构象发生改变，形成酶活性中心，由无活性的胰蛋白酶原转变成了有活性的胰蛋白酶（图 4-31）。某些酶原的激活过程见表 4-4。

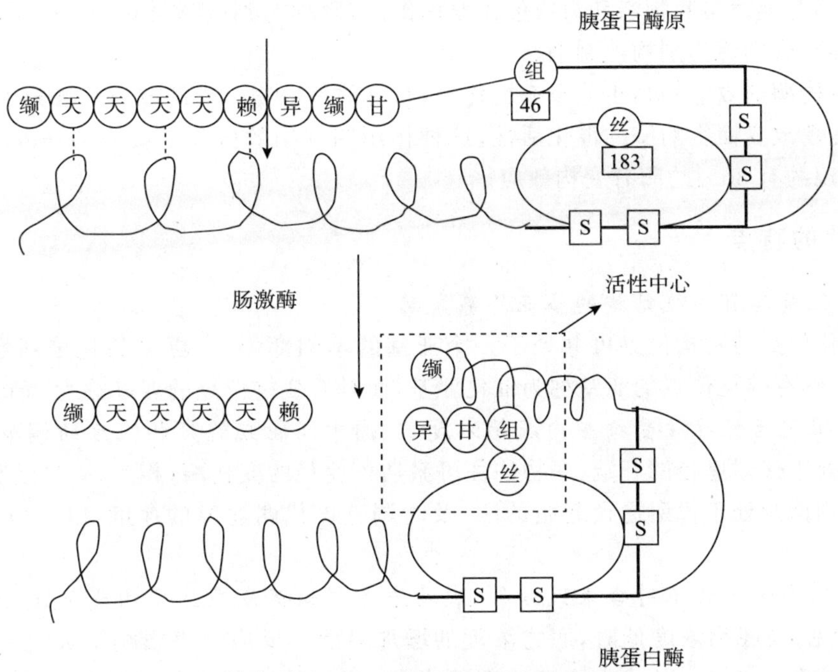

图 4-31　胰蛋白酶原的激活过程

表 4-4　某些酶原的激活过程

酶原	激活条件	激活的酶	水解片段
胃蛋白酶原	H^+或胃蛋白酶	胃蛋白酶	6 个多肽片段
胰蛋白酶原	肠激酶或胰蛋白酶	胰蛋白酶	六肽
糜蛋白酶原	胰蛋白酶或糜蛋白酶	糜蛋白酶	2 个二肽
羧肽酶原 A	胰蛋白酶	羧基肽酶	几个碎片
弹性蛋白酶原	胰蛋白酶	弹性蛋白酶	几个碎片

资料来源：秦立金，2018。

(三)酶原激活的生理意义

酶原激活的生理意义在于避免细胞内产生的酶对细胞进行自身消化，保护分泌酶原的组织不被破坏，酶在到达特定的部位和环境后能发挥作用，以保证体内代谢的正常进行。

胰腺分泌的胰蛋白酶原和胰凝乳蛋白酶原必须在肠道内经激活后才能水解蛋白质，这样就保护了胰腺细胞免受酶的破坏。在正常情况下，血液中的凝血酶原不会引起凝血。只有创伤出血，大量凝血酶原通过级联放大被激活成凝血酶，才能形成牢固的不溶性的血纤维蛋白凝块，以防止大量失血。酶原激活是机体调节酶活性的一种方式。

二、变构酶

(一)概念

变构酶(allosteric enzymes)是一类重要的调节酶，其分子中除了含有结合部位和催化部位外，还有调节部位(变构部位)，调节部位可与调节物结合，改变酶分子的构象，并引起酶催化活性的改变。调节物又称效应物或别构剂，变构酶又称别构酶。

若调节物的结合使酶与底物亲和力或催化效率提高，则称为别构激活剂；反之，若使酶与底物的亲和力或催化效率降低，则称为别构抑制剂。

一般来说，变构酶的效应物是小分子有机化合物，有的是底物。当调节物与酶分子上的相应部位结合后，引起酶的构象改变而影响酶的催化活性，这种作用叫变构效应（allosteric regulation）或别构调节作用。目前已发现约有30%的酶有变构效应。

（二）变构酶的特点

1. 变构酶往往是具有四级结构的多亚基寡聚酶

变构酶的催化位点与别构位点可共处于一个亚基的不同部位，但更多的是分别处于不同亚基上。在后一种情况下，具有催化位点的亚基称为催化亚基，而具有变构位点的亚基称为调节亚基。

2. 变构酶的催化活性往往受细胞内底物浓度、代谢中间物或终产物浓度的调节

多数变构酶处于代谢途径的开端，底物往往可激活该途径的变构酶；相反，一旦细胞内终产物增多，它作为别构抑制剂抑制处于代谢途径起始的酶，及时调整该代谢途径的速度，以适应细胞生理机能的需要。

3. 变构酶的动力学方程不符合米氏方程，底物浓度与酶促反应速率曲线呈现“S”形

由图4-32可见，当底物浓度低时，底物浓度的增加对酶促反应速率影响不大；底物浓度继续增加对酶促反应速率有较大影响；当反应速率达到最大时，底物浓度的增加对酶活性几乎没有影响。在“S”形曲线的陡段，酶活性对底物浓度的变化非常敏感，便于调控，这对于维持细胞内底物浓度处于一定水平，非常重要。

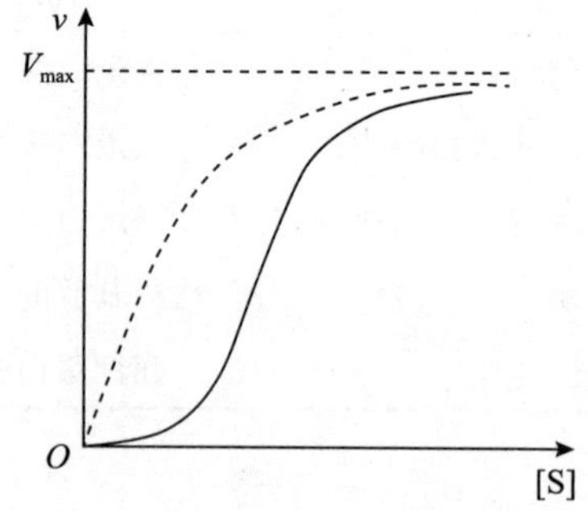

图 4-32　变构酶的动力学曲线

E. coli 氨甲酰磷酸合成酶Ⅱ、天冬氨酸转氨甲酰酶均为典型的变构酶。这两个酶催化嘧啶核苷酸合成过程的前2个反应，其反应如下：

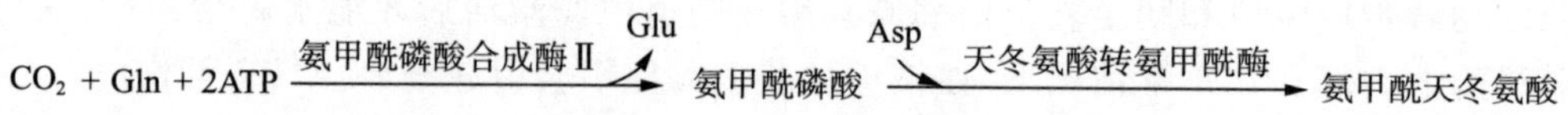

氨甲酰磷酸合成酶Ⅱ受UMP的反馈抑制，直接影响尿苷酸的合成；天冬氨酸转氨甲酰酶受CTP和UMP的反馈抑制，影响尿苷酸和胞苷酸的合成。

（三）变构酶的调节意义

变构酶一般位于反应途径的关键位置，控制整个反应途径的反应速率。很多底物是途经变构酶的激活剂，通过变构调节可以避免过多的底物积累。另外，细胞可通过别构抑制的方式及早地调节整个代谢途径的速度，减少不必要的底物消耗。这种调控对维持细胞内物质代谢恒定起了重要作用。

三、共价修饰酶

(一)概念

共价修饰是体内调节酶活性的又一重要方式。有些酶分子上的某些氨基酸残基能够与某些基团发生可逆的共价结合,从而引起酶活性的改变,这种调节称为共价修饰调节(covalent modification regulation),这类酶称为共价修饰酶。

(二)共价修饰调节的方式

体内最常见的共价修饰是酶的磷酸化与酶的去磷酸化。磷酸化过程由各种蛋白激酶催化,ATP 提供磷酸基团,使酶蛋白中的丝氨酸、苏氨酸或酪氨酸等氨基酸残基侧链上的—OH 磷酸化;去磷酸化则由磷酸酶催化完成,从而形成可逆的共价修饰,调节酶的活性。如催化糖原分解第一步反应的糖原磷酸化酶存在有活性和无活性 2 种形式:有活性的称为磷酸化酶 a;无活性的称为磷酸化酶 b。这两种形式的互变就是通过酶分子的磷酸化与去磷酸化来实现的(图 4-33)。酶的共价修饰调节常常连续进行,具有级联放大的效应。

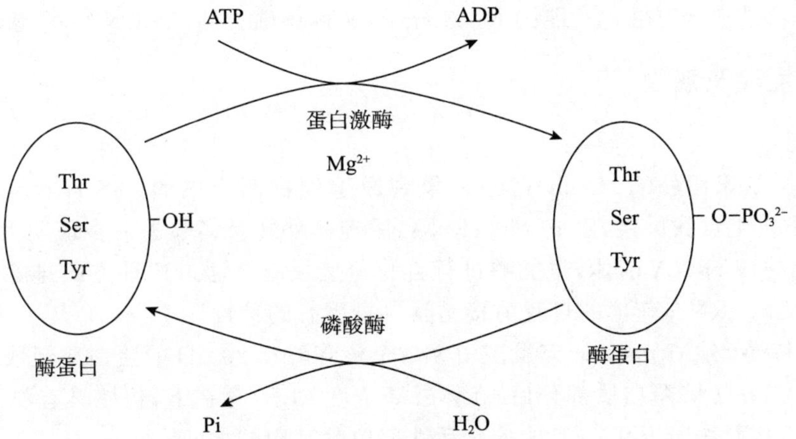

图 4-33　羟基酶的磷酸化与去磷酸化

四、同工酶

(一)概念

同工酶(isoenzyme)是指催化相同的化学反应,但酶蛋白的分子结构、理化性质有所不同的一组酶。这类酶存在于生物的同一种属或同一个体的不同组织甚至同一组织或细胞中。

现已发现数百种同工酶,如乳酸脱氢酶、碱性磷酸酶、过氧化物酶等,其中乳酸脱氢酶(lactatedehydrogenase,LDH)是研究最早的同工酶。哺乳动物的乳酸脱氢酶有 5 种同工酶,它们的相对分子质量为 130 000～150 000,由 4 个亚基组成。LDH 由 M 型和 H 型 2 种亚基组成。2 种亚基以不同比例组成 5 种四聚体,可通过电泳分离。根据电泳迁移率的大小和分子组成,它们分别命名为 $LDH_1(H_4)$、$LDH_2(M_1H_3)$、$LDH_3(M_2H_2)$、$LDH_4(M_3H_1)$和 $LDH_5(M_4)$。

同工酶分子的结构虽有所差异,但在体内却能催化同一化学反应,这是同工酶活性中心结构相似的缘故。

(二)研究同工酶的意义

同工酶在不同组织中的分布及含量不同,因此若某一组织发生病变,必将导致其中的同工酶释放到血液中,使血清酶谱发生变化,这些变化常常是特定疾病或该病特定阶段的特征。如不同类型的 LDH 同工酶在不同组织中的含量和分布比例不同,心肌、脑、肾皮质、红细胞以 LDH_1 较为丰富;骨骼肌中、肝含 LDH_5 较多。当心肌受损时,血清 LDH_1 含量上升;当肝细胞受损时,血清 LDH_5 含量增高。临床上,通过对血清中 LDH 同工酶的电泳图谱进行检测,有助于对疾病的诊断。此外,同种动物的不同品种,其同工酶的图谱不同。分析同工酶的图谱,可将其作为鉴定品种的指标,对于遗传育种研究有一定的指导意义。

第六节　核酶、脱氧核酶与抗体酶

一、核酶

(一)概念

核酶(ribozyme)是指具有催化功能的 RNA 分子,又称核酸类酶、酶 RNA、类酶 RNA。

(二)核酶的发现及意义

1.核酶的发现

1982 年,美国科学家切赫(T. Cech)等意外发现原生动物四膜虫的 26S rRNA 前体可以在 ATP、GTP 存在的条件下发生自我剪接,生成 26S rRNA,后经体外转录实验进一步证明大肠杆菌 RNA 聚合酶在细胞外转录出的该 rRNA 前体,也能够进行自我剪接反应。通过这种方式排除了任何蛋白质的催化作用,进一步说明该 rRNA 前体的自我剪接是其自身固有的特性。

1983 年,阿尔特曼(S. Altman)研究发现由 377 个核苷酸和 20 kD 的蛋白质组成的大肠埃希菌核糖核酸酶 P(RNase P),在去除蛋白质部分后,在体外高浓度 Mg^{2+} 存在下,仍然具有与完整的 RNase P 基本相同的催化活性,从而表明 RNase P 的催化活性部位是其中的 RNA 组分。

2.核酶发现的意义

在发现核酶前,人们普遍认为所有的酶都是蛋白质。核酶的发现改变了这个存在了百余年的传统观念。另外,DNA、RNA 和蛋白质在分子进化中的先后顺序一直悬而未决。RNA 分子的催化功能证明了 RNA 具有核酸和蛋白质的双重性质,所以 RNA 可能是最早出现的分子,地球早期生命的基因信息与催化功能都是依靠 RNA 来完成的。

(三)核酶的催化特点

1.底物种类少

以前认为核酶只能催化自身或其他的 RNA 分子发生反应。最近核酶的其他作用底物被发现,如多糖、DNA 及氨基酸酯等。

2.催化反应类型少

蛋白酶可以催化各种类型的化学反应,而核酶主要催化剪切型反应或剪接型反应。

3.催化效率低

每分钟催化的反应次数为 1～2 次,仅为蛋白酶催化效率的 10^{-5} 左右。几种核酶和蛋白酶的催化效率见表 4-5。

4. 具有多种活性

现已证明，除了具有催化上述的剪切或剪接反应的活性外，核酶还具有氨基酸酯酶、氨酰-tRNA合成酶和肽酰转移酶活性。由于这些反应均与蛋白质的合成有关，因此核酶在核酸的表达中有可能起着重要作用。

表 4-5　核酶与蛋白酶催化效率的比较

酶	底物	K_m/(mmol/L)	反应次数/min
L-19 IVS(395 nt)	CCCCCC	0.04	1.7
RNase P RNA	tRNA 前体	0.000 03	0.4
RNase P	tRNA 前体	0.000 03	29
RNase T1	GpA	0.05	5 700
半乳糖苷酶	Lactose 乳糖	4.0	12 500

(四)核酶的种类

根据分子大小不同，核酶可分为两大类：①大分子核酶，如四膜虫 26S rRNA 前体所含的413 nt 的内含子 RNase P 核酶，其分子大小为数百个核苷酸到数千个核苷酸；②小分子核酶，如锤头形核酶、发夹形核酶、人丁形肝炎病毒等，其分子大小为 35～155 nt。其中以锤头形核酶的结构最简单，易于人工设计，对其研究得最多。发夹形核酶的催化效率较高，对金属离子和 pH 变化的依赖性较小。

(五)应用前景

自从发现锤头结构核酶之后，人们根据其自我剪切的结构特点，设计并合成剪切序列特异的核酶，用以破坏一些有害病毒的 RNA 分子以及有害病毒基因转录出的 mRNA 或其前体。核酶的研究为确定 RNA 病毒的机理、对 RNA 病毒引起疾病的治疗提供了新的方法和途径。

在乙型肝炎的治疗上，已设计了针对 HBV 前 RNA 和编码 HBV 表面抗原、聚合酶的 mRNA 的发夹型核酶，这些核酶由载体带入肝细胞后可抑制 83%的乙肝病毒。此外，核酶的研究应用还涉及丙型肝炎病毒、流感病毒、小鼠肝炎病毒、烟草斑纹病毒和人乳头瘤病毒等。

二、脱氧核酶

(一)概念

脱氧核酶(deoxyribozyme)是利用体外分子进化技术合成的一种具有催化功能的单链 DNA 片段，具有高效的催化活性和结构识别能力。

(二)脱氧核酶的发现

1994 年，杰拉尔法・乔伊斯(G. F. Joyce)等报道了一个人工合成的 35 bp 的多聚脱氧核糖核苷酸能够催化特定的核糖核苷酸或脱氧核糖核苷酸形成的磷酸二酯键，并将这一具有催化活性的 DNA 称为脱氧核酶或 DNA 酶(DNA and enzyme，DE)。

1995 年，库努(Cuenoud)等在 *Nature* 报道了一个具有连接酶活性的 DNA，能够催化与它互补的两个 DNA 片段之间形成的磷酸二酯键。迄今已经发现了数十种脱氧核酶。

尽管截至目前，还未发现自然界中存在天然的脱氧核酶，但脱氧核酶的发现仍然使人类对于酶的认识又产生了一次重大飞跃，是继核酶发现后又一次对生物催化剂知识的补充。这将有助于了解有关生命的一个最基本问题，即生命如何由 RNA 世界演化为今天的以 DNA 和蛋白质为基础的细胞形式。这项发现揭示了 RNA 转变为 DNA 过程的演化路径可能也存在于其他与核酸相似的物质中，这有助于了解生命基础结构及其进化过程。

（三）脱氧核酶的分类

根据催化功能的不同，脱氧核酶可分为五大类：切割 RNA 的脱氧核酶、切割 DNA 的脱氧核酶、具有激酶活力的脱氧核酶、具有连接酶功能的脱氧核酶、催化卟啉环金属螯合反应的脱氧核酶。其中以对 RNA 切割活性的脱氧核酶更引人注意，其不仅能催化 RNA 特定部位的切割反应，而且能从 mRNA 水平对基因进行灭活，从而调控蛋白的表达。

（四）脱氧核酶的研究展望

由于 DNAenzyme 具有高效性、高特异性、高稳定性、短小精悍、易修饰、廉价低毒等特性，其能成为一种新型的基因抑制工具，有望成为基因功能研究、核酸突变分析、治疗肿瘤、对抗病毒等的新型基因治疗药物的新型核酸工具酶。

三、抗体酶

（一）概念

抗体酶（abzyme）是指具有催化功能的抗体，它同时具备抗体和酶的特征，可催化多种化学反应，如酰基转移、酯水解、酰胺水解、重排反应、光诱导反应、氧化还原反应、金属螯合反应等。随着抗体酶研究的深入，抗体酶可以催化的反应类型也越来越多。

（二）抗体酶的发现

1986 年，勒纳和舒尔茨首次证实，以人工合成的过渡态类似物为半抗原通过杂交瘤技术产生的抗体具有类似酶的催化活性，这标志着抗体酶研究的开始。

1989 年，保罗·卡特（Paul J. Carter）等发现生物体自身存在抗体酶。最初他们从病人体内分离到具有催化功能的免疫球蛋白，即抗体酶；随后又从正常人和未免疫小鼠血清中分离到具有催化功能的自身抗体。这些现象表明具有催化作用的抗体并非都来自自身免疫病，在正常个体内也存在这类分子。这类在体内存在的催化抗体的发现具有十分重要的意义，因为它不仅和疾病有关，还可能参与了生物体内的某些重要的或基本的生物学反应。体内抗体酶的研究有可能成为抗体酶研究的一个新的生长点。

与天然酶相比，抗体酶的催化性能更具有高度的专一性和稳定性，抗体酶的蛋白性质比酶更稳定，与底物的识别位点更多达 15～20 个，且抗体的分子识别位点可以再生，抗体酶可以反复使用。

（三）抗体酶的研究前景

抗体酶的研究和应用已经深入很多层次，为人类创造了很大的效益，用人工方法合成的抗体酶可作为研究酶作用机理的有力工具，以用于催化大量天然酶不能催化的立体专一性反应，为开发具有高选择性的药物指明方向。由于很多酶催化反应历程还不清楚，对绝大多数抗体酶来说，其催化能力都比普通酶低，仍须进一步研究。

第五章

生物膜与跨膜转运

- 生物膜与跨膜转运
  - 生物膜的化学组成
    - 膜脂
      - 种类
        - 磷脂 —— 甘油磷脂和鞘磷脂
        - 糖脂 —— 在鞘氨醇的羟基上连接有糖类集团
        - 胆固醇
          - 组成 —— 极性羟基头部、非极性的类固醇环结构和碳氢尾部
          - 作用 —— 调节膜的流动性、通透性等
      - 膜脂的双亲性 —— 形成脂质双分子层，使生物膜能具有屏障作用
    - 膜蛋白 —— 包括整合蛋白、外周蛋白和脂锚定蛋白
    - 膜糖 —— 细胞质膜上所有的膜糖都位于质膜的外表面，内膜系统中的膜糖位于内表面
  - 生物膜的结构及其特点
    - 生物膜的结构模型 —— 流体镶嵌模型
    - 生物膜的流动性
      - 流动性的表现形式
        - 膜脂的运动
          - 侧向扩散
          - 旋转运动
          - 翻转扩散
        - 膜蛋白的运动
          - 随机移动
          - 定向移动
          - 局部移动
      - 膜流动性的生理意义 —— 细胞质膜适宜的流动性是质膜行使功能的必要条件，参与物质运输
    - 生物膜的不对称性 —— 膜脂分布的不对称性、膜蛋白分布的不对称性及膜糖分布的不对称性
  - 物质的跨膜转运
    - 小分子物质和离子的跨膜转运
      - 简单扩散 —— 不需膜蛋白的协助，不消耗ATP
      - 促进扩散 —— 需膜蛋白的协助，不消耗ATP
      - 主动运输
        - 类型
          - 由ATP直接提供能量的主动运输
          - 协同运输
        - 意义
          - 从周围环境中或表面摄取必需的营养物质
          - 将细胞内的各种物质排到细胞外
          - 维持一些无机离子在细胞内恒定和最适的浓度
        - 特点
          - 逆浓度梯度
          - 依赖于膜运输蛋白
          - 需要代谢能，并对代谢毒性敏感
          - 具有选择性和特异性
    - 大分子物质的跨膜转运
      - 内吞作用
        - 概念 —— 将外界物质裹进并输入细胞的过程
        - 分类
          - 吞噬作用 —— 内吞的物质为固体物，形成的囊泡较大
          - 胞饮作用 —— 内吞的物质为液体或溶质，形成的囊泡较小
      - 外排作用 —— 大分子物质通过形成囊泡从细胞内部逐步移至细胞表面，囊泡的膜与质膜融合，将物质排出细胞之外

细胞是生命有机体的基本组成单位，每一个细胞都有一个明确的边界，这就是细胞膜（cell membrane），又称质膜（plasma membrane）。细胞膜是细胞的重要组分，具有独特的结构与功能。在真核生物细胞中，除了在细胞表面包裹有质膜之外，细胞质中的各种细胞器的表面也具有与质膜类似的膜结构，这些膜称为内膜（internal membrane）或胞质膜（cytoplasmic membrane），包括核膜、内质网膜、高尔基体膜和线粒体膜等。在原核细胞中，如细菌的细胞壁内侧也有质膜，有些细菌的质膜向细胞内延伸可成为间体或质膜体，并具有真核细胞器的部分功能。我们习惯上把细胞内包含质膜和细胞内膜的所有膜结构统称为生物膜（biomembrane）。

生物膜系统的出现是细胞在漫长的历史演化进程中，内部结构不断分化完善，各种生理功能逐渐提高的结果。生物膜系统与物质运输、信息传递、能量转换、激素作用、神经传导、基因表达以及细胞的分裂、运动、识别、繁殖和肿瘤的发生等几乎所有的生命现象密切相关。研究生物膜的结构和功能对于了解生命活动规律具有重要的意义。

第一节　生物膜的化学组成

生物膜主要由脂类和蛋白质两大类物质组成，此外，尚含有少量的糖类、无机盐、金属离子及水。在大多数生物膜中，脂类约占总量的50%，蛋白质约占40%，糖类占1%～10%。膜中蛋白质与脂类的比值（P/L）随着膜类型（如质膜、内质网膜、高尔基体膜）、细胞类型（肌细胞、肝细胞）和生物类型（动物、植物和原核生物）的不同而不同。

一、膜脂

生物膜上的脂类统称为膜脂（membrane lipid），是生物膜的基本组成成分。每个动物细胞质膜上约有10^9个脂分子，即每平方微米的质膜上有约5×10^6个脂分子。膜脂主要有三大类：磷脂、糖脂和胆固醇。

（一）膜脂的种类

1. 磷脂

含有磷酸基团的脂类称为磷脂（phospholipid），磷脂是膜脂中含量最丰富和最具特性的脂类，约占膜脂的50%以上。磷脂分子的极性端是各种磷脂酰-X（羟基）部分，称为头部，它们多数通过甘油基团与非极性端相连。磷脂分子的疏水端是两条长短不一的烃链，称为尾部，一般含有14～24个偶数碳原子。其中一条烃链常含有一个双键或数个双键，双键的存在造成这条不饱和链有一定角度的扭转。磷脂烃链的长度和不饱和度的不同可以影响磷脂的相互位置，进而影响膜的流动性。各种磷脂头部基团的大小、形状、电荷数量与磷脂-蛋白质的相互作用有关。

2. 糖脂

如果在鞘氨醇的羟基上连接有糖类基团，就称为糖脂（glycolipid）。糖脂普遍存在于原核和真核细胞的细胞质膜上，其含量占膜脂总量的5%以下，在神经细胞质膜上糖脂含量较高，占5%～10%。动物细胞膜中的糖脂结构与鞘磷脂相似，都是鞘氨醇的衍生物，只是其头部以糖基替代了磷脂酰胆碱，即成为鞘糖脂。主要的鞘糖脂有葡萄糖基脑苷脂、乳糖基*N*-脂酰基鞘氨酸、血型糖脂和神经节苷脂等。

3. 胆固醇

细胞膜上的另一种类脂是胆固醇（cholesterol），胆固醇存在于真核细胞膜中。在动物细胞质膜中，胆固醇的含量较高，有的胆固醇占膜脂的50%。大多数植物细胞和细菌细胞质膜中没有胆固醇，但某些细菌的膜脂中含有甘油等中性脂类，酵母细胞膜中是麦角固醇。

胆固醇分子分为三个部分：羟基组成的极性头部、非极性的类固醇环结构和一个非极性的碳氢尾部。胆固醇的分子较其他膜脂要小，双亲性也较低。胆固醇分子呈扁平环状（图5-1），其亲水的头部朝向膜的外侧，疏水的尾部埋在脂双层的中央（图5-2）。胆固醇对磷脂脂肪酸尾部的运动具有干扰作用，所以胆固醇在调节膜的流动性、增加膜的稳定性以及降低膜对水溶性物质的通透性等方面都起着重要的作用。

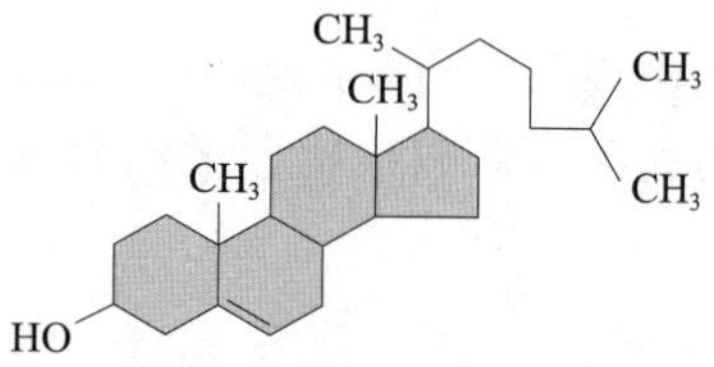

图5-1　胆固醇的结构

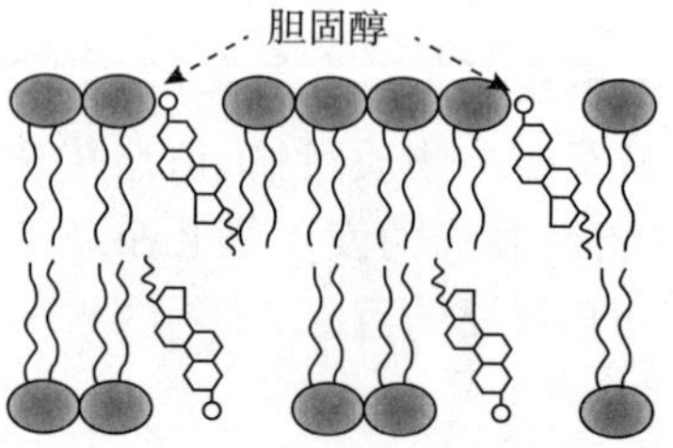

图5-2　胆固醇在脂双层中的位置

（二）膜脂的双亲性

所有的膜脂都具有双亲性（amphipathic），即有一个亲水末端（极性端）和一个疏水末端（非极性端）。在水溶液中，膜脂的亲水末端通过氢键与水分子相互作用而朝向水相，其疏水末端依赖疏水力的作用而相互聚拢，形成脂质双分子层。脂质双分子层的两侧亲水，中央疏水，这种性质使生物膜起着屏障作用，大多数水溶性物质不能自由通过，只允许亲脂性物质通过。在水溶液中，脂质双分子层倾向于形成封闭的球状结构，成为脂质体（liposomes），如图5-3所示。

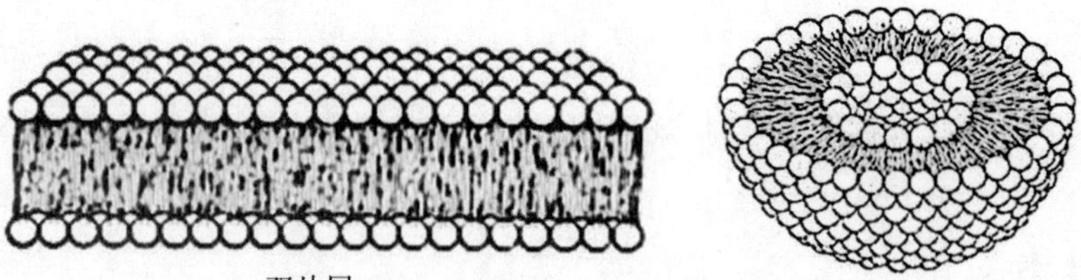

图5-3　磷脂在水环境中的存在模式

二、膜蛋白

虽然膜脂构成膜的基本结构，但是生物膜的特定功能主要是由蛋白质决定的。膜蛋白（membrane protein）一般占膜的40%～50%，现已发现50余种。由于膜蛋白种类繁多、功能复杂，膜蛋白没有一定的分类标准，通常可根据膜蛋白与膜脂的结合关系粗略地分为整合蛋白、外周蛋白和脂锚定蛋白（图5-4）。

（一）整合蛋白

整合蛋白（integral protein），又称内在蛋白、跨膜蛋白，其部分或全部通过非极性氨基酸残基与脂双分子层疏水尾部之间的相互作用而结合在质膜上，亲水部分则暴露在膜的一侧或两侧表面。在整合蛋白的结构中，一般含25%～50%的α-螺旋，也有的整合蛋白以β-折叠为主，如线粒体外膜和细菌质膜中的孔蛋白。

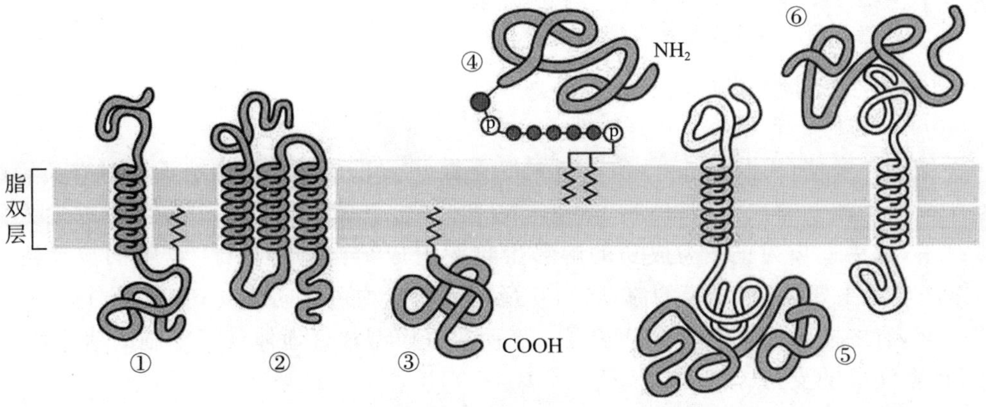

①、②. 整合蛋白；③、④. 脂锚定蛋白；⑤、⑥. 外周蛋白。

图 5-4　膜蛋白与膜脂的结合与存在模式

(汪堃仁，1998)

(二)外周蛋白

外周蛋白(peripheral protein)，又称周边蛋白、附着蛋白。外周蛋白是水溶性的，完全外露在脂双层的两侧表面，主要通过非共价键附着在脂的极性头部或通过与整合蛋白亲水区结合而间接与膜结合。

外周蛋白一般占膜蛋白总量的 20%～30%。在红细胞中，外周蛋白占 50%。外周蛋白可以增加膜的强度。

(三)脂锚定蛋白

脂锚定蛋白(lipid-anchored protein)，也称为脂连接蛋白，通过共价键同膜脂分子结合，位于脂双层的表面。其主要有两种结合方式：一种通过与脂双层中的碳氢链形成共价键进行锚定；另一种通过短的寡糖与包埋在脂双层外叶中的糖基磷脂酰肌醇相连而被锚定在质膜外侧。

三、膜糖

膜糖(membrane carbonhydrate)占膜重的 1%～10%。真核细胞质膜中的糖类通过共价键同膜脂或膜蛋白相连，即以糖脂或糖蛋白的形式存在于细胞质膜上。需要指出的是，细胞质膜上所有的膜糖都位于质膜的外表面，内膜系统中的膜糖则位于内表面。

自然界中存在的单糖及其衍生物超过 200 种，但存在于细胞膜上的糖类只有 9 种，而在动物细胞质膜上的主要是 7 种，即 *D*-葡萄糖、*D*-半乳糖、*D*-甘露糖、*L*-岩藻糖、*N*-乙酰-*D*-半乳糖胺、*N*-乙酰葡萄糖胺和唾液酸。

人的血型即 A 型、B 型、AB 型和 O 型，是由红细胞膜脂或膜蛋白中的糖基决定的。ABO 血型决定因子是一种糖脂，其寡糖部分具有决定抗原特异性的作用。A 型血的人的红细胞膜脂寡糖链的末端是 *N*-乙酰半乳糖胺，B 型血的人的红细胞膜脂寡糖链的末端是半乳糖，O 型血的人的红细胞则没有这两种糖基，而 AB 型血的人的红细胞则是同时具有这两种糖基。动物也是有血型的。

第二节　生物膜的结构及其特点

生物膜是由膜脂、膜蛋白与膜糖定向、定位排列，高度组织化的分子装配体，是一种超分子复合物，具有特定的分子结构。

一、生物膜的结构模型

西摩·乔纳森·辛格(S. J. Singer)和贾斯·尼克森(G. Nicolson)在总结了当时有关膜结构模型之后，于1972年提出了流动镶嵌模型(fluid mosaic model)，这个理论一扫一个多世纪以来人们对生物膜结构的错误理解，成为迄今为止最为成功的解释生物膜组成结构的理论(生物膜的流动镶嵌模型见图5-5)。流动镶嵌模型主要强调：①膜的流动性，膜蛋白和膜脂均可侧向运动；②膜蛋白分布的不对称性，有的镶嵌在表面，有的嵌入或横跨脂双分子层。流动镶嵌模型较好地体现了细胞的功能特点，被广泛接受，也得到了许多实验的支持。

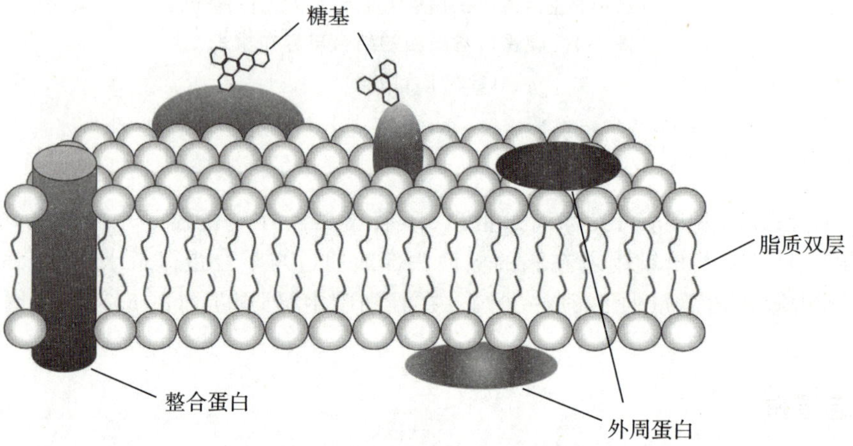

图 5-5 生物膜的流动镶嵌模型

(邹思湘，2012)

二、生物膜的流动性

膜的流动性主要是由膜脂双层的状态变化引起的。在生理条件下，膜脂多呈液晶态，温度下降至某点，则变成晶态。在一定温度下，晶态又可溶解，再变成液晶态。这种临界温度称为相变温度，在不同温度下发生的膜脂状态的改变称为相变。

膜脂由于成分不同而各有其不同的相变温度。在某一温度下，一些脂处于晶态，另一些脂处于液态。处于这两种不同状态的磷脂分子分别各自汇集，形成了相的分离，从而形成一些流动性不一的微区。膜脂的流动给膜蛋白提供了可以流动的环境，加上膜蛋白自身构象的变化，使膜蛋白处于动态之中。

(一)流动性的表现形式

1. 膜脂的运动

膜脂的流动是造成膜流动的主要因素。概括起来，膜脂的运动方式主要有三种：①侧向扩散又称侧向迁移，是指在同一单脂层内的脂分子互相换位，这种运动始终保持脂分子在质膜中的排布方向，即亲水的基团朝向膜表面，疏水的尾指向膜内部。②旋转运动是指每个脂分子都围绕其长轴作快速旋转。③翻转扩散是指脂分子从脂双层的一个层面翻转至另一个层面的运动。这种运动是很少发生的，也是最为剧烈的一种运动。在磷脂发生翻转运动时，磷脂的亲水头部基团必须克服内部疏水区的阻力，这在热力学上是不利的。

除了这几种主要的运动方式，膜脂还有其他一些运动方式，如屈曲，即膜脂围绕着与膜平面相垂直的轴进行伸缩摆动。

2. 膜蛋白的运动

由于膜蛋白分子量较大，它不可能像膜脂那样运动。膜蛋白的几种运动形式：①有些蛋白质能够在整个膜上随机移动。②有些蛋白比较特别，可以在膜中做定向移动，例如，有些膜蛋白在膜上可以从细胞的一端移向另一端。③有些蛋白虽然能够在膜上移动，但只能在局部范围内做旋转移动和侧向移动。

（二）膜流动性的生理意义

细胞质膜适宜的流动性是质膜行使功能的必要条件。例如，细胞质膜中有相当数量的酶催化着不同的反应，酶活性与流动性有极大的关系，如卵磷脂-胆固醇转酰基酶的活性与膜的流动性密切相关，膜流动性大，有利于酶的侧向扩散和旋转运动，使酶活性提高。

膜的一个重要功能是参与物质运输。如果没有膜的流动性，细胞外的营养物质就无法进入，细胞内合成的胞外物质（如胞外酶、胞外蛋白）及细胞废物也不能运到细胞外，这样细胞就会因停止新陈代谢而死亡。

三、生物膜的不对称性

生物膜上的膜脂、膜蛋白和膜糖在膜内外的分布是不对称的。这种结构成分的不对称性是细胞膜的重要特征，主要表现在以下方面。

（一）膜脂分布的不对称性

主要膜脂的不对称分布情况如图 5-6 所示，通常脂双分子层两侧的膜脂在含量比例上有差异。在已知红细胞膜中，磷脂酰胆碱（PC）和神经鞘磷脂（SM）主要分布于膜外层，在膜内层中，它以磷脂酰丝氨酸（PS）和磷脂酰乙醇胺（PE）为主。磷脂极性头部的大小可能是形成不对称分布的一个重要原因，即头部较小的 PE 和 PS 更容易紧密堆积在内层。另一个原因可能是脂质和蛋白质的相互作用，如红细胞膜内侧表面收缩蛋白和酸性磷脂有较强的相互作用，从而增加了内侧的 PS。

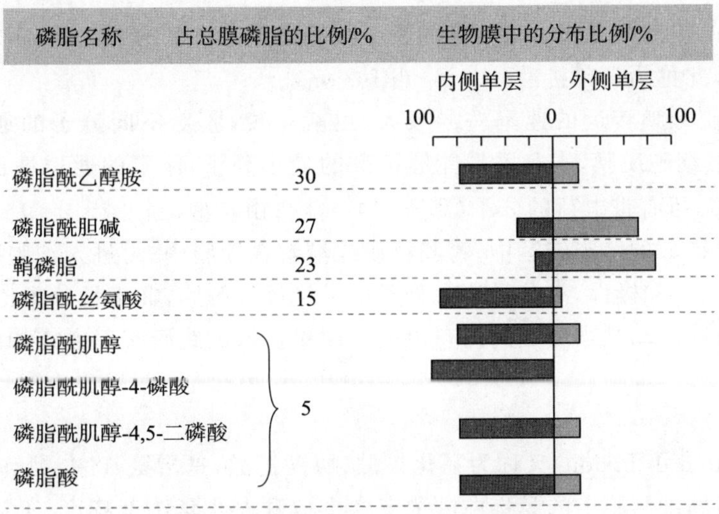

图 5-6 主要膜脂的不对称分布情况

（刘峰，2021）

(二)膜蛋白分布的不对称性

所有的膜蛋白无论是膜周边蛋白,还是膜内蛋白在质膜上,都呈不对称分布。与膜脂不同,膜蛋白的不对称性是指每种膜蛋白分子在细胞膜上都具有明确的方向性。细胞表面的受体、膜上载体蛋白等都是按照一定的方向传递信号和转运物质的;与细胞膜相关的酶促反应也都发生在酶所在膜的某一侧面,如线粒体内膜中的NADH电子传递链的各组分或定位于内侧(如细胞色素氧化酶、琥珀酸脱氢酶)或定位于内膜外侧(如细胞色素c)。膜蛋白的不对称性是生物膜能够在时间和空间上有序地实现各种复杂生理功能的保证。

(三)膜糖分布的不对称性

质膜和细胞内膜中的糖类全部分布在非细胞质基质的一侧,以糖脂和糖蛋白的形式存在。例如,质膜上的糖脂和糖蛋白全部分布在膜的外侧,是细胞识别、信号转导等生理功能的物质基础。

第三节 物质的跨膜转运

生物膜是细胞与环境进行物质交换的直接参与者。作为细胞与环境间的界膜,它的半通透性是细胞维持正常的生理内环境和进行各种生理活动的基本要素。这种功能决定细胞能够有选择地从周围环境中摄取多种必需的离子和养分,又不断排出代谢废物和多余水分等。因此,物质的跨膜转运对细胞的生存和生长至关重要。

一、小分子物质和离子的跨膜转运

小分子物质主要通过简单扩散、促进扩散、主动运输等方式进入细胞。

(一)简单扩散

分子或离子以自由扩散的方式由浓度高的膜一侧转运到浓度低的膜一侧,不需要细胞提供能量,也没有膜蛋白的协助,因此称为简单扩散(simple diffusion)。

不同的小分子物质跨膜转运的速率差异极大,也就是说,膜对不同分子的通透性有很大区别,如O_2、N_2和苯等极易通过细胞质膜,水分子是能够扩散的最小分子,尿素的通透性比水分子低100倍,而离子又比尿素低10^6倍,所有带电荷的分子(离子)均不能自由扩散。

一般认为,在简单扩散的跨膜转运中,跨膜物质先溶解在膜脂中,再进入细胞质水相中,因此其通透性主要取决于分子的大小和极性,小分子比大分子更易穿过细胞膜,非极性分子比极性分子更易穿过细胞膜,而带电离子的跨膜运动则需要更高的自由能。简单扩散的跨膜转运方式如图5-7所示。

(二)促进扩散

促进扩散(facilitated diffusion)又称为易化扩散、协助扩散,是指氨基酸、糖和金属离子等非脂溶性物质或亲水性物质,借助细胞膜上的膜蛋白顺浓度梯度或顺电化学浓度梯度,不消耗ATP进入膜内的一种运输方式。从这一点上看,它与简单扩散相同,因此两者都称为被动运输(passive transport)。在促进扩散中,特异的膜蛋白"协助"物质转运使其转运速率增加,转运特异性增强。

转运蛋白可分为两类:一类称为载体蛋白,载体蛋白具有高度特异性结合位点,可以在膜的一侧与特定底物结合并穿过脂双层在膜的另一侧释放底物，该过程可往返进行。另一类称为通道蛋白，它所具有的亲水通道允许一定大小和电荷的离子通过。通道对离子的选择性不是很强，主要取决于通道开放时水相孔道的几何大小和孔道壁的带电情况。通道介导带电离子跨膜移动时形成跨膜离子流，不导电的膜脂层产生跨膜电位差引起细胞一系列的功能改变。总之，通道开放的主要作用并不是转运代谢产物，而是使引起通道开放的外来信号转换成跨膜电位变化或其他变化，是环境因素影响细胞功能的一种方式。简单扩散与促进扩散的跨膜转运方式如图 5-7 所示。

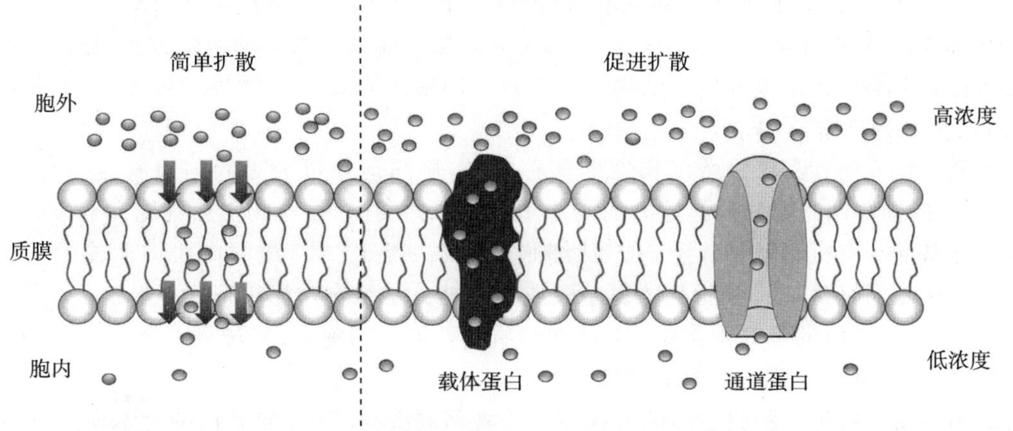

图 5-7 简单扩散与促进扩散的跨膜转运

（洪水根，1995）

(三)主动运输

简单扩散和促进扩散只能将物质从高浓度向低浓度方向运输，趋向于细胞内外的浓度达到平衡。实际上，细胞内外的物质浓度差别很大。即使在细胞内，不同物质间的浓度差别也很大。浓度的差异是维持生命活动所必需的，仅有简单扩散和促进扩散是不可能建立这些差异的，也不可能维持细胞内物质浓度的稳定。因此主动的运输方式能保证细胞内物质的稳定，并建立不同的浓度梯度。主动运输(active transport)是物质由浓度低的一侧向浓度高的一侧跨膜运动的方式，或物质逆浓度梯度或电化学梯度运输的跨膜运动方式。转运分子的自由能变化为正值，因此需要与某种释放能量的过程相偶联。

1. 主动运输的类型

根据主动运输过程所需能量来源的不同，主动运输可归纳为由 ATP 直接提供能量和间接提供能量两种。

(1)由 ATP 直接提供能量的主动运输　在细胞质膜的两侧存在很大的离子浓度差，特别是阳离子浓度差。如在人的红细胞中，Na^+ 和 K^+ 的浓度分别为 25 mmol/L 和 150 mmol/L；在血浆中，Na^+ 和 K^+ 的浓度分别为 145 mmol/L 和 5 mmol/L。一般的动物细胞要消耗 1/3 的能量来维持细胞内低 Na^+ 高 K^+ 的环境，神经细胞则要消耗 2/3 的能量，这种特殊的离子环境对维持细胞内正常的生命活动，对神经冲动的传递以及对维持细胞的渗透平衡，恒定细胞的体积都是非常必要的。K^+ 和 Na^+ 逆浓度与电化学梯度输入和输出的跨膜运动就是一种典型的主动运输方式。它是由 ATP 直接提供能量，通过细胞质膜上的 Na^+-K^+ 泵来完成的。

Na^+-K^+ 泵由 α 和 β 两个亚基组成，α 亚基的分子质量为 120 kDa，是一个跨膜多次的整合膜蛋白，具有 ATP 酶活性，因此 Na^+-K^+ 泵又称为 ATP 酶。β 亚基的分子质量为 50 kDa，具有组织特异性的糖蛋白。其工作模式是在细胞内侧 α 亚基与 Na^+ 相结合，促进了 ATP 水解，α 亚基上的一个天冬氨酸残基磷酸化引起 α 亚基构象发生变化，将 Na^+ 运出细胞，通过细胞外的 K^+ 与 α 亚基的另一位点结合，其就能去磷酸化，α 亚基构象再度发生变化将 K^+ 输入细胞，完成了整个循环。每个循环消耗 1 个 ATP 分子，转运 3 个 Na^+ 和 2 个 K^+。Mg^{2+} 和少量的膜脂有助于 Na^+-K^+ 泵活性的提高。

Na^+-K^+ 泵存在于一切动物细胞的细胞质膜上，不仅造成了质膜两侧 K^+、Na^+ 分布不均匀，而且细胞内的净电荷为负电荷。除了 Na^+-K^+ 泵之外，还有 Ca^{2+} 泵和质子泵。Ca^{2+} 泵又称为 Ca^{2+}-ATP 酶，主要存在于细胞质膜和内质网膜上。它将 Ca^{2+} 输入细胞或泵入内质网腔中贮存起来，从而维持细胞内低浓度的 Ca^{2+}（细胞内的 Ca^{2+} 摩尔浓度为 10^{-7}～10^{-6} mol/L，细胞外为 10^{-3} mol/L）。Ca^{2+} 泵是由 1 000 个氨基酸残基组成的跨膜蛋白，与 Na^+-K^+ 泵的 α 亚基同源。钙调蛋白与之结合从而调节 Ca^{2+} 泵的活性。Ca^{2+} 泵也与 ATP 的水解相偶联，每消耗 1 个 ATP 分子，转运出 2 个 Ca^{2+}。

（2）协同运输　协同运输（cotransport）是一类靠间接供能完成的主动运输方式，物质跨膜运动所需要的能量来自膜两侧离子浓度梯度。动物细胞常常利用膜两侧的 Na^+ 浓度梯度来驱动；植物细胞和细菌常利用 H^+ 浓度梯度来驱动。

根据物质运输方向和离子沿浓度梯度的转移方向，协同运输可分为同向协同（symport）和反向协同（antiport）。同向协同是指物质运输方向与离子转移方向相同，如小肠上皮细胞和肾小管上皮细胞吸收葡萄糖或氨基酸等有机物就是伴随 Na^+ 从细胞外流入细胞内。完成同向协同运输的载体蛋白上的两个结合位点必须同时与 Na^+ 和特异的氨基酸或葡萄糖分子结合才能进行这一转运。

在某些细菌中，乳糖的吸收则伴随 H^+ 从细胞质膜外进入细胞内，每转移 1 个 H^+，吸收 1 个乳糖分子，这些过程也都由特异的载体蛋白来完成。

反向协同运输是指物质跨膜运动的方向与离子转移的方向相反，如动物细胞常通过 Na^+/H^+ 反向协同运输的方式来转运 H^+，从而调节细胞内的 pH。细胞内特定的 pH 是细胞正常代谢活动所需要的，在不分裂的细胞内 pH 为 7.1～7.2，当细胞受到生长因子等刺激后，细胞内 pH 由 7.2 提高到 7.4，细胞开始生长和分裂。在这一过程中，细胞中的 H^+ 减少约 40%，主要由细胞质膜上的 Na^+/H^+ 交换载体完成，即 H^+ 输出伴随 Na^+ 进入细胞。在线粒体中，Na^+/H^+ 反向协同运输是由 H^+ 浓度梯度驱动的，将 Na^+ 由内膜的基质一侧转运出来。几种膜上载体蛋白的功能物质列于表 5-1。

表 5-1　载体蛋白的功能物质

载体蛋白	功能	能量来源
直接能源		
Na^+-K^+ 泵	Na^+ 的输出和 K^+ 的输入	ATP
磷酸化运输蛋白	细菌对葡萄糖的运输	磷酸烯醇式丙酮酸
间接能源		
Na^+、葡萄糖泵协同运输蛋白	Na^+、葡萄糖同时进入细胞	Na^+ 梯度驱动
F_O-F_1 ATPase	H^+ 运输	H^+ 梯度驱动

2. 主动运输的意义

主动运输涉及物质输入和输出细胞或细胞器，并且能够逆浓度梯度或电化学梯度。这种运输对于维持细胞和细胞器的正常功能起到三个重要作用：①保证细胞或细胞器从周围环境中或表面摄取必需的营养物质；②能够将细胞内的各种物质，如分泌物、代谢废物以及一些离子排到细胞外；③能够维持一些无机离子在细胞内恒定和最适的浓度，特别是 K^+、Ca^{2+} 和 H^+ 的浓度。这些离子的浓度差异对于细胞的生存和行使功能至关重要。例如动物细胞将 Na^+ 泵出细胞外，维持细胞内 Na^+ 的低浓度，这样可以帮助细胞维持细胞膜内外渗透压的平衡，如果没有这种平衡，细胞就会吸水膨胀直至破裂。

3. 主动运输的特点

主动运输是由运输蛋白介导的物质运输方式，能够使物质从低浓度向高浓度流动，质膜具有一定的“主动作用”，但是需要消耗细胞的代谢能。主动运输具有四个基本特点：①逆浓度梯度；②依赖于膜运输蛋白；③需要代谢能，并对代谢毒性敏感；④具有选择性和特异性。这些小分子物质三种跨膜转运方式的主要特性列于表 5-2。

表 5-2 小分子物质跨膜转运方式的主要特性

性质	参与运输的膜成分	被运输的物质是否需要结合	能量消耗	运输方向	特异性	运输的分子高浓度时的饱和性
简单扩散	脂	否	不耗能	顺浓度梯度	无	无
促进扩散	蛋白	是	不耗能	顺浓度梯度	有	有
主动运输	蛋白	是	ATP 水解或浓度梯度	逆浓度梯度	有	有

二、大分子物质的跨膜转运

液体、颗粒以及一些大分子物质，如蛋白质、核酸、多糖、病毒和细菌等，不能直接通过生物膜，需要靠膜的形态变化来进行运送，主要通过内吞作用(endocytosis)和外排作用(exocytosis)完成大分子与颗粒性物质的跨膜运输。在转运过程中，物质包裹在脂双层膜围绕的囊泡中，因此又称为膜泡运输。这种运输方式常常可同时转运一种或一种以上数量不等的大分子和颗粒性物质，也有人称之为批量运输。

(一)内吞作用

内吞作用是指通过细胞质膜内陷形成囊泡(称内吞泡 endosome)，将外界物质裹进并输入细胞的过程。膜通过出芽方式形成一个携带被运输物质的囊泡，囊泡的外表面被蛋白包被。这些蛋白通过改变膜结构的构象促使囊泡形成。根据形成囊泡的大小及内容物，内吞作用可分为两种类型。

1. 吞噬作用

内吞的物质如为固体物，形成的囊泡较大，称为吞噬作用。这种方式在原生动物中广泛存在，是原生动物摄取营养物质的重要方式，如变形虫的伪足吞噬食物、纤毛虫吞入营养物质等。

2. 胞饮作用

内吞的物质若为液体或溶质，形成的囊泡较小，则称为胞饮作用。当周围环境中的某些物质，如蛋白质、氨基酸或某些离子达到一定浓度时即诱导细胞产生胞饮作用。这种现象存在于白细胞、肾细胞、小肠上皮细胞、巨噬细胞和植物根尖细胞等。

实际上，吞噬作用和胞饮作用是相同的生理过程，其活动需耗能在动物细胞和植物细胞中普遍存在。

(二)外排作用

与内吞作用的顺序相反，有些大分子物质通过形成囊泡从细胞内部逐步移至细胞表面，囊泡的膜与质膜融合，将物质排出于细胞之外，这个过程称为外排作用。细胞内合成的许多分泌物通过这种方式排出胞外，如胰岛细胞将合成的胰岛素分子累积在细胞内的囊泡里，然后这些分泌囊泡与细胞质膜融合并打开，向细胞外释放出胰岛素。外排作用方式如图 5-8 所示。

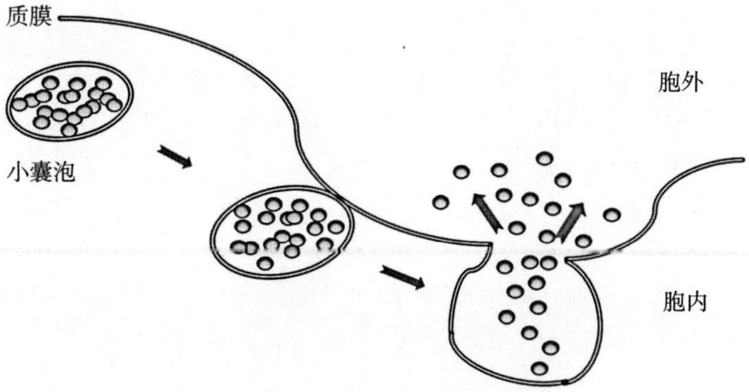

图 5-8 外排作用方式

(刘凌云，2002)

通过内吞作用,不断地去除质膜到细胞内部,通过外排作用又不断地补充质膜,因此在这两个相反的过程中,细胞的表面积和体积没有变化。在该意义上,内吞和外排是相互联系的过程,它构成了内吞-外排周期。

第六章

糖类代谢

糖类代谢

- 概述
  - 糖的生理功能
    - 能源物质
    - 结构物质
    - 代谢物质的碳架和前体
    - 功能物质
  - 糖的主要代谢途径——糖酵解/糖的有氧氧化/磷酸戊糖途径等
- 葡萄糖的有氧氧化
  - 概念
  - 反应过程
    - 胞液中1×葡萄糖→2×丙酮酸，同糖酵解
    - 线粒体中2×丙酮酸→2×乙酰CoA+2×$(NADH+H^+)$
    - 三羧酸循环：2×乙酰CoA→4×CO_2+6×$(NADH+H^+)$+2×$FADH_2$+2×GTP
  - 生理意义
    - 机体能量的主要来源
    - 物质彻底氧化的共同代谢途径及联系枢纽
  - 1分子葡萄糖完全氧化产生30/32ATP
- 糖异生
  - 概念
  - 反应过程（三步关键反应）
    - 丙酮酸→PEP，消耗1ATP和1个GTP
    - 果糖-1,6-二磷酸→果糖-6-磷酸
    - 葡萄糖-6-磷酸→葡萄糖
  - 乳酸循环——肌肉中的乳酸转变成肝脏中的葡萄糖
  - 生理意义——既利用了乳酸，又维持了血糖
- 糖代谢途径间的联系及血糖调节
  - 糖代谢途径间的联系（交汇点）
    - 葡萄糖-6-磷酸
    - 甘油醛-3-磷酸
    - 丙酮酸
  - 血糖及其调节
    - 血糖的主要来源及主要去路
    - 血糖水平的调节
- 葡萄糖的无氧分解（糖酵解）
  - 概念
  - 反应过程（在胞液中）
    - 葡萄糖→果糖-1,6-二磷酸，消耗2ATP
    - 果糖-1,6-二磷酸→2×甘油醛-3-磷酸
    - 2×甘油醛-3-磷酸→2×丙酮酸，产生4ATP和2（$NADH+H^+$）
    - 丙酮酸→乳酸，消耗2（$NADH+H^+$）
  - 生理意义——在缺氧情况下提供能量
- 磷酸戊糖途径
  - 概念
  - 反应过程
    - 氧化阶段：6×葡萄糖-6-磷酸→6×核酮糖-5-磷酸，产生12$NADPH+H^+$
    - 非氧化阶段：6×核酮糖-5-磷酸→5×葡萄糖-6-磷酸
  - 生理意义
- 糖原的合成与分解
  - 糖原的概念和结构
  - 糖原的合成代谢
    - 生成葡萄糖-6-磷酸，消耗1ATP
    - 生成葡萄糖-1-磷酸
    - 生成UDP-葡萄糖，消耗1GTP
    - 合成糖原的直链部分
    - 形成分支
  - 糖原的分解代谢
    - 生成葡萄糖-1-磷酸
    - 生成葡萄糖-6-磷酸
    - 生成葡萄糖——关键酶：葡萄糖-6-磷酸酶
    - 脱支酶的催化作用
  - 糖原合成与分解的生理性调节

第一节　概　述

糖类，即碳水化合物，是自然界含量最为丰富的一类有机化合物。生物化学中的"糖"在广义上包括多羟基醛、多羟基酮及它们的脱水缩合物。糖类可分为单糖（葡萄糖、果糖、半乳糖等）、寡糖（其中最常见的是二糖，如蔗糖、麦芽糖、乳糖等）、多糖（淀粉、糖原、纤维素等）三大类。

一、糖的生理功能

（一）糖是动物体内的重要能源物质

糖是动物饲料的主要成分，也是动物机体正常情况下的主要供能物质。动物体内能量的70%来自糖的分解代谢。在糖代谢中，葡萄糖（glucose）居主要地位，1 mol 葡萄糖完全氧化生成二氧化碳和水可释放2 840 kJ 的能量，其中约40%转化为ATP，以供动物生理活动所需。有些器官（如大脑）必须直接利用葡萄糖供能。此外，母畜妊娠时胎儿必须利用葡萄糖，泌乳时需大量的葡萄糖合成乳糖。

（二）糖是动物体内的重要结构物质

糖是动物组织结构的重要组成成分。糖与蛋白质结合形成糖蛋白，与脂类结合形成糖脂，糖蛋白和糖脂均是生物膜的组成成分。核糖和脱氧核糖是组成核酸的成分。在脑、骨骼肌和其他许多组织细胞中还含有少量的鞘糖脂。

（三）糖是合成动物体内的重要代谢物质的碳架和前体

糖在分解过程中能形成许多中间产物或前体，生物细胞通过这些前体产物再去合成一系列其他重要的物质。如葡萄糖分解代谢的中间产物丙酮酸可以转化为丙氨酸成为合成蛋白质的原料；丙酮酸转化成的乙酰辅酶A是合成高级脂肪酸的原料，也是合成胆固醇等脂类的原料。

（四）糖是动物体内的重要功能物质

糖在动物体内的功能表现得非常广泛。核糖是NAD^+、FAD、ATP等物质的重要组成成分；部分糖蛋白与细胞间的信息传递作用、与细胞免疫和细胞识别作用有关；鞘糖脂与神经冲动的正常传导、组织器官特异性、组织免疫性和细胞间识别有关；构成结缔组织基质的蛋白多糖具有保持组织间水分的作用。

二、动物体内糖的来源及去路

（一）动物体内糖的来源

动物体内的糖主要是由消化道吸收和非糖物质转化而来的。饲料中的淀粉和纤维素是主要的糖源。由于不同动物的饲料类型和消化特点不同，获得糖的方式也不同。单胃动物（猪）饲料中淀粉含量较高，淀粉经消化酶水解为葡萄糖，作为糖的主要来源。反刍动物（牛、羊、驼）饲料以草为主，其中的纤维素为主要糖源，但纤维素不被消化分解成葡萄糖，而是经瘤胃微生物发酵，转化成丙酸后被吸收，再经过动物体内的糖异生作用转化为葡萄糖供给需要。其他动物（马、骡、驴、兔）则介于单胃动物和反刍动物之间，一部分葡萄糖来自消化道吸收，另一部分则来自丙酸等低级脂肪酸的糖异生作用。家禽对糖的吸收主要在小肠进行，其盲肠也是消化纤维素的场所。此外，动物在长期饥饿的情况下可以利用糖异生作用将非糖物质转化为糖类满足机体需求。

(二)动物体内糖的代谢去路

由小肠吸收的葡萄糖先经过门静脉进入肝脏,其中一部分在肝脏中进行代谢,另一部分通过肝静脉进入血液循环。体内的葡萄糖可进入分解代谢途径,如无氧氧化、有氧氧化、磷酸戊糖途径,其中有氧氧化和无氧氧化是为机体供能的主要方式;葡萄糖也可以在肝脏中合成肝糖原或在肌肉中合成肌糖原;葡萄糖还可以转变为其他物质,如脂肪或某些氨基酸。

第二节　葡萄糖的无氧分解

一、概念

在无氧的情况下,细胞液中的葡萄糖分解为乳酸并释放少量 ATP 的过程,称为葡萄糖的无氧分解。由于这一过程与酵母中糖生醇发酵的过程类似,因此它也被称为糖酵解(glycolysis)。糖酵解是最早被阐明的代谢途径之一。德国科学家古斯塔夫·埃姆登(G. Embden)和奥托·迈尔霍夫(O. Meyerhof)、波兰科学家雅各布·帕那斯(J. Parnas)在该研究上做出了巨大贡献,因此该途径也被称为 Embden-Meyerhof-Parnas 途径,简称 EMP 途径。

二、糖酵解的反应过程

糖酵解途径从葡萄糖酵解成乳酸的总反应式为:

$$葡萄糖+2Pi+2ADP\longrightarrow 2\ 乳酸+2ATP+2H_2O$$

葡萄糖酵解途径共包括 11 步反应。为了便于掌握,人为地将其分为 4 个阶段:①葡萄糖的磷酸化;②六碳糖的裂解;③丙酮酸的生成;④乳酸的生成。

(一)葡萄糖的磷酸化

1. 反应过程

该阶段包括 3 步反应,过程如下:

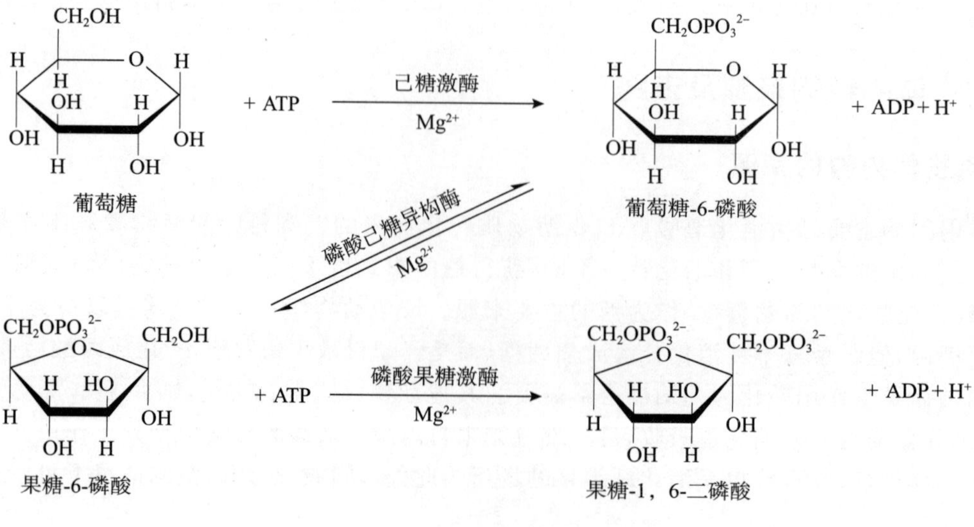

葡萄糖进入细胞后，在己糖激酶的催化下，磷酸化生成葡萄糖-6-磷酸（glucose 6-phosphate，G-6-P），消耗 1 分子 ATP。葡萄糖-6-磷酸是葡萄糖的活化形式，有利于进一步参与合成与分解代谢，同时还能使进入细胞的葡萄糖不再逸出细胞。在异构酶催化下，葡萄糖 6-磷酸可以转化为果糖-6-磷酸（6-phosphate-fructose，F-6-P）。

2. 阶段特点

①消耗能量，1 分子葡萄糖转变为果糖-1，6-二磷酸共消耗 2 分子 ATP。

②两步反应不可逆，葡萄糖和果糖-6-磷酸的磷酸化过程均属不可逆反应。

③己糖激酶（hexokinase，HK）和磷酸果糖激酶（phosphofructokinase，PEK）均为途径的关键酶。

关键酶(key enzyme)是指在一条代谢途径的多酶系统中，通常存在一种或少数几种催化不可逆反应的酶，这些酶起着决定代谢途径反应方向的作用；限速酶（rate-limiting enzyme）是指一条代谢途径中催化活力最低，米氏常数最大，也就是催化反应速率最慢的酶，它起着决定整个代谢途径速度的作用。关键酶和限速酶的活性可受到细胞内各种信号的调节，故又统称为调节酶（regulatory enzyme），它们是代谢调节的作用点，可通过调节这些酶的活性与含量来调节代谢反应的速度与方向，它们就像代谢长河中的闸门，控制着各个代谢支流的流量。

3. 催化酶

该阶段有 2 个反应由激酶催化，激酶是能够催化 ATP 和任何一种底物之间发生磷酸转移的酶。

在哺乳动物体内已发现 4 种己糖激酶同工酶，分别称为Ⅰ～Ⅳ型。它们在机体内分布情况不同，其中Ⅳ型也称为葡萄糖激酶（glucokinase，GK），仅存在于肝脏中。己糖激酶和葡萄糖激酶所催化的反应均需 ATP 及 Mg^{2+} 或 Mn^{2+} 参加。

己糖激酶的活性受产物葡萄糖-6-磷酸浓度的调控，这个过程称为产物抑制。其调控目的是如果细胞内有足够的葡萄糖-6-磷酸供给能量需求，后续的葡萄糖磷酸化作用将被减弱；如果葡萄糖供给不断，而其磷酸化作用又被减弱，葡萄糖就会积累，血糖浓度会增高，这使得葡萄糖更有利于被另一个磷酸激酶——葡萄糖激酶所利用。而葡萄糖激酶分子内不存在葡萄糖-6-磷酸的变构结合部位，故不受葡萄糖-6-磷酸的影响。

磷酸果糖激酶是一个四聚体，果糖-6-磷酸、果糖-1，6-二磷酸、果糖-2，6-二磷酸、ADP 和 AMP 是其激活剂，而 ATP、柠檬酸等是其抑制剂。ATP 既可以作为反应底物，又可作为变构抑制剂。其原因在于该酶有 2 个 ATP 结合位点：一个是作为底物的 ATP 结合位点；另一个是作为变构抑制剂的 ATP 结合位点。2 个位点对 ATP 的亲和力不同，若对底物 ATP 亲和力高，则对抑制剂 ATP 亲和力低。因此，当细胞内 ATP 不足时，ATP 主要作为反应底物保证酶促反应进行；当细胞内 ATP 增多时（即能量过剩），ATP 则作为抑制剂降低了酶对果糖-6-磷酸的亲和力，抑制葡萄糖分解供能。

（二）磷酸己糖的裂解

1. 反应过程

该阶段包括 2 步反应，过程如下：

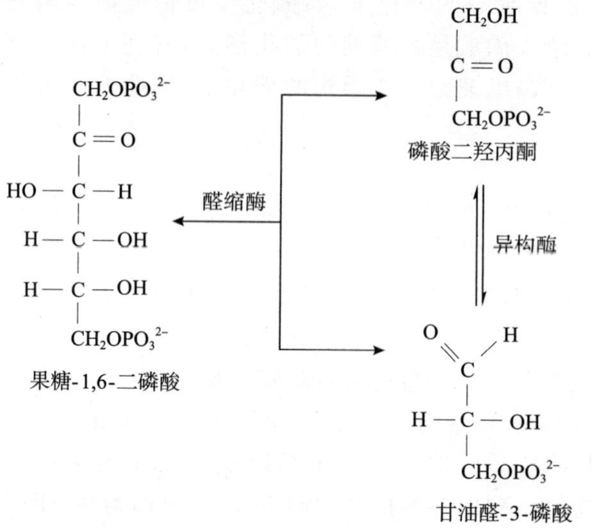

磷酸二羟丙酮是一种酮糖，甘油醛 3-磷酸是一种醛糖，两者属于同分异构体。

2. 阶段特点

该阶段的 2 个反应均为可逆反应，最后 1 分子六碳糖裂解成 2 分子三碳糖，只有甘油醛-3-磷酸能继续进入糖酵解的下一阶段。磷酸丙糖异构酶催化甘油醛-3-磷酸和磷酸二羟丙酮的相互转化，当甘油醛-3-磷酸进入下一步反应而被去除后，磷酸二羟丙酮迅速转变为甘油醛-3-磷酸继续进行分解。

3. 催化酶

动物组织中的醛缩酶(aldolase)有多种同工酶，A 型主要在肌肉中，B 型在肝脏中，C 型在脑中，它们均由 4 个亚基组成。

(三)丙酮酸的生成

1. 反应过程

该阶段包括 5 步反应，过程如下：

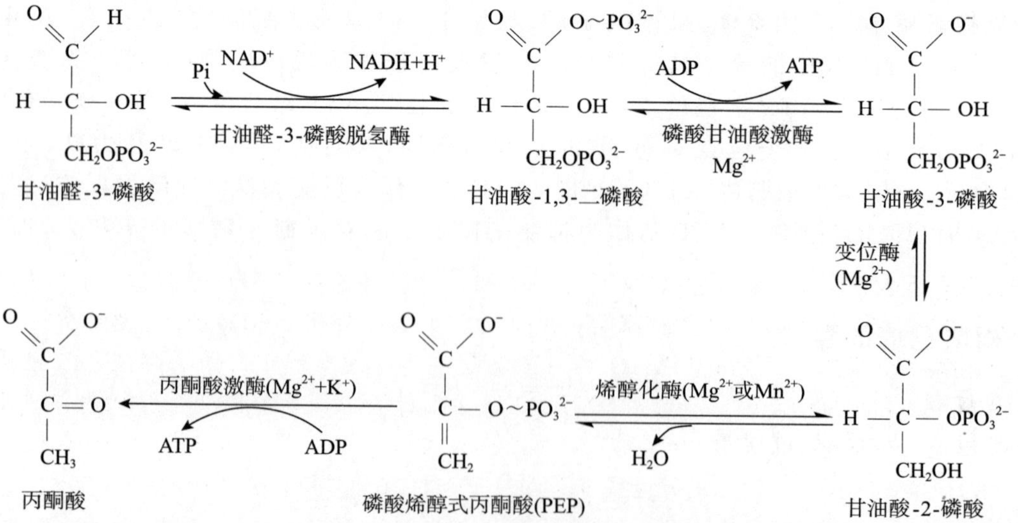

反应过程需要着重指出以下几点：①甘油醛 3-磷酸脱氢后生成的甘油酸-1,3-二磷酸是一个高能磷酸化合物，其 C1 上的酰基磷酸键是高能化学键。反应底物中的高能磷酸基直接转移给 ADP 生成 ATP，这种由于底物脱氢等反应而使 ADP 或其他核苷二磷酸发生磷酸化生成 ATP 的方式称为底物水

平磷酸化。这是糖酵解过程的第一次底物水平磷酸化产生 ATP。②磷酸烯醇式丙酮酸(phosphoenolpyruvate,PEP)含有一个高能的磷酸酯键,同时具有很高的转移磷酸的势能,将其转移生成 ATP,这是糖酵解过程的第二次底物水平磷酸化。③烯醇式丙酮酸很不稳定,生成后迅速转变为酮式的稳定结构,该反应不需要酶参加。

2. 阶段特点

①生成能量,1 分子甘油醛-3-磷酸生成丙酮酸(pyruvate),产生 2 分子 ATP。如果从糖酵解第一步 1 分子葡萄糖的磷酸化开始算起,本阶段则起始于 2 分子甘油醛-3-磷酸,共产生了 4 分子 ATP。

②甘油醛-3-磷酸脱氢酶(glyceraldehyde 3-phosphate dehydrogenase)催化的甘油酸-1,3-二磷酸生成的反应是糖酵解过程唯一一步脱氢反应。

③由磷酸烯醇式丙酮酸变为丙酮酸的过程不可逆。

④丙酮酸激酶(pyruvate kinase,PK)是酵解途径的第 3 个关键酶。

3. 催化酶

①甘油醛 3-磷酸脱氢酶是由 4 个亚基组成的寡聚酶,它与 NAD^+ 紧密结合。催化机制为甘油醛 3-磷酸的醛基与甘油醛 3-磷酸脱氢酶活性部位上的半胱氨酸残基的—SH 形成中间复合物,同时把氢转移到 NAD^+ 上,从而产生 $NADH+H^+$ 和高能硫酯键。$NADH+H^+$ 一旦形成就立即从酶分子上解离下来,而氧化型的 NAD^+ 又立即结合到酶分子上。无机磷酸攻击硫酯键生成甘油酸 1,3-二磷酸,同时释放出酶。

②丙酮酸激酶是由 4 个亚基组成的寡聚酶。该酶至少有 3 种不同类型的同工酶,分别存在于肝脏、大脑和其他组织。其结构相似,但调控机制不同。

③丙酮酸激酶是糖酵解途径的调节点之一,果糖-1,6-二磷酸和磷酸烯醇式丙酮酸是丙酮酸激酶的激活剂,ATP、柠檬酸和长链脂肪酸是丙酮酸激酶的抑制剂。

④丙酮酸激酶还受共价修饰方式的调节,依赖 cAMP 的蛋白激酶、Ca^{2+}、钙调蛋白的蛋白激酶,均可使其磷酸化而失活。

(四)乳酸的生成

1. 反应过程

该阶段只有一步反应,过程如下:

需要说明的是:①当甘油醛-3-磷酸脱氢氧化时,NAD^+ 被还原成 $NADH+H^+$。为了使糖酵解持续进行,必须不断为甘油醛-3-磷酸脱氢酶提供氧化型的 NAD^+。如果 NAD^+ 缺乏,糖酵解的速度就会减慢或停止。在酵解过程中,丙酮酸和 $NADH+H^+$ 等量产生。丙酮酸作为受氢体在乳酸脱氢酶催化丙酮酸还原为乳酸,同时 $NADH+H^+$ 被氧化为 NAD^+,从而利用了葡萄糖分解为丙酮酸过程,产生的 $NADH+H^+$。②丙酮酸在不同条件下进行代谢的途径不同。如果在有氧条件下,丙酮酸被氧化成二氧化碳和水。在酵母中,因为酵母不含乳酸脱氢酶,只有丙酮酸脱羧酶,所以丙酮酸脱羧生成乙醛,在乙醇脱氢酶作用下,由 $NADH+H^+$ 提供 2 个氢生成乙醇。

2. 阶段特点

①糖酵解过程中的唯一的一步加氢反应。

②该反应可逆。

3. 催化酶

哺乳动物体内有 5 种乳酸脱氢酶,机体血液中乳酸脱氢酶同工酶的比例是比较恒定的。在临床上,利用测定血液中乳酸脱氢酶同工酶的比例关系作为诊断心肌、肝脏等疾患的重要指标。

糖酵解途径的全过程如图 6-1 所示。在无氧条件下,1 mol 葡萄糖经酵解转化成 2 mol 乳酸,在葡萄糖磷酸化阶段首先消耗 2 mol ATP,而后经过底物水平磷酸化产生 4 mol ATP,净生成 2 mol ATP。

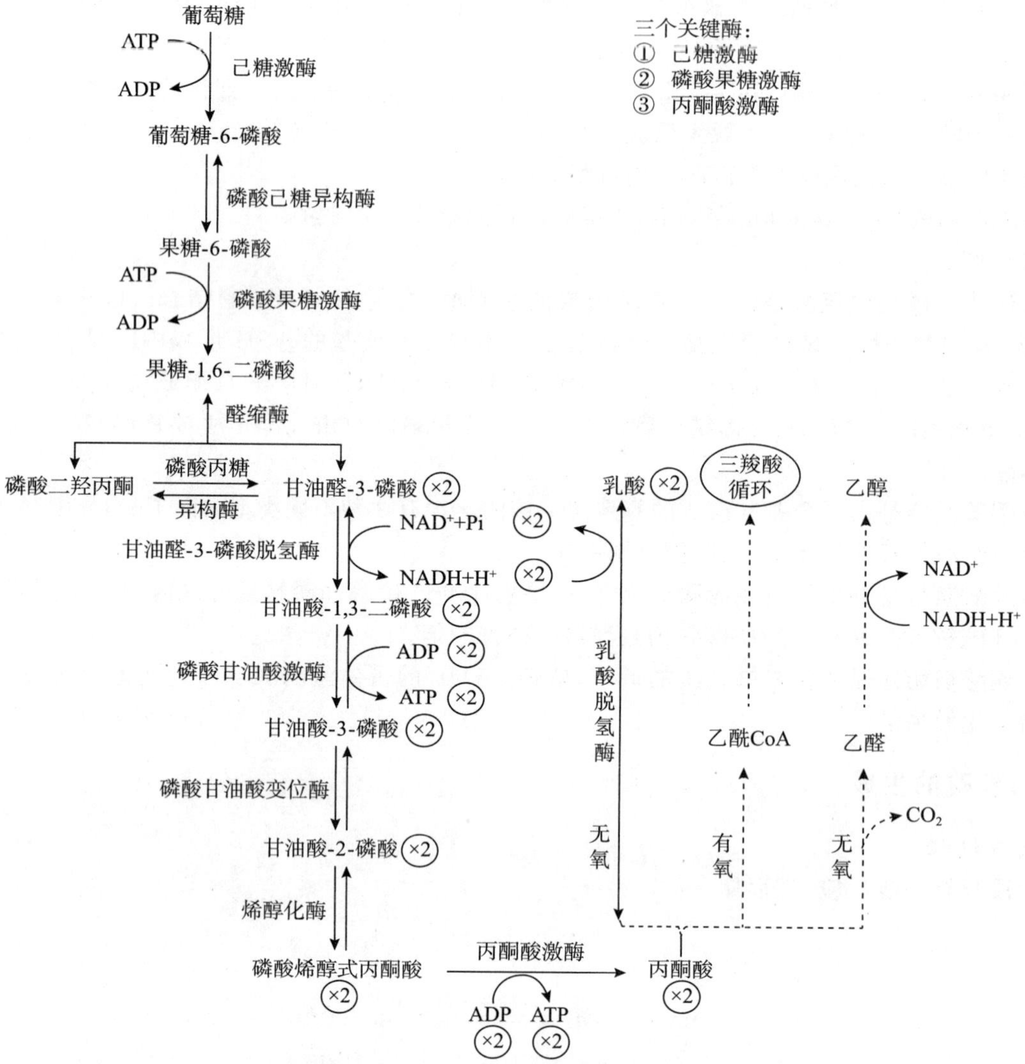

图 6-1　糖酵解途径(实线)及丙酮酸其他代谢去路(虚线)

三、糖酵解的生理意义

(一)机体在缺氧情况下获取能量的有效方式

从糖酵解的全过程看,1 分子葡萄糖经糖酵解只能产生 2 分子 ATP,在正常的生理条件下不是机体的主要供能方式。糖酵解最主要的生理意义在于在供氧不足的情况下为机体迅速提供能量。如在剧烈运动时,机体瞬间消耗大量的氧,即使呼吸和循环加快,仍不足以满足体内糖完全氧化时对氧的大量需求,这时肌肉处于相对缺氧状态,糖的无氧分解过程随之加强,以补充运动所需的能量。因此在激烈运动后,血中乳酸浓度会成倍升高。在病理条件下,如呼吸或循环功能受阻(严重贫血、大量失血、休克及肿瘤组织等)会因组织供氧不足而加强糖的无氧分解以获取更多能量。即使糖酵解途径产生的能量有限,也有其重要的生理意义。但是乳酸产生过多就会引起机体酸中毒。

(二)生物界最普遍的供能反应途径

无论是动物、植物,还是微生物(尤其厌氧菌),都利用糖酵解途径供能。糖酵解途径是糖有氧氧化的前过程。

(三)某些组织细胞有氧条件下仍靠糖酵解供能

一些组织即使在有氧条件下,仍要进行糖酵解。例如肾髓质、视网膜、睾丸、神经等代谢活动极为活跃,即使不缺氧,也仍靠糖酵解提供部分能量;成熟的红细胞没有线粒体,因此完全依赖糖酵解供能;在表皮中,50%～75%的葡萄糖经酵解产生乳酸。

案例分析

2-脱氧-*D*-葡萄糖抑制肿瘤细胞生长的原因

肿瘤细胞能量需求旺盛,即使在有氧的条件下,仍主要通过糖酵解途径获取能量。在大多数肿瘤组织中,己糖激酶家族表达会显著性升高。己糖激酶是糖酵解途径的关键酶,催化葡萄糖磷酸化。2-脱氧-*D*-葡萄糖(2-Deoxy-*D*-glucose,2-DG)是一种不可代谢的葡萄糖类似物,可作为竞争性抑制剂,抑制己糖激酶对葡萄糖的磷酸化作用。2-DG 被己糖激酶磷酸化生成 2-脱氧-*D*-葡萄糖-6-磷酸(2-DG-P),后者不能被磷酸葡萄糖异构酶进一步代谢,进而引起 2-DG-P 在细胞内的累积和细胞内 ATP 的耗尽,进而诱导肿瘤细胞死亡。

第三节 葡萄糖的有氧氧化

一、概念

在有氧条件下,葡萄糖彻底分解生成二氧化碳和水并释放大量能量的过程,称为糖的有氧氧化(aerobic oxidation)。有氧氧化是糖分解代谢的主要方式,大多数组织通过它获得能量。

二、糖有氧氧化的反应过程

葡萄糖彻底氧化分解的总反应式如下:

$$C_6H_{12}O_6 + 6O_2 + 30ADP + 30Pi \longrightarrow 6CO_2 + 6H_2O + 30ATP$$

糖有氧氧化过程可分为 4 个阶段:①1 mol 葡萄糖分解生成 2 mol 丙酮酸,该过程是在胞液中循糖酵解途径进行的,是两者的共同途径;②在有氧条件下,2 mol 丙酮酸氧化脱羧生成 2 mol 乙酰 CoA;③乙酰CoA 彻底氧化生成二氧化碳和水,该过程称为三羧酸循环;④三羧酸循环中产生的 NADH 和 $FADH_2$经过电子传递链产生 ATP。第 2 阶段、第 3 阶段、第 4 阶段都是在线粒体中进行的。

(一)丙酮酸氧化脱羧生成乙酰辅酶 A

1. 反应过程

丙酮酸在有氧状态下进入线粒体，被氧化脱羧生成乙酰 CoA(acetyl CoA)，反应式如下：

$$CH_3-\overset{\overset{O}{\|}}{C}-COOH + HS\text{-}CoA \xrightarrow[\text{丙酮酸脱氢酶系}]{NAD^+ \quad NADH+H^+} CH_3-\overset{\overset{O}{\|}}{C}\sim S-CoA + CO_2$$

丙酮酸氧化脱羧反应过程的重要特征是丙酮酸氧化释放的自由能贮存在乙酰 CoA 的高能硫酯键中，并生成 $NADH+H^+$。

2. 丙酮酸脱氢酶系

催化丙酮酸氧化脱羧的酶是丙酮酸脱氢酶系(pyruvate dehydrogenase complex)，包括丙酮酸脱氢酶(E1)、二氢硫辛酰胺乙酰转移酶(E2)和二氢硫辛酰胺脱氢酶(E3)3 种不同的酶。其辅助因子有焦磷酸硫胺素(TPP)、硫辛酰胺、辅酶 A、FAD、NAD^+ 和 Mg^{2+} 6 种。

这三种酶在空间结构上形成一个有序的整体。在整个丙酮酸氧化脱羧反应过程中，中间产物并不离开酶复合体，这样不仅提高了催化效率，而且可以避免产生不必要的副反应。它的反应分 5 步进行(图 6-2)：①E1 催化丙酮酸脱羧形成乙酰基，乙酰基与 E1 的辅基 TPP 连接；②E2 催化羟乙基 TPP 继续转移乙酰基团，形成乙酰二氢硫辛酰胺；③E2 催化乙酰二氢硫辛酰胺转移乙酰基，形成乙酰 CoA；④E3 使被还原的硫辛酰胺重新氧化，并将氢传递给它的辅基 FAD 生成 $FADH_2$；⑤$FADH_2$ 再使 NAD^+ 还原生成 $NADH+H^+$。

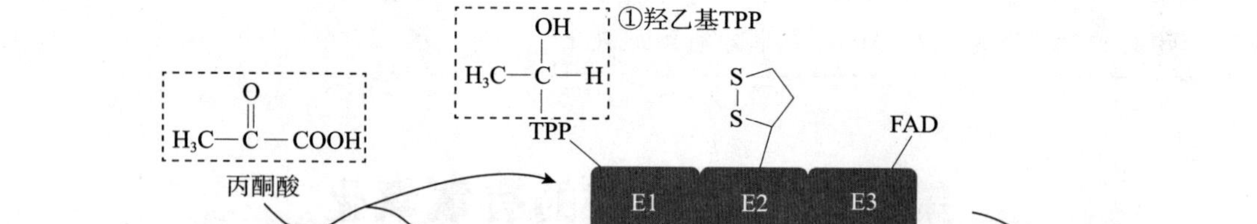

图 6-2 丙酮酸脱氢酶复合体的催化过程

(二)三羧酸循环

1. 概念

1937 年,德国科学家汉斯·阿道夫·克霍布斯(Hans Krebs)发现了三羧酸循环的过程,1953 年该项成就获得诺贝尔生理学或医学奖。

三羧酸循环(图 6-3)在线粒体内进行,乙酰 CoA 和草酰乙酸缩合生成柠檬酸,经过一系列酶的催化反应重新生成草酰乙酸,而将乙酰 CoA 彻底氧化生成 H_2O 和 CO_2,并释放能量。这个循环反应称为三羧酸循环(tricarboxylic acid cycle,TCA),又称柠檬酸循环(citric acid cycle)或 Krebs 循环。

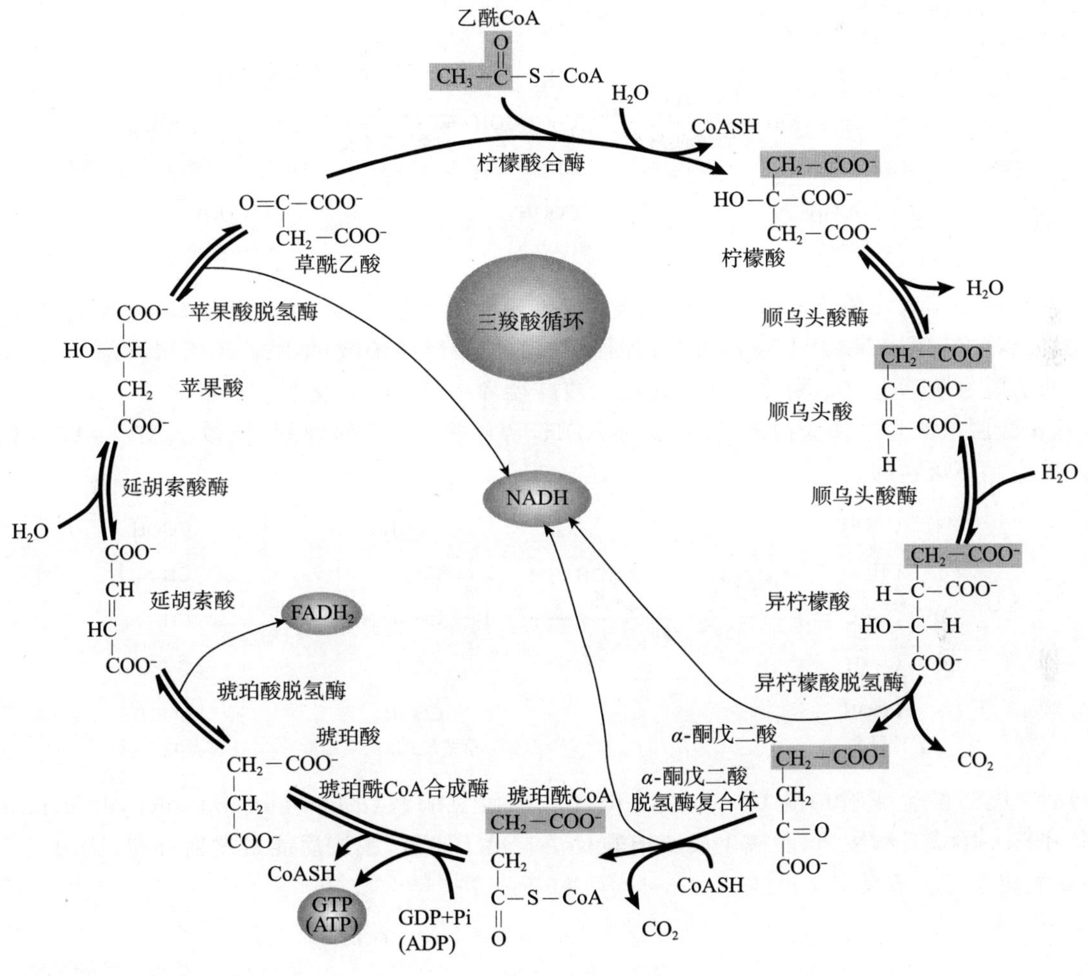

图 6-3　三羧酸循环

(邹思湘,2012)

2. 反应过程

(1)柠檬酸的生成　在柠檬酸合酶(citrate synthase)作用下,草酰乙酸与乙酰 CoA 缩合生成柠檬酸,消耗 1 分子水,同时释放出 CoASH。由于乙酰 CoA 含有高能硫酯键,因此该反应不可逆。柠檬酸合酶是三羧酸循环的限速酶。它的活性受 ATP、NADH、琥珀酰 CoA、脂酰 CoA 等抑制。

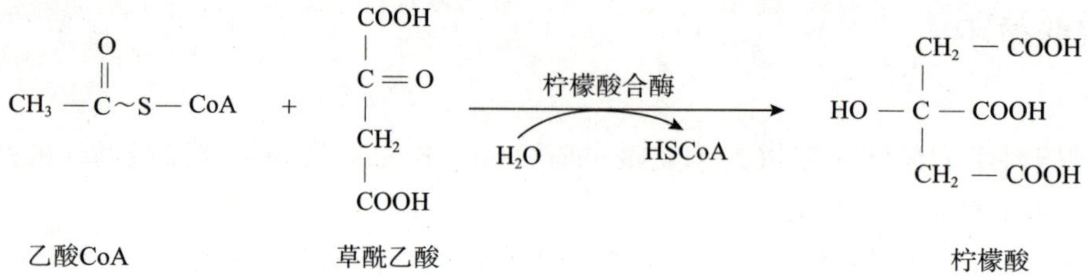

(2)柠檬酸生成异柠檬酸　在顺乌头酸酶(aconitase)的作用下，柠檬酸脱下 1 分子水生成顺乌头酸，顺乌头酸再与水分子反应生成异柠檬酸。

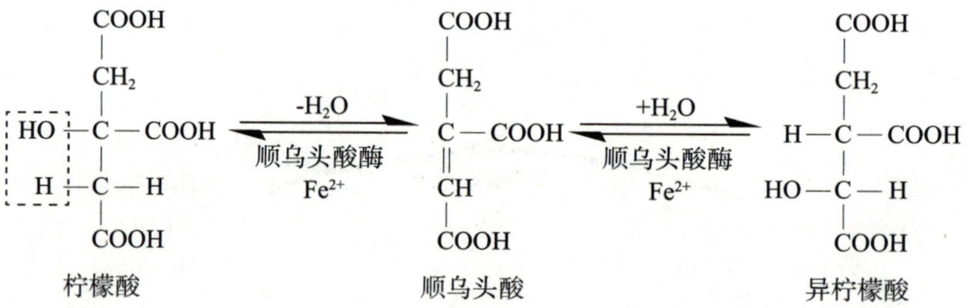

(3)异柠檬酸生成 α-酮戊二酸　异柠檬酸在异柠檬酸脱氢酶(isocitrate dehydrogenase) 作用下，脱下 2 个氢使 NAD^+ 生成 $NADH+H^+$，同时异柠檬酸生成草酰琥珀酸，草酰琥珀酸很不稳定，在 Mg^{2+} 或 Mn^{2+} 协助下脱去羧基生成 α-酮戊二酸。这是三羧酸循环中第一个氧化脱羧反应。

异柠檬酸脱氢酶是一种变构调节酶，受 $NADH+H^+$ 和 ATP 的抑制，但被 NAD^+、ADP 和 AMP 激活，该反应是不可逆的。

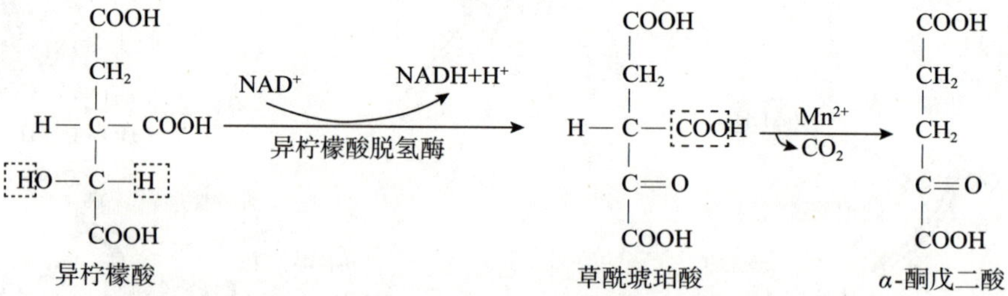

(4)α-酮戊二酸生成琥珀酰 CoA　在 α-酮戊二酸脱氢酶系(α-ketoglutarate dehydrogenase complex)作用下，α-酮戊二酸脱氢、脱羧生成琥珀酰 CoA。由于脱氢、脱羧后能量重新分布，琥珀酰 CoA 含有一个高能硫酯键。该反应不可逆。

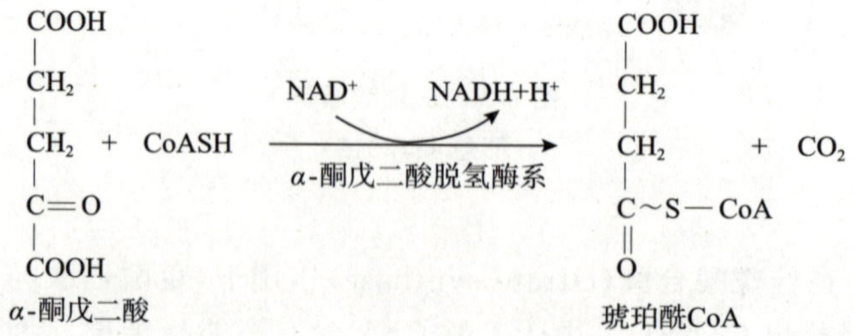

α-酮戊二酸脱氢酶系与丙酮酸脱氢酶系十分相似，由 3 种酶组成，即 α-酮戊二酸脱氢酶(E1)、二氢硫辛酰胺转琥珀酰酶(E2)、二氢硫辛酰胺脱氢酶(E3)，需要 6 种辅助因子 TPP、CoA、FAD、NAD^+、Mg^{2+} 和硫辛酰胺。这是三羧酸循环中的第二个氧化脱羧反应，释放出的自由能以高能硫酯键的形式储存在琥珀酰 CoA 内。α-酮戊二酸脱氢酶复合体是三羧酸循环的一个调节点，主要通过产物的反馈抑制来实现。反应受产物 NADH、琥珀酰 CoA、ATP、GTP 的反馈抑制。

(5)琥珀酰 CoA 生成琥珀酸　在琥珀酰 CoA 合成酶(succinyl-CoA synthetase))作用下,琥珀酰 CoA 水解生成琥珀酸。该反应可逆,琥珀酰 CoA 中高能硫酯键断裂,释放出的能量促使生成 1 分子 GTP。在核苷二磷酸激酶的催化下,GTP 可将高能磷酸键转移给 ADP 生成 ATP。这是三羧酸循环中唯一的底物水平磷酸化反应。

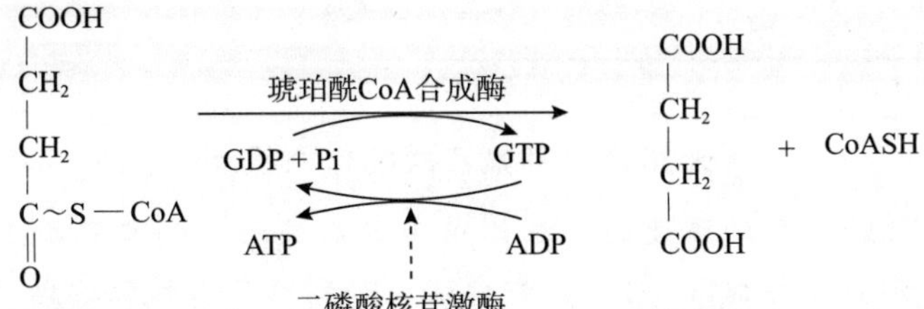

琥珀酰CoA　琥珀酸

(6)琥珀酸生成延胡索酸　在琥珀酸脱氢酶(succinate dehydrogenase)作用下,琥珀酸脱氢生成延胡索酸(反丁烯二酸),脱下的 2 个氢交给 FAD,使之形成 $FADH_2$。

琥珀酸脱氢酶与柠檬酸循环中的其他酶不同,是唯一嵌入线粒体内膜的酶,是线粒体内膜的一个重要组成部分,而其他酶大多存在于线粒体的基质。

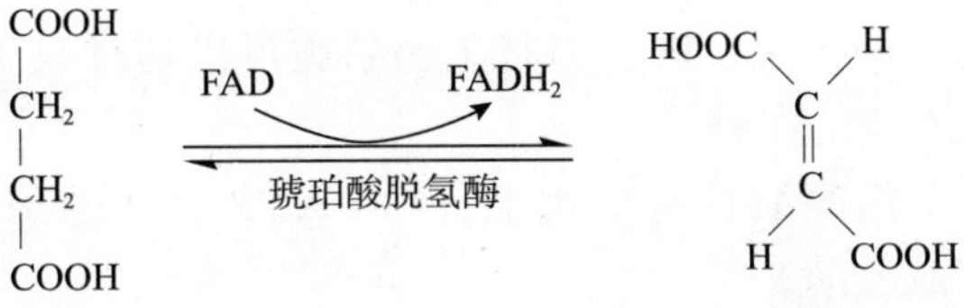

琥珀酸　延胡索酸

(7)延胡索酸生成苹果酸　在延胡索酸酶(fumarase)作用下,延胡索酸加水生成苹果酸。

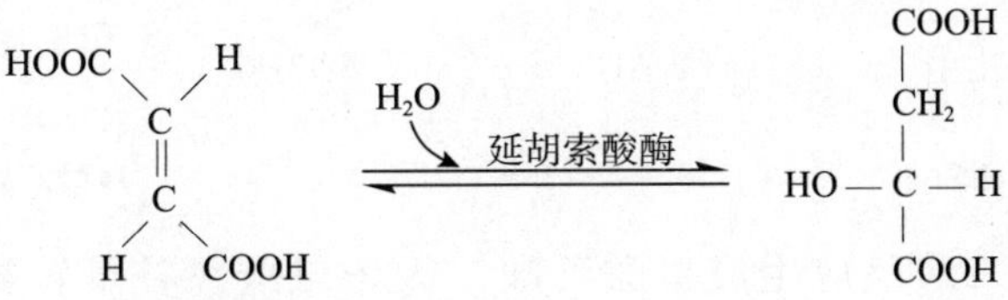

延胡索酸　苹果酸

(8)苹果酸生成草酰乙酸　在苹果酸脱氢酶(malate dehydrogenase)催化下,苹果酸脱下 2 个氢被氧化成草酰乙酸,脱下的氢交给 NAD^+ 生成 $NADH+H^+$。

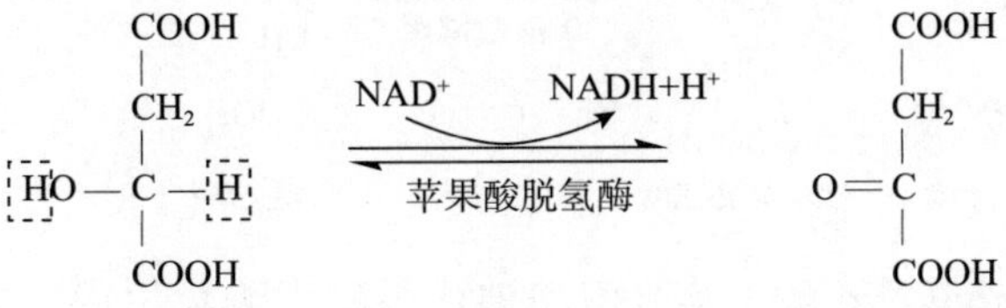

苹果酸　草酰乙酸

3.三羧酸循环的总反应及能量生成情况

三羧酸循环的总反应方程式如下:

$$乙酰\ CoA+3NAD^+ +FAD+GDP+Pi \longrightarrow 2CO_2+3NADH+H^+ +FADH_2+GTP+CoASH$$

在每次循环中,加入 1 分子乙酰 CoA,可生成 3 分子 $NADH+H^+$,1 分子 $FADH_2$ 和 1 分子 GTP,同时脱去 2 分子 CO_2,消耗 2 分子 H_2O。三羧酸循环的全过程见图 6-4。

三羧酸循环是指 1 mol 乙酰 CoA 经三羧酸循环彻底氧化分解的过程。其产生能量情况:①通过底物水平磷酸化方式生成 1 mol GTP，由于在机体中 GTP 可以转变为 ATP，所以相当于生成了 1 mol ATP；②通过底物脱氢生成 3 mol NADH＋H^+ 和 1 mol $FADH_2$，线粒体中的 NADH＋H^+ 和 $FADH_2$ 可进入呼吸链氧化，并且在氧化过程中生成能量，1 mol NADH＋H^+ 氧化可提供 2.5 mol ATP，1 mol $FADH_2$ 氧化可提供 1.5 mol ATP，所以共生成 ATP 数为：1＋3×2.5＋1.5＝10 mol。

案例分析

天然杀虫剂氟乙酸的作用机制

柠檬酸合酶是三羧酸循环的限速酶。机体中由氟乙酸形成的氟乙酰 CoA 可被柠檬酸合酶催化与草酰乙酸缩合形成氟柠檬酸，它取代柠檬酸结合到顺乌头酸酶的活性部位，从而抑制三羧酸循环的继续进行，因此氟乙酰 CoA 合成氟柠檬酸的反应是致死性的合成反应。这一特性可用于制造杀虫剂或灭鼠药。各种有毒植物的叶子大多含有氟乙酸，可作为天然杀虫剂使用。

4.草酰乙酸的回补反应

三羧酸循环能够正常运行，主要依靠草酰乙酸接受乙酰 CoA。在理论上，草酰乙酸不被消耗，由于物质代谢各个途径之间存在关联，草酰乙酸也不断地被输出、利用和消耗。一旦草酰乙酸浓度下降至一定程度就会直接影响 TCA 循环的正常运转。但是生物细胞可以通过以下 3 个途径对草酰乙酸进行及时的补充，这种补充叫作草酰乙酸的回补。

(1)丙酮酸生成草酰乙酸　丙酮酸在有生物素、CO_2、ATP 存在的条件下，由丙酮酸羧化酶(pyruvate carboxylase)催化生成草酰乙酸。

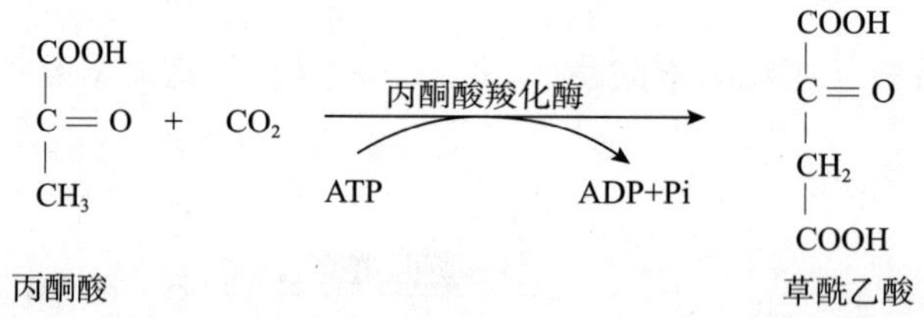

(2)天冬氨酸和 α-酮戊二酸反应生成草酰乙酸　天冬氨酸在谷草转氨酶(glutamate-oxaloacetate transaminase)的作用下与 α-酮戊二酸进行转氨基作用，生成草酰乙酸和谷氨酸。

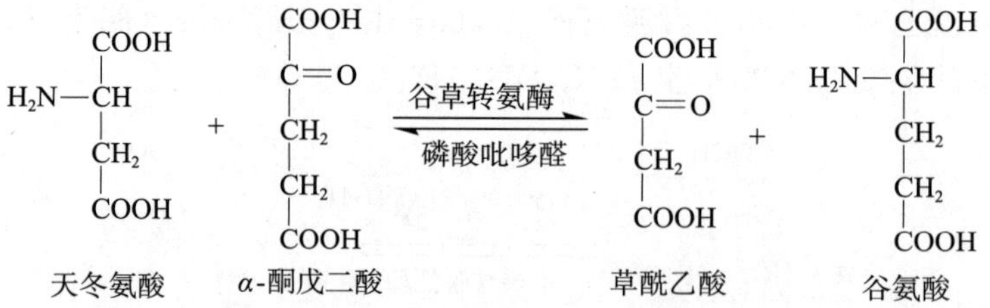

(3)丙酮酸经苹果酸生成草酰乙酸　苹果酸酶催化丙酮酸羧化生成苹果酸，该反应在胞液内进行。生成的苹果酸可以通过专一载体进入到线粒体内。在线粒体中，苹果酸脱氢酶催化下苹果酸转变为草酰乙酸。在胞液中，苹果酸酶的辅酶是 $NADP^+$，线粒体内苹果酸脱氢酶的辅酶是 NAD^+。

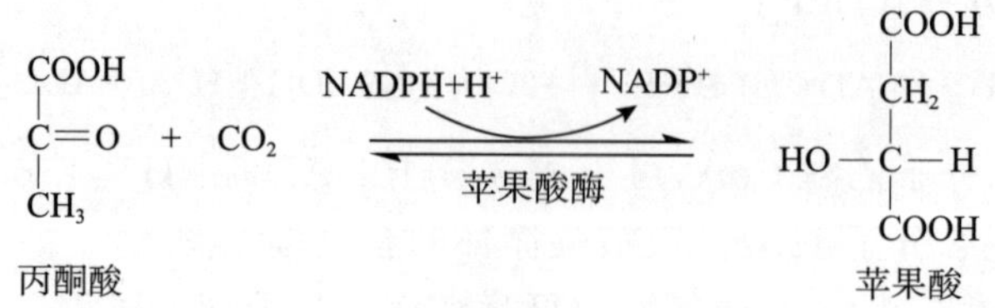

三、糖有氧分解的生理意义

1. 糖有氧分解是产生动物生理活动所需能量的主要来源

糖酵解与三羧酸循环相连构成糖的有氧分解途径，从能量代谢角度看，是生物体利用有机物氧化获得能量的最有效方式。在一般生理条件下，绝大多数组织细胞均从糖的有氧分解获得能量。糖的有氧分解不但产能效率高，而且逐步释放能量，并逐步贮存于 ATP 中，因此能量利用率也极高。

2. 三羧酸循环是糖、脂肪、蛋白质在体内彻底氧化的共同代谢途径

三羧酸循环的起始物乙酰 CoA，不但是糖氧化分解产物，脂肪、蛋白质在体内氧化时也产生乙酰 CoA，因此三羧酸循环在实际上是三种主要有机物在体内氧化供能的共同通路。据估计，2/3 的人体有机物经三羧酸循环被彻底氧化分解。

3. 三羧酸循环是糖、脂肪、蛋白质及其他有机物质代谢的联系枢纽

三羧酸循环中的许多成分可以为生物体内合成其他物质提供碳架和前体，如琥珀酰 CoA 是卟啉分子中碳原子的主要来源；过程中产生的草酰乙酸和 α-酮戊二酸经氨基化可转变为天门冬氨酸和谷氨酸，反之这些氨基酸脱去氨基又可转变成相应的酮酸进入糖的有氧分解途径。此外，丙酸等低级脂肪酸可经琥珀酰 CoA、草酰乙酸等途径异生成糖，琥珀酰 CoA 可以与甘氨酸合成血红素。因此，三羧酸循环将各种营养物质的相互转变联系在一起。

四、葡萄糖完全氧化产生的 ATP

线粒体内 1 mol NADH＋H^+ 产生 2.5 mol ATP，1 mol $FADH_2$ 产生 2.5 mol ATP，而不同组织细胞质基质中的 1 mol NADH＋H^+ 根据进入线粒体进一步氧化磷酸化的穿梭机制不同，可产生 1.5 mol ATP（主要存在与脑和骨骼肌中的 α-磷酸甘油穿梭途径）或 2.5 mol ATP（主要存在于肝和心肌组织中的苹果酸-天冬氨酸穿梭途径）。因此，在有氧条件下，1 mol 葡萄糖彻底氧化分解，总共可以产生 30 mol ATP 或 32 mol ATP（包括底物水平磷酸化和氧化磷酸化），其中以三羧酸循环产生的 ATP 数量最多，各阶段产生的 ATP 的量如表 6-1 所示。

表 6-1　1 mol 葡萄糖产生 ATP 的情况

反应阶段	顺序	产生 ATP 的分子数			
		合成		消耗	净得
		底物水平磷酸化	氧化磷酸化		
糖酵解	葡萄糖→葡萄糖-6-磷酸			1	−1
	果糖-6-磷酸→果糖-1,6-二磷酸			1	−1
	甘油醛-3-磷酸→甘油酸-1,3-二磷酸		2×2.5（或 1.5）		+5 或+3
	甘油酸-1,3-二磷酸→甘油酸-3-磷酸	2×1			+2
	磷酸烯醇式丙酮酸→丙酮酸	2×1			+2
丙酮酸氧化脱羧	丙酮酸→乙酰 CoA		2×2.5		+5
三羧酸循环	异柠檬酸→α-酮戊二酸		2×2.5		+5
	α-酮戊二酸→琥珀酰 CoA		2×2.5		+5

续表 6-1

反应阶段	顺序	产生 ATP 的分子数			
		合成		消耗	净得
		底物水平磷酸化	氧化磷酸化		
三羧酸循环	琥珀酰 CoA ⟶ 琥珀酸	2×1		+2	
	琥珀酸 ⟶ 延胡索酸		2×1.5		+3
	苹果酸 ⟶ 草酰乙酸		2×2.5		+5
	1 分子葡萄糖净生成 ATP 分子数(合计)				+32 或+30

第四节　磷酸戊糖途径

一、概念

葡萄糖的无氧分解和有氧分解是动物体内许多组织糖进行分解代谢的主要途径，但不是唯一途径。葡萄糖分解存在另一种机制，即由葡萄糖-6-磷酸开始，经过氧化分解后产生 CO_2、无机磷酸和 NADPH + H^+，中间产物有多种磷酸戊糖，因此称为磷酸戊糖途径(pentose phosphate pathway，PPP)，又称己糖单磷酸旁路(hexose monophosphate shut，HMS)。与其他 2 条糖分解途径不同，磷酸戊糖途径主要发生在在肝脏、脂肪组织、哺乳期的乳腺、肾上腺皮质、性腺、骨髓和红细胞等组织中。它不是糖的供能途径，但可以直接氧化脱羧生成核糖(五碳糖)，并将能量以还原能力(NADPH + H^+)的形式储存下来。

二、磷酸戊糖途径的反应过程

磷酸戊糖途径在细胞液中进行。它的全过程分为不可逆的氧化性阶段和可逆的非氧化性阶段。

(一)氧化反应阶段

氧化阶段共包括 3 步反应。

①葡萄糖-6-磷酸脱氢酶(glucose-6-phosphate dehydrogenase)催化葡萄糖-6-磷酸脱氢生成葡萄糖酸-6-磷酸-δ-内酯，反应以 $NADP^+$ 为辅酶生成 NADPH + H^+。

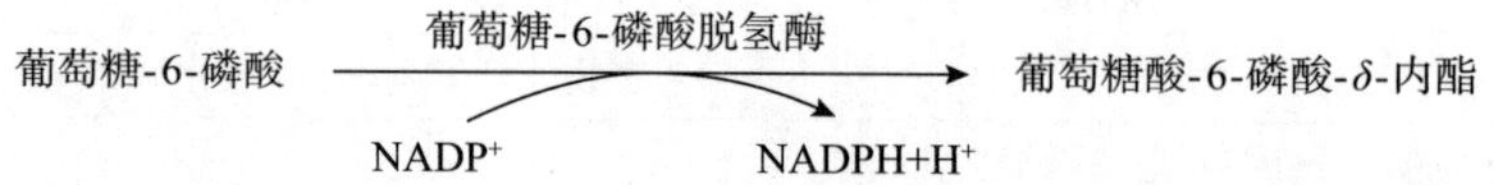

葡萄糖-6-磷酸脱氢酶是磷酸戊糖途径的限速酶，催化不可逆反应。控制该途径反应速率最重要的调节因子是 $NADP^+$/(NADPH + H^+)的值，$NADP^+$ 激活该脱氢酶，而 NADPH 抑制该酶活性。因此 $NADP^+$/(NADPH + H^+)的值直接影响到葡萄糖-6-磷酸脱氢酶的活性及整个反应途径的活性。当 NADPH + H^+ 的需要量比核糖-5-磷酸多得多时，非氧化分支生成的果糖-6-磷酸和甘油醛-3-磷酸可经糖异生途径生成葡萄糖-6-磷酸；当核糖-5-磷酸的需要量比 NADPH + H^+ 多得多时，葡萄糖-6-磷酸不经磷酸戊糖途径的氧化分支，而是通过酵解途径生成果糖-6-磷酸和甘油醛-3-磷酸，再按磷酸戊糖途径的逆过程生成核糖-5-磷酸；当 NADPH + H^+ 的需要量和核糖-5-磷酸平衡时，葡萄糖-6-磷酸主要通过磷酸戊糖途径形成 2 个 NADPH＋H^+ 和 1 个核糖-5-磷酸。

②葡萄糖酸-6-磷酸-δ-内酯被葡萄糖酸-6-磷酸-δ-内酯酶(6-phosphate gluconolactonase))水解生成葡萄糖酸 6-磷酸。

③在葡萄糖酸-6-磷酸脱氢酶(6-phosphogluconate dehydrogenase)催化下,葡萄糖酸-6-磷酸脱氢脱羧产生核酮糖-5-磷酸,反应仍以 $NADP^+$ 为辅酶生成 NADPH＋H^+。

$$\text{葡萄糖酸-6-磷酸} \xrightarrow[\text{NADP}^+ \curvearrowright \text{NADPH+H}^+]{\text{葡萄糖酸-6-磷酸脱氢酶}} \text{核酮糖-5-磷酸}$$

(二)非氧化反应阶段

非氧化反应阶段共包括 4 步反应。

①磷酸戊糖异构酶(phosphopentose isomerase)催化核酮糖-5-磷酸同分异构化形成核糖-5-磷酸;磷酸戊糖差向异构酶(phosphopentose epimerase)催化核酮糖-5-磷酸转化形成木酮糖-5-磷酸。

$$\text{核酮糖-5-磷酸} \xrightleftharpoons{\text{磷酸戊糖异构酶}} \text{核糖-5-磷酸}$$

$$\text{核酮糖-5-磷酸} \xrightleftharpoons{\text{磷酸戊糖差向异构酶}} \text{木酮糖-5-磷酸}$$

②在转酮酶(transketolase)(转移 1 个二碳单位的酶)作用下,木酮糖-5-磷酸上的二碳单位(乙醇酮基)转移到核糖-5-磷酸的第一个碳原子上生成景天庚酮糖-7-磷酸(7 碳化合物)与甘油醛-3-磷酸,辅酶为焦磷酸硫胺素(TPP),同时需要 Mg^{2+} 的参加。

$$\text{木酮糖-5-磷酸} + \text{核糖-5-磷酸} \xrightleftharpoons[\text{TPP, Mg}^{2+}]{\text{转酮酶}} \text{甘油醛-3-磷酸} + \text{景天庚酮糖-7-磷酸}$$

③在转醛酶(transaldolase)(转移 1 个三碳单位的酶)作用下,将景天庚酮糖上的三碳单位(二羟丙酮基)转移给甘油醛-3-磷酸,生成赤藓糖-4-磷酸(4 碳化合物)和果糖-6-磷酸,辅酶为焦磷酸硫胺素(TPP),同时需要 Mg^{2+} 的参加。

$$\text{景天庚酮糖-7-磷酸} + \text{甘油醛-3-磷酸} \xrightleftharpoons[\text{TPP, Mg}^{2+}]{\text{转酮酶}} \text{赤藓糖-4-磷酸} + \text{果糖-6-磷酸}$$

④在转酮酶作用下,赤藓糖-4-磷酸和木酮糖-5-磷酸生成果糖-6-磷酸和甘油醛-3-磷酸,辅酶为 TPP。

$$\text{木酮糖-5-磷酸} + \text{赤藓糖-4-磷酸} \xrightleftharpoons[\text{TPP}]{\text{转酮酶}} \text{果糖-6-磷酸} + \text{甘油醛-3-磷酸}$$

果糖-6-磷酸可在磷酸葡萄糖异构酶催化下转变为葡萄糖-6-磷酸。可见,如果 6 个葡萄糖分子进入磷酸戊糖途径参与反应后,又重新生成 5 分子葡萄糖-6-磷酸,只有 1 分子被彻底氧化分解,共生成 6 分子CO_2、无机磷酸和 12 分子 NADPH＋H^+。全部反应可用下式表示:

$$6\text{葡萄糖-6-磷酸} + 7H_2O + 12NADP^+ \longrightarrow 5\text{葡萄糖-6-磷酸} + 6CO_2 + 12NADPH + 12H^+ + Pi$$

磷酸戊糖途径的非氧化阶段的全部反应都是可逆反应,这就保证了细胞能以极大的灵活性满足自己对糖代谢中间产物以及大量还原能力的需求。磷酸戊糖途径的全部反应过程见图 6-4。

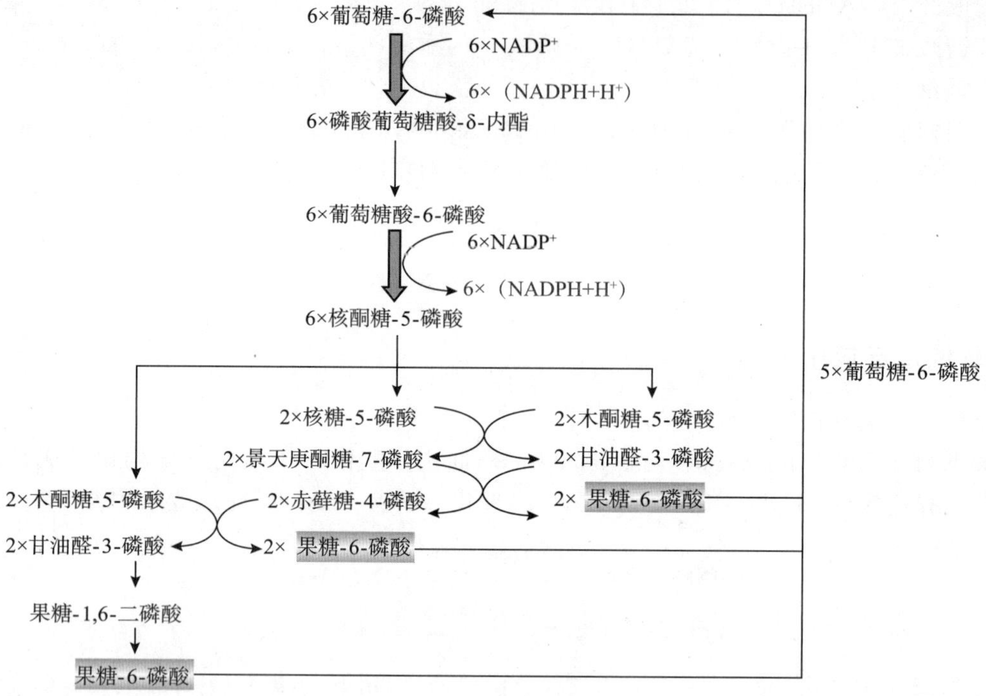

图 6-4　磷酸戊糖途径总览

三、磷酸戊糖途径的生理意义

1. 中间产物核糖 5-磷酸是动物体内合成多种物质的重要原料

核糖-5-磷酸是合成各种核苷酸辅酶、核糖核苷酸和脱氧核苷酸的重要原料。体内需要的核糖-5-磷酸可通过磷酸戊糖途径的氧化阶段的不可逆反应生成，也可经非氧化阶段的可逆反应过程生成。由于核酸参与蛋白质的生物合成，磷酸戊糖途径在损伤后修补、再生的组织中较为活跃。

2. 产生的 $NADPH+H^+$（还原能力）参与多种代谢反应

在磷酸戊糖途径中，由脱氢生成的 $NADPH+H^+$ 一般不进入线粒体呼吸链氧化磷酸化生成 ATP，而是作为供氢体参与许多代谢反应。其主要表现在：①作为供氢体，参与体内多种生物合成反应。脂肪酸、胆固醇和类固醇激素的生物合成都需要大量的 $NADPH+H^+$，因此磷酸戊糖途径在合成脂肪及固醇类化合物旺盛的脂肪、肝、肾上腺、性腺、哺乳期乳腺等组织中比较活跃。②$NADPH+H^+$ 是谷胱甘肽还原酶的辅酶，对维持还原型谷胱甘肽（GSH）的正常含量有重要作用。而 GSH 可维持巯基酶的还原状态，保护红细胞膜免受氧化损伤。

3. 磷酸戊糖途径与糖的有氧分解及糖的无氧分解相互联系

非氧化性阶段生成的果糖-6-磷酸和甘油醛-3-磷酸都是糖有氧分解或无氧分解的中间产物，它们可进入糖的有氧分解或无氧分解途径进一步进行代谢。

4. 转酮基和转醛基反应使丙糖、丁糖、戊糖、己糖和庚糖互相转化

磷酸戊糖途径中包含有多种碳架，通过转酮基和转醛基反应，实现了丙糖、丁糖、戊糖、己糖和庚糖之间的互相转化。可见，磷酸戊糖途径为各种单糖间的转换提供了条件，是细胞中不同糖分子的重要来源。甘油醛-3-磷酸是糖酵解、有氧分解及磷酸戊糖途径这三种糖分解途径的交汇点。如果磷酸戊糖途径受到某种因素的影响而不能进行，就可通过甘油醛-3-磷酸这一交汇点进入糖酵解或有氧分解途径，以保证糖的分解仍能继续进行。糖分解途径的多样性可以认为是生物在物质代谢方面对环境的适应。

第五节　糖异生作用

一、概念

葡萄糖异生作用(gluconeogenesis)是指以非糖物质转变为葡萄糖的过程。这是动物体内一种重要的单糖合成途径。非糖物质包括乳酸、甘油、丙酸以及生糖氨基酸(如丙氨酸)等。葡萄糖异生的主要场所是肝脏。肾脏也能发生葡萄糖异生,但形成的葡萄糖仅为肝脏产量的1/10。

二、葡萄糖异生作用的反应过程

本节仅介绍体内以乳酸为前体物的糖异生途径,有关低级脂肪酸和生糖氨基酸异生为葡萄糖的途径将分别在脂类代谢和蛋白质代谢中介绍。

葡萄糖异生途径并非完全是糖酵解途径的逆转,糖酵解途径有3步不可逆反应:①葡萄糖经己糖激酶(或葡萄糖激酶)催化,磷酸化生成葡萄糖-6-磷酸,消耗1分子ATP;②果糖-6-磷酸经磷酸果糖激酶催化,磷酸化生成果糖-1,6-二磷酸,消耗1分子ATP;③磷酸烯醇式丙酮酸和ADP反应,经丙酮酸激酶催化,生成丙酮酸和1分子ATP。糖异生过程需要其他的酶来催化完成这三步不可逆反应,才能克服存在的障碍。

(一)丙酮酸生成磷酸烯醇式丙酮酸

酵解过程在胞液中进行,丙酮酸在胞液中产生。丙酮酸在线粒体膜上载体蛋白协助下进入线粒体。其反应过程可以简单叙述如下。

①在线粒体中丙酮酸羧化生成草酰乙酸。

$$\text{丙酮酸} + CO_2 + ATP + H_2O \xrightarrow{\text{丙酮酸羧化酶}} \text{草酰乙酸} + ADP + Pi$$

这一反应在三羧酸循环的回补反应中已经介绍过。丙酮酸羧化酶存在于线粒体中,生物素为辅酶。生物素在ATP供能情况下与CO_2结合生成N1-羧化生物素,然后转移羧基给丙酮酸生成草酰乙酸。

丙酮酸羧化酶是变构酶,由4个相同亚基组成。乙酰CoA、脂酰CoA对该酶有激活作用。草酰乙酸既是糖异生途径的中间产物,又是三羧酸循环的中间产物。

②草酰乙酸从线粒体进入胞液是通过苹果酸穿梭作用或者谷草转氨基作用来实现的。

苹果酸穿梭作用:草酰乙酸转变成苹果酸从线粒体转运至细胞液,胞液中的苹果酸由苹果酸脱氢酶催化重新生成草酰乙酸。

谷草转氨基作用:谷草转氨酶催化线粒体中谷氨酸的氨基转移给草酰乙酸,生成α-酮戊二酸和天冬氨酸,α-酮戊二酸和天冬氨酸进入胞液再重新生成谷氨酸和草酰乙酸。

③在胞液中草酰乙酸形成磷酸烯醇式丙酮酸(PEP)。该反应在胞液中进行,由磷酸烯醇式丙酮酸羧激酶(PEP carboxykinase)催化。

$$\text{草酰乙酸} + GTP + H_2O \xrightarrow{\text{PEP羧激酶}} \text{磷酸烯醇式丙酮酸} + GDP + CO_2$$

产生的磷酸烯醇式丙酮酸沿着糖酵解途径的逆反应,依次生成甘油酸-2-磷酸、甘油酸-3-磷酸、甘油酸-1,3-二磷酸、甘油醛-3-磷酸、磷酸二羟丙酮和果糖-1,6-二磷酸,反应所需的酶与糖酵解途径的酶完全相同。丙酮酸通过草酰乙酸生成 PEP 的反应过程又称为丙酮酸羧化支路(pyruvate carboxylation shunt)。

(二)果糖 1,6-二磷酸生成果糖-6-磷酸

这是糖异生作用的关键步骤,反应由果糖二磷酸酶(fructose diphosphatase)催化。果糖-6-磷酸沿糖酵解途径的逆反应被磷酸己糖异构酶催化生成葡萄糖-6-磷酸,该反应不可逆。

$$\text{果糖 1,6-二磷酸} + H_2O \longrightarrow \text{果糖-6-磷酸} + Pi$$

(三)葡萄糖 6-磷酸水解生成葡萄糖

葡萄糖-6-磷酸水解生成葡萄糖的反应由葡萄糖-6-磷酸酶催化,该酶仅存在于肝脏和肾脏,肌肉中没有该酶,该反应不可逆。

$$\text{葡萄糖-6-磷酸} + H_2O \longrightarrow \text{葡萄糖} + Pi$$

以乳酸或丙酮酸为原料,糖异生总反应式分别为:

$$2\,\text{丙酮酸} + 4ATP + 2GTP + 2NADH + 2H^+ + 6H_2O \longrightarrow \text{葡萄糖} + 2NAD^+ + 4ADP + 2GDP + 6Pi$$

$$2\,\text{乳酸} + 4ATP + 2GTP + 6H_2O \longrightarrow \text{葡萄糖} + 4ADP + 2GDP + 6Pi$$

总之,凡是能生成丙酮酸或糖异生任意中间产物的物质都能转变为葡萄糖。从丙酮酸到草酰乙酸消耗 1 分子 ATP,草酰乙酸到 PEP 消耗 1 分子 GTP,从甘油酸-3-磷酸到甘油酸-1,3-二磷酸消耗 1 分子 ATP,因此 2 分子丙酮酸生成 1 分子葡萄糖,需消耗 4 分子 ATP,2 分子 GTP。

糖异生作用过程如图 6-5 所示。

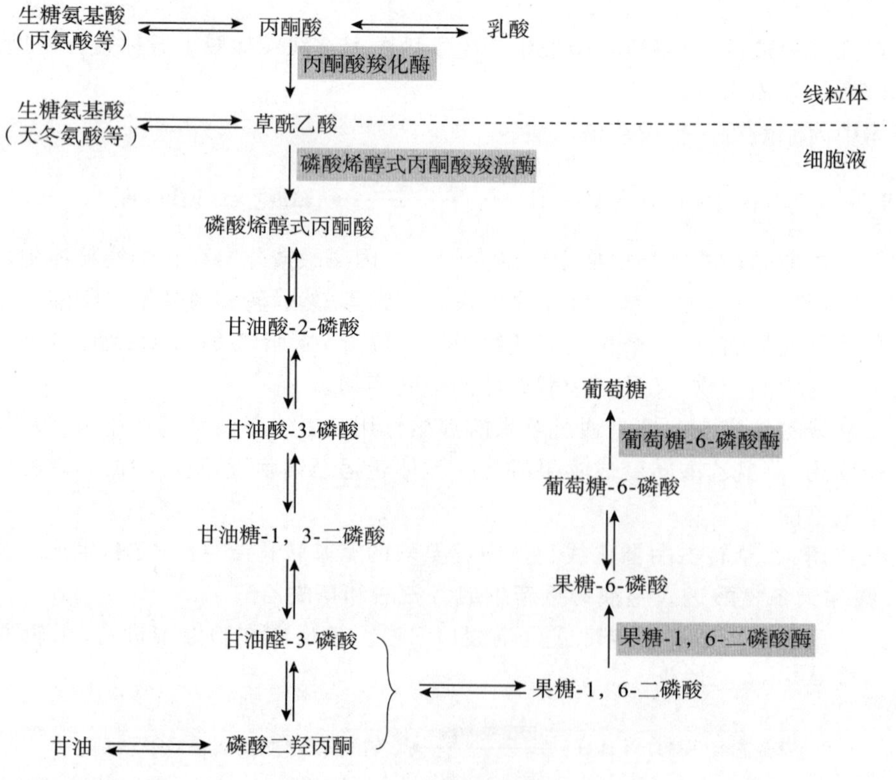

图 6-5　糖异生途径

三、乳酸循环

动物肌肉中不能进行糖异生作用，但是在家畜重役或剧烈运动时，肌肉中糖的无氧分解加剧，会生成大量乳酸。乳酸是糖酵解的一种最终产物，在肌肉中无法继续利用，除了再转变为丙酮酸，别无其他去路。因此，肌肉中的乳酸可以通过乳酸循环被利用。

肌肉细胞内的乳酸扩散到血液并随着血流进入肝脏，在肝细胞内通过葡萄糖异生途径转变为葡萄糖，进入血液补充血糖，或运输回肌肉和脑满足其对葡萄糖的需要，这一过程被称为乳酸循环，又称为Cori 循环(图 6-6)。乳酸循环对于清除体内多余的乳酸，使其再利用，防止由乳酸堆积引起的酸中毒，保证肝糖原生成以及补充肌肉消耗的糖具有重要的生理意义。

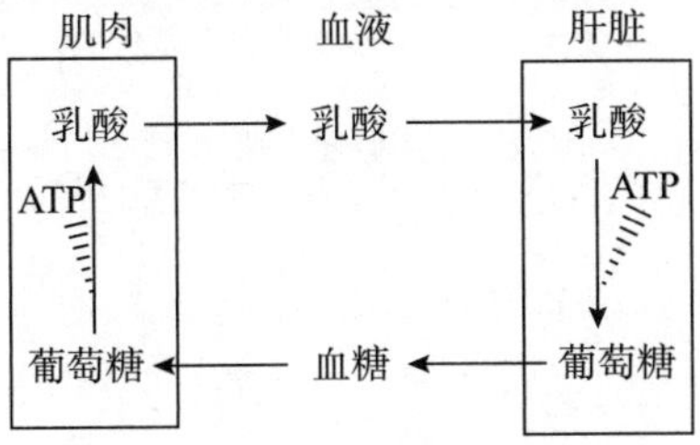

图 6-6 乳酸循环

四、糖异生的生理意义

1. 糖异生可保证动物血糖浓度的相对恒定

当动物处于空腹或饥饿时，其依靠糖异生作用生成糖，可以维持血糖的相对恒定。另外，糖异生作用(特别是丙酸的生糖作用)是反刍动物体内糖的主要来源。反刍动物饲料以草为主，纤维素不能被消化为葡萄糖吸收，而是先在瘤胃中经微生物发酵，变成乙酸、丙酸、丁酸等低级脂肪酸被吸收利用，其中丙酸可经糖异生作用生成糖。

2. 糖异生作用有利于乳酸的利用

糖异生作用对于清除动物使役时或剧烈运动时在体内产生的大量乳酸，能够防止发生由乳酸引起的酸中毒；保证糖酵解的继续进行。

3. 糖异生可将部分氨基酸转变为糖

研究证实，动物进食蛋白质后，肝中糖原含量增加。在禁食或营养低下的情况下，由于组织蛋白质分解加强，血浆氨基酸增多而使糖异生更加活跃。

第六节 糖原的合成与分解

糖原(glycogen)是葡萄糖在动物体内的贮存形式，糖原的生物学意义就在于它是贮存能量、容易动员的多糖。当细胞中能量充足时，进行糖原合成而贮存能量；当能量供应不足时，糖原分解提供生命活动所需的能量。肌肉和肝脏是贮存糖原的主要组织器官。肌糖原分解为肌肉自身收缩供给能量，肝糖原分解主要维持血糖浓度。

许多葡萄糖组成的带分支的大分子多糖，分子质量一般为 10^6～10^8 Da。分子中的葡萄糖主要以 α-1,4-糖苷键相连形成直链，分支间以 α-1,6-糖苷键相连构成支链(图 6-7)。糖原通常包含一个还原性末端和多个非还原性末端。还原性末端是指多糖链糖基中具有游离的半缩醛羟基的一端。非还原性末端是指多糖链糖基没有游离半缩醛羟基的一端。糖原的非还原性末端可继续由糖原合成酶催化进行糖链的延长，也可逐个切下葡萄糖基进行糖原的降解。多分支增加糖原水溶性有利于其贮存，在糖原分解或合成时可从多个非还原性末端同时开始，提高分解及合成速度。由于高度的分支状构造，在糖原分子中，8%～10%的葡萄糖处于可被利用的非还原末端，这就便于在需要时可短时间内快速大量动用，在不需要时快速恢复和贮存。

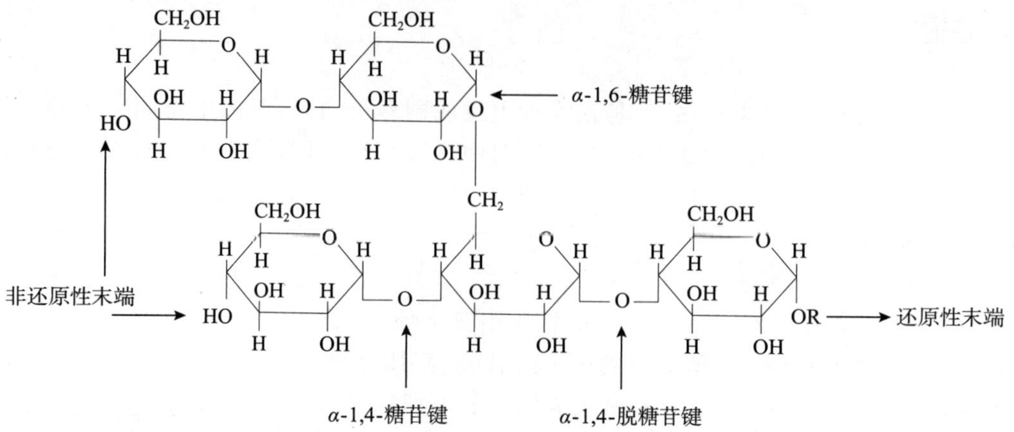

图 6-7 糖原的结构

一、糖原的合成代谢

由葡萄糖(包括少量果糖和半乳糖)合成糖原的过程称为糖原的合成(glycogenesis),反应在细胞质中进行,需要消耗 ATP 和 UTP。合成反应包括以下几步。

(一)葡萄糖磷酸化生成葡萄糖-6-磷酸

此反应在糖酵解时已经介绍过。即 ATP 的 γ-磷酸基团在己糖激酶(hexokinase,HK)或葡萄糖激酶(glucokinase,GK)催化下,转移到葡萄糖分子上,生成葡萄糖-6-磷酸。反应式如下:

$$\text{葡萄糖}+\text{ATP}\xrightarrow{\text{己糖激酶或葡萄糖激酶},Mg^{2+}}\text{葡萄糖-6-磷酸}+\text{ADP}$$

己糖激酶和葡萄糖激酶的主要差别:①葡萄糖激酶只存在于肝脏中,其 K_m 值为 10 mmol/L,不受产物葡萄糖-6-磷酸的反馈抑制。在肝细胞中,外源葡萄糖的大量涌入可激活葡萄糖激酶,催化大量葡萄糖磷酸化生成葡萄糖-6-磷酸,促进肝糖原大量合成。②己糖激酶在肝脏和肌肉中都存在,K_m 值为 0.1 mmol/L,活性受产物葡萄糖-6-磷酸的反馈抑制。因此,肌细胞仅依赖己糖激酶,无法合成并储存大量肌糖原。

(二)生成葡萄糖-1-磷酸

葡萄糖-6-磷酸在磷酸葡萄糖变位酶催化下生成葡萄糖-1-磷酸,其反应式如下:

$$\text{葡萄糖-6-磷酸}\xrightleftharpoons{\text{磷酸葡萄糖变位酶}}\text{葡萄糖-1-磷酸}$$

(三)生成 UDP-葡萄糖(UDPG)

葡萄糖-1-磷酸在 UDP-葡萄糖焦磷酸化酶的催化下与尿苷三磷酸(uridine triphosphate,UTP)作用,生成尿苷二磷酸葡萄糖,即 UDP-葡萄糖(UDPG),同时释放焦磷酸(PPi)。PPi 迅速被水解为 2 个无机磷酸分子,这个释放能量的过程使整个反应不可逆。形成的 UDPG 可看作"活性葡萄糖",并在体内作为糖原合成的葡萄糖供体。该过程反应如下:

$$葡萄糖\text{-}1\text{-}磷酸 + UTP \xrightarrow{UDP\text{-}葡萄糖焦磷酸化酶} UDP\text{-}葡萄糖 + PPi$$

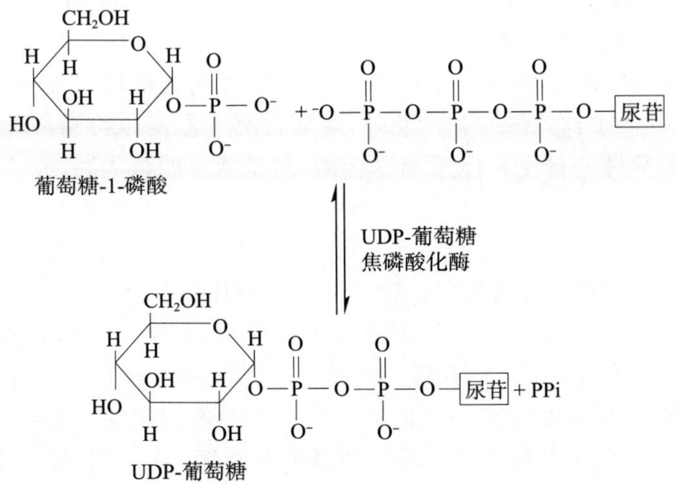

$$PPi \xrightarrow{无机焦磷酸酶} 2Pi$$

UDP-葡萄糖作为糖原合成过程中糖基的供体最早由路易斯·曼德里科·勒卢瓦尔（L. F. Leloir）等于 1953 年发现，1959 年他又提出糖原生成机理。因为这一贡献，他获得了 1970 年的诺贝尔化学奖。

（四）合成糖原

在糖原合酶的催化下，UDP-葡萄糖中的葡萄糖残基被转移到细胞内原有的糖原（引物）非还原末端 C_4 的羟基上，形成 α-1，4-糖苷键，原有的糖原增加了 1 个葡萄糖残基。这些反应反复进行可使糖链不断延长。这一反应需要做如下说明。

①引物的形成是由生糖原蛋白（或称糖原引物蛋白）催化的。生糖原蛋白的酪氨酸残基的酚羟基可以和葡萄糖共价结合，且可以逐个催化约 8 个葡萄糖残基以 α-1，4-糖苷键连接成链，形成糖原分子的核心。单糖基的供体也是 UDP-葡萄糖。第 1 个葡萄糖残基以共价键方式连接到生糖原蛋白的专一酪氨酸残基的酚基上。

②糖原合酶只能催化糖原核心继续延长糖基链，而不能从零开始将两个葡萄糖分子互相连在一起。只有糖原合酶与生糖原蛋白结合在一起时，才能有效地发挥其催化作用，一旦两者分离，糖原合酶即不再具有催化活性。糖原合酶是该途径的限速酶。

$$UDP\text{-}葡萄糖 + 糖原\ (G_n) \xrightarrow{糖原合酶} UDP + 糖原\ (G_{n+1})$$

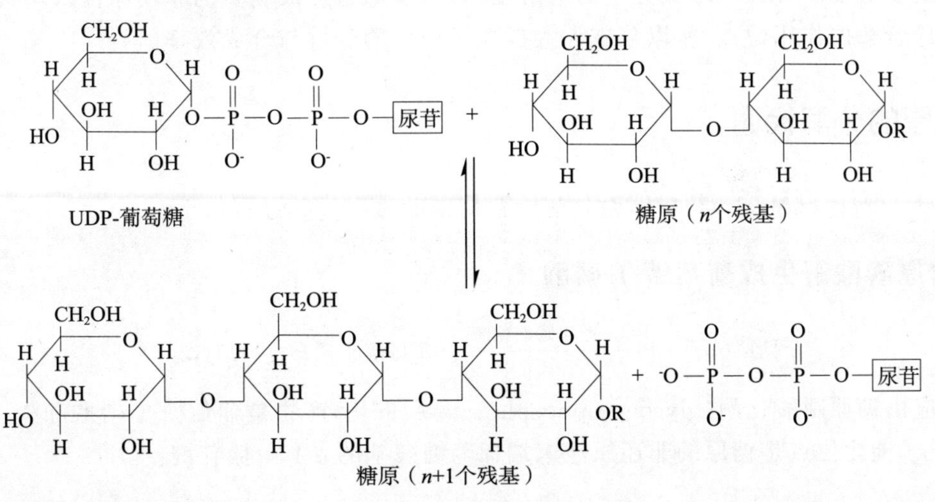

③糖原合酶称为“合酶”，而不叫“合成酶”的原因是在该反应中没有 ATP 直接参加。

④糖原合酶只能催化 α-1，4-糖苷键的形成，形成的产物只能是直链的形式。

⑤糖原合酶是糖原合成过程中的限速酶，它受到共价修饰和变构的双重调节。一是糖原合酶有 a、b 两种形式。糖原合酶 a 有活性，磷酸化成糖原合酶 b 后即失去活性。催化其磷酸化的是依赖 cAMP 的蛋白激酶，可磷酸化其多个丝氨酸残基。此外，磷酸化酶 b 激酶也可磷酸化其中 1 个丝氨酸残基，使糖原合酶失活。二是葡萄糖-6-磷酸可激活糖原合酶，刺激糖原的合成。

(五)分支的形成

糖原分支的形成需要糖原分支酶催化。糖原分支酶的作用包括断开 α-1，4-糖苷键和形成 α-1，6-糖苷键。其过程是：将糖原分子中处于直链状态的葡萄糖残基，在某个 α-1，4-糖苷键处切断，然后转移到同一个或其他糖原分子上形成 α-1，6-糖苷键(图 6-8)。研究表明，糖原分支酶对催化断裂和新生成的化学键的位置有一定的要求：①断裂位点距直链末端约 7 个葡萄糖残基。②由糖原分支酶催化断裂 α-1，4-糖苷键的直链至少已经有 11 个葡萄糖残基。③新分支点距离已存在的分支点必须至少有 4 个葡萄糖残基。

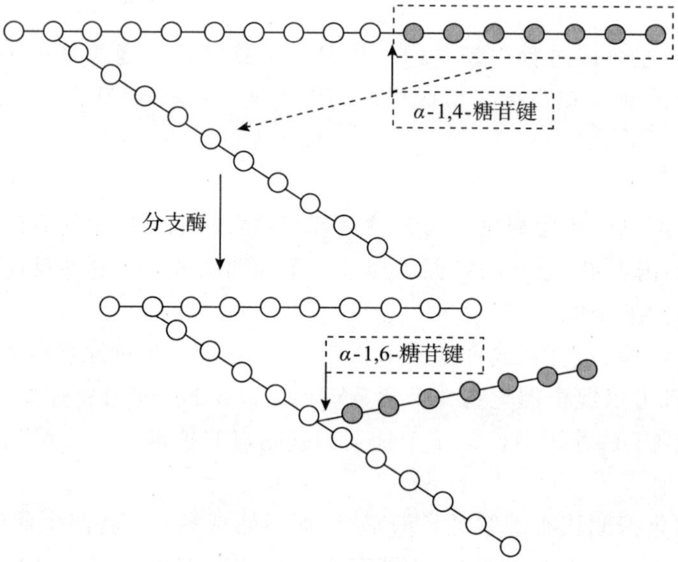

图 6-8　糖原新分支的形成

糖原的高度分支一方面可增加分子的溶解度，另一方面将形成更多的非还原性末端，它们是糖原磷酸化酶和糖原合酶的作用位点，所以分支大大提高了糖原的分解与合成效率。

二、糖原的分解代谢

糖原分解(glycogenolysis)是指糖原分解为葡萄糖的过程。其过程如下。

(一)糖原磷酸解生成葡萄糖-1-磷酸

$$\text{糖原}(G_n)+Pi \xrightarrow{\text{糖原磷酸化酶}} \text{葡萄糖-1-磷酸}+\text{糖原}(G_{n-1})$$

这个反应由糖原磷酸化酶(glycogen phosphorylase)催化，产物是葡萄糖-1-磷酸和少一个葡萄糖残基的糖原分子，催化位点是糖原的非还原性末端葡萄糖残基的 α-1，4-糖苷键。

糖原磷酸化酶是该途径的限速酶。①磷酸化酶也分为 a、b 两种形式。磷酸化酶 a 是由相同亚基组成的四聚体，磷酸化酶 b 是二聚体。磷酸化酶 b 在磷酸化酶激酶作用下，分子中特殊的丝氨酸 14 被 ATP 磷酸化，变成有活性的磷酸化酶 a。这个共价修饰调控是可逆的。磷酸化酶 a 丝氨酸 14 上磷酸基可被特殊的磷酸酶水解成无活性的磷酸化酶 b。②磷酸化酶 b 是一种变构酶，ATP 是它的变构抑制剂；AMP 是它的变构激活剂。葡萄糖-6-磷酸能够抑制磷酸化酶 b 的活性。Ca^{2+} 可激活磷酸化酶激酶进而激活磷酸化酶，促进糖原分解。

$$\text{葡萄糖-1-磷酸} \xrightleftharpoons{\text{磷酸葡萄糖变位酶}} \text{葡萄糖-6-磷酸}$$

(二) 葡萄糖 6-磷酸的生成

该反应是糖原合成过程中第二步反应的逆反应。

(三) 葡萄糖的生成

$$\text{葡萄糖-6-磷酸} + H_2O \xrightarrow{\text{葡萄糖-6-磷酸酶}} \text{葡萄糖} + Pi$$

葡萄糖-6-磷酸酶(glucose-6-phosphatase)仅存在于肝脏和肾脏，肌肉中没有此酶。该反应不可逆。由于磷酸化的葡萄糖不能扩散到细胞外，因此由肌细胞生成的葡萄糖-6-磷酸主要在肌肉中分解供能；肝细胞可利用该酶生成葡萄糖，以维持血糖的相对稳定。

上述 3 步反应循环进行可使糖链不断缩短。但是糖原磷酸化酶只作用于糖原上的 α-1,4-糖苷键，且催化至距 α-1,6-糖苷键 4 个葡萄糖残基时就不再起作用。残留的高度分支的糖原分子被称为极限糊精。

(四) 脱支酶的催化作用

脱支酶是一种双功能酶：一种功能是糖基转移酶活性；另一种功能是葡萄糖 α-1,6-糖苷键水解酶活性。

当某个分支剩下最后 4 个葡萄糖残基时，磷酸化酶的作用停止，脱支酶开始起催化作用(图 6-9)。首先在脱支酶的糖基转移酶活性作用下，将 3 个葡萄糖残基转移到另一个分支的非还原性末端的葡萄

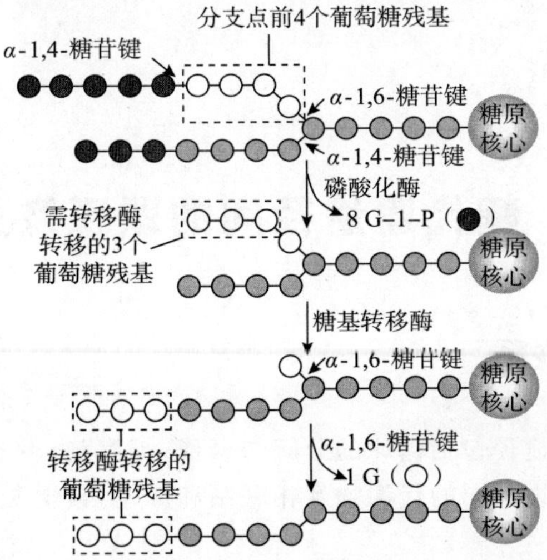

图 6-9　糖原磷酸化酶和糖原脱支酶的协同作用

(邹思湘,2012)

糖残基上,或者转移到糖原的核心链上。其次,在脱支酶的葡萄糖 α-1,6-糖苷键水解酶活性催化下,水解暴露出的 α-1,6-糖苷键将分支点消除,生成游离的葡萄糖。

三、糖原合成与分解的生理性调节

(一)激素调节

动物体内肾上腺素和胰高血糖素等激素可通过 cAMP 连锁酶促反应逐级放大,构成一个调节糖原合成与分解的控制系统。这两种激素均能抑制糖原生成、促进糖原分解。而胰岛素的主要作用是促进糖原的合成。

(二)Ca^{2+} 浓度调节

磷酸化酶激酶不仅受激素的级联机制调节,还可以被 10^{-6} mol/L 左右的 Ca^{2+} 活化,促进形成磷酸化酶 a,加速糖原分解。10^{-6} mol/L 的 Ca^{2+} 浓度恰好是引起肌肉收缩的浓度,这样通过 Ca^{2+} 浓度就把肌肉收缩运动与糖原分解供能联系起来了,肌肉的收缩就能及时得到能量的供应。而 Ca^{2+} 浓度的改变是由神经冲动引起的,这样 Ca^{2+} 就建立了磷酸化酶活性与神经调节的桥梁。

(三)糖原代谢的整体调节

分解糖原的磷酸化酶受多种因素的调节,这些调节保证了机体在各种状态下能量的供应。

在正常情况下,能量供应充足,ATP、葡萄糖-6-磷酸浓度高抑制了磷酸化酶的活性,因此糖原不分解。如果肌肉运动加强,消耗能量多,AMP 浓度升高,于是 AMP 促进磷酸化酶活性升高,糖原分解,促进能量产生。

当动物准备战斗或逃跑时,即使细胞内的能量(ATP)和葡萄糖-6-磷酸的浓度已处于很高的情况下,仍需加快糖原的分解。此时动物处于应激状态,肾上腺素分泌增加,引起细胞内酶的级联机制,以最快的速度使磷酸化酶 b 转化为活性的磷酸化酶 a,促进糖原的分解,同时抑制糖原合成。

当动物真的要战斗和逃跑时,它还需要肌肉的运动,单是激素的调控仍不能满足要求,因为此时需要同时调控供能代谢及肌肉收缩,并使两者协调。在这种情况下,动物采取了神经调控的机制。神经冲动使肌浆中 Ca^{2+} 浓度迅速增至 10^{-6} mol/L,于是肌肉收缩与糖原分解同步进行,以保证动物战胜敌人或逃离危险并存活。

第七节　糖代谢途径间的联系及血糖调节

一、糖代谢途径间的联系

糖在动物体内的主要代谢途径包括糖原的分解与合成、糖酵解、糖有氧氧化、磷酸戊糖途径和糖的异生作用等。这些代谢途径通过共同的代谢物互相联系和影响,其主要交汇点有 3 个(图 6-10)。

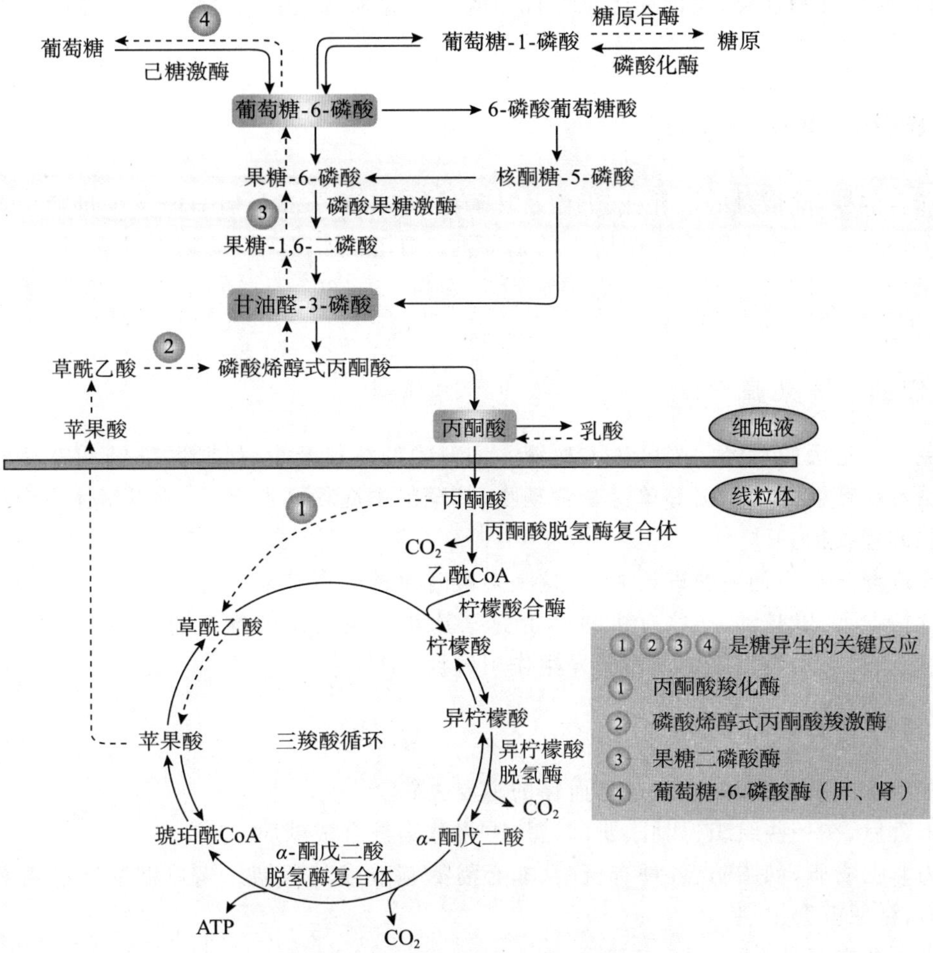

虚线:糖的异生途径;实线:糖的分解途径。

图 6-10 糖代谢各途径间的联系

(邹思湘,2012)

(一)第 1 个交汇点是葡萄糖-6-磷酸

它是各个糖代谢途径的中间产物。它通过葡萄糖可转变为糖原,糖原也可转变为葡萄糖(肝、肾),且各种非糖物质异生成糖时都要经过它再转变为葡萄糖或糖原。在糖的分解代谢中,葡萄糖或糖原也是先转变为葡萄糖-6-磷酸,然后经酵解途径、有氧氧化途径或经磷酸戊糖途径进行分解。

(二)第 2 个交汇点是甘油醛-3-磷酸

它是糖酵解和有氧氧化的中间产物,也是磷酸戊糖途径和糖异生过程的中间产物。

(三)第 3 个交汇点是丙酮酸

当葡萄糖或糖原分解至丙酮酸时,在无氧的情况下,它接受由甘油醛-3-磷酸脱下的 2 个 H^+ 还原为乳酸(糖酵解)。在有氧的情况下,甘油醛-3-磷酸脱下的氢经呼吸链与氧结合生成水,而丙酮酸经乙酰 CoA 最后通过三羧酸循环彻底氧化为 CO_2 和 H_2O(糖的有氧分解)。丙酮酸还可经草酰乙酸生成糖(糖异生),它是许多非糖物质生成糖的必经途径。

此外，通过磷酸戊糖途径，戊糖和己糖的代谢就联系起来，而各种己糖与葡萄糖的互变又沟通了各种己糖的代谢。

二、血糖及其调节

血液中所含的糖，除微量的半乳糖、果糖及其磷酸酯，几乎全部是葡萄糖及少量葡萄糖磷酸酯。因此，血糖(blood sugar)主要是指血液中所含的葡萄糖。在正常情况下，动物血糖质量浓度相对恒定，如乳牛血糖含量为 35～55 mg/100 mL，绵羊血糖含量为 35～60 mg/100 mL，出生仔猪血糖含量约为 78 mg/100 mL。

(一)血糖的主要来源

①葡萄糖经肠道吸收后经门静脉进入血液。饲料中的淀粉及少量蔗糖、乳糖和麦芽糖等在消化道转化为葡萄糖等单糖被吸收。猪等单胃杂食动物，其饲料中淀粉含量丰富，所以猪体内糖的主要来源是由消化道吸收的葡萄糖。

②肝糖原逐渐分解为葡萄糖进入血液，这是空腹时血糖的直接来源。

③在禁食情况下，以甘油、某些有机酸及生糖氨基酸为主的非糖物质通过糖异生作用转变为葡萄糖，以补充血糖。反刍动物也主要依靠糖异生作用供糖。

(二)血糖的主要去路

①在各种组织中氧化分解供能，这是血糖的主要去路。

②动物采食后，在一些组织(如肝、肌肉、肾)中将葡萄糖合成糖原。

③转变为非糖物质，如脂肪、各种有机酸、非必需氨基酸或其他糖。当血糖浓度过高而超过肾小管重吸收能力时，糖尿就会出现。

血糖的来源及去路见图 6-11。

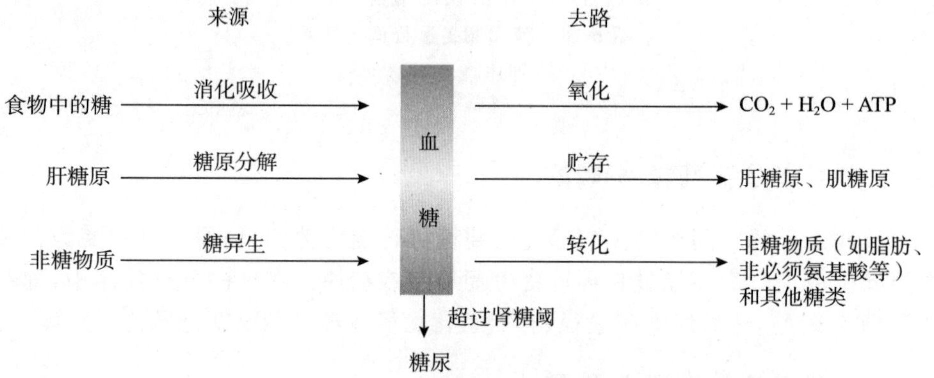

图 6-11　血糖的来源及去路

(三)血糖水平的调节

1. 代谢途径的调节

动物血糖浓度的动态平衡是依靠血糖来源和去路的协调来维持的，血糖水平保持恒定是糖、脂肪、氨基酸代谢途径之间，肝脏、肌肉、脂肪组织之间相互协调的结果。

①在动物采食后的消化吸收期间，从肠道吸收大量葡萄糖，此时肝内糖原合成加强而分解减弱，肌肉中的肌糖原合成和糖的分解也能加强，肝、脂肪组织加速将糖转变为脂肪，氨基酸的糖异生作用则减

弱，因而血糖短暂上升，且很快恢复正常。

②动物长距离和长时间奔跑达 2 h 以上，其肝糖原早已耗尽，血糖仍保持在基本正常水平。此时，肌肉内能量主要来自脂肪酸，而由糖异生作用产生的葡萄糖用于保持血糖水平。

③当动物长期饥饿时，血糖略低，但仍保持一定水平。这时血糖的来源主要靠糖异生作用，原料首先是肌肉蛋白质降解产生的氨基酸，其次为甘油，以保证动物脑组织对能量的需求，其他组织的能量需求则通过脂肪酸氧化代谢获得。

2. 神经、激素的调节

调节血糖浓度的主要激素有胰岛素、肾上腺素、糖皮质激素等。除胰岛素可降低血糖浓度，肾上腺素、糖皮质激素、胰高血糖素均可使血糖浓度升高。激素对血糖的调节不是孤立地进行，而是既互相协同，又互相制约的矛盾统一体。正常动物体内存在一整套精细糖代谢调节机制，在一次性摄入大量葡萄糖之后，血糖水平不会出现大的波动和持续升高。动物体对摄入的葡萄糖具有很大耐受能力的现象称为耐糖现象，临床上做糖耐量试验可以帮助诊断某些糖代谢障碍性疾病。

3. 血糖调节紊乱

神经功能紊乱、内分泌失调或酶失活等因素都可引起糖代谢紊乱，从而导致一些疾病的发生。

(1)糖尿病　现代医学认为糖尿病是由于血糖来源增多，去路减少，出现高血糖、糖尿。一般认为其发病原因是胰岛细胞功能降低、胰岛素分泌不足或靶细胞膜上胰岛素受体数量不足等。其糖代谢紊乱表现在糖原合成减少、分解加速，糖异生作用加强，糖酵解和有氧氧化减弱，葡萄糖进入的肌细胞和脂肪细胞减少。通常认为糖尿病是一种常见的有遗传倾向的疾病。

(2)高血糖　人空腹血糖浓度超过 6.19 mmol/L 或餐后 2 h 血糖超过 7.8 mmol/L 为高血糖。高血糖往往由一时食糖过多、情绪激动引起肾上腺素分泌增加或肾脏重吸收功能下降引起。

(3)低血糖　人空腹血糖浓度低于 3.89 mmol/L 为低血糖。其一般由胰岛素分泌过多、肝受损、糖异生酶缺陷、长期饥饿、过度劳累等引起。脑组织先对低血糖反应，表现为头晕、心悸、出冷汗、饥饿等；严重时，出现昏迷。

二维码 6-1　关爱健康

第七章

生物氧化

- 生物氧化
  - 概述
    - 生物氧化的概念和特点
      - 概念
      - 特点
        - 反应条件温和
        - 反应过程温和
        - 能量转化效率高
    - 生物氧化中CO_2和H_2O的生成
      - CO_2的生成
        - 单纯脱羧
        - 氧化脱羧
      - H_2O的生成
        - 通过呼吸链生成水
        - 底物直接脱水
    - 体内能量的贮存与利用
      - ATP是能量释放、贮存与利用的中心
      - 磷酸肌酸是肌肉中贮存能量的主要物质
    - 线粒体的结构特点 —— 双层膜结构，内膜有严格的透过选择性
  - ATP的生成
    - 底物水平磷酸化作用 —— 糖酵解过程中生成ATP的唯一方式
    - 氧化磷酸化作用（主要方式）
      - 概念
      - 偶联部位 —— 复合体Ⅰ、复合体Ⅲ、复合体Ⅳ
      - ATP合成 —— 膜间腔中氢质子经F_oF_1-ATP合酶回流至线粒体基质中
      - 调节因素
        - ［ADP］/［ATP］值大，加快氧化磷酸化
        - 甲状腺素可加速ATP分解
      - 影响因素
        - 电子传递抑制剂：抑制电子传递
        - 氧化磷酸化抑制剂：抑制ATP合成
        - 解偶联剂：只抑制ATP的生成
        - mDNA的突变：抑制电子传递和/或ATP生成
  - 呼吸链
    - 概念
    - 组成成分及功能
      - 黄素脱氢酶类 —— 功能：传递氢
      - 铁硫蛋白 —— 功能：传递电子
      - 辅酶Q类 —— 功能：传递氢
      - 细胞色素 —— 功能：传递电子
    - 复合体及其功能
      - 复合体Ⅰ
        - 由黄素蛋白和铁硫蛋白组成
        - 功能：把氢从NADH传递至CoQ
      - 复合体Ⅱ
        - 由黄素蛋白和铁硫蛋白组成
        - 功能：把氢从琥珀酸传递至CoQ
      - 复合体Ⅲ
        - 由Cyt b、Cyt c_1和铁硫蛋白组成
        - 功能：把电子从CoQ传递至Cyt c
      - 复合体Ⅳ
        - 由Cyt a和Cyt a_3组成
        - 功能：把电子从Cyt c传递至氧原子
    - 两条主要呼吸链
      - NADH呼吸链 —— 复合体Ⅰ、辅酶Q、复合体Ⅲ、细胞色素C和复合体Ⅳ
      - $FADH_2$呼吸链 —— 复合体Ⅱ、辅酶Q、复合体Ⅲ、细胞色素C和复合体Ⅳ
    - 各组分排列顺序的依据
  - 胞液中NADH的氧化
    - α-磷酸甘油穿梭作用
      - 部位：肌肉和大脑
      - 胞液中NADH变成线粒体中的$FADH_2$，氧化后可产生1.5ATP
    - 苹果酸穿梭作用
      - 部位：肝脏和心脏
      - 胞液中NADH变成线粒体中的NADH，氧化后可产生2.5ATP

一切生命活动都需要能量，生物界维持生命活动所需的能量主要有两个来源：一是光能（太阳能），植物和某些藻类通过光合作用将光能转变成生物能；二是化学能，动物和大多数微生物通过生物氧化作用将有机物质（主要是各种光合作用产物）贮存的化学能释放出来，并转变成生物能。动物在生长、发育和繁殖等各种生命活动中都需要消耗能量，因而在动物体内必须有不断的能量供应才能维持其生存。

第一节 概 述

一、生物氧化的概念和特点

（一）生物氧化的概念

生物氧化（biological oxidation）是指糖、脂肪和蛋白质等营养物质在生物体内氧化分解，产生 CO_2 和 H_2O，同时释放能量的过程。生物氧化实际上是细胞呼吸作用中发生的一系列氧化还原反应，消耗氧并生成 CO_2 和 H_2O，所以生物氧化又称为“细胞氧化”或“细胞呼吸”。真核生物的生物氧化发生在线粒体中，而原核生物则在细胞膜上。

（二）生物氧化的特点

生物氧化是发生在生物体内的氧化还原反应。它与体外非生物氧化或燃烧的化学本质是相同的，都是脱氢、失电子或与氧直接化合的过程，反应生成的终产物相同，并且在该过程中释放相同的能量。例如 1 mol 葡萄糖在体内氧化和在体外燃烧最终都产生 CO_2 和 H_2O，释放的总能量均为 2 840 kJ。

生物氧化与体外燃烧不完全相同，其自身特点为：①反应条件温和，即氧化过程在细胞内的有水环境中进行，温度约为 37 ℃、pH 接近于中性；②反应过程温和，即在一系列酶、辅酶和中间传递体作用下的逐步氧化、逐步释放能量，这样不会因氧化过程中能量的骤然释放引起体温突然升高而损害机体，也有利于机体对能量的获取和有效利用；③生物氧化能量转化效率高，即底物分子发生逐步氧化、逐次放能，所释放的能量一部分以热能形式用来维持体温，一部分可转移到一些特殊的高能化合物（如 ATP）中贮存，供给生命活动需要。

二、生物氧化中 CO_2 和 H_2O 的生成

有机化合物在体内的氧化过程和体外燃烧的终产物都是 H_2O 和 CO_2，但是生成过程不同，不是直接化合的结果。

（一）生物氧化中 CO_2 的生成

生物体内 CO_2 的生成并不是碳和氧直接结合的结果，而是来源于有机酸的脱羧。脱羧有 2 种方式：①单纯脱羧，如氨基酸脱羧生成胺和 CO_2 的过程；②氧化脱羧，如丙酮酸脱氢酶复合体催化的丙酮酸脱氢脱羧反应，除 CO_2 外，还有 $NADH+H^+$ 产生。由于脱羧反应可发生在有机酸的 α-碳原子或 β-碳原子上，所以脱羧反应包括 α 直接脱羧、α 氧化脱羧、β 直接脱羧和 β 氧化脱羧。

（二）生物氧化中 H_2O 的生成

生物体内水的生成方式有 2 种：①通过呼吸链生成水，即在生物氧化中，底物由脱氢酶催化脱下的氢，经过线粒体内膜上一系列递氢体和递电子体依次传递，最后交给氧分子生成水，同时释放 ATP，这

种方式是生成水的主要方式；②底物直接脱水，例如葡萄糖无氧酵解过程中烯醇化酶催化甘油酸-2-磷酸脱水生成磷酸烯醇式丙酮酸。细胞中以这种方式进行的反应数量较少。

三、体内能量的贮存与利用

（一）ATP是生物体能量释放、贮存与利用的中心

动物体内能量主要来源于糖类、脂肪、蛋白质等营养物质在体内的氧化，释放出来的能量相当一部分合成腺苷三磷酸（ATP）。ATP是高能磷酸化合物的典型代表，含有2个高能磷酸键（以"～"表示）。由ADP合成ATP的过程也就是捕获能量、贮存能量的过程。另外，ATP也是机体直接用以做功的主要形式。ATP可以依次移去2个磷酸基团生成ADP或AMP，释放的能量可以转变为电能、化学能和机械能等，以推动各种生命的进行，所以ATP是能量转换的"货币"。

（二）磷酸肌酸是肌肉中贮存能量的主要物质

细胞内ATP浓度是维持在恒定水平的。肌肉运动需要大量的ATP，肌肉如何在短时间内产生大量的ATP呢？这就要说到肌肉组织中的高能物质磷酸肌酸（creatine phosphate）了。磷酸肌酸是肌酸与ATP在肌酸激酶（creatine phosphokinase，CPK）催化下反应生成的，磷酸肌酸含有高能磷酸键，可与ATP相互转化。在静息状态下，当ATP浓度较高时，ATP和肌酸反应生成磷酸肌酸。肌肉中的磷酸肌酸的含量比ATP高3～4倍；当肌肉收缩需要ATP时，磷酸肌酸可将磷酸基转给ADP生成ATP，为生理活动提供能量，从而足以维持细胞内ATP的恒定水平，因此磷酸肌酸被看作肌肉中ATP的贮存库。

除了上述2种重要的贮能化合物之外，体内还有一些高能磷酸化合物。这类化合物在水解时一般释放20.92 kJ/mol以上的自由能。生物体内常见的高能磷酸化合物列于表7-1。

表7-1　生物体内常见的高能化合物

化合物	高能键型 $\Delta G^{\theta\prime}$(kJ/mol)	化合物	高能键型 $\Delta G^{\theta\prime}$(kJ/mol)
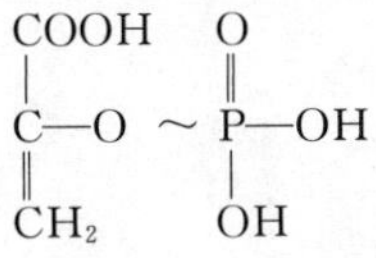 磷酸烯醇式丙酮酸	烯醇式磷酸化合物－61.9	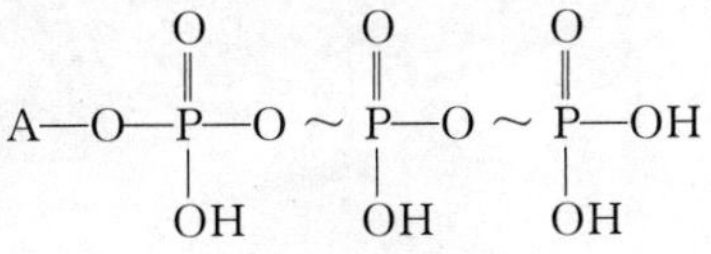 腺苷三磷酸	焦磷酸化合物－30.5
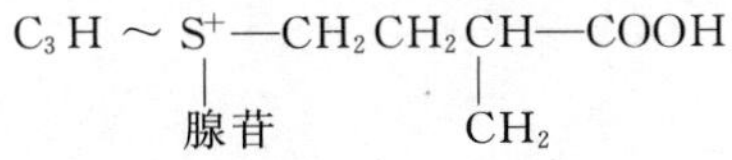 *S*-腺苷甲硫氨酸	甲硫键化合物－41.8	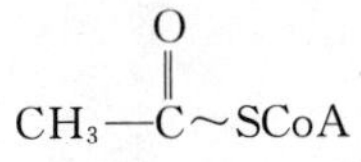 乙酰辅酶A	硫酯键化合物－31.4
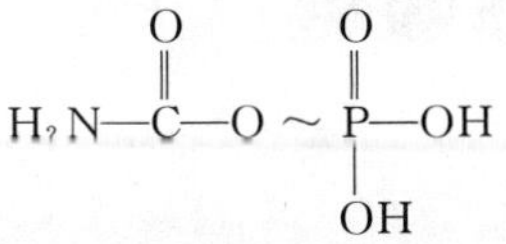 氨甲酰磷酸	酰基磷酸化合物－51.4	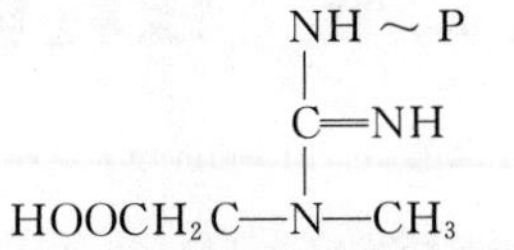 磷酸肌酸	胍基磷酸化合物－43.1

注：$\Delta G^{\theta\prime}$.水解时释放的标准自由能。

四、线粒体的结构特点

线粒体(mitochondria)呈短棒状或近似球状,细胞所含线粒体数目因细胞的功能而异。线粒体的主要功能就是将进入线粒体的营养物质氧化分解,并利用分解释放的能量合成 ATP 供给机体生理活动的需要,故将线粒体称为细胞的"动力站"。线粒体是真核细胞能量转换的重要部位,参与电子传递和氧化磷酸化的有关组分都存在于线粒体中。对于原核细胞来说,由于没有分化出线粒体结构,部分细胞膜起着这种作用。

线粒体具有双层膜结构,外膜和内膜对各种物质有不同的通透性。外膜平滑,通透性高,大多数小分子化合物均能通过,如葡萄糖、Na^+、K^+、Cl^- 以及 NADH 等辅酶和 AMP、CDP、CTP、GDP、GTP 等核苷酸。线粒体外膜仅有少量酶结合其上,如脂酰辅酶 A 合成酶等。

线粒体内膜则不同,它是以复杂折叠的形式伸入内腔构成线粒体嵴(图 7-1)。内膜包含了参与电子传递和氧化磷酸化的一系列组分,是线粒体功能的主要执行者,产能和需能越高的组织,嵴的数目也越多。线粒体的内膜表面上分布有许多排列规则的球状颗粒,通过短柄与内膜相连,这就是 ATP 合酶(又称为 F_oF_1-ATP 合酶)。线粒体内膜对各种物质的通过有严格的选择性,如脂酰辅酶 A、辅酶 A 和 NADH 等不能通过内膜,而 ATP、ADP、无机磷酸、柠檬酸、α-酮戊二酸、脂酰肉碱、乙酰肉碱等可以通过内膜上特异的转运系统进出线粒体。线粒体内膜上有运出 ATP 的系统以及运入 ADP 和无机磷酸的系统等。

线粒体的内腔充满半流动的基质,其中包含大量的酶类,如三羧酸循环、脂肪酸氧化和氨基酸分解代谢所需的酶类等,这些酶系被线粒体的嵴分隔以保持其反应的顺序性。除此以外,基质中还含有 DNA、RNA 和核糖体,大多数哺乳动物的线粒体 DNA 为环状分子,线粒体 DNA 负责编码 F_o 疏水亚基和细胞色素 b 复合物等蛋白,约占内膜总蛋白质的 20%,其余的蛋白质均由核基因编码,在细胞质内合成后送入线粒体中。

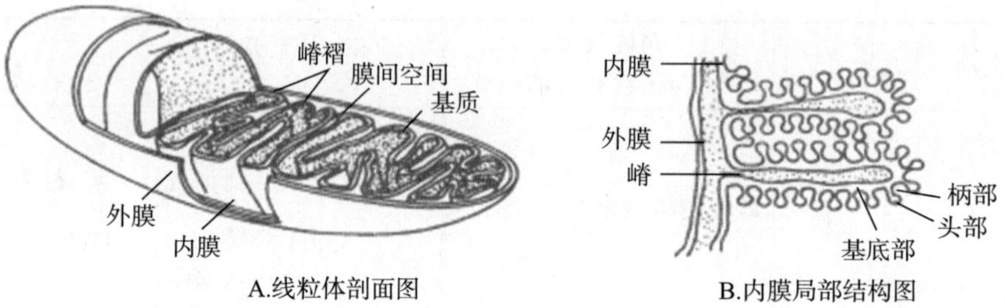

图 7-1 线粒体结构

第二节 线粒体生物氧化体系——呼吸链

一、呼吸链的概念

呼吸链(respiratory chain)是指由一系列的递氢反应和递电子反应按一定的顺序排列所组成的连续反应体系,它将代谢物脱下的成对氢原子交给氧生成水,同时生成 ATP。因为在传递过程中,很多部位氢原子实际上是以质子(H^+)形式进入基质的,仅仅发生电子转移,所以又称为电子传递链(electron transport chain)。由于真核细胞中的呼吸链成分位于线粒体内膜上,所以线粒体是真核生物氧化进行的主要场所。

二、呼吸链的组成成分及各自功能

线粒体呼吸链主要由以下 4 类位于线粒体内膜的氢或电子载体组成。

(一)黄素脱氢酶类

黄素脱氢酶(flavin dehydrogenase)是一类以 FAD、FMN 为辅基的不需氧脱氢酶。由于黄素核苷酸与酶蛋白结合紧密，它是一种不能解离的氢载体，只能以全酶形式起递氢作用。在这类酶催化脱氢时，FMN 或 FAD 分子的异咯嗪环中的 N^1 和 N^5 能够进行可逆的加氢、脱氢反应，可将代谢物上的 1 对氢原子直接传给氧化型的 FMN 或 FAD 而形成还原型的 $FMNH_2$ 或 $FADH_2$，如图 7-2 所示。

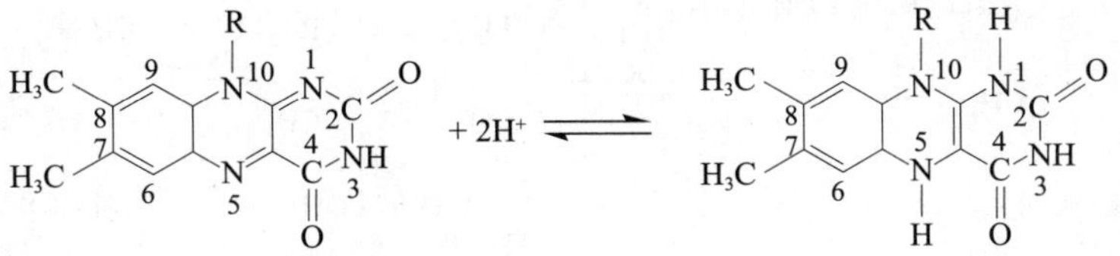

$$AH_2 + E\text{-}FMN \rightleftharpoons A + E\text{-}FMNH_2$$

$$AH_2 + E\text{-}FAD \rightleftharpoons A + E\text{-}FADH_2$$

图 7-2　FMN/FAD 与 $FMNH_2$/$FADH_2$ 的相互转变

在呼吸链中，重要的黄素酶有多种，如 NADH 脱氢酶和琥珀酸脱氢酶。NADH 脱氢酶的辅基是 FMN，这是一种线粒体内膜上的跨膜蛋白，它催化 NADH 脱氢，并可通过 FMN 将氢传给辅酶 Q。琥珀酸脱氢酶的辅基是 FAD，它是线粒体内膜上的内侧嵌入蛋白，催化琥珀酸脱氢，并通过 FAD 将氢交给辅酶 Q。

(二)铁硫蛋白

铁硫蛋白(iron-sulfur protein)是一类含有非血红素铁和对酸不稳定的含硫蛋白质，其 Fe 和 S 是等量的。不同的铁硫蛋白 Fe 和 S 的数目不同，已知的铁硫蛋白有多种，主要以 2 铁 2 硫(2Fe-2S)或 4 铁4 硫(4Fe-4S)形式存在。(2Fe-2S)含有 2 个活泼的无机硫和 2 个铁，铁离子通过 4 个半胱氨酸残基的硫连接在蛋白质分子内(图 7-3)。铁硫蛋白通过 Fe^{3+} 和 Fe^{2+} 的互变作用成为呼吸链中的电子传递体，每次只传递 1 个电子。

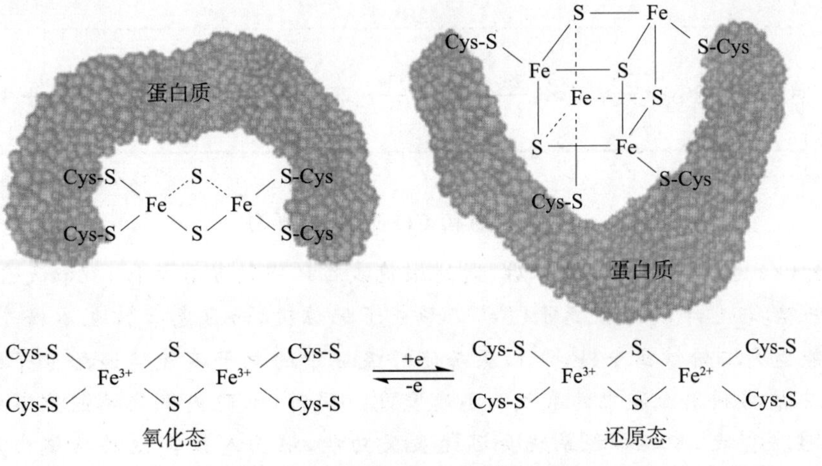

A. (2Fe-2S)型；B. (4Fe-4S)型。

图 7-3　铁硫蛋白结构及递电子机理

铁硫蛋白常和呼吸链的其他组分结合成复合体形式，因而常被看作是这些复合体内的一个活性中心，故也称铁硫中心(iron-sulfur center)。在复合体Ⅰ、复合体Ⅲ和复合体Ⅳ中均含有铁硫中心。

(三)辅酶Q类

辅酶Q(coenzyme Q，CoQ)是一种脂溶性的醌类化合物，是电子传递链中唯一的非蛋白质组分。因其在自然界广泛分布，又称为泛醌(ubiquinone，UQ)。其结构中含有一个长的异戊二烯基的侧链，不同来源的辅酶Q的侧链长度不同，*n* 值在6～10之间(动物线粒体：*n*=10)。由于辅酶Q在细胞内可以氧化型(CoQ)和还原型($CoQH_2$)两种形式存在，且这两种形式可以相互转变，所以辅酶Q在呼吸链中起到传递电子和氢质子的作用，其反应式如图7-4所示。

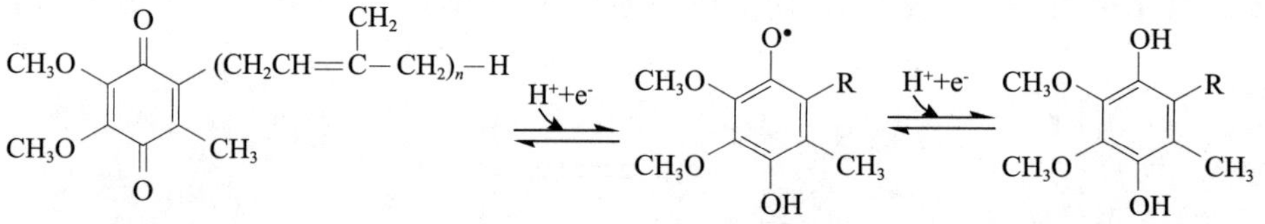

辅酶Q(CoQ) 氧化型或醌型　　辅酶QH(CoQH) 自由基型或半醌型　　辅酶QH_2($CoQH_2$) 还原型或氢醌型

图7-4　辅酶Q的加氢和脱氢反应

辅酶Q具有高度的疏水性，可以结合到膜上，也可以游离状态存在，是线粒体内膜上较小的流动性双递氢体，也是双电子传递体。

(四)细胞色素

细胞色素(cytochrome，Cyt)是一类以铁卟啉(iron porphyrin)为辅基的色素蛋白，在呼吸链中通过铁卟啉中的铁离子价的可逆变化进行电子传递，是一类单电子传递体。目前已知的呼吸链中细胞色素至少有b、c_1、c、a、$a_3$5种。细胞色素aa_3以复合物形式存在。在细胞色素aa_3复合物中，除各含1个血红素A外，其还有两个铜离子(Cu_A和Cu_B)，通过铜离子价态的转变($Cu^{2+}+e \leftrightarrow Cu^{+}$)共同传递电子，其中Cyt a_3-Cu_B形成双核中心，同时可传递2个电子。除Cyt aa_3外，其余细胞色素中的铁离子均与卟啉环和蛋白质形成6个配位键，因此不能再与其他的基团如O_2、CO、CN^-等结合，唯有Cyt aa_3的铁离子只形成5个配位键，还保留一个配价位，能与O_2等结合，这正是其生理功能所需。从$CoQH_2$到O_2的电子传递顺序如下：

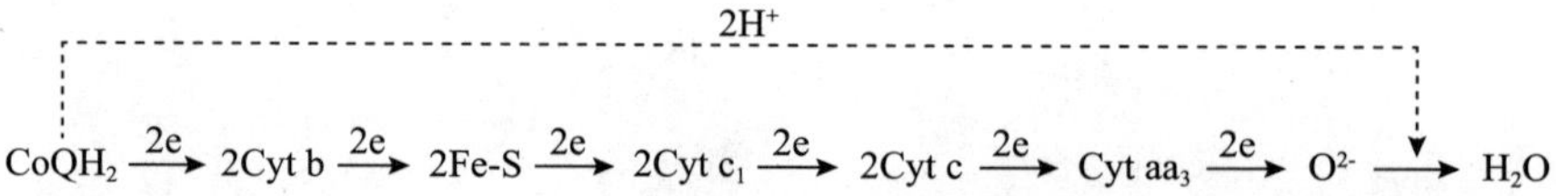

案例分析

氰化物和CO致死的原因

氰化物或CO进入人体或动物体后，遇到细胞线粒体中的复合体Ⅳ，就和复合体Ⅳ中细胞色素a_3"抱"在一起，与Cyt a_3中铁离子(Fe^{3+})形成了配位键，而且怎么拉也不松手。这一"抱"致使Fe^{3+}不再能变为二价铁离子(Fe^{2+})，从而使呼吸链中的电子不能传递给分子氧，导致呼吸链停滞，使细胞不能再利用血液中的氧气而迅速窒息。同时，细胞内氧化磷酸化不能继续进行，能量即ATP的生成匮乏，中枢神经系统会迅速丧失功能，继而人或其他动物体出现呼吸肌麻痹、心跳停止、多脏器衰竭等症状而迅速死亡。

三、呼吸链中的复合体及其功能

上述 4 类位于线粒体内膜的氢或电子载体并不是单独存在，而是参与 4 种复合体（复合体Ⅰ、复合体Ⅱ、复合体Ⅲ和复合体Ⅳ）的组成或以 2 个游离单体（CoQ 和细胞色素 c）的形式参与氢质子和电子的转移，如图 7-5 所示。

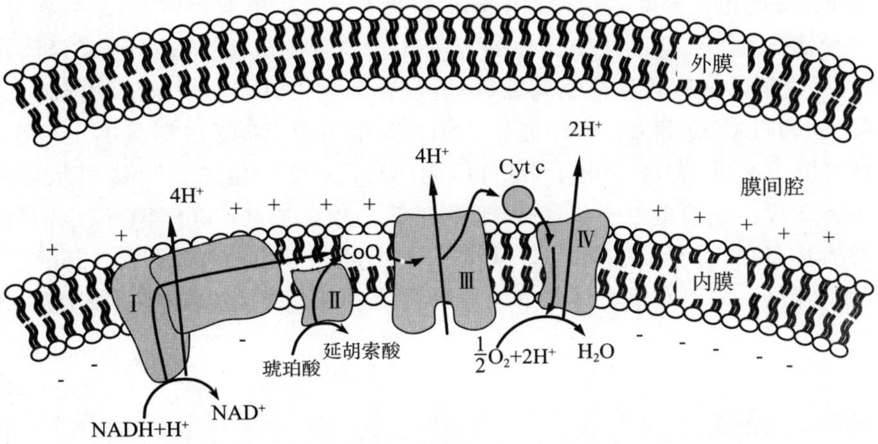

图 7-5　4 种复合体在线粒体内膜上的顺序及定位

（张楚富，2011）

（一）复合体Ⅰ

复合体Ⅰ称为 NADH-CoQ 氧化还原酶，是一个相对分子质量为 88 000 的巨大跨膜蛋白质分子，呈"L"形。其组成包含以 FMN 为辅基的黄素蛋白和铁硫蛋白，可催化氢质子、电子从 $NADH+H^+$ 转移至 CoQ。复合体Ⅰ中电子的传递顺序为：基质中 NADH 脱氢，质子、电子交给 FMN 生成 $FMNH_2$，$FMNH_2$ 中的 H^+ 释放到基质中，电子交给 Fe-S 而后转移给 CoQ。复合体Ⅰ具有质子泵的功能，每传递 1 对电子可将 4 个质子泵到膜间腔中。研究发现，如果复合体Ⅰ发生突变，会引发线粒体疾病，甚至致盲。

（二）复合体Ⅱ

复合体Ⅱ又称为琥珀酸-CoQ 氧化还原酶，是存在于线粒体内膜上的一种蛋白复合体，包含以 FAD 为辅基的黄素蛋白和铁硫蛋白，可催化氢质子、电子从琥珀酸转移至 CoQ。完整的酶还包括柠檬酸循环中催化琥珀酸脱氢生成延胡索酸的琥珀酸脱氢酶。琥珀酸脱氢，脱下的质子、电子转移给 FAD，生成 $FADH_2$，然后 $FADH_2$ 中的 H^+ 释放到基质中，电子交给 Fe-S 而后转移给 CoQ。该传递电子过程释放的自由能极小，不足以将线粒体基质中的 H^+ 泵至膜间腔中，故复合体Ⅱ没有质子泵的功能。

（三）复合体Ⅲ

复合体Ⅲ又称为 QH_2-Cyt c 氧化还原酶，是由 Cyt b、Cyt c_1 和 Fe-S 蛋白组成的复合体，催化电子从 $CoQH_2$ 向细胞色素 c 转移。Cyt b 和 Cyt c_1 中的铁离子形成 6 个配位键，其中与卟啉环形成 4 个配位键，与蛋白质的组氨酸残基形成 2 个配位键。作为电子传递体，复合体Ⅲ的电子供体是 $CoQH_2$，电子受体是 Cyt c。它将 $CoQH_2$ 的电子传递给 Cyt c 的同时，将 4 个 H^+ 从线粒体基质转移至膜间腔，因此复合体Ⅲ也具有质子泵的功能。

（四）复合体Ⅳ

复合体Ⅳ称为细胞色素 c 氧化酶（cytochrome c oxidase），主要由细胞色素 a 和细胞色素 a_3 组成，是一种嵌在线粒体内膜的跨膜蛋白，催化电子从细胞色素 c 传递到氧分子。由于它处于电子传递链的最末端，所以也称为末端氧化酶（terminal oxidase）。

除各含一个铁卟啉辅基外，Cyt aa_3 还含有 Cu_A、Cu_B，组成了 Cyt a-Cu_A、Cyt a_3-Cu_B 两组传递电子的功能单元，还原型 Cyt c 将电子经 Cu_A 传递给 Cyt a，再到 Cyt a_3-Cu_B 双核中心，最后将电子传递给 $1/2O_2$ 而使之激活为 O^{2-}，活化的 O^{2-} 与基质中活化的氢（$2H^+$）结合生成水。电子经复合体Ⅳ传递给氧分子过程中将 2 个 H^+ 从线粒体基质转移至膜间腔，因此复合体Ⅳ也具有质子泵的功能。

这些复合体之间通过 CoQ 和 Cyt c 相连。从图 7-5 中可见，CoQ 占据着电子传递链的中心位置。其原因是 CoQ 既可以 1 次得（失）1 个电子，也可以同时得（失）2 个电子。CoQ 可从双电子传递体 1 次接受 2 个电子，再分 2 次传递给单电子传递体，起到过渡作用。加之 CoQ 具有高度的疏水性，即可结合到膜上，也可以游离状态存在，便于移动。Cyt c 是一种小的球形蛋白质，是唯一能溶于水的细胞色素，它与线粒体内膜结合疏松，可以在复合体Ⅲ和复合体Ⅳ之间快速移动，这样有利于将电子从复合体Ⅲ传递到复合体Ⅳ。

四、两条主要呼吸链

按照接受代谢物脱下的氢的受体不同，呼吸链可分为 2 种：NADH 呼吸链和 $FADH_2$ 呼吸链。糖、脂肪和蛋白质等物质分解代谢中产生的绝大部分氢通过 NADH 呼吸链氧化；只有少数代谢物的氢通过 $FADH_2$ 呼吸链氧化。

（一）NADH 呼吸链

NADH 呼吸链是以 NAD^+ 作为代谢物氢的受体，由复合体Ⅰ、CoQ、复合体Ⅲ、细胞色素 c 和复合体Ⅳ组成（图 7-6），其电子传递方向是 NADH＋H^+→FMN→铁硫蛋白→CoQ→细胞色素 b→铁硫蛋白→细胞色素 c_1→细胞色素 c→细胞色素 aa_3→O_2（图 7-7），在该过程中，10 个 H^+ 可转运至膜间腔里。

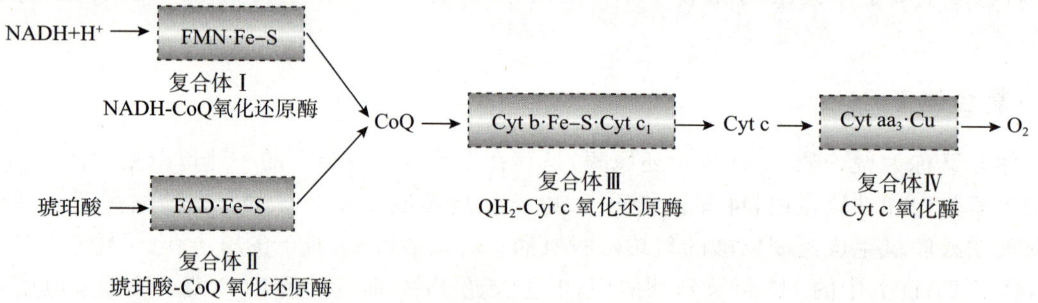

图 7-6　两条呼吸链的组成成分及排列顺序

（二）$FADH_2$ 呼吸链

$FADH_2$ 呼吸链由复合体Ⅱ、CoQ、复合体Ⅲ、细胞色素 c 和复合体Ⅳ组成（图 7-6）。$FADH_2$ 呼吸链是以 FAD 为氢受体，从琥珀酸分子上脱下的氢，与 NADH 呼吸链在 CoQ 处重合，其电子传递方向是琥珀酸→FAD→铁硫蛋白→CoQ→细胞色素 b→铁硫蛋白→细胞色素 c_1→细胞色素 c→细胞色素 aa_3→O_2（图 7-7）。在该过程中，6 个 H^+ 可转运至膜间腔里。

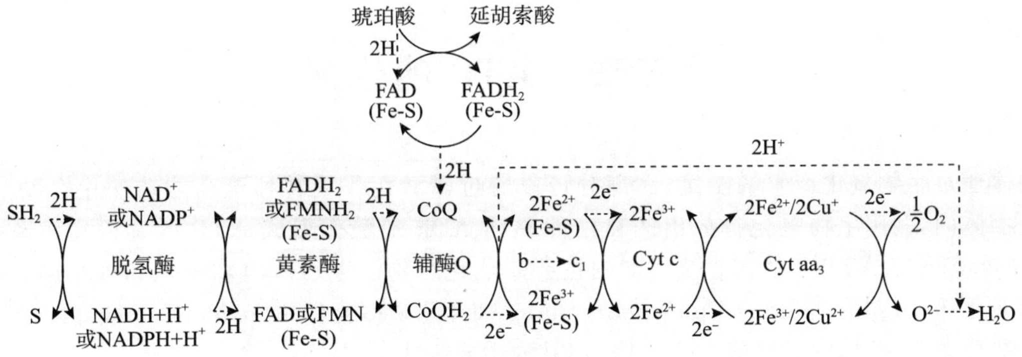

图 7-7　两条呼吸链的电子传递

五、呼吸链中各组分排列顺序的依据

(一)呼吸链各组分排列顺序主要根据各组分的标准氧化还原电位($E^{0'}$)值

各组分 $E^{0'}$值由低到高的排列顺序如表 7-2 所示，电位越低的还原能力越强、越容易失去电子。电子带负电荷，它就是从低电位向高电位移动。

表 7-2　呼吸链中各个组分氧化还原对的标准氧化还原电位

氧化还原对	标准氧化还原电位/V
$NAD^+/NADH+H^+$	−0.320
$FMN/FMNH_2$	−0.300
$FAD/FADH_2$	−0.060
$Q_{10}/Q_{10}H_2$	0.045
Cyt b Fe^{3+}/Fe^{2+}	0.077
Cyt c Fe^{3+}/Fe^{2+}	0.254
Cyt c_1 Fe^{3+}/Fe^{2+}	0.220
Cyt a Fe^{3+}/Fe^{2+}	0.290
Cyt a_3 Cu^{2+}/Cu^+	0.550
$1/2\ O_2/H_2O$	0.816

资料来源：董晓燕，2015。

注：$E^{0'}$的测定条件为 pH 7.0，25 ℃，即标准氢电极构成的化学电池的测定值。电子供体和受体的浓度都是 1 mol/L。

(二)利用呼吸链各组分氧化和还原状态吸收光谱不同的特性来判断各组分的排列顺序

例如 NAD^+ 因含有腺苷酸而在 260 nm 光处有一吸收峰；当其还原成 $NADH+H^+$ 后，则在 340 nm 光处出现一个新的吸收峰。而各种细胞色素在还原状态时具有吸收光谱，被氧化后吸收光谱消失。将离体线粒体无氧时处于还原状态作为对照，然后缓慢给氧，通过观察各个组分吸收光谱的变化来判断被氧化的顺序。

第三节 ATP 的生成

动物体通过生物氧化产生的能量，大部分可以通过磷酸化作用转移至高能磷酸化合物（如 ATP）中。在生物体内，利用生物氧化释放出的自由能驱动 ADP 磷酸化形成 ATP 的过程称为磷酸化作用（phosphorylation）。ATP 是体内直接供能的主要高能化合物。生物体内生成 ATP 的方式有 2 种：底物水平磷酸化作用（substrate level phosphorylation）和氧化磷酸化作用（oxidative phosphorylation），其中氧化磷酸化尤为重要，它是需氧生物获得 ATP 的主要方式。

一、底物水平磷酸化作用

在底物氧化过程中，底物经过脱氢、脱水、分子内原子重排、烯醇化反应，形成某些高能中间代谢产物，随后通过酶促磷酸基团的转移反应，直接偶联 ATP 的生成，这样的 ATP 生成方式称为底物水平磷酸化作用。

$$X\sim P+ADP\longrightarrow XH+ATP$$

式中，X～P 代表底物在氧化过程中所形成的高能中间化合物或某种高能状态。例如在糖酵解中，生成的甘油酸-1,3-二磷酸和磷酸烯醇式丙酮酸以及三羧酸循环中的琥珀酰 CoA 等。

底物水平磷酸化作用的能量来自底物分子中能量的重新分布与集中，这是捕获能量的一种方式。在糖酵解过程中底物水平磷酸化作用是生成 ATP 的唯一方式。底物水平磷酸化作用和氧的存在与否无关。

二、氧化磷酸化作用

（一）概念

氧化磷酸化作用是指底物脱下的氢经过电子传递链依次传递，最终与氧结合生成水，这个过程所释放的能量用于 ADP 磷酸化生成 ATP。在该过程中，释放能量的氧化过程与吸收能量的磷酸化过程相偶联，是需氧生物生成 ATP 的主要方式。

（二）氧化磷酸化的偶联部位

电子沿电子传递链由低电位流向高电位是一个逐步释放能量的过程，所释放的自由能驱动 ADP 磷酸化合成 ATP，偶联部位可通过下列 2 种方法确定。

1. 测定磷-氧比（P/O）

P/O 值是指当代谢物的一对电子经呼吸链氧化时，消耗无机磷的分子数与消耗的氧原子（$1/2O_2$）数之比。每消耗 1 个无机磷酸，就产生 1 个 ATP；每消耗 1 个氧原子，就意味着沿电子传递链传递 1 对电子给氧生成 1 分子水，所以 P/O 值也是电子传递链传递 1 对电子释放的能量偶联产生 ATP 的数目。该比值也代表着氧化磷酸化的效率，比值越大，则效率越高。

用离体线粒体实验，加入不同的代谢物、ADP、H_3PO_4 和 Mg^{2+} 等一起保温，通过测定无机磷与氧的消耗量可计算出 P/O 值，可大致推断氧化磷酸化的偶联部位。由此可知，不同的代谢物有不同的电子受体，其 P/O 值不同。例如 β-羟丁酸经过 NADH 途径的 P/O 值为 2.5，产生的 ATP 数目为 2.5；而琥珀酸经过$FADH_2$的P/O值为1.5，产生的ATP数目为1.5；细胞色素c经过复合体Ⅳ的P/O值为1，即产生的ATP数目为1。NADH在抗霉素A（复合体Ⅲ抑制剂）存在、以铁氰化物为电子受体时，P/O值为1，产生1个ATP；琥珀酸在抗霉素A存在、以铁氰化物为电子受体时，P/O值为0。从上述P/O值可以确定，偶联部位在复合体Ⅰ、复合体Ⅲ、复合体Ⅳ三个部位。

2. 测定电位差与自由能变化

当代谢物脱下的氢和电子沿电子传递链传递时，自由能由高逐渐降低，但每一步释放的自由能不等。在正常条件下，电子总是向反应系统自由能降低的方向流动。当电子从氧化还原电位低的一方转移到氧化还原电位较高的一方时，两个氧化还原对之间的标准氧化还原电位的差值越大，自由能就下降得越大。通过实验测得如下结果：电子经过复合体Ⅰ从NADH传递给CoQ时，电位差为0.36 V，自由能变化是−69.5 kJ/mol；电子经过复合体Ⅲ从$CoQH_2$传递给Cyt c时，电位差为0.177 V，自由能变化是−34.2 kJ/mol；电子经过复合体Ⅳ从Cyt c传递给O_2时，电位差为0.53 V，自由能变化是−102.3 kJ/mol。已知当ATP水解为ADP和Pi时释放的能量为−30.5 kJ/mol，故上述电子经过复合体Ⅰ、复合体Ⅲ、复合体Ⅳ所释放的自由能完全可以合成ATP。

通过上述磷-氧比（P/O）测定和电位差与自由能变化测定结果可知，氧化磷酸化的偶联部位在复合体Ⅰ、复合体Ⅲ、复合体Ⅳ。

（三）ATP合成

目前，被广泛接受的观点：ATP、ADP和无机磷酸通过线粒体内膜的转运是由ATP-ADP载体在磷酸转位酶催化下完成的。已知每合成1个ATP需要膜间腔中的3个质子通过ATP合酶的质子通道（F_o）回流到基质中。与此同时，把1个ATP分子从线粒体基质转运到细胞液中需要消耗1个质子（即换回1个质子到基质中），所以每形成1分子ATP就需要4个质子的回流。因此，1对电子通过NADH电子传递链可泵出10个质子，则可形成2.5分子ATP；1对电子通过$FADH_2$电子传递链有6个质子泵出，则可形成1.5分子ATP，具体过程见图7-8。

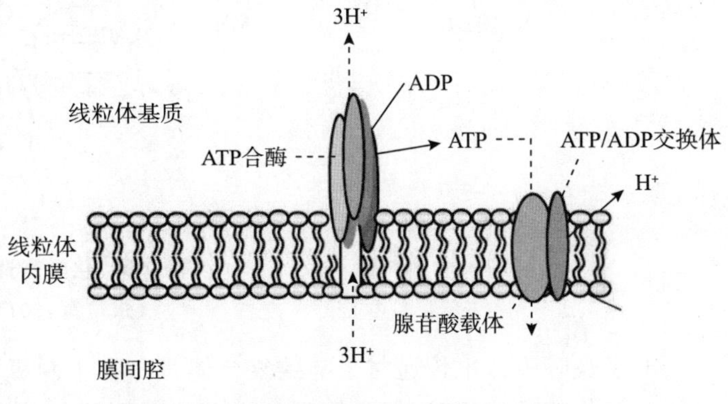

图7-8　线粒体内膜上ATP的生成、转运

（四）氧化磷酸化偶联机制

电子传递过程中所释放的自由能是如何推动ATP合成的？即氧化磷酸化的偶联机制是怎样进行的？目前尚未形成完整的认识，仍有许多问题有待进一步阐明。获得较多支持的是1961年由米切尔（Peter Mitchell）提出的化学渗透假说（chemiosmotic hypothesis）。他因提出该假说于1978年获得诺贝尔化学奖。

1. 化学渗透假说的基本要点

米切尔化学渗透假说的基本要点是当电子经呼吸链传递时，可将质子（H^+）从线粒体内膜的基质侧泵到内膜外侧（即膜间腔中），从而在内膜内外之间产生质子梯度，进而形成膜内外质子电化学电势（H^+浓度梯度的跨膜电位差），其中就蕴藏着能量。当泵出的H^+顺浓度梯度通过F_oF_1-ATP合酶分子上的质子通道（F_o），返流至线粒体基质时，释放出的能量用于ADP与Pi反应生成ATP。

化学渗透假说从能量学变化上概括为：电子传递与氧化还原反应→释放出自由能→推动质子跨膜转移，产生质子梯度形成电化学电势（$\Delta\mu H^+$）→质子顺F_oF_1-ATP合酶质子通道回流，释放出的能量形成化学能 ATP。每个跨膜转运出的质子的 $\Delta\mu H^+$ 约为 -21.5 kJ/mol。

因此，化学渗透假说的核心有 2 个：一是必须产生出跨膜质子梯度，即把在电子传递过程中释出的自由能形成质子电化学电势；二是当质子顺浓度梯度回流至基质时，一定要通过 ATP 合酶上的质子通道。

在每传递由 NADH 提供的 1 对电子通过复合体Ⅰ时，基质中的 4 个质子将通过质子泵泵至线粒体内膜外侧。经过复合体Ⅲ每次传递 2 个电子时，可把 4 个质子转移至膜间腔中；在复合体Ⅳ处，每传递 2 个电子给氧原子（1/2 O_2），就可转运 2 个质子至膜间腔。这样，NADH 氧化呼吸链通过复合体Ⅰ、复合体Ⅲ、复合体Ⅳ作用可导致 10 个质子移位进入膜间腔；而琥珀酸氧化呼吸链通过复合体Ⅲ、复合体Ⅳ作用可导致 6 个质子移位进入膜间腔（图 7-9）。

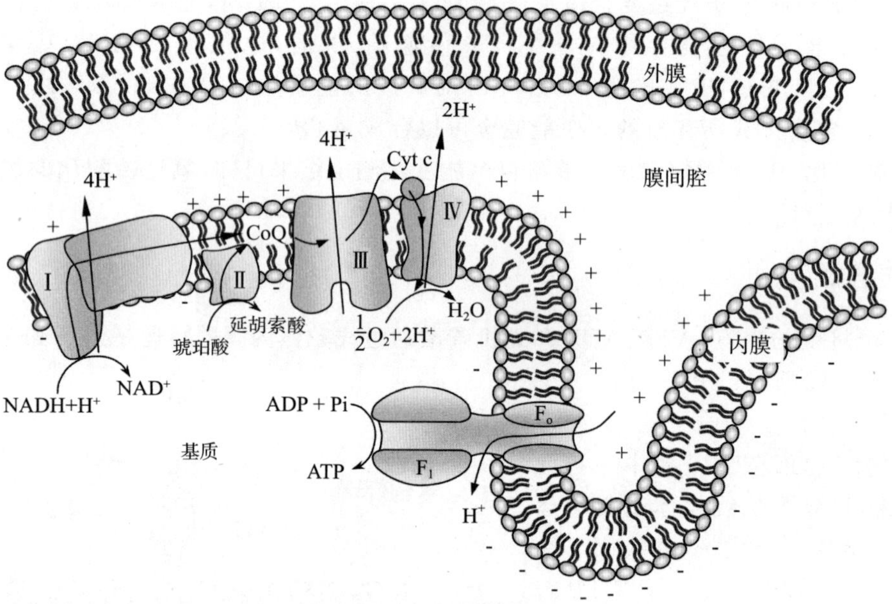

图 7-9 化学渗透学说

（张楚富，2011）

电子在呼吸链上传递时会导致复合体蛋白在不同氧化还原状态下的构象改变，驱动质子跨膜转移。当处在氧化态的构象时，复合体蛋白位于基质侧的氨基酸侧链与 H^+ 结合。当复合体蛋白接受电子呈还原态时构象改变，即转变为还原构象时，可使质子化基团（结合质子的氨基酸侧链）暴露于内膜外侧，同时降低它们的 pKa 值，引起质子解离并释放质子。复合体蛋白再氧化后恢复至原来的氧化构象，继续循环进行传递电子泵出质子，这就是质子泵机制（图 7-10）。目前的研究结果表明，电子在呼吸链上传递，在复合体Ⅰ和复合体Ⅳ可能都是采用质子泵机制进行质子转运，在复合体Ⅱ处没有质子转运，而在复合体Ⅲ处则通过氧化还原回路机制，即 Q 循环来转运质子。

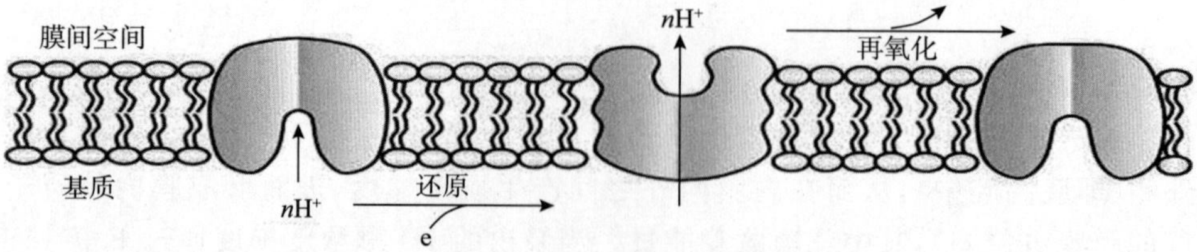

图 7-10 质子泵机制

2. ATP 合成概述

(1) ATP 合酶　ATP 合酶(ATP synthase)是一种多亚基的跨膜蛋白,总的相对分子质量为450 000。用尿素处理可解离成 2 个功能单位:F_o和 F_1,F_1(亲水部分)具有催化功能;F_o(疏水部分)是质子回流通道,故 ATP 合酶又称为 F_oF_1-ATP 合酶(图 7-11)。

F_1在线粒体内膜的基质侧形成颗粒状突起,它由 5 种亚基组成 $\alpha_3\beta_3\gamma\delta\varepsilon$ 复合物,是一种可溶性的膜周边蛋白。当 F_1单独存在时,不具有合成 ATP 的功能,但却能使 ATP 水解,因此单独存在的 F_1又叫作 ATP 酶(ATPase)。

F_o是一种不溶于水的跨膜蛋白,含有 a、b、c 3 种亚基。不同生物体 c 的亚基数目不同,所有的 c 亚基横跨内膜作为一个单位(C 单位),与 a 亚基一起,排列形成一个包埋有谷氨酸残基的极性质子转运通道。当 H^+从膜间空间经 F_o质子通道流回到基质侧时,驱动了 ATP 合酶中 F_1催化的 ATP 合成反应。

(2)ATP 生成机制　ATP 合成的结合变化机制(binding change mechanism)由保罗·波耶尔(Paul D. Boyer)于 1977 年提出。其正确解释了线粒体 ATP 合酶催化生成 ATP 的机制,波耶尔因此在 1997 年获得了诺贝尔化学奖。该学说的主要内容是 F_1上 3 个 β 亚基分别呈不同构象:疏松型(L)与 ADP 和 Pi 结合,紧密结合型(T)催化 ATP 生成,开放型(O)释放结合的 ATP。当 H^+顺浓度梯度经 F_o质子转运通道回流时,γ 亚基发生旋转运动,3 个 β 亚基的构象同时会发生转换($L\rightarrow T$;$T\rightarrow O$;$O\rightarrow L$)。γ 亚基 120°的旋转诱导 β 亚基从原来的 O 态变成 L 态,与 ADP 和 Pi 相结合;γ 亚基再旋转 120°,β 亚基从原来的 L 态变成 T 态,催化 ADP 和 Pi 生成 ATP;随着 γ 亚基的再次旋转,紧密结合型亚基变回开放型,并释放 ATP,因此每旋转一圈可以合成和释放 3 分子,合成 1 个 ATP 需要 3 个跨膜质子(图 7-12)。

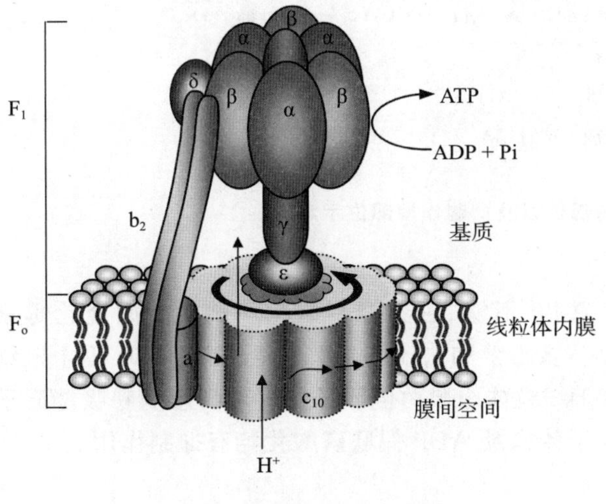

图 7-11　F_oF_1-ATP 合酶结构

(黄熙泰等,2021)

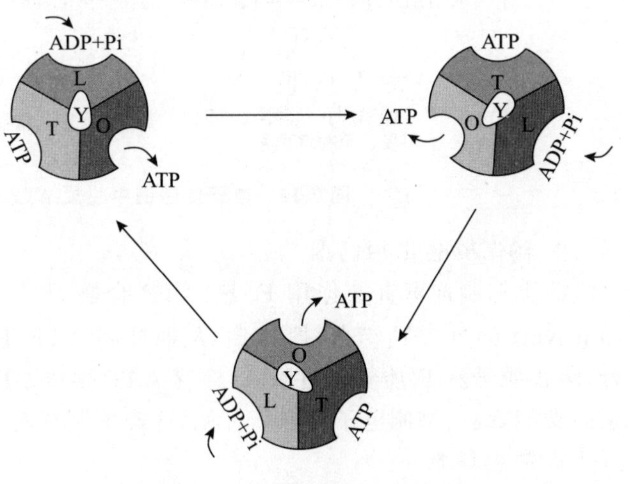

图 7-12　ATP 合酶的结合变化机制

(李庆章,2016)

(五)氧化磷酸化作用的调节

1. ADP 的调节作用

在正常机体中,氧化磷酸化的速率主要受 ADP 的调节。机体利用 ATP 增多,ADP 浓度增高,转运进入线粒体后使氧化磷酸化速度加快;机体利用 ATP 少,ADP 产生少,转运进入线粒体内的 ADP 浓度低,因缺乏磷酸化的受体,氧化磷酸化速度减慢。ADP 作为关键物质对氧化磷酸化作用的这种调节称为呼吸控制(respiration control),这种调节作用可使 ATP 的生成速度适应生理需要。

2. 甲状腺激素的调节作用

甲状腺激素可诱导细胞膜上 Na^+-K^+-ATP 酶的生成，加速 ATP 分解为 ADP 和 Pi。ADP 增多能促进氧化磷酸化，更多物质被氧化分解。甲状腺激素（T_3）还可使解偶联蛋白基因表达增加，引起耗氧和产热量的增加，故甲状腺功能亢进症患者的基础代谢率（basal metabolic rate，BMR）会增高，并出现怕热、易出汗等症状。

（六）氧化磷酸化作用的影响因素

1. 电子传递抑制剂

凡是能够阻断呼吸链中某一部位电子传递的物质称为电子传递抑制剂，即呼吸链抑制剂。电子传递链抑制剂常用于研究电子传递链的顺序，例如鱼藤酮（rotenone）、杀粉蝶菌素 A（piericidin A）、异戊巴比妥（amobarbital）等与复合体Ⅰ中的铁硫蛋白结合，从而阻断电子传递；抗霉素 A（antimycin A）、二巯基丙醇（dimercaptopropanol，BAL）抑制复合体Ⅲ中的电子传递。CO、CN^-、N_3^- 及 H_2S 抑制复合体Ⅳ，使电子不能传给氧，此类抑制剂可使细胞内呼吸停止，与此相关的细胞生命活动停止，引起机体迅速死亡（图 7-13）。

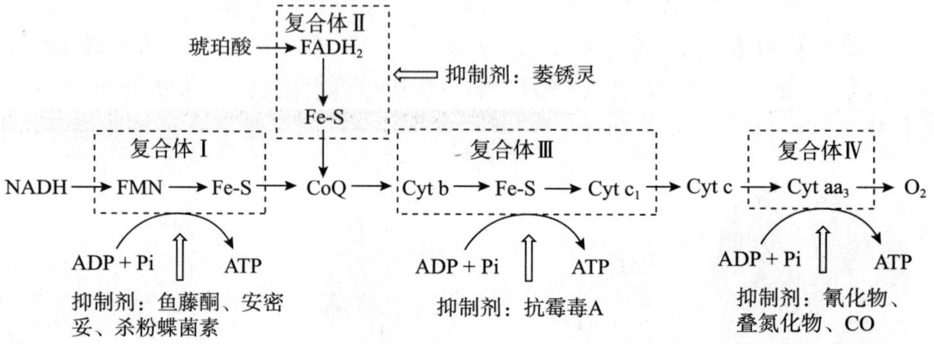

图 7-13　电子传递链中生成 ATP 的部位以及抑制作用部位示意图

2. 氧化磷酸化抑制剂

此类抑制剂可直接作用 F_o-F_1-ATP 合酶而导致 ATP 不能合成，抑制氧化磷酸化。如金轮霉素（aurovertin）可与 F_1 结合，抑制 F_1，从而抑制 ATP 生成；寡霉素和二环己基碳二亚胺（DCCD）可与 F_o 结合，阻止质子从 F_o 质子通道回流，抑制 ATP 生成。由于线粒体内膜两侧质子梯度增高影响呼吸链质子泵的功能，继而抑制电子传递。可见，这类抑制剂对电子传递及 ADP 偶联磷酸化均有抑制作用。

3. 解偶联剂

解偶联剂（uncoupler）能解除氧化与磷酸化之间的偶联作用。虽然氧化磷酸化和与呼吸链通常是紧密偶联的，但低水平的质子泄露时刻发生在线粒体内膜上。解偶联剂的基本作用机制是在呼吸链传递电子过程中泵出的 H^+ 不经 ATP 合酶的 F_o 质子通道回流，而通过线粒体内膜中的其他途径返回线粒体基质，ATP 的生成会受到抑制，电化学梯度贮存的能量以热能形式释放。因此，有的解偶联剂曾被用作减肥药，例如 2，4-二硝基苯酚（2，4-dinitrophenoh，DNP）。DNP 为脂溶性物质，在线粒体内膜中可自由移动，在膜间腔时结合 H^+，进入基质侧时释出 H^+，从而破坏了电化学梯度，如图 7-14 所示。

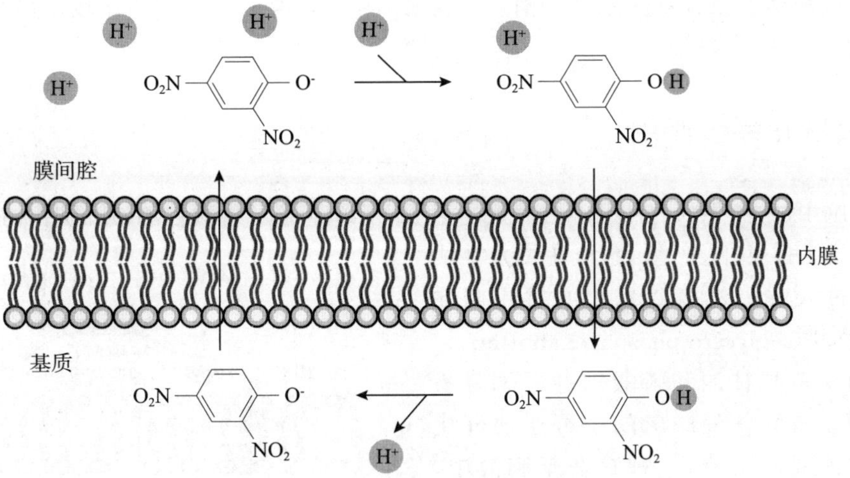

图 7-14　2,4-二硝基苯酚的解偶联机制

（杨荣武，2018）

除解偶联剂，动物体内还存在着天然的解偶联蛋白（uncoupling protein，UCP）。UCP 在线粒体内膜上形成质子通道，H^+ 不通过 F_oF_1-ATP 合酶就能返回到线粒体基质，同时释放热能。UCP 主要存在于动物的褐色脂肪组织（brown adipose tissue）中，与机体的非寒战性产热有关，故又名产热素（thermogenin），现在至少已在高等动物体内发现 5 种类型的 UCP（UCP1～UCP5）。游离脂肪酸可促进质子经解偶联蛋白返流至线粒体基质中。近年来发现，在其他组织的线粒体内膜中也存在解偶联蛋白，可能对机体的代谢速率起调节作用。

4. 线粒体 DNA 的突变

线粒体 DNA（mtDNA）为环状裸露结构，缺乏蛋白质保护和损伤修复系统，易受本身氧化磷酸化过程中产生的氧自由基的损伤而发生突变。mtDNA 突变率比核 DNA 高 10 倍以上，而 mtDNA 负责编码呼吸链复合体中 13 条多肽链，因此其突变可明显影响线粒体上复合物的功能，从而影响电子的传递，也可通过影响 F_o 的功能直接使 ATP 生成减少。

案例分析

冬眠的动物如何维持体温

在冬眠的动物中，有的体温会随着环境温度的降低而下降到一定程度（比如蛇），有的体温只比正常低 5 ℃左右（比如熊），那它们在冬眠过程中是如何维持体温的呢？动物在冬眠前的体重比平时增加了 1～2 倍，它们拥有了厚厚的皮下脂肪，皮下脂肪组织中含有大量的线粒体，脂肪分解产生 NADH 和 $FADH_2$，NADH 和 $FADH_2$ 经呼吸链产生的能量在解偶联蛋白的作用下用产热来维持体温，即细胞呼吸作用照常进行，但磷酸化受阻不产生 ATP。

第四节　胞液中 NADH 的氧化

生物氧化和氧化磷酸化主要在线粒体内进行，线粒体具有双层膜结构，外膜的通透性较大，但内膜具有严格的透过选择性，所以胞液中底物脱氢生成的 NADH 不能直接通过线粒体内膜，必须通过特殊的穿梭机制进入线粒体。已知在生物体中有 2 种穿梭途径：一种是磷酸甘油穿梭作用；另一种是苹果酸穿梭作用。

一、α-磷酸甘油穿梭作用

在肌肉和大脑中，胞液中的 NADH 和磷酸二羟丙酮反应生成 α-磷酸甘油，磷酸甘油进入线粒体，重新生成磷酸二羟丙酮，并且把氢交给 FAD 生成 $FADH_2$，$FADH_2$ 进入呼吸链彻底氧化的过程叫作 α-磷酸甘油穿梭作用(α-glycero-phosphate shuttle)。

该过程中的 α-磷酸甘油和磷酸二羟丙酮容易穿梭线粒体内膜。磷酸甘油脱氢酶是可逆地催化磷酸甘油氧化的一对同工酶：一种存在于胞液中，以 NAD^+ 为辅酶；另一种存在于线粒体内膜中，以 FAD 为辅基。经过 α-磷酸甘油穿梭作用，最终将胞液中产生的 NADH 的氢带入线粒体，以线粒体中 $FADH_2$ 形式存在，经呼吸链氧化只产生 1.5 分子 ATP。这种系统的作用机制如图 7-15 所示。

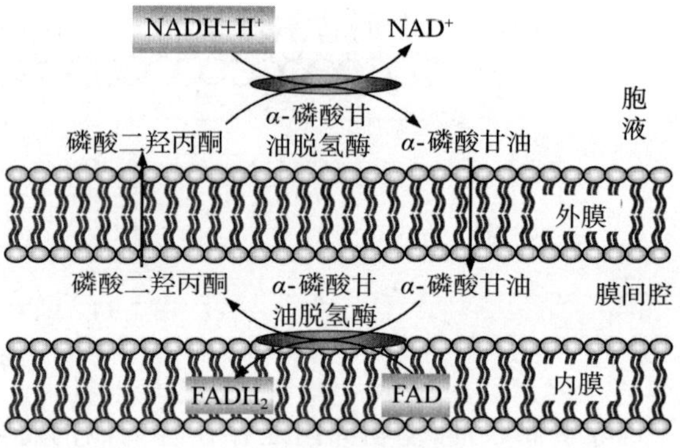

图 7-15　磷酸甘油穿梭系统

二、苹果酸穿梭作用

在肝脏和心脏等组织中，胞液中的 NADH 和草酰乙酸发生反应生成苹果酸，苹果酸进入线粒体重新生成草酰乙酸，同时把氢交给 NAD^+ 生成 NADH，NADH 可进入呼吸链，彻底氧化供能，这个过程就叫作苹果酸穿梭作用(malate shuttle)。经过苹果酸穿梭作用，最终将胞液中产生的 NADH 的氢带入线粒体，以线粒体中 NADH 形式存在，经呼吸链氧化产生 2.5 分子 ATP。

如果反应持续下去，线粒体中生成的草酰乙酸必须返回胞液。但草酰乙酸不能透过线粒体内膜，而要在谷草转氨酶作用下，与谷氨酸进行转氨基作用生成天冬氨酸和 α-酮戊二酸，然后两者穿出线粒体，再经谷草转氨酶催化，恢复成草酰乙酸和谷氨酸。苹果酸、α-酮戊二酸、谷氨酸和天冬氨酸在线粒体内外的穿梭依赖于线粒体内膜上的转运蛋白(图 7-16)。

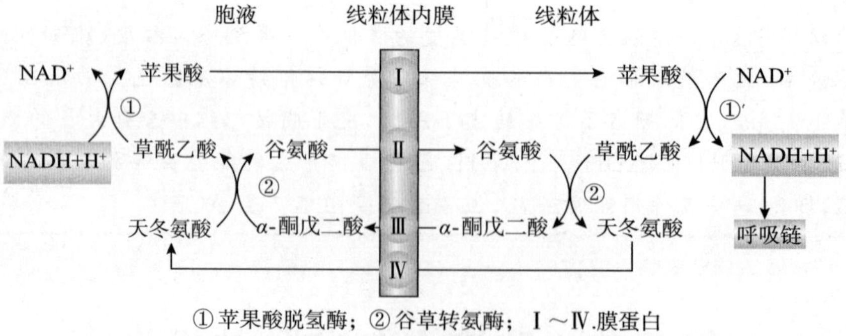

① 苹果酸脱氢酶；② 谷草转氨酶；Ⅰ～Ⅳ.膜蛋白

图 7-16　苹果酸穿梭系统

第八章

脂类代谢

- 脂类代谢
  - 概述
    - 脂类的分类——脂肪（甘油三酯）和类脂
    - 脂类的分布——主要分布在脂肪组织
    - 脂类的生理功能
      - 脂肪——氧化供能、营养作用、保护作用等
      - 类脂——细胞膜的重要组成成分、参与调节代谢等
    - 必需脂肪酸——如亚油酸、亚麻油酸、花生四烯酸
  - 脂肪的生物合成
    - 原料——α-磷酸甘油和脂酰CoA
    - α-磷酸甘油的生成——关键酶：甘油激酶
    - 脂肪酸的生物合成
      - 软脂酸的合成
        - 原料——乙酰CoA和NADPH
        - 部位——胞液
        - 限速酶——乙酰CoA羧化酶
        - 二碳单位供体——丙二酸单酰CoA
        - 合成过程——占位、缩合、还原、脱水、再还原
      - 脂肪酸碳链的延长——线粒体和内质网
      - 脂肪酸的脱饱和
    - 甘油三酯的生物合成——甘油磷酸二酯途径（主要）
  - 磷脂和胆固醇的代谢
    - 甘油磷脂的合成与分解
      - 合成
      - 分解——磷脂酶
    - 胆固醇的合成与转化
      - 合成
        - 原料——乙酰CoA
        - 部位——肝是主要的合成场所
        - 限速酶——HMGCoA还原酶
      - 转化
        - 肝脏：转变成胆汁酸
        - 肾上腺、性腺等：转变为类固醇激素
        - 动物皮下：转变为维生素D_3
  - 脂肪的分解代谢
    - 脂肪的动员
      - 产物——游离脂肪酸和甘油
      - 关键酶——脂肪酶
    - 甘油的转化——生成α-磷酸甘油
    - 脂肪酸的分解代谢
      - 脂肪酸的β-氧化
        - 概念
        - 脂肪酸的活化——生成脂酰CoA
        - 脂酰CoA的转运——肉毒碱
        - β-氧化过程——脱氢、加水、再脱氢、硫解循环
        - 能量——1分子软脂酸可生成106分子ATP
      - 其他氧化方式——α-氧化、ω-氧化
      - 丙酸的代谢
        - 进入TCA循环
        - 经糖异生作用生成葡萄糖/糖原（反刍动物体内生糖的主要方式）
    - 酮体的生成和利用
      - 概念
      - 酮体的生成
        - 部位——肝脏线粒体
        - 关键酶——HMGCoA合成酶
      - 酮体的利用——肝外组织
      - 酮体的生理意义——在糖供应不足时，可用作部分能源
  - 脂肪代谢的调节——受到代谢物和激素的调节
  - 脂类在体内的转运概况
    - 血脂——包括甘油三酯、磷脂、胆固醇及其酯、游离脂肪酸等
    - 血浆脂蛋白
      - 组成——载脂蛋白、甘油三酯、磷脂、胆固醇及其酯
      - 结构——疏水基团在内、亲水基团向外的球形颗粒
      - 分类及功能
        - CM——将肝外的甘油三酯转运至肝内
        - VLDL——将甘油三酯从肝脏运到其他组织
        - LDL——将肝脏合成的胆固醇运到肝外组织
        - HDL——将肝外胆固醇转运至肝内代谢

第一节　概　述

脂类(lipids)是动物体必需的一类有机化合物。其共同特点是不溶于水而易溶于有机溶剂，在动物体内分布广泛，具有多种重要的生理功能。

一、脂类的分类

脂类可以分为脂肪及类脂 2 大类。脂肪也称甘油三酯(triglyceride，TG)，是指由 1 分子甘油与 3 分子脂肪酸缩合形成的酯，因脂肪酸在形成酯的过程中脱去羟基，形成脂酰基，因此也称三酰甘油。

类脂包括磷脂(phospholipid)、糖脂(glycolipid)、胆固醇(cholesterol)及其酯。

二、脂类的分布

家畜的脂肪含量一般占体重的 13%～24%。脂肪主要储存于动物的脂肪组织中，为动物体储存和供应能量，称为储存脂，也称脂库。此外，脂肪组织主要分布于皮下、大网膜、肠系膜、内脏周围。储存脂的多少与动物的营养状况有关。动物体内脂肪组织的脂肪细胞数量在成年后基本稳定。由于脂肪是疏水性的，不溶于水，它储存起来占的体积小，便于动物作为能量物质携带。比如骆驼的驼峰里面主要储存的是脂肪。

动物体内的各种磷脂、胆固醇和胆固醇酯是细胞的组成成分，含量比较稳定，称为基本脂，也称固定脂。基本脂的含量不受动物体营养状况的影响。

三、脂类的生理功能

(一)脂肪的生理功能

1. 氧化供能

脂肪主要的生理功能是氧化供能。1 g 脂肪氧化产生的能量约为 37 kJ，比糖和蛋白质产生的能量多 1 倍以上。若动物禁食 1～3 d，85%的能量就来自脂肪酸分解。

2. 营养作用

食物中的脂肪可提供必需脂肪酸，如亚油酸、亚麻酸、花生四烯酸等。脂肪还可协助脂溶性维生素 A、维生素 D、维生素 E、维生素 K 和胡萝卜素的吸收、运输和贮存。在动物发生肠梗阻时，脂肪的消化与吸收发生障碍；也常伴有脂溶性维生素吸收障碍，造成维生素缺乏病。

3. 保护作用

脂肪组织较为柔软，存在于器官组织间，使器官与器官间减少摩擦，保护机体免受损伤。脂肪不易传热，故能防止散热，可维持体温恒定，还有抵御寒冷的作用，如在寒冷地区生活的海豹、海象、企鹅和其他温血极地动物都储存有大量的脂肪。抹香鲸体内的甘油三酯还参与了其自身浮力的调节。

(二)类脂的生理功能

1. 构成机体组成成分

类脂的主要生理功能是作为细胞膜结构的基本原料，占细胞膜质量的 50%左右。磷脂、糖脂和胆固醇是构成细胞膜系统的重要成分，形成脂质双层的膜结构，并为功能各异的蛋白质提供了发挥作用的舞台。膜上的胆固醇具有调节细胞膜流动性的作用，尤其对膜的相变温度的调节具有十分重要的意义。

2.调节代谢

膜上许多酶的活性与磷脂关系密切，如细胞色素c还原酶、葡萄糖-6-磷酸酶、Na^+-K^+-ATP酶等均为脂类依赖性酶，脱离磷脂后，该类酶活性下降或完全丧失；磷脂的代谢中间产物，如甘油二酯，肌醇磷酸能作为信号分子参与细胞代谢的调节过程；胆固醇是细胞膜和细胞器膜的重要结构成分，它不仅关系到膜的通透性，而且是某些酶在细胞内有规律分布的重要条件；胆固醇在体内可转变成类固醇激素，调节机体的生长发育等。

3.营养作用

胆固醇在体内还可转化为胆盐、维生素D_3等，帮助脂类消化及脂溶性维生素的吸收，促进小肠对钙磷的吸收。磷脂和胆固醇都是血浆蛋白的成分，参与脂肪的运输。动物长期缺乏必需脂肪酸会发生营养不良，甚至引起疾病。

四、必需脂肪酸

脂肪酸分为饱和脂肪酸和不饱和脂肪酸。自然界存在的不饱和脂肪酸按其双键的数目分为单不饱和脂肪酸和多不饱和脂肪酸。动物体可以利用糖、氨基酸等物质合成自身所需要的大部分脂肪酸，但是由于哺乳动物体内缺乏在脂肪酸的Δ^9以上引入双键的去饱和酶系，因此动物体不能合成对其生理活动十分重要的多不饱和脂肪酸，主要有亚油酸(linoleic acid，18∶2，$\Delta^{9,12}$)及亚麻油酸(α-linolenic acid，18∶3，$\Delta^{9,12,15}$)和花生四烯酸(arachidonic acid，20∶4，$\Delta^{6,9,12,15}$)，而必须从食物中获取，这些不饱和脂肪酸称为必需脂肪酸(essential fatty acid)。

必需脂肪酸是动物合成磷脂、胆固醇酯和血浆脂蛋白的必需成分，如动物可利用亚油酸、花生四烯酸合成前列腺素、血栓素、白三烯等生物活性物质，这些物质与炎症、过敏反应、免疫、心血管疾病等病理过程有关；动物还可利用亚麻油酸合成二十碳五烯酸(eicosapentaenoic，EPA)、二十二碳六烯酸(docosahexaenoic acid，DHA)，这些物质是脑及精子正常生长发育不可缺少的组分，且具有降血脂、抗血小板凝集、延缓血栓形成、保护脑血管、抗癌等特殊的生物效应，对心脑血管疾病的防治具有重要的价值。

第二节　脂肪的分解代谢

脂肪经脂肪酶水解生成甘油和脂肪酸。甘油和脂肪酸在组织内可氧化为CO_2及H_2O，由其所释放的化学能被用于完成各种生理机能。

一、脂肪的动员

动物体内的脂肪在脂肪酶作用下逐步分解为游离脂肪酸(free fatty acid，FFA)和甘油，并释放入血以供其他组织利用，该过程称为脂肪的动员(adipokinetic action)。分解甘油三酯的酶有3种，分别是甘油三酯脂肪酶、甘油二酯脂肪酶和甘油一酯脂肪酶，其依次作用于甘油三酯、甘油二酯和甘油一酯。甘油三酯脂肪酶是脂肪代谢的限速酶，因其活性受多种激素的影响，所以又称激素敏感脂肪酶(hormone-sensitive triglyceride lipase，HSL)。

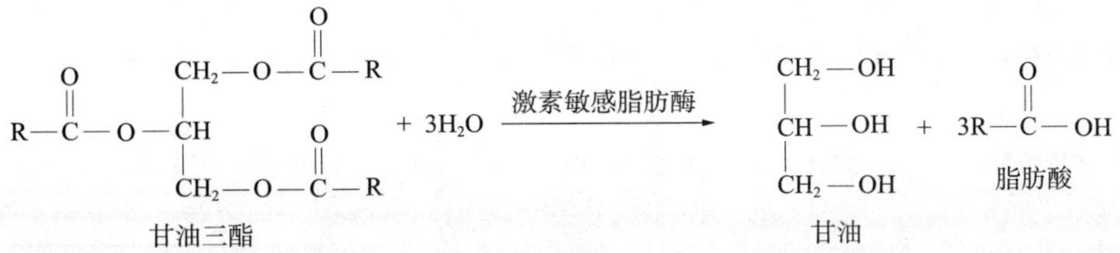

当动物处于禁食、饥饿状态或交感神经兴奋时，肾上腺素、去甲肾上腺素、胰高血糖素等分泌增加，作用于脂肪细胞表面受体，激活细胞内的腺苷酸环化酶，合成 cAMP 并激活依赖 cAMP 的蛋白激酶，使细胞内激素敏感脂肪酶活化，促进脂肪的分解。而胰岛素、前列腺素 E_2 及烟酸等会抑制脂肪的分解，具有对抗脂肪动员的作用。

二、甘油的转化

脂肪在激素敏感脂肪酶的作用下分解为甘油和脂肪酸。由于脂肪组织中缺乏甘油激酶而不能分解甘油，因此产生的甘油须进入血液，然后被运送到肝、肾、肠等组织中，在甘油激酶的催化下生成 α-磷酸甘油，α-磷酸甘油在磷酸甘油脱氢酶的催化下生成磷酸二羟丙酮。

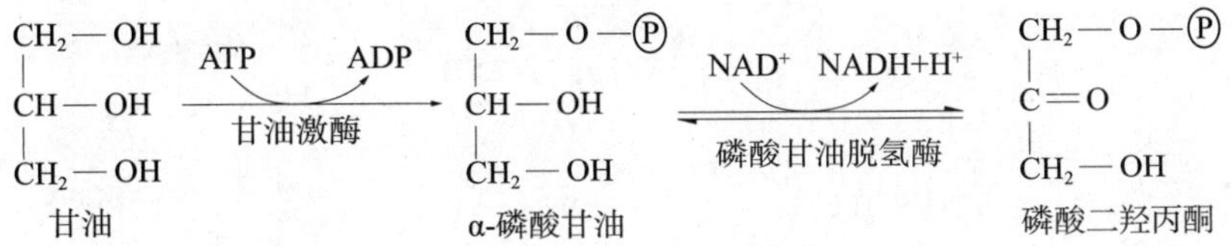

生成的磷酸二羟丙酮可以通过这些途径进行代谢：①经糖酵解途径继续氧化分解生成丙酮酸，并经三羧酸循环途径彻底氧化；②经糖异生途径最后生成葡萄糖；③重新转变为 α-磷酸甘油，作为体内脂肪和磷脂等的合成原料，该步反应由磷酸酶催化。

三、脂肪酸的分解代谢

（一）脂肪酸的 *β*-氧化

细胞中的脂肪酸除了少部分重新合成脂肪作为贮脂，大部分氧化供能以满足体内能量之需。虽然脂肪酸可在脂肪组织中氧化分解，但大部分脂肪酸进入血液，与血液中的白蛋白结合，运送至肝脏及其他组织被进一步氧化分解或重新用于合成脂肪。白蛋白（62 000 Da）约占血清总蛋白的一半，每个蛋白质单体可结合多达 10 个脂肪酸。在 O_2 供给充足的条件下，脂肪酸可在体内彻底分解成 CO_2 及 H_2O，并产生大量能量。除脑组织外，大多数组织均能氧化脂肪酸，但以肝脏和肌肉中脂肪酸分解代谢最为活跃。

20 世纪初，德国生化学家克诺普（Knoop）利用苯基在体内不易降解的特点，将苯基作为标记物连接到脂肪酸的甲基末端，然后饲喂给犬或兔，之后检测尿中的产物。结果发现，饲喂苯环标记的偶数碳原子脂肪酸，尿中的代谢物为苯乙酸；而饲喂奇数碳原子脂肪酸，尿中含有的则是苯甲酸，见图 8-1。1904 年，克诺普在实验基础上提出了脂肪酸的 β-氧化学说，即脂肪酸 β-氧化是指在一系列酶的催化下，α-碳原子和 β-碳原子之间的化学键断裂，生成一个乙酰 CoA 和少了 2 个碳的脂肪酸。它的具体过程包括脂肪酸的活化和 β-氧化的循环反应。首先，脂肪酸在细胞质中被活化；其次，进入线粒体内氧化。

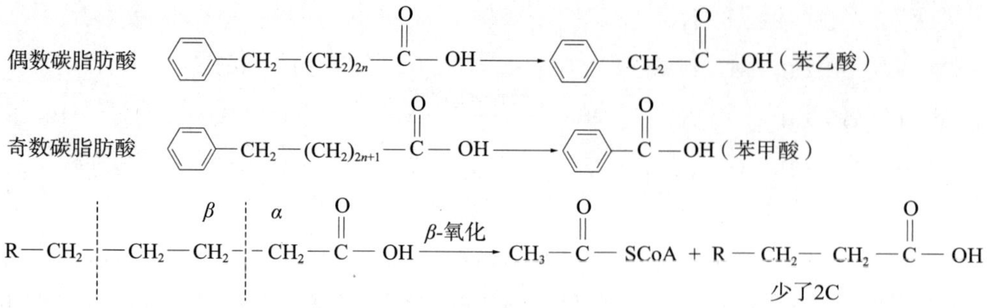

图 8-1　Knoop 实验原理

1. 脂肪酸的活化

活化过程实际上就是把脂肪酸转变为脂酰 CoA。这个反应由位于线粒体外膜的脂酰 CoA 合成酶(acyl-CoA synthetase)催化,生成含有一个高能硫酯键的产物脂酰 CoA。此反应过程需要 ATP 参加,消耗 2 个高能磷酸键。该反应分两步进行,涉及脂肪酰基腺苷酸中间体。反应过程如图 8-2 所示。

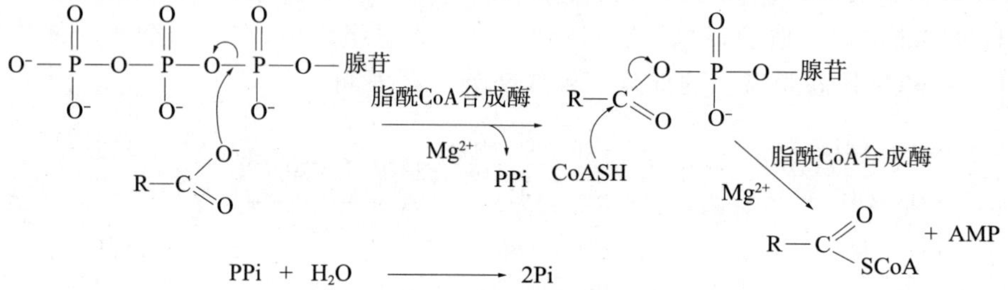

图 8-2　脂肪酸的活化过程

总反应式如下:

$$\text{脂肪酸} + \text{HS-CoA} + \text{ATP} \longrightarrow \text{脂酰 CoA} + \text{AMP} + 2\text{Pi}$$

该反应平衡常数几乎等于 1。由于机体内的焦磷酸酶可迅速将焦磷酸水解为无机磷酸,保证反应自左向右几乎不可逆地进行。

2. 脂酰 CoA 从胞液转运至线粒体内

脂肪酸的 β-氧化酶系都存在于线粒体中。在胞液中合成的中、短碳链的脂酰 CoA,可以直接穿过线粒体膜进入线粒体基质中,而长碳链的脂酰 CoA 不能穿过线粒体膜,需要肉碱也可称为 *L*-肉毒碱(carnitine)的协助。

肉碱即 *L*-β-羟基-γ-三甲基铵基丁酸,分子式为 $(CH_3)_3N^+-CH_2CH(OH)CH_2COO^-$,属于赖氨酸衍生物,脂酰基可以通过酯键连接在肉碱的羟基上。其转运机制为在线粒体膜外侧,脂酰 CoA 与肉碱结合生成脂酰基肉碱(acyl carnitine),催化该反应的酶为位于线粒体外膜的肉碱脂酰转移酶 I(carnitine acyltransferase Ⅰ)。它的反应如下:

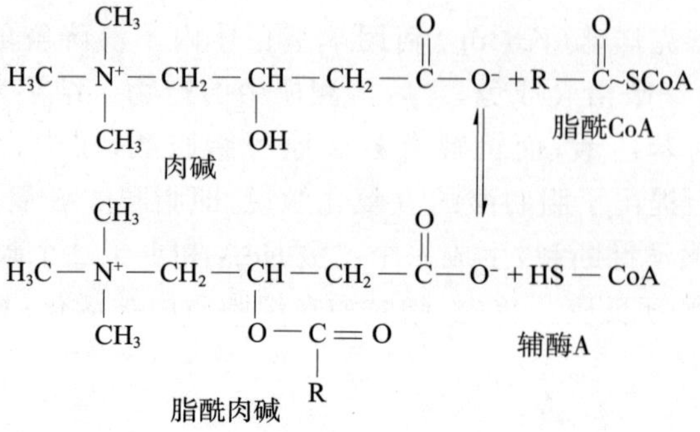

脂酰基肉碱经过线粒体膜间隙到达内膜，由线粒体内膜内侧的肉碱脂酰转移酶Ⅱ(acyl-CoA transferase Ⅱ)催化脂酰基肉碱分解，生成的脂酰 CoA 被释放入基质；最后，肉碱经移位酶协助又回到细胞质中，如图 8-3 所示。

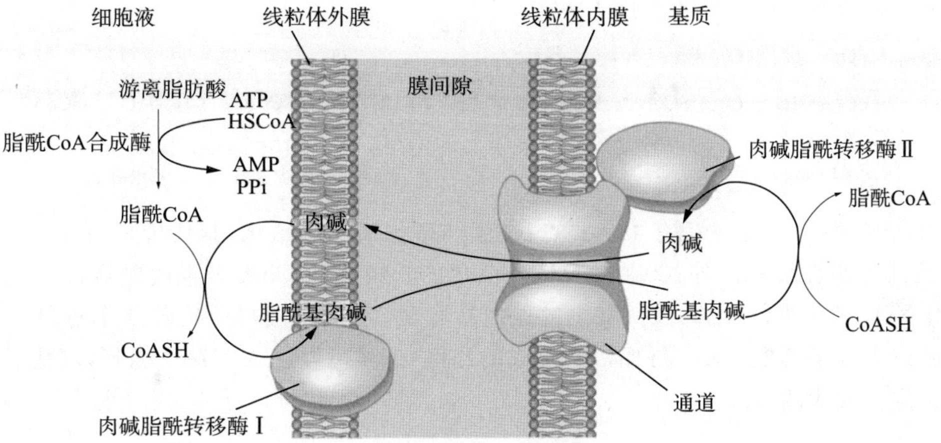

图 8-3 线粒体膜内外脂肪酸的转运机制

(邹思湘，2012)

脂酰 CoA 转入线粒体是脂肪酸 β-氧化的主要限速步骤。肉碱脂酰转移酶Ⅰ是限速酶，其活性受脂肪酸和丙二酸单酰 CoA 的调控，其中脂肪酸可增加肉碱脂酰转移酶Ⅰ的活性，而丙二酸单酰 CoA 则抑制其活性。

3. 脂肪酸的 β-氧化过程

在线粒体基质中进行的 β-氧化过程包括 4 个循环的步骤。

(1)脱氢　脂酰 CoA 在脂酰 CoA 脱氢酶的催化下，在 α 与 β 碳位上脱氢，形成反式-Δ^2-烯脂酰 CoA (Δ^2-反式烯脂酰 CoA)。脱下的 1 对氢原子由该酶的辅基 FAD 接受生成 $FADH_2$。

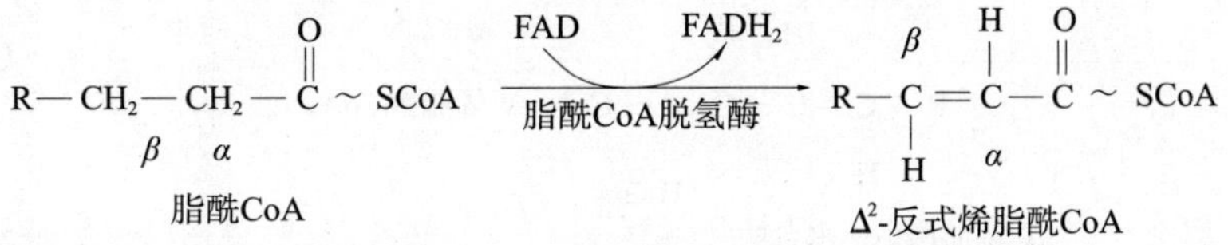

(2)加水　在烯脂酰 CoA 水合酶的催化下，反式烯脂酰 CoA 的双键加上 1 分子水形成 L-(+)-β-羟脂酰 CoA。

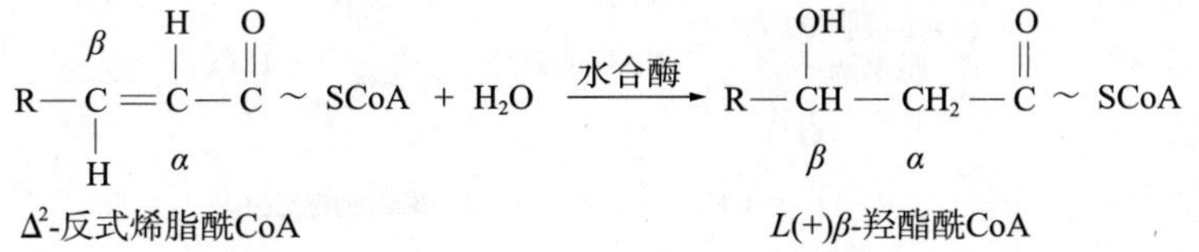

(3)再脱氢　在羟脂酰 CoA 脱氢酶催化下，L(+)β 羟脂酰 CoA 的 β 碳原子的羟基脱氢，氧化成 β-酮脂酰 CoA。此酶以 NAD^+ 为辅酶，接受脱下的 2 个氢原子成为 $NADH+H^+$。

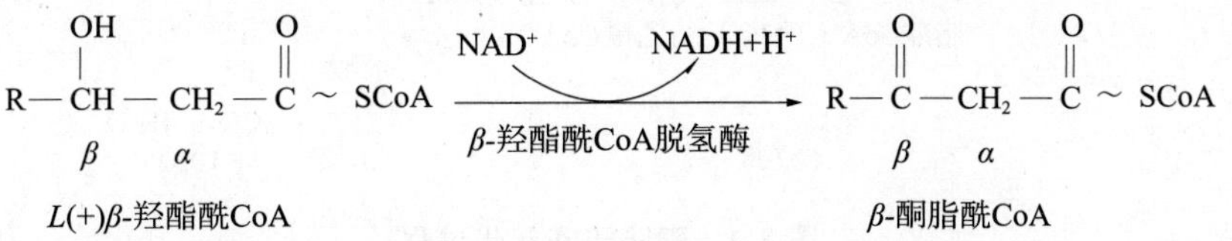

(4)硫解　在β-酮脂酰 CoA 硫解酶催化下，β-酮脂酰 CoA 断裂为乙酰 CoA 和 1 个缩短了 2 个碳原子的脂酰 CoA。该反应需要有辅酶 A 的参与。生成的比原来少 2 个碳原子的脂酰 CoA 可再经脱氢、加水、再脱氢和硫解过程，生成乙酰 CoA 和又少了 2 个碳原子的脂酰 CoA。如此反复进行，可将一个偶数碳原子的饱和脂肪酸全部分解为乙酰 CoA。

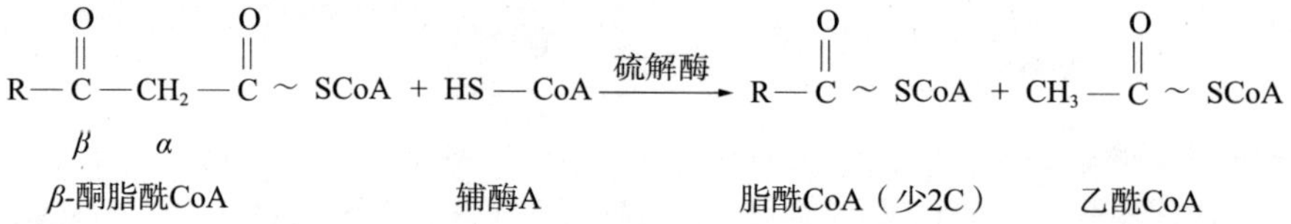

综上所述，脂肪酸β-氧化过程有 4 个要点：①脂肪酸仅需一次活化，其代价是消耗 1 个 ATP 分子的 2 个高能键，其活化酶在线粒体外；②在线粒体外活化的长链脂酰 CoA 需经肉碱携带进入线粒体；③所有脂肪酸氧化的酶都是线粒体酶；④β-氧化过程包括脱氢、水化、再脱氢、硫解 4 个重复步骤，最终 1 分子脂肪酸变成许多分子乙酰 CoA(图 8-4)。生成的乙酰 CoA 可以进入三羧酸循环，氧化成 CO_2 及 H_2O，也可以参加其他合成代谢。

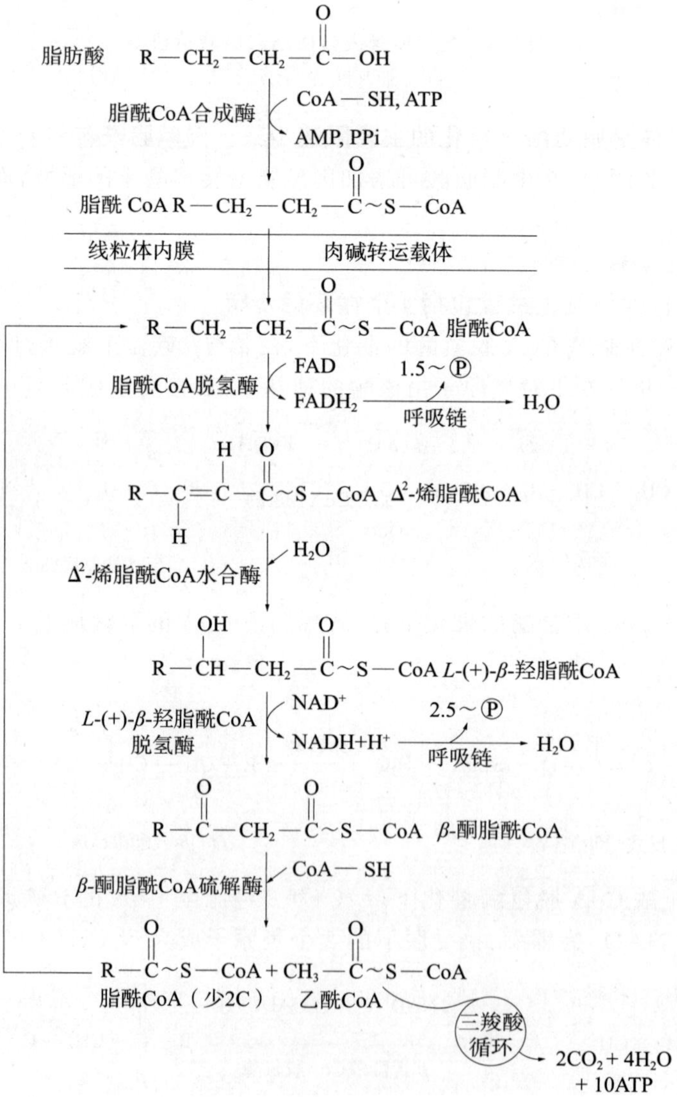

图 8-4　脂肪酸β-氧化过程

4. 脂肪酸 β-氧化过程中的能量转变

在 β-氧化过程中，脂肪酸每形成 1 分子乙酰 CoA，就使 1 分子 FAD 还原为 $FADH_2$，并使 1 分子 NAD^+ 还原为 $NADH+H^+$。$FADH_2$ 进入呼吸链生成 1.5 分子 ATP；$NADH+H^+$ 进入呼吸链生成 2.5 分子 ATP。现以软脂酸为例，计算经过 β-氧化完全分解可产生多少分子的 ATP。

经过 7 次上述的 β-氧化循环，可将软脂酰 CoA 转变为 8 分子的乙酰 CoA。反应的总方程式如下：

$$CH_3-(CH_2)_{14}-\overset{\overset{\displaystyle O}{\|}}{C}\sim SCoA + 7HSCoA + 7FAD + 7NAD^+ + 7H_2O$$

$$\longrightarrow 8\,CH_3-\overset{\overset{\displaystyle O}{\|}}{C}\sim SCoA + 7FADH_2 + 7NADH + 7H^+$$

每分子乙酰 CoA 进入三羧酸循环彻底氧化共形成 10 分子 ATP，因此 8 分子乙酰 CoA 彻底氧化共形成 8×10＝80 分子 ATP。而 7 分子 $FADH_2$ 和 7 分子 NADH 进入呼吸链共产生 1.5×7＋2.5×7＝28 分子 ATP。所以软脂酸彻底氧化为 CO_2 和 H_2O 生成 80＋28＝108 分子 ATP，由于软脂酸活化为软脂酰 CoA 消耗 1 分子 ATP 中的 2 个高能磷酸键的能量，因此净生成 108－2＝106 分子 ATP。

(二)其他氧化方式

1. 脂肪酸的 α-氧化

1956 年，P. K. Stumpf 发现植物线粒体中除有氧化作用外，还有一种特殊的氧化途径，称为 α-氧化作用。这种氧化途径后来也在动物的脑和肝细胞中发现。这个氧化过程是首先使脂肪酸的 α-碳原子氧化成羟基，再氧化成酮基，最后脱羧成为少 1 个碳原子的脂肪酸。α-氧化的机制至今尚不清楚，其可能的途径如下：

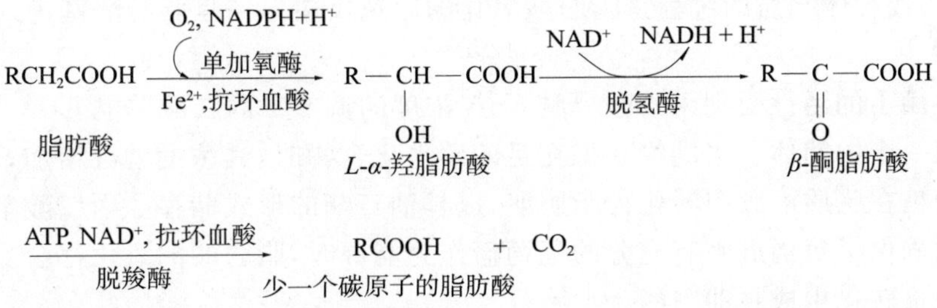

2. 脂肪酸的 ω-氧化

在生物体内，一些中长链(如癸酸、十二碳酸等)以及少量长链脂肪酸能最先从烃基末端碳原子即 ω-碳原子上被氧化生成 α，ω-二羧酸，称为 ω-氧化。ω-氧化涉及末端甲基的羟基化，形成一级醇，并继而氧化成醛，再转化成羧酸等步骤。生成的二羧酸再从两端进行 β-氧化。

目前 ω-氧化酶系无论从理论上，还是实践上日益受到重视。其原因是可利用它来清除海水表面的大量石油。反应过程是经浮游细菌的 ω-氧化，把烃转变为脂肪酸，然后进行脂肪酸两端的 β-氧化降解，这对清除海面石油污染无疑会起到重要作用。现已从油浸土壤中分离出的许多细菌中发现了 ω-氧化酶系统。

3. 单不饱和脂肪酸的氧化

单不饱和脂肪酸的氧化途径和饱和脂肪酸的 β-氧化途径相似。由于比相应的饱和脂肪酸多 1 个双键，它在氧化过程中还需要 Δ^3 顺-Δ^2-反烯脂酰 CoA 异构酶改变双键位置和顺反构型，以适应烯脂酰 CoA 水合酶的要求，随后按照 β-氧化过程继续氧化。

(三)丙酸的代谢

动物体内的脂肪酸大多数为偶数碳原子,但还存在部分奇数碳脂肪酸。它们按 β-氧化进行,除产生乙酰 CoA,最后还剩下 1 个丙酰 CoA。另外,有些氨基酸在代谢过程中能产生丙酸;反刍动物瘤胃内的微生物对饲料中的糖、纤维素等进行分解时能够产生大量的挥发性脂肪酸,如乙酸(70%)、丙酸(30%)、丁酸(10%)等。丙酸在动物体内经活化可转变为丙酰 CoA,丙酰 CoA 不能再按 β-氧化继续分解,它可转变成琥珀酰 CoA 进入三羧酸循环或经三羧酸循环转变为草酰乙酸后进入糖异生作用。约 50%的反刍动物体内的葡萄糖来自丙酸,因此丙酸代谢对反刍动物非常重要。

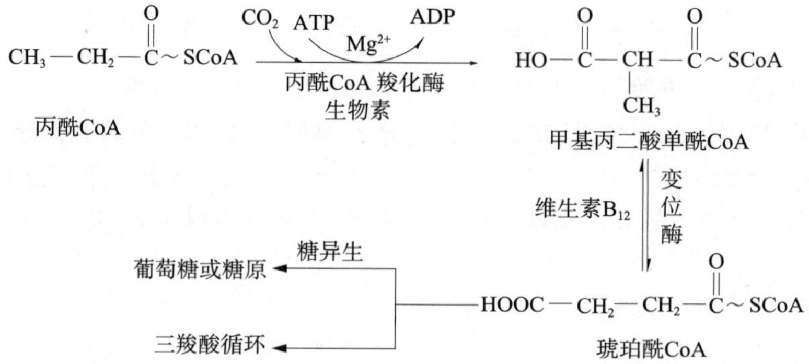

(四)脂肪酸氧化的调节

在肝细胞质中形成的脂酰 CoA 有两条主要代谢途径:① 进入线粒体中进行 β-氧化;② 在细胞质中转化为甘油三酯和磷脂。长链脂酰 CoA 转移到线粒体的速率是决定这两个代谢途径的关键因素。脂酰 CoA 从胞质进入线粒体基质的过程是脂肪酸氧化的限速反应。一旦脂肪酰基进入线粒体,它们就会被氧化成乙酰 CoA。

肉碱脂酰转移酶Ⅰ的活性受到丙二酸单酰 CoA 浓度的调节。丙二酸单酰 CoA 是长链脂肪酸在胞质生物合成中的第一个中间体。当动物获得充足的碳水化合物时,其浓度就会增加,不能被氧化或储存为糖原的过量葡萄糖在胞质溶胶中转化为脂肪酸,以甘油三酯的形式储存。丙二酸单酰 CoA 对肉碱脂酰转移酶Ⅰ的抑制确保了每当肝脏有充分的葡萄糖作为能源时,脂肪酸的氧化都会受到抑制,并以过量的葡萄糖为原料积极转化生成甘油三酯。

此外,当[NADH]/[NAD^+]值高时,β-羟脂酰 CoA 脱氢酶就会受到抑制;高浓度的乙酰 CoA 抑制硫解酶活性。

四、酮体的生成和利用

酮体(acetone body)是脂肪酸在肝脏中不完全代谢所生成的产物,包括有乙酰乙酸(acetoacetic acid)、β-羟丁酸(β-hydroxybutyric acid)和丙酮(acetone),其中 β-羟丁酸含量最多,丙酮含量极微,两者均由乙酰乙酸转变而来。

(一)酮体的生成

酮体主要在肝细胞线粒体中由乙酰 CoA 缩合而成。其主要反应过程如图 8-5 所示。β-羟-β-甲基戊二酸单酰 CoA(HMGCoA)合成酶是这一途径的限速酶。此外,反刍动物的瘤胃是生成酮体的重要场所。

(二)酮体的利用

生成的酮体随血液运送到肝外组织(骨骼肌、心肌、肾和脑组织等)进行氧化分解,生成乙酰 CoA 后进入三羧酸循环,彻底氧化成 CO_2 和 H_2O,并释放能量,如图 8-6 所示。

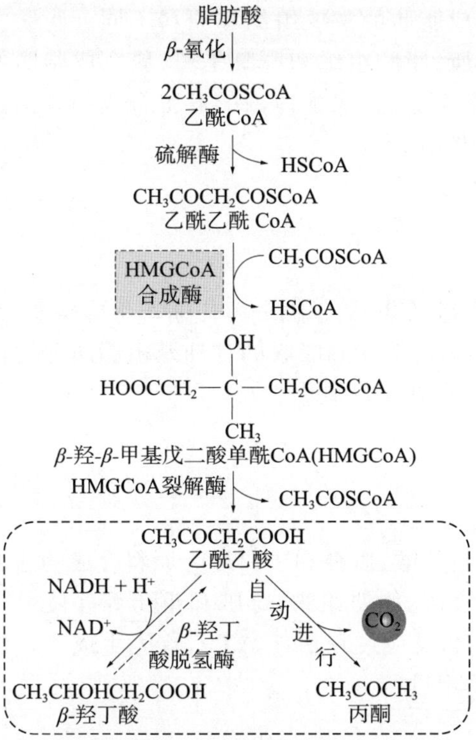

图 8-5　酮体的生成

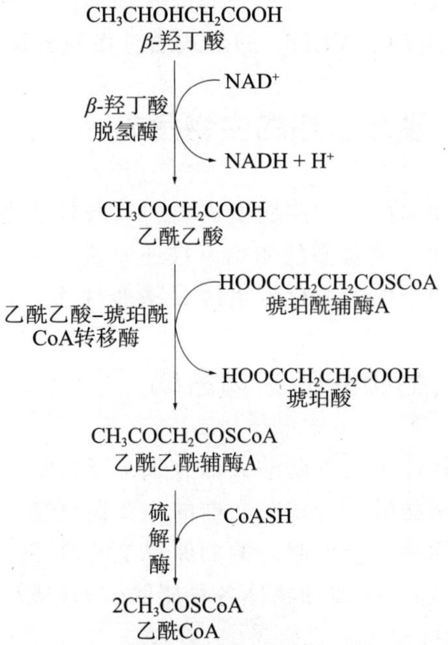

图 8-6　酮体的利用

乙酰乙酸-琥珀酰 CoA 转移酶在心肌、骨骼肌和大脑等组织中的活性很高,而肝脏缺乏这种酶,所以肝脏只能产生酮体,供肝外组织利用,而肝脏本身不能利用酮体。少量的丙酮可转变为丙酮酸或乳酸后进一步代谢,同时丙酮是挥发性物质,还可通过肺部直接呼出体外。

(三)酮体的生理意义

酮体是脂肪酸在肝脏氧化分解时产生的正常中间产物,是肝脏输出能源的一种形式。酮体溶于水,分子小,能通过血脑屏障及肌肉毛细管壁。机体缺少葡萄糖就需要动员脂肪来供应能量。肌肉组织对脂肪酸的利用能力有限,但可以优先利用酮体,以节约葡萄糖,来满足脑组织对葡萄糖的需要。大脑不能利用脂肪酸,却能利用酮体。例如,在饥饿时,人的大脑可利用酮体代替其所需葡萄糖的 25%～75%。因此当糖供应不足时,酮体可以代替葡萄糖,成为脑组织及肌肉的重要能源。

(四)酮体代谢障碍

在正常情况下,动物血液中的酮体含量极少,为 0.3～5 mg/100 mL,这是机体利用脂肪氧化供能的正常现象。在某些情况下,如饥饿、禁食或高产乳牛开始泌乳后以及在绵羊妊娠后期,糖的来源或氧化供能出现障碍,脂肪动员增强,脂肪酸就成了动物体的主要供能物质。若肝中合成酮体的量超过肝外组织利用酮体的能力,两者之间就会失去平衡,血中浓度就会过高,引起酮病,酮体随乳、尿排出体外,分别称为酮血症、酮乳症、酮尿症。当反刍动物患酮病时,每 100 mL 血中的酮体常高于 20 mg。乙酰乙酸和 β-羟丁酸都是酸性物质,因此酮体在体内大量堆积还会引起代谢性酸中毒。

第三节 脂肪的生物合成

生物机体内脂类的合成是十分活跃的，不同动物合成脂肪的主要组织和原料不同。脂肪组织是猪合成脂肪的主要场所；肝脏则是禽类合成脂肪的主要场所；脂肪组织和肝脏是兔、鼠合成脂肪的主要场所。合成脂肪的原料是 α-磷酸甘油和脂酰 CoA。绝大部分家畜、家禽体内的肝脏合成的甘油三酯以极低密度脂蛋白（VLDL）的形式通过血液转运到脂肪组织贮存。

一、磷酸甘油的生物合成

动物体内合成脂肪所需要的磷酸甘油主要通过 2 个途径获得：①糖分解代谢产生的磷酸二羟丙酮，在磷酸甘油脱氢酶的作用下被还原成 α-磷酸甘油；②胃肠道消化和吸收的甘油及由脂肪分解产生的甘油在甘油激酶的催化下生成 α-磷酸甘油。甘油激酶主要存在于肝脏中。

二、脂肪酸的生物合成

动物体内的脂肪酸大部分来源于食物，称为外源性脂肪酸；以糖和蛋白质为原料合成的脂肪酸称为内源性脂肪酸。合成脂肪酸的主要器官是肝脏、哺乳期乳腺，脂肪组织、肾脏和小肠等部位也存在脂肪酸合成的酶。合成脂肪酸的原料是乙酰 CoA 和 NADPH，反应过程消耗 ATP，首先生成十六碳的软脂酸，经过加工生成动物体各种脂肪酸，合成反应在细胞质中进行。

（一）软脂酸的合成

1. 乙酰 CoA 的来源和转运

（1）原料及来源　合成脂肪酸的原料是乙酰 CoA，可由糖、脂肪酸、酮体和蛋白分解产生。生成乙酰 CoA 的反应均在线粒体中进行，而脂肪酸的合成部位是胞液。乙酰 CoA 不能自由通过线粒体膜，需要通过柠檬酸-丙酮酸循环（citrate-pyruvate cycle）来完成乙酰 CoA 从线粒体到胞液的转移。

脂肪酸合成中供氢物质是 NADPH。糖代谢中磷酸戊糖途径产生的 NADPH 是脂肪酸合成中 NADPH 的主要来源。在反刍动物中，除磷酸戊糖途径产生 NADPH 外，胞液中的异柠檬酸脱氢酶催化异柠檬酸脱氢也可以生成 NADPH。

（2）柠檬酸-丙酮酸循环反应　首先，在线粒体内，乙酰 CoA 与草酰乙酸经柠檬酸合酶催化，缩合生成柠檬酸；其次，由线粒体内膜上相应载体协助进入胞液，在胞液内存在的柠檬酸裂解酶（citrate lyase）可使柠檬酸裂解产生乙酰 CoA 及草酰乙酸。前者可被用于合成脂肪酸，后者可返回线粒体补充合成柠檬酸时的消耗。草酰乙酸不能自由通透线粒体内膜，其返回线粒体有 2 条路径：①还原生成苹果酸，经线粒体内膜上的载体转运入线粒体，经氧化后补充草酰乙酸；②苹果酸在苹果酸酶作用下氧化脱羧生成丙酮酸和 NADPH，丙酮酸再进入线粒体羧化为草酰乙酸，NADPH 可用于补充合成脂肪酸的需要。转运过程见图 8-7。

成年反刍动物的柠檬酸裂解酶和苹果酸酶的活性都极低，由柠檬酸裂解生成乙酰 CoA 的量极少。合成脂肪酸的乙酰 CoA 主要是由瘤胃发酵产生的乙酸进入体内转变而来的，而不是由葡萄糖转变而来的。

2. 丙二酸单酰 CoA 的生成

以乙酰 CoA 为原料合成脂肪酸，并不是这些二碳单位的简单缩合。除了起始的 1 分子乙酰 CoA，

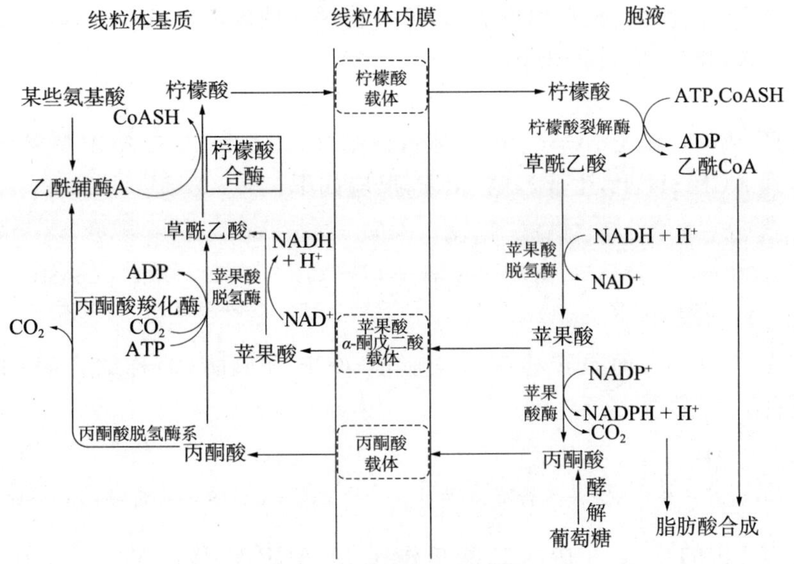

图 8-7　柠檬酸-丙酮酸循环

其余的乙酰 CoA 原料分子首先需要羧化生成丙二酸单酰 CoA，羧化反应如下：

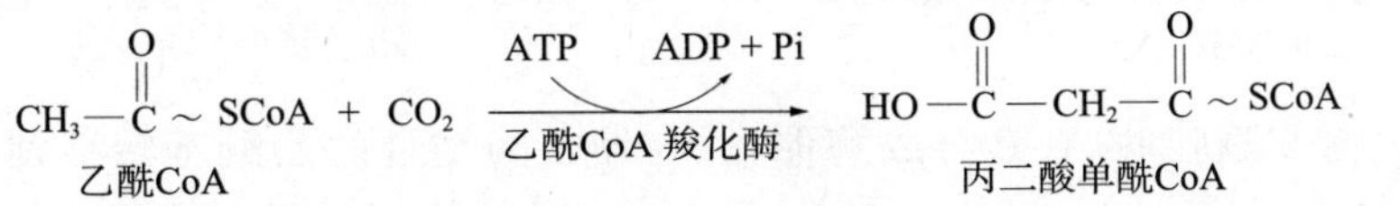

这一不可逆反应由乙酰 CoA 羧化酶催化，辅基为生物素，反应时需要 Mn^{2+}、Mg^{2+} 等二价阳离子存在。乙酰 CoA 羧化酶是脂肪酸合成过程中的限速酶，柠檬酸和异柠檬酸可增强该酶活性，而长链脂肪酸抑制该酶的活性。该酶经磷酸化后活性丧失，胰高血糖素及肾上腺素等能促进这种磷酸化作用，从而抑制脂肪酸的合成；胰岛素则能促进酶的去磷酸化作用，增强乙酰 CoA 羧化酶的活性。

3. 软脂酸的合成过程

在原核生物(如大肠埃希菌)中，催化该反应的酶是一个由 7 种不同功能的酶与一种酰基载体蛋白(acyl carrier protein，ACP)聚合成的多酶复合体。在真核生物该反应由一种含有双亚基的酶催化，每个亚基同时具有 ACP 的功能和 7 种酶的活性，但单个亚基并不能完成一个脂肪酸分子的合成。这 7 种酶分别是：①乙酰 CoA-ACP 酰基转移酶(acetyl CoA-ACP transacetylase，AT)；②丙二酸单酰 CoA-ACP 转移酶(malonyl CoA-ACP transacetylase，MT)；③β-酮脂酰-ACP 合成酶(β-ketoacyl-ACP synthase，KS)；④β-酮脂酰-ACP 还原酶(β-keto-ACP reductase，KS)；⑤β-羟脂酰-ACP 脱水酶(β-hydroxyacy-ACP dehydratase，HD)；⑥烯脂酰-ACP 还原酶(enoyl-ACP reductase，ER)；⑦硫酯酶(thioesterase，TE)。此外，还有一个酰基载体蛋白(ACP)。

ACP 的辅基是磷酸泛酰巯基乙胺，其功能基团为巯基(—SH)，可与酰基相连。辅基通过磷酸基团连接到蛋白质的丝氨酸羟基上：

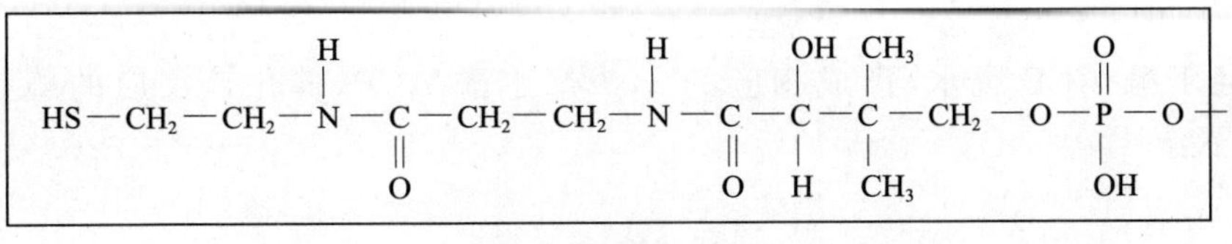

磷酸泛酰巯基乙胺

实际上，软脂酸(棕榈酸，$C_{15}H_{31}COOH$)的合成是一个重复循环的过程，由 1 分子乙酰 CoA 与 7 分子丙二酸单酰 CoA 经缩合、加氢、脱水和再加氢，每一轮循环使碳链延长 2 个碳，共 7 次重复，最终生成含十六碳的软脂酸。软脂酸合成过程如下。

(1)占位

①乙酰-ACP 的生成　乙酰 CoA 与脂酰载体蛋白结合，在乙酰 CoA-ACP 酰基转移酶催化下，乙酰 CoA 的乙酰基转移到 ACP-SH 上，生成乙酰-ACP，反应如下：

乙酰基并不留在 ACP 上，而是转移到 β-酮脂酰-ACP 合成酶（简称缩合酶）的半胱氨酸残基的—SH 上，反应如下：

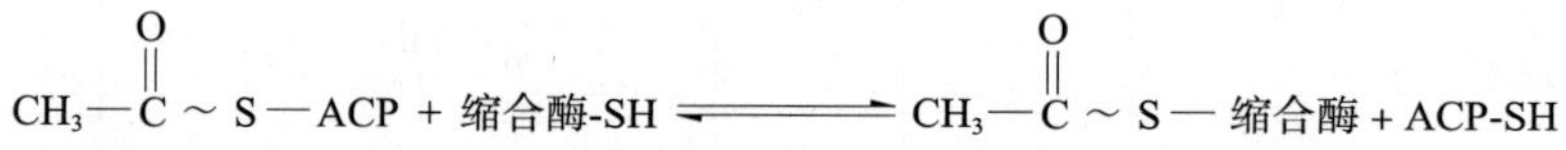

②丙二酸单酰-ACP 的生成　在丙二酸单酰 CoA-ACP 转移酶催化下，丙二酸单酰 CoA 与 ACP-SH 作用，脱掉辅酶 A 形成丙二酸单酰-ACP：

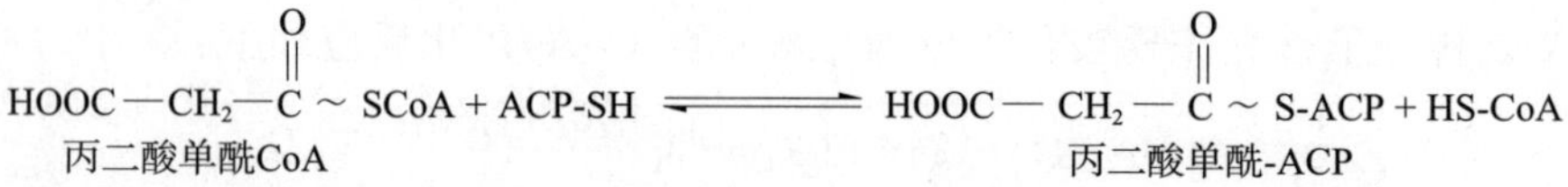

(2)缩合反应　由 β-酮脂酰-ACP 合成酶催化，与缩合酶结合的乙酰基转移到丙二酸单酰-ACP 的丙二酸单酰基的第二个碳原子上，形成乙酰乙酰-ACP，同时使丙二酸单酰基上的自由羧基脱羧产生 CO_2，反应如下：

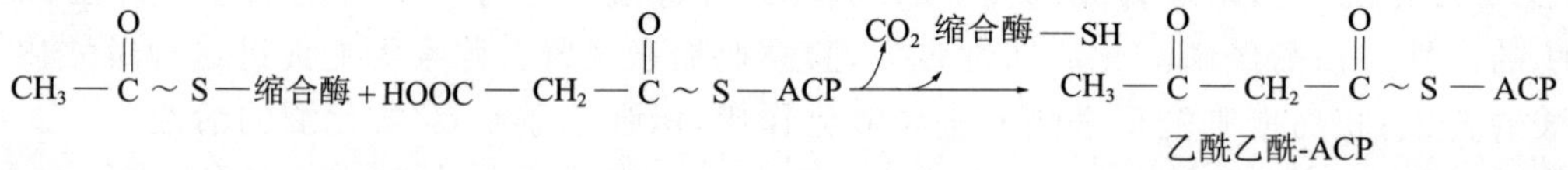

同位素实验证明，释放的 CO_2 的碳原子来自形成丙二酸单酰 CoA 时所羧化的 HCO_3^-，说明羧化的碳原子并未掺入到脂肪酸中。为什么脂肪酸的生物合成中不断地加进和失去 CO_2 呢？即脂肪酸合成中的缩合反应为什么是丙二酸单酰-ACP 和乙酰-S-缩合酶，而不是两个乙酰二碳单位呢？原因在于羧化反应利用 ATP 提供能量，将后续反应所需的自由能存在于丙二酸单酰 CoA 中，当缩合反应发生时，丙二酸单酰-ACP 脱羧放出大量的能量推动缩合反应进行，反应过程中自由能降低，使丙二酸单酰-ACP 与乙酰-S-合成酶的缩合反应比两个乙酰二碳单位分子缩合更易进行。

(3)第一次还原反应　乙酰乙酰-ACP 由 NADPH 还原，形成 β-羟丁酰-ACP。催化该反应的酶为 β-酮脂酰-ACP 还原酶，反应如下：

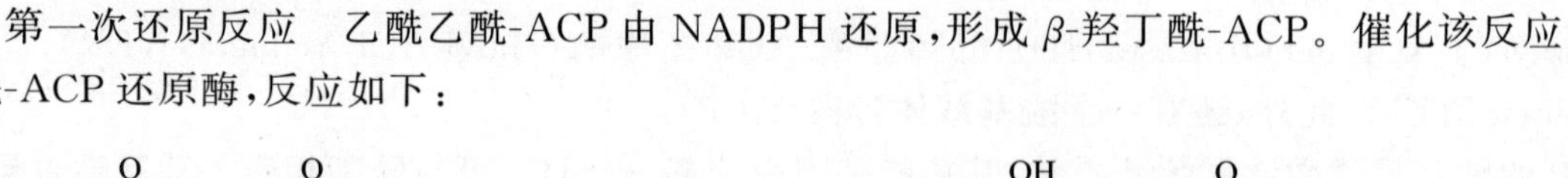

(4)脱水反应　β-羟丁酰-ACP 脱水，形成相应的 α，β-烯丁酰-ACP，催化该反应的酶是 β-羟脂酰-ACP 脱水酶，反应如下：

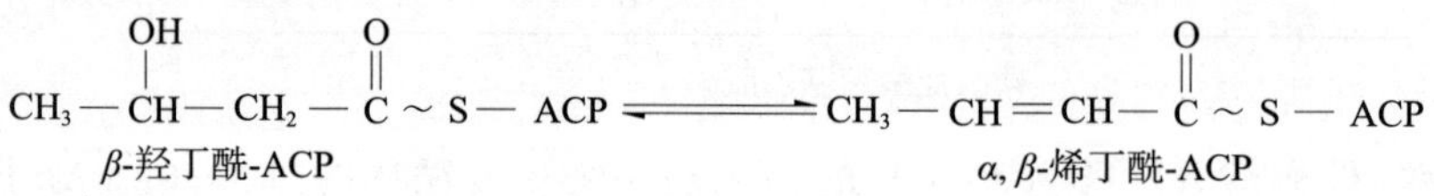

(5)第二次还原反应(再还原)　α,β-烯丁酰-ACP 在烯脂酰-ACP 还原酶催化下,被还原为丁酰-ACP,供氢体是 NADPH。它的反应如下:

$$\underset{\alpha,\beta\text{-烯丁酰-ACP}}{CH_3-CH=CH-\overset{\overset{\displaystyle O}{\|}}{C}\sim S-ACP}+NADPH+H^+ \rightleftharpoons \underset{\text{丁酰-ACP}}{CH_3CH_2CH_2-\overset{\overset{\displaystyle O}{\|}}{C}\sim S-ACP}+NADP^+$$

脂肪酸生物合成的反应过程如图 8-8 所示。

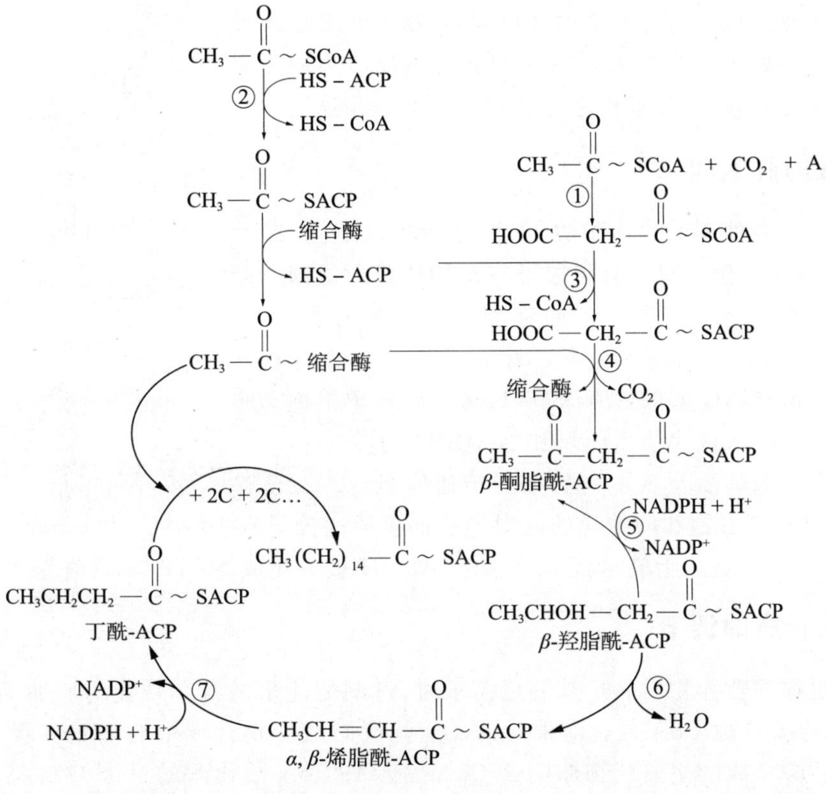

①乙酰 CoA 羧化酶;②乙酰 CoA-ACP 酰基转移酶;③丙二酸单酰 CoA-ACP 转移酶;④β-酮脂酰-ACP 合成酶;⑤β-酮脂酰-ACP 还原酶;⑥羟脂酰-ACP 脱水酶;⑦烯脂酰-ACP 还原酶。

图 8-8　脂肪酸的生物合成过程

丁酰-ACP 的形成完成了软脂酰-ACP 合成所需 7 次循环反应的第 1 次循环。第 2 次循环是丁酰基由 ACP 转移到 β-酮脂酰-ACP 合成酶分子的-SH 上,ACP 又可再接受丙二酸单酰基,第 2 次循环即可进行。经过 7 次循环后,合成的最终产物软脂酰基-ACP 经硫酯酶催化,形成游离的软脂酸或由 ACP 转到辅酶 A 上,生成软脂酰 CoA。

$$\text{乙酰 CoA}+7\text{ 丙二酸单酰 CoA}+14NADPH+14H^+ +7ATP+H_2O \xrightarrow{\text{脂肪酸合成酶复合体}} \text{软脂酸}+8HSCoA+7CO_2+14NADP^+ +7ADP+7Pi$$

(二)脂肪酸碳链的延长

多数生物脂肪酸从头合成只能形成软脂酸,而不能形成比它多两个碳原子的硬脂酸。其原因是 β-酮脂酰-ACP 合成酶对链长有专一性,它接受 14 碳酰基的能力很强,但不能接受 16 碳酰基。而更长的脂肪酸的生成通常由脂肪酸延长的酶系统催化。碳链延长的酶系存在于肝细胞的线粒体和内质网内。

在线粒体中,碳链延长的二碳单位来自乙酰 CoA。碳链延长的途径类似 β-氧化的逆反应。乙酰

CoA 与软脂酸缩合成 β-酮硬脂酰 CoA，然后经还原、脱水、再还原，生成多两个碳原子的硬脂酰 CoA，参与反应的 4 种酶有 3 种相同，仅在 α，β 不饱和脂酰还原这一步，是由烯脂酰还原酶催化以 NADPH 为辅酶，而不是 $FADH_2$。通过这种方式，可以衍生出 24～26 个碳原子的脂肪酸。延长反应见图 8-9。

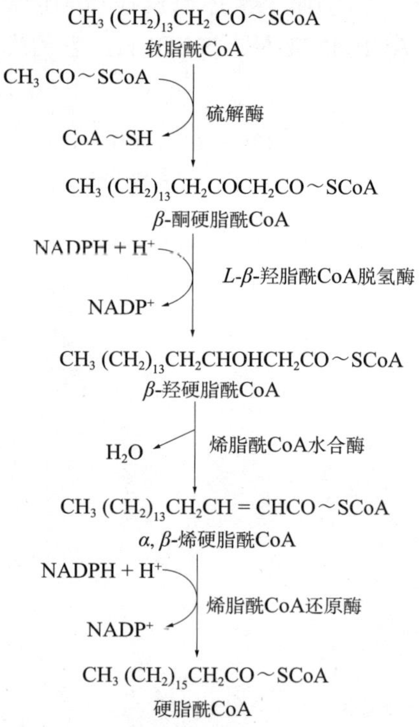

图 8-9　硬脂酰 CoA 的合成过程

内质网中脂肪酸的碳链延长过程类似于棕榈酸的合成，该反应过程是以丙二酸单酰 CoA 为二碳单位的直接供体，由 NADPH 提供氢，经缩合、还原、脱水、再还原等循环反应，每次延长 2 个碳原子，可产生出 24 个碳原子的脂肪酸。与棕榈酸合成反应不同的是该反应中的脂酰基与 CoA 的巯基相连，而不是与 ACP 相连。

(三)脂肪酸的脱饱和

动物体内存在有多种不饱和脂肪酸，如棕榈油酸（16：1，Δ^9）、油酸（18：1，$\triangle^9$）等，这些不饱和脂肪酸可在动物体内通过饱和脂肪酸的脱饱和作用而生成。脂肪酸的脱饱和作用是在内质网上，在去饱和酶系作用下，在原有饱和脂肪酸中引入双键。去饱和作用一般首先发生在饱和脂肪酸的 9、10 位碳原子上生成单不饱和脂肪酸（如棕榈油酸、油酸），该途径需要氧和 NADPH 的参与。

去饱和酶系由去饱和酶及一系列的电子传递体组成。在该途径中，1 分子氧接受来自去饱和酶传递的两对电子而生成 2 分子水，其中一对电子是通过电子传递体从 NADPH 获得，另一对则是从脂酰基获得，结果 NADPH 被氧化成 $NADP^+$，脂酰基被氧化而引入双键。

(四)脂肪酸合成的调节

当动物体有足够的营养物质满足其能量需求时，过剩的能量通常会转化为脂肪酸，并以脂质（如甘油三酯）的形式储存。乙酰 CoA 羧化酶催化的反应是脂肪酸生物合成中的限速步骤，该酶是一个重要的调节位点。脂肪酸合成的主要产物棕榈酰 CoA 是乙酰 CoA 羧化酶的反馈抑制剂，柠檬酸是其变构激活剂。

三、甘油三酯的生物合成

(一)合成部位

哺乳动物的脂肪合成场所是以肝、脂肪组织及小肠为主，因为这些组织细胞中的内质网、线粒体及胞液处有合成甘油三酯的酶。

(二)合成原料

合成甘油三酯所需的前体是 α-磷酸甘油与脂酰 CoA。脂酰 CoA 可由胞液中合成的棕榈酸和在内质网形成的其他脂肪酸以及摄入体内的脂肪酸或甘油一酯合成；α-磷酸甘油可由糖代谢的中间产物磷酸二羟丙酮还原得到，也可由甘油在甘油激酶的催化下生成 α-磷酸甘油，但该过程只存在于肝、肾等组织中，脂肪组织缺乏甘油激酶，因此脂肪组织不能直接通过甘油生成 α-磷酸甘油。

(三)基本过程

动物体内甘油三酯的合成有 2 条途径：一条途径是甘油磷酸二酯途径；另一条途径是甘油一酯途径。

1.甘油磷酸二酯途径

甘油磷酸二酯途径是机体合成脂肪的主要途径，肝脏和脂肪组织通过该途径合成脂肪。α-磷酸甘油在转酰基酶的作用下，加上 2 分子脂酰基生成磷脂酸；然后在磷脂酸磷酸酶的作用下，水解脱去磷酸生成甘油二酯；再在转酰基酶的作用下，加上 1 分子脂酰基生成甘油三酯。

(1)甘油磷酸一酯的合成　在磷酸甘油脂酰转移酶催化下，脂酰 CoA 与 α-磷酸甘油反应生成甘油磷酸一酯，又称溶血磷脂。

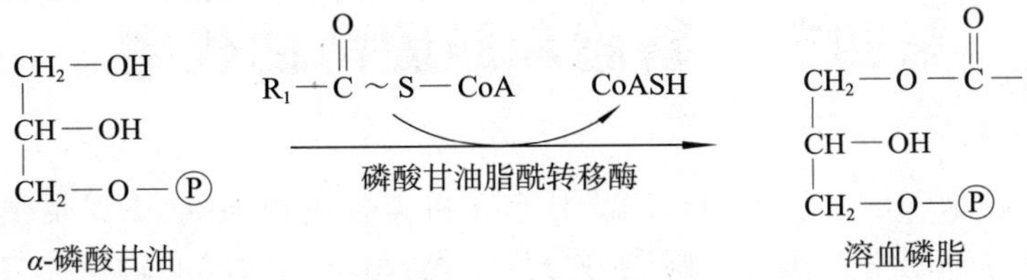

(2)磷脂酸的生成　溶血磷脂在甘油磷酸脂酰转移酶的催化下，再与第二个脂酰 CoA 反应形成磷脂酸。它是合成甘油三酯和一些磷脂的重要前体。

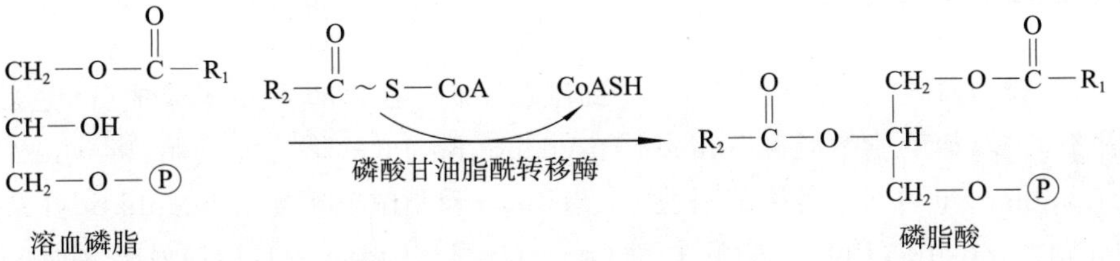

形成磷脂酸的脂酰 CoA 大多为 C_{16} 和 C_{18} 的，但在磷脂酸中 C_1 上结合的脂肪 酸多为饱和脂肪酸，而 C_2 上结合的脂肪酸多为不饱和脂肪酸。

(3)磷脂酸的水解　磷脂酸被磷酸酶水解形成甘油二酯，反应如下：

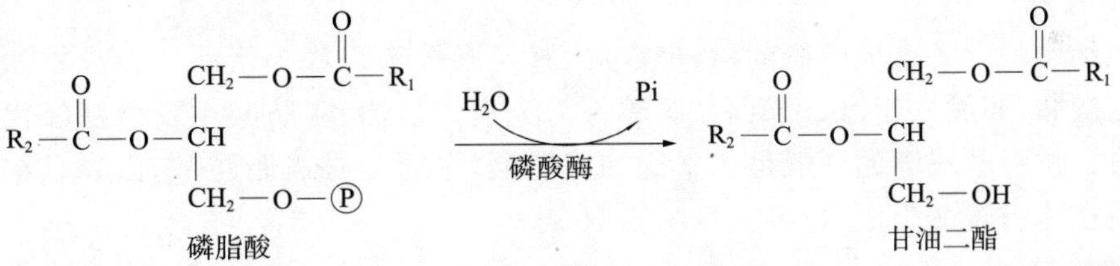

(4)甘油三酯的合成　甘油二酯在甘油二酯转酰基酶催化下与第 3 个脂酰 CoA 反应形成甘油三酯，反应如下：

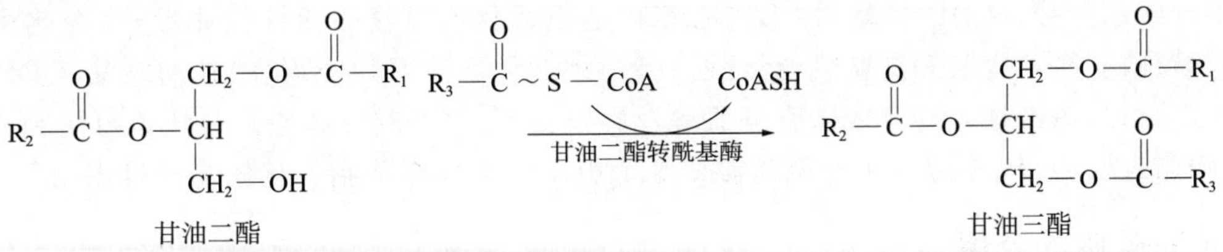

2.甘油一酯途径

在小肠黏膜上皮内，消化吸收的甘油一酯可作为合成甘油三酯的前体，再与 2 分子脂酰 CoA 经转酰基酶催化生成甘油三酯。

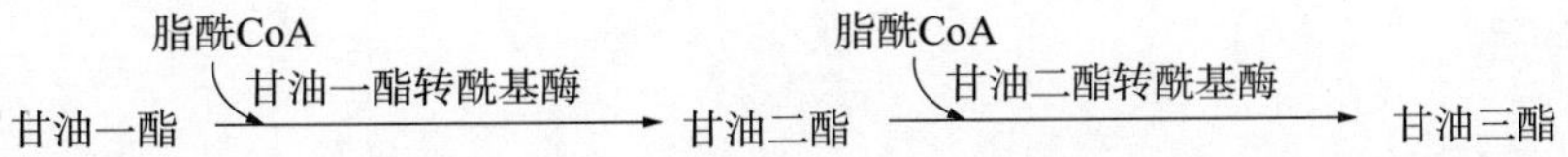

总体来说，动物可以合成并储存大量的甘油三酯，作为能源储备。在人类的肝脏和肌肉中只能储存几百克糖原，这个数量不足以满足 12 h 的身体能量需求。相比之下，平均体重为 70 kg 的男性体内储存的甘油三酯总量约为 15 kg，足以满足其长达 12 周的基本能量需求。每当摄入的碳水化合物超过储存糖原的能力时，它就会转化为甘油三酯并储存在脂肪组织中。因此，在畜牧生产中，畜禽被饲喂淀粉含量高的食物有育肥的效果。

第四节　磷脂和胆固醇的代谢

含磷酸的脂类称为磷脂(phospholipid)，广泛分布于机体各组织细胞，不仅是生物膜的重要组分，而且对脂类的吸收及转运等都起重要作用。磷脂可分为 2 类：由甘油构成的磷脂称为甘油磷脂(phosphoglyceride)；由鞘氨醇构成的磷脂称为鞘磷脂(sphingomyelin)。两者的合成、降解过程有部分相似。

一、甘油磷脂的合成与分解

甘油磷脂(简称磷脂)广泛分布于生物界，是细胞膜、细胞器膜的主要组成成分，是最主要的一类磷脂。甘油磷脂种类繁多，如磷脂酰胆碱(phosphatidylcholine，PC)，俗称卵磷脂(lecithin)；磷脂酰乙醇胺(phosphotidylethanolamine，PE)，俗称脑磷脂(cephalin)；磷脂酰丝氨酸(phosphatidyl serine，PS)；磷脂酰肌醇(phosphatidyl inositol，PI)；磷脂酰甘油(phosphatidyl glycerol，PG)及心磷脂(cardiolipin)等。甘油磷脂既具有亲水性基团，也具有疏水性基团，即为兼性分子，水解后可产生磷酸和脂肪酸。

(一)甘油磷脂的合成

1. 合成部位及原料

全身各组织细胞均含有合成磷脂的酶，但以肝、肾及肠等组织最为活跃。合成甘油磷脂需甘油、脂肪酸、磷酸盐、乙醇胺(胆胺)、胆碱、丝氨酸、肌醇等为原料。甘油、脂肪酸主要由糖经代谢转变而来，但分子中与甘油第二位羟基成酯的一般是多不饱和脂肪酸，主要是必需脂肪酸，需靠日粮供给。胆碱、乙醇胺可由丝氨酸在体内转变生成，也可从日粮摄取。

2. 合成过程

甘油磷脂的合成最先合成甘油二酯。在哺乳动物体内，甘油磷脂合成过程需要 CTP 参与。由于被 CTP 活化的部分不同，其可分为 2 种不同的合成途径：一种途径是以甘油二酯为重要中间产物，被 CTP 活化的是胆碱或乙醇胺。CDP-胆碱和 CDP-乙醇胺是胆碱和乙醇胺的活性供体形式，经此途径主要合成磷脂酰胆碱、磷脂酰乙醇胺和磷脂酰丝氨酸。另一种途径是被 CTP 活化的甘油二酯，CDP-甘油二酯为重要中间产物，经该途径主要合成磷脂酰肌醇及心磷脂等。此外，卵磷脂的合成也可由脑磷脂的甲基化生成，脑磷脂合成后，从 *S*-腺苷甲硫氨酸接受 3 个甲基而生成卵磷脂。具体合成过程见图 8-10。

(二)甘油磷脂的分解

甘油磷脂的分解代谢主要是由体内存在的磷脂酶(phospholipase)催化的水解过程。根据磷脂酶作用的特异性不同，分为磷脂酶 A_1、磷脂酶 A_2、磷脂酶 B、磷脂酶 C 及磷脂酶 D 等，不同的磷脂酶作用的位点不同，以卵磷脂为例，见图 8-11。

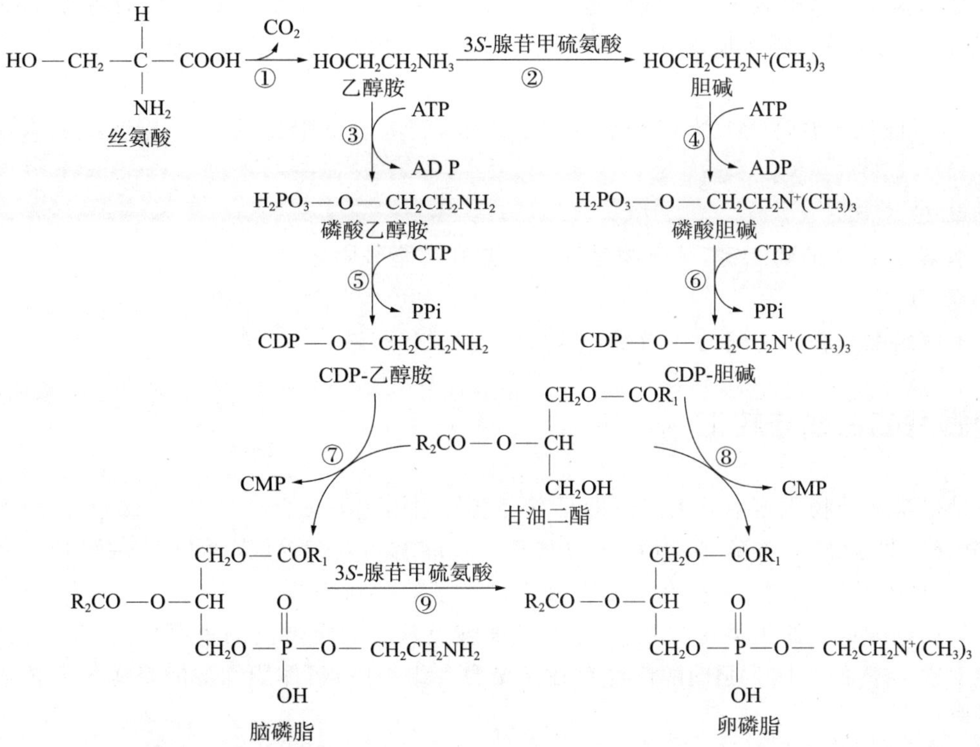

①丝氨酸脱羧酶；②甲基转移酶；③乙醇胺激酶；④胆碱激酶；⑤CTP：磷酸乙醇胺胞苷转移酶；
⑥CTP：磷酸胆碱胞苷转移酶；⑦磷酸乙醇胺转移酶；
⑧磷酸胆碱转移酶；⑨甲基转移酶。

图 8-10　脑磷脂和卵磷脂的合成过程

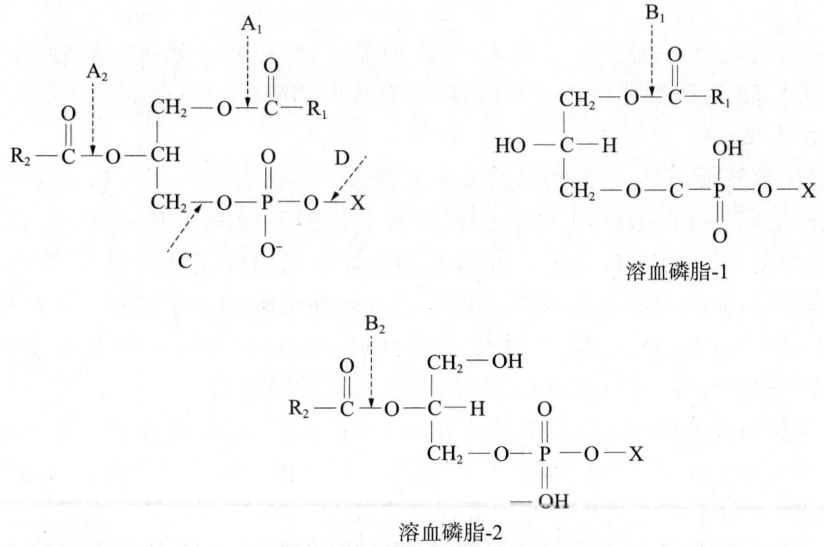

图 8-11　各种磷脂酶作用位点

1. 磷脂酶 A_1

它能催化甘油磷脂的 C_1 酯键断裂，产物为脂肪酸和溶血磷脂-2。

2. 磷脂酶 A_2

它能使甘油磷脂分子中 C_2 酯键水解，产物为溶血磷脂-1 及脂肪酸，多数为不饱和脂肪酸。溶血磷脂是指各种甘油磷脂经水解脱去 1 个脂酰基后的产物，是一类具有较强表面活性的物质，能使红细胞及其他细胞膜破裂，引起溶血或细胞坏死。蛇毒因含有溶血磷脂，因此蛇毒可引起溶血。

3. 磷脂酶 B

磷脂酶 B_1 可催化溶血磷脂 1 的 C_1 位脂肪酸的水解，而溶血磷脂 2 的 C_2 位脂肪酸的水解则由磷脂酶 B_2 催化。

4. 磷脂酶 C

它能够水解 C_3 位上的磷脂键，其产物是甘油二酯和磷脂酰胆碱。

5. 磷脂酶 D

专一性水解磷酸与胆碱之间的磷脂键，产物是磷脂酸和胆碱。

二、胆固醇的合成与转化

胆固醇是最早从动物胆石中分离出来的具有羟基的固体醇类化合物（环戊烷多氢菲结构）。它的结构特点：①全分子共含 27 个碳原子；②第 5 位与第 6 位间有 1 双键；③第 3 位有 β-羟基；④第 10 和第 13 位各具有 1 个 β-甲基；⑤第 17 位有 1 个含 8 个碳原子的饱和烃链。

胆固醇是动物体重要的脂类物质之一，它既是细胞膜及血浆脂蛋白的重要成分，又是类固醇激素、胆汁酸及维生素 D_3 等的前体。胆固醇广泛存在于全身各组织中，机体胆固醇的来源主要依靠体内合成及从食物摄取。

（一）胆固醇的合成

1. 合成部位

几乎全身各组织的胞液及内质网内均可合成胆固醇，其中肝是最主要的合成场所，其次为小肠、肾上腺皮质、卵巢、睾丸等组织。体内每天合成胆固醇的总量为 1～2 g。

2. 合成原料

乙酰 CoA 为合成胆固醇的原料。乙酰 CoA 是葡萄糖、脂肪酸及某些氨基酸等在线粒体内的分解代谢产物，须先经柠檬酸-丙酮酸循环进入胞液，以供合成胆固醇。

3. 合成的基本过程

合成的全过程比较复杂，它可大致概括为 4 个阶段。

（1）甲羟戊酸的生成　在胞液中，3 分子乙酰 CoA 分别经硫解酶及 HMGCoA 合成酶催化，缩合成 β-羟-β-甲基戊二酸单酰 CoA（HMGCoA）。该过程与酮体生成的反应机制相同，但亚细胞定位不同，酮体生成在肝线粒体进行，而胆固醇合成是在肝和其他组织细胞的胞液中进行。生成的 HMGCoA 则在 HMGCoA 还原酶（位于滑面内质网膜上）催化下由 NADPH＋H^+ 供氢还原生成甲羟戊酸（MVA），该反应是胆固醇合成的限速步骤，HMGCoA 还原酶为该途径的限速酶。

（2）二甲基丙烯焦磷酸酯的生成　甲羟戊酸由 ATP 提供能量，在胞液中一系列酶的作用下生成异戊烯焦磷酸酯，再经异构生成二甲基丙烯焦磷酸酯，这些五碳化合物是下阶段高度缩合的基本单位。

（3）鲨烯的生成　6 分子五碳化合物经一系列反应聚合生成 30 个碳原子的鲨烯。

（4）胆固醇的生成　鲨烯经内质网加单氧酶、环化酶等的作用，环化生成羊毛固醇，后者再经氧化、还原等反应，并伴有 3 次脱羧，生成含 27 个碳原子的胆固醇。

（二）胆固醇的转化

胆固醇在体内并不被彻底氧化分解为二氧化碳和水，而是经氧化、还原转变为其他含环戊烷多氢菲母核的化合物，其中大部分进一步参与体内代谢或被排出体外。

胆固醇在肝中经羧化、侧链氧化断裂，转变成胆汁酸(bile acid)，这是胆固醇在体内代谢的主要去路。胆汁酸盐随胆汁排入肠道，参与脂类的消化吸收。

在肾上腺、性腺等组织中，以胆固醇为原料合成各种类固醇激素，如肾上腺皮质激素(皮质醇、醛固酮等)、雌激素(孕酮、雌二醇等)及雄激素(睾酮)等，参与机体代谢调节。

胆固醇经脱氢生成 7-脱氢胆固醇，后者经紫外线照射，在动物皮下可转变为维生素 D_3(又称胆钙化醇)，其在肝及肾进一步羟化转变为 1,25-$(OH)_2D_3$ 的活性形式，参与调节钙、磷代谢。

胆固醇可与脂肪酸结合形成胆固醇酯，在各组织中，由活化的脂酰 CoA 提供脂酰基与游离胆固醇合成胆固醇酯，催化该反应的酶为脂酰 CoA-胆固醇脂酰转移酶。在血浆中，脂酰基由卵磷脂分子中第 2 位的脂酰基提供合成胆固醇酯，该反应由卵磷脂-胆固醇脂酰转移酶催化，此酶系由肝合成后分泌入血液发挥作用的。

第五节　脂肪代谢的调节

一、代谢物的调节

在高脂膳食后或因饥饿导致脂肪动员加强时，细胞内软脂酰 CoA 增多，可反馈抑制乙酰 CoA 羧化酶，从而抑制体内脂肪酸合成。而进食糖类，糖代谢加强时，由糖氧化及磷酸戊糖循环提供的乙酰 CoA 及 NADPH 增多，这些合成脂肪酸的原料的增多有利于脂肪酸的合成。此外，糖氧化加强使细胞内 ATP 增多，进而抑制异柠檬酸脱氢酶，造成异柠檬酸及柠檬酸堆积，在线粒体内膜的相应载体协助下，由线粒体转入胞液，可以别构激活乙酰 CoA 羧化酶。同时本身可裂解释放乙酰 CoA，增加脂肪酸合成的原料，使脂肪酸合成增加。

二、激素的调节

(一)促进脂肪合成的激素

胰岛素是促进脂肪合成的主要激素。其主要生理功能是调节糖代谢，同时对脂肪和蛋白质代谢也有调节作用。胰岛素能够诱导乙酰 CoA 羧化酶、脂肪酸合成酶以及柠檬酸裂解酶的合成，胰岛素还具有增加肝脏和脂肪组织中葡萄糖-6-磷酸脱氢酶和苹果酸酶的活性的作用，以促进进入脂肪细胞的葡萄糖转变成中性脂肪并贮存起来；胰岛素还具有抑制激素敏感脂肪酶的作用，从而抑制贮存脂肪的水解，导致血中游离脂肪酸减少。胰岛素能够抑制肉碱脂酰 CoA 转移酶的作用，脂肪酸进入线粒体减少，从而抑制脂肪酸的氧化分解。另外，前列腺素 E 具有抑制脂肪的分解，减少脂肪动员的作用。

(二)加速脂肪分解的激素

能够加速脂肪分解的激素主要有肾上腺素、生长激素与肾上腺皮质激素、甲状腺素和性激素等。肾上腺素能够增加脂肪细胞内 cAMP 的含量，通过蛋白激酶使激素敏感脂肪酶 b 转化为激素敏感脂肪酶 a，从而促进脂肪的分解。生长激素与肾上腺皮质激素对脂肪代谢具有协同作用，加速脂肪组织中脂肪的动员，使血浆游离脂肪酸含量增高，机体对脂肪酸的利用增加。这种作用是通过增加脂肪细胞内 cAMP 的含量来实现的。甲状腺素的主要作用是增加机体的基础能量代谢，以加速脂肪组织中脂肪的分解，加强组织中脂肪的氧化，并加速游离脂肪酸进入细胞的速度，从而促进脂肪的分解代谢。性激素(雌激素、雄激素)具有促进机体脂肪动员的生理作用或抑制脂肪的贮存，从而调节动物的脂肪代谢。激素对脂肪代谢的调节如图 8-12 所示。

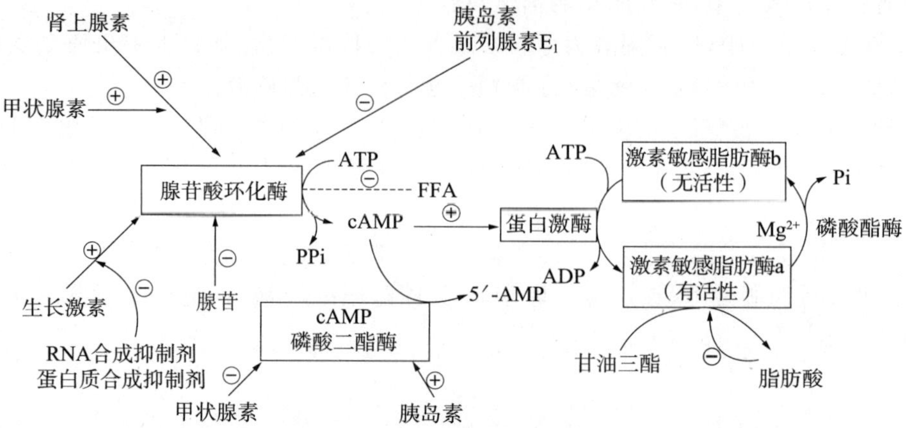

图 8-12　激素对脂肪代谢的调节

第六节　脂类在体内的转运概况

一、血脂

血浆中所含的脂类统称血脂，包括甘油三酯、磷脂、胆固醇及其酯以及游离脂肪酸等。磷脂主要有卵磷脂、神经鞘磷脂和脑磷脂，其分别约占 70%、20%、10%。

血脂的来源主要有两个方面：一是外源性，即从饲料中摄取的脂类经消化吸收进入血液；二是内源性，由肝、脂肪细胞以及其他组织合成后释放入血。血脂的含量随动物的生理状态不同而改变，与动物的饲养状况、品种等相关。

二、血浆脂蛋白

由于脂类不溶于水，血脂在血浆中与蛋白质结合形成脂蛋白，以脂蛋白的形式存在及运输。

(一)血浆脂蛋白的分类

血浆中的脂蛋白的种类很多，通常采用超速离心或电泳的方法进行分类。

1. *超速离心法*

因各类血浆脂蛋白中脂类所占比例不同，其密度各不相同。根据血浆脂蛋白在密度梯度离心时所处的不同位置，血浆脂蛋白可分为 4 类：乳糜微粒(CM)、极低密度脂蛋白(VLDL)、低密度脂蛋白(LDL)和高密度脂蛋白(HDL)，分别相当于电泳分离的 CM、前 β-脂蛋白、β-脂蛋白及 α-脂蛋白等 4 类。

2. *电泳法*

由于各类血浆脂蛋白中的载脂蛋白不同，其表面电荷不同，在电场中各脂蛋白的迁移速度也不同，从而可相互分开。醋酸纤维素薄膜电泳法、纸电泳法和琼脂糖电泳法(图 8-13)就是利用各种载脂蛋白所带电荷不同对脂蛋白进行分类，其可分为 4 类：乳糜微粒(CM)、α-脂蛋白、前 β-脂蛋白和 β-脂蛋白。以 α-脂蛋白泳动最快，乳糜微粒(CM)则留在原点不动。

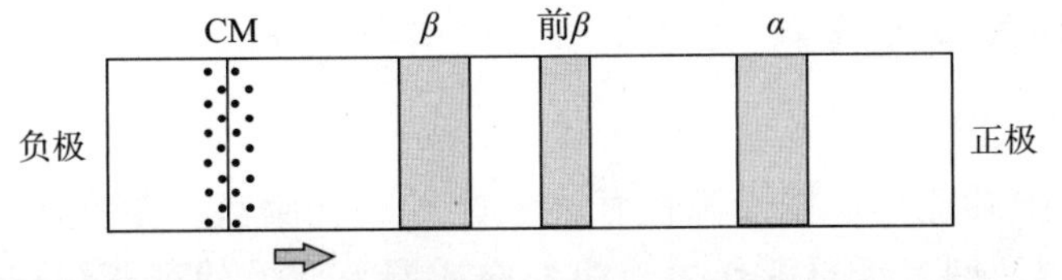

图 8-13 血浆脂蛋白琼脂糖凝胶电泳

(二)血浆脂蛋白的组成

血浆脂蛋白主要由蛋白质、甘油三酯、磷脂、胆固醇及其酯组成。各类脂蛋白都含有这四类成分，但其组成比例及含量却大不相同。血浆脂蛋白的分类、性质及组成见表 8-1 。

表 8-1 血浆脂蛋白的分类、性质及组成

电泳法	密度梯度法	合成部位	密度 /(g/cm³)	颗粒直径 /nm	电泳位置	组成/%			
						脂肪	磷脂	胆固醇	蛋白质
乳糜微粒	乳糜微粒(CM)	小肠黏膜细胞	<0.95	80～500	原点	80～95	5～7	1～4	0.5～2
前 β-脂蛋白	极低密度脂蛋白(VLDL)	肝细胞	0.95～1.006	25～80	α_2-球蛋白	50～70	10～15	10～15	5～10
β-脂蛋白	低密度脂蛋白(LDL)	血浆	1.006～1.063	20～25	β-球蛋白	10	20	45～50	20～25
α-脂蛋白	高密度脂蛋白(HDL)	肝、肠血浆	1.063～1.210	7.5～10	α_1-球蛋白	5	25	20	45～50

血浆脂蛋白中的蛋白质部分称为载脂蛋白(apolipoprotein, Apo)。不同的血浆脂蛋白所含的载脂蛋白不同，目前已报道的载脂蛋白有近 20 种，其主要有 ApoA、ApoB、ApoC、ApoD、ApoE 五类。在体内载脂蛋白具有许多重要的生理功能：①与脂质的亲和作用而使脂质溶于水性介质中。②运转胆固醇和甘油三 酯。③作为脂蛋白外壳的结构成分，与脂蛋白外生物信息相关联以配体的形式作为脂蛋白与特异受体的连接物。载脂蛋白结合到受体上是细胞摄取脂蛋白的第一步。例如，ApoB100 能被 LDL 受体识别；ApoE 不仅能被 LDL 受体识别，还能被 CM 残粒受体识别。④激活某些与血浆脂蛋白代谢有关的酶类。例如，ApoAI 和 CI 能激活卵磷脂-胆固醇酰基转移酶(licithin: cholesteryl acetyl transferase, LCAT)，该酶催化 HDL 中的游离胆固醇酯化为胆固醇酯；ApoCⅠ则可激活脂蛋白脂肪酶，该酶可水解 CM 和 VLDL 中的甘油三酯。

(三)血浆脂蛋白的结构

各种血浆脂蛋白的结构基本相似，均为大小不同的球状颗粒，疏水性较强的甘油三酯及胆固醇酯均位于脂蛋白的内核，而兼有极性和非极性基团的磷脂和载脂蛋白等则以单层分子覆盖于球表面，其非极性基团朝向疏水的内核，而极性的基团朝向脂蛋白的外侧，因而疏水的脂质可以在血浆的水相中运输。CM 及 VLDL 主要以甘油三酯为内核，LDL 及 HDL 则主要以胆固醇酯为内核。脂蛋白结构见图 8-14。

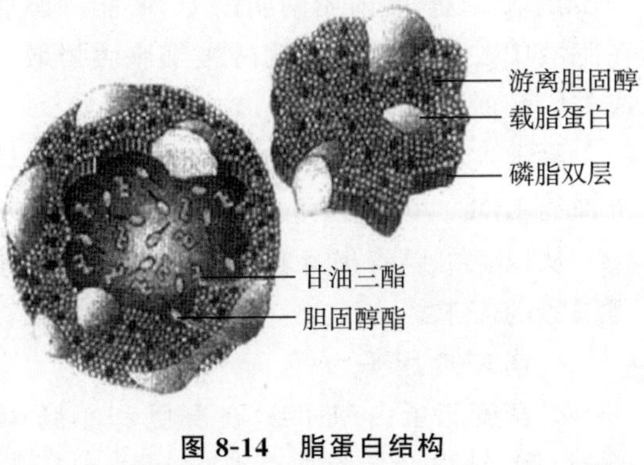

图 8-14 脂蛋白结构

(四)血浆脂蛋白功能及其代谢

1. 乳糜微粒

乳糜微粒(CM)的主要功能是运输外源性甘油三酯等。乳糜微粒是在小肠黏膜细胞中生成的,食物中的脂类在细胞滑面内质网上经再酯化后与粗面内质网上合成的载脂蛋白构成新生的(nascent)乳糜微粒(包括甘油三酯、胆固醇酯和磷脂以及 ApoB48),经高尔基复合体分泌到细胞外,进入淋巴循环最终进入血液。

新生乳糜微粒入血后,接受来自 HDL 的 ApoC 和 ApoE,同时失去部分 ApoA,被修饰成为成熟的乳糜微粒。成熟分子上的 ApoCⅡ可激活脂蛋白脂肪酶(LPL)催化乳糜微粒中的甘油三酯水解为甘油和脂肪酸。该酶存在于脂肪组织、心和肌肉组织的毛细血管内皮细胞外表面上。脂肪酸可被上述组织摄取而利用,甘油可进入肝脏用于糖异生。通过 LPL 的作用,乳糜微粒中的甘油三酯大部分被水解利用,同时 ApoA、ApoC、胆固醇和磷脂转移到 HDL 上,CM 逐渐变小,成为以含胆固醇酯为主的乳糜微粒残余颗粒(remnant)。肝细胞膜上的 ApoE 受体可识别 CM 残余颗粒,将其吞噬入肝细胞,与细胞溶酶体融合,载脂蛋白被水解为氨基酸,胆固醇酯分解为胆固醇和脂肪酸,进而可被肝脏利用或分解,完成最终代谢。

2. 极低密度脂蛋白

极低密度脂蛋白(VLDL)主要在肝脏内生成。其主要成分是肝细胞利用糖和脂肪酸(来自脂肪动员或乳糜微粒残余颗粒)自身合成的甘油三酯,与肝细胞合成的载脂蛋白 ApoBl00、ApoAI 和 ApoE 等加上少量磷脂和胆固醇及其酯。小肠黏膜细胞也能生成少量 VLDL。

VLDL 分泌入血后,也接受来自 HDL 的 ApoC 和 ApoE,ApoCⅡ激活 LPL,催化甘油三酯水解,产物被肝外组织利用。同时 VLDL 与 HDL 之间进行物质交换,一方面将 ApoC 和 ApoE 等在两者之间转移,另一方面在胆固醇酯转移蛋白协助下,将 VLDL 的磷脂、胆固醇等转移至 HDL,将 HDL 的胆固醇酯转至 VLDL,这样 VLDL 转变为中间密度脂蛋白(IDL)。IDL 有 2 条去路:一是通过肝细胞 膜上的 ApoE 受体而被吞噬利用,二是进一步被水解生成 LDL。可见,VLDL 主要功能是将甘油三酯从肝脏运输到其他的组织,是运输肝合成的内源性甘油三 酯的主要形式。

3. 低密度脂蛋白

低密度脂蛋白(LDL)由 VLDL 转变而来,LDL 中主要脂类是胆固醇及其酯,载脂蛋白为 ApoB100。LDL 在血中可被肝及肝外组织细胞表面存在的 ApoB100 受体识别,通过此受体介导,吞入细胞内,与溶酶体融合,胆固醇酯水解为胆固醇及脂肪酸。这种胆固醇除可参与细胞生物膜的生成之外,还对细胞内胆固醇的代谢具有重要的调节作用:①抑制内质网 HMGCoA 还原酶,从而抑制细胞本身胆固醇合成;②在转录水平阻抑细胞 LDL 受体蛋白质的合成,减少细胞对 IDL(中密度脂蛋白)的进一步摄取;③激活内质网脂酰 CoA-胆固醇脂酰转移酶(ACAT)的活性,使游离胆固醇酯化成胆固醇酯在胞液中贮存。游离胆固醇被细胞膜摄取,可用以构成细胞膜的重要成分;在肾上腺等细胞中则用以合成类固醇激素。

除上述由受体介导的 LDL 代谢途径,体内内皮网状系统的吞噬细胞也可摄取 LDL(多为经过化学修饰的 LDL),该途径生成的胆固醇不具有上述调节作用。过量的摄取 LDL 可导致吞噬细胞空泡化。

从以上可以看出,LDL 代谢的功能是将肝脏合成的内源性胆固醇运到肝外组织,保证组织细胞对胆固醇的需求。

4. 高密度脂蛋白

高密度脂蛋白(HDL)在肝脏和小肠中生成。HDL 中的载脂蛋白含量很多,包括 ApoA、ApoC、ApoD 和 ApoE 等,脂类以磷脂为主。HDL 分泌入血后,新生的 HDL 为 HDL_3,一方面可作为载脂蛋白供体将 ApoC 和 ApoE 等转移到新生的 CM 和 VLDL 上,同时在 CM 和 VLDL 代谢过程中再将载脂蛋白运回到 HDL 上，不断与 CM 和 VLDL 进行载脂蛋白的变换。另一方面 HDL 可摄取血中肝外细胞释放的游离胆固醇，经卵磷脂-胆固醇脂酰转移酶（LCAT）催化，生成胆固醇酯。此酶 在肝脏中合成，分泌入血后发挥活性，可被 HDL 中 ApoAI 激活，生成的胆固醇酯一部分可转移到 VLDL。通过上述过程，HDL 密度被降低，转变为 HDL_2，HDL_2 最终被肝脏摄取而降解。因此 HDL 的作用就是从肝外组织将胆固醇转运到肝内进行代谢。HDL 是机体胆固醇的“清扫机”，血浆 HDL 水平和心血管疾病的发生呈反相关。

案例分析

脂肪肝

脂肪肝发生的原因是由肝脏产生的脂肪不能及时运出肝脏，如 VLDL 的合成受到影响，脂肪在肝细胞内蓄积，肝细胞中含的大量的脂肪影响了肝细胞的功能，导致疾病的发生。引起脂肪肝的因素有很多，比如肝脏损伤、营养缺乏可导致肝脏脂蛋白合成减少，致使肝脂肪外运受阻；营养过剩则会使肝脏脂肪合成增加，超过了脂蛋白转运的能力。

二维码 8-1　保护动物

第九章

含氮小分子物质的代谢

- 含氮小分子物质的代射
  - 概述
    - 蛋白质的营养作用
      - 维持组织细胞的生长、修补和更新；转变为生理活性分子；氧化功能
    - 蛋白质的需要量
      - 氮平衡
        - 氮的总平衡/氮的正平衡/氮的负平衡
      - 蛋白质的最低需要量
      - 蛋白质的营养价值
        - 必需氨基酸
      - 饲料蛋白的添加原则
        - 互补法
  - 氨基酸的一般代谢
    - 来源和去路
      - 来源
        - 外源氨基酸
          - 饲料蛋白质消化吸收
        - 内源氨基酸
          - 体内蛋白质水解
      - 去路
        - 合成蛋白质和多肽/转化为含氮物质/供能
    - 氨基酸的脱氨基作用
      - 氧化脱氨基作用
        - 关键酶：*L*-谷氨酸脱氢酶
      - 转氨基作用
        - 关键酶：转氨酶
      - 联合脱氨基作用
        - 转氨基-氧化脱氨基作用的联合（肝/肾/脑）
        - 转氨基-嘌呤核苷酸循环的联合（骨骼肌/心肌）
    - 氨基酸的脱羧基作用
      - 关键酶：脱羧酶
  - 氨的代谢
    - 氨的来源
      - 氨基酸脱氨基作用
        - 主要来源
      - 其他含氮化合物分解
      - 消化道内氨的吸收
    - 氨的去路
      - 合成尿素随尿液排出
        - 哺乳动物
      - 合成难溶性尿酸
        - 家禽
      - 直接排入水环境
        - 淡水鱼
      - 重新合成氨基酸/其他含氮化合物
      - 以胺盐的形式直接排出体外
    - 氨的转运
      - 谷氨酰胺合成酶
        - 谷氨酰胺的运氨作用
      - 丙氨酸–葡萄糖循环
    - 尿素的生成
      - 合成器官
        - 肝脏（主要）
      - 反应过程
        - 鸟氨酸循环
      - 调节
        - 氨甲酰磷酸合成酶Ⅰ
      - 氨代谢失衡
        - 高血氨症、氨中毒
  - *α*-酮酸的代谢
    - 经氨基化生成氨基酸
      - 关键酶：转氧酶
    - 转变成糖和脂肪
    - 氧化分解
  - 个别氨基酸的代射
    - 一碳单位的代谢
      - 概念
      - 来源和转化
        - 由FH_4携带进行代谢和转运
    - 含硫氨基酸的代谢
      - 甲硫氨酸的代谢
        - 甲基供体：活性甲硫氨酸
        - 甲硫氨酸循环
      - 半胱氨酸和胱氨酸的代谢
    - 芳香族氨基酸的代谢
      - 苯丙氨酸和酪氨酸的代谢
      - 色氨酸的代谢
  - 核苷酸代谢
    - 分解代谢
      - 核酸的酶水解
        - 磷酸、戊糖、碱基
      - 嘌呤核苷酸的分解代谢
      - 嘧啶碱的分解代谢
    - 合成代谢
      - 嘌呤核苷酸
        - 从头合成
          - 原料：磷酸核糖、氨基酸、一碳单位和CO_2等
        - 补救合成
          - 利用现成的嘌呤碱或嘌呤核苷重新含成
      - 嘧啶核苷酸
        - 从头合成
          - 原料：磷酸核糖、氨基酸、一碳单位和CO_2等
        - 补救合成
          - 利用现成的嘧啶碱或嘧啶核苷重新合成
      - 脱氧核糖核苷酸的生物合成
        - 核糖核苷酸的还原
          - NDP脱氢生成dNDP
        - 胸腺嘧啶核苷酸的合成
          - dUMP甲基化合成dTMP

第一节 概 述

蛋白质和核酸是动物体内最重要的两类含氮生物大分子。氨基酸和核苷酸分别是蛋白质和核酸的基本组成单位,因而是最重要的两类含氮小分子物质。本章将重点讨论两者在动物细胞内的代谢。

一、蛋白质的营养作用

为了维持生存和正常的生长,动物必须从食物中不断地摄取蛋白质。蛋白质在动物体内的生理功能主要有 3 个方面。

(一)维持组织细胞的生长、修补和更新

蛋白质是参与构成畜禽组织细胞的主要成分,约占细胞干重的 50%。饲料必须提供足够数量与一定质量的蛋白质才能维持组织细胞的生长和增殖的需要。尤为重要的是,正在生长、发育期的幼畜和康复期的病畜应供给足量优质的蛋白质。

(二)转变为生理活性分子

除了参与蛋白质的合成外,许多氨基酸还用以合成催化体内化学反应的酶,调节体内代谢过程的某些激素以及防御微生物侵袭的抗体等,它们也都是蛋白质或其衍生物。

蛋白质在畜禽消化道中被消化酶分解成氨基酸,并吸收进入体内,以合成激素、酶类、转运蛋白、凝血因子和抗体等各种生理活性大分子。还有一些氨基酸可以转变成儿茶酚胺类激素、嘌呤、嘧啶和卟啉等多种具有生物活性的含氮小分子,其在畜禽体内代谢活动中发挥着重要作用,这些功能是其他营养物质所不能替代的。

(三)氧化供能

畜禽从饲料中摄取的蛋白质在体内可以氧化供能。1 g 的蛋白质在体内氧化分解可以产生 17.2 kJ 的能量,与 1 g 葡萄糖氧化供能相当。在一般的营养状况下,这种功能可由饲料中的糖和脂肪来承担。当摄入的蛋白质过量或摄入的蛋白质品质不佳时,它可氧化释能。

二、蛋白质的需要量

(一)氮平衡

畜禽从饲料摄入的蛋白质是否满足需要可根据氮平衡(nitrogen balance)试验来确定。蛋白质的含氮量约为 16%,食物中的绝大部分氮是在蛋白质中。因此,测得样品的含氮量乘以 6.25(或除以 16%),即可得出其所含粗蛋白质的大致含量。体内排出的绝大部分含氮废物是蛋白质代谢的产物,主要以尿和粪排出。尿中的排氮量代表着体内蛋白质的分解量,而粪中的排氮量代表着未吸收的蛋白质的质量。对泌乳和产蛋的动物还需测定由乳、蛋排出的氮量。氮平衡有 3 种情况:

1. 氮的总平衡

氮的总平衡是指摄入的氮量与排出的氮量相等,表示组织蛋白质的分解与合成处于平衡状态。正常成年畜禽(不包括孕畜)应处于这种情况。

2. 氮的正平衡

氮的正平衡是指摄入的氮量多于排出的氮量，表示组织蛋白质的合成量多于分解量，组织有所增长。正在生长的畜禽、妊娠母畜和恢复期病畜属于这种情况。

3. 氮的负平衡

氮的负平衡是指排出的氮量多于摄入的氮量，表示组织蛋白质的分解量多于合成量，组织蛋白质有所消耗。它常见于饥饿、营养不良或消耗性疾病等情况。

（二）蛋白质的最低需要量

对于正常成年动物而言，为了维持其氮的总平衡，每日必须摄入的蛋白质的量称为蛋白质的最低需要量。蛋白质的最低需要量常因畜禽的品种和生理状态等差异而有所不同，成人每日的蛋白质最低需要量为 30～50 g。

（三）蛋白质的营养价值

饲料中蛋白质的种类对蛋白质的最低需要量有很大影响，这是因为不同的蛋白质有不同的营养价值(nutrition value)。蛋白质的营养价值是指饲料蛋白质被动物机体合成组织蛋白质的利用率，即

$$\text{蛋白质的营养价值}=\frac{\text{氮的保留量}}{\text{氮的吸收量}}\times 100\%$$

不同蛋白质的营养价值不同的主要原因是它们含有的必需氨基酸(essential amino acid)的种类和数量有所差别。必需氨基酸是指动物体内不能合成或合成量不足，不能满足机体生理活动的需要，必须由日粮提供的一类氨基酸。而动物自身能够合成，不需要由日粮提供的氨基酸称为非必需氨基酸(non-essential amino acid)。10 种氨基酸是多数动物的必需氨基酸：3 种碱性氨基酸(赖氨酸、精氨酸和组氨酸)；3 种支链氨基酸(亮氨酸、异亮氨酸和缬氨酸)；2 种芳香氨基酸(苯丙氨酸、色氨酸)；1 种含硫氨基酸(甲硫氨酸)；1 种羟基氨基酸(苏氨酸)。反刍动物瘤胃内的微生物可以合成所有的 20 种氨基酸，故可提供体内所需的一部分必需氨基酸。

（四）饲料蛋白的添加原则——互补法

在畜禽饲养中，为了提高饲料蛋白质的营养价值，常把原来营养价值较低的不同蛋白质饲料混合使用，若配合适当，则必需氨基酸可以互相补充，这就称为饲料蛋白质的互补作用。例如，谷类蛋白质含赖氨酸较少而含色氨酸较多，有些豆类蛋白质含赖氨酸较多而含色氨酸较少。若把这两种饲料混合使用，就能在氨基酸组成上起到取长补短的作用，使之更适合动物体的需要，提高其营养价值。

第二节　氨基酸的一般代谢

一、动物体内氨基酸的来源和去路

动物体内氨基酸有 2 个来源：①饲料蛋白质在消化道中被蛋白酶水解后吸收的氨基酸，称为外源氨基酸。②体内蛋白质由组织蛋白酶水解产生或由其他物质合成的氨基酸，称为内源氨基酸。两者共同组成体内氨基酸代谢库，一起进行代谢。由于氨基酸不能自由地通过细胞膜，它们在体内的分布也是不均匀的。例如，肌肉中的氨基酸约占其代谢库的 50%以上，肝占 10%，肾占 4%，血浆占 1%～6%。由于肝、肾的体积较小，它们所含游离氨基酸的浓度高，氨基酸的代谢旺盛。

动物体内氨基酸有 3 个去向：①合成蛋白质和多肽。②某些氨基酸可通过特殊的代谢途径转变成各种具有重要生理活性的含氮物质，如嘌呤、嘧啶、卟啉和儿茶酚胺类激素等。③体内多余的氨基酸通常用于分解供能。氨基酸在体内的代谢概况如图 9-1 所示。

由于氨基酸都有 α-氨基和 α-羧基，氨基酸有一些共同的代谢途径，如脱氨基作用和脱羧基作用；不同氨基酸的 R 基不同，所以它们各具有其自己的分解方式。

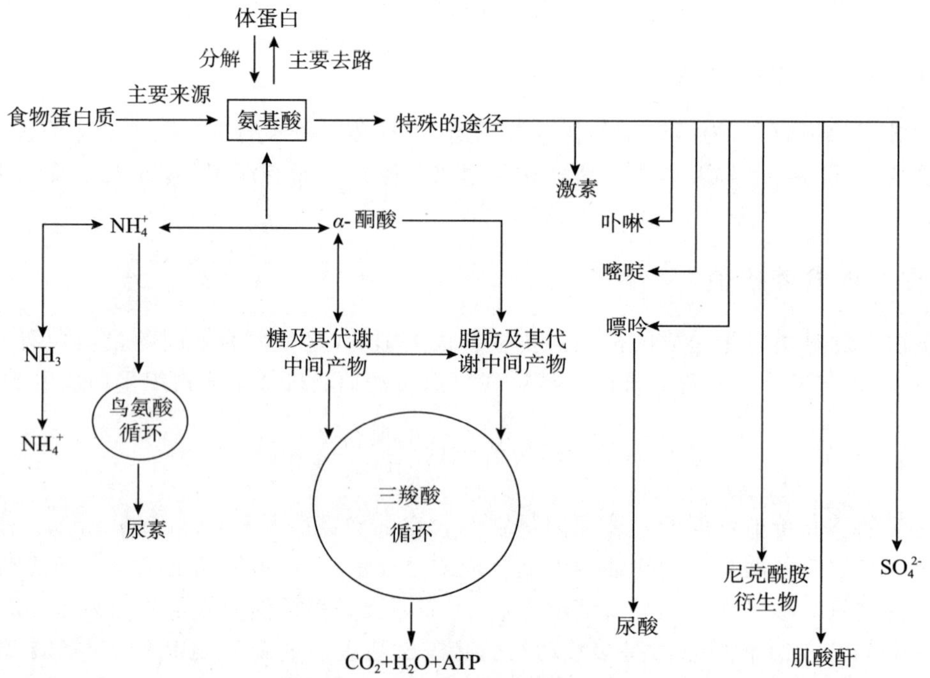

图 9-1　动物体内氨基酸的代谢概况

（邹思湘，2005）

二、氨基酸的脱氨基作用

在酶的催化下，氨基酸脱去氨基的作用称为脱氨基作用(deamination)。氨基酸脱氨基的方式有氧化脱氨基作用、转氨基作用和联合脱氨基作用。

(一)氧化脱氨基作用

氧化脱氨基作用是普遍存在于动物体内的一种脱氨基方式。已知在动物体内有 *L*-氨基酸氧化酶、*D*-氨基酸氧化酶、*L*-谷氨酸脱氢酶催化氨基酸的氧化脱氨基反应。其中 *L*-谷氨酸脱氢酶的作用最广，分布于动物的肝、肾和脑组织中。该酶是一种不需氧脱氢酶，其辅酶是 NAD^+ 或 $NADP^+$，有较强的活性，催化 *L*-谷氨酸氧化脱氨基生成 α-酮戊二酸和氨。该过程包括脱氢和水解 2 步反应，中间产物是一种亚氨基酸，反应式如下：

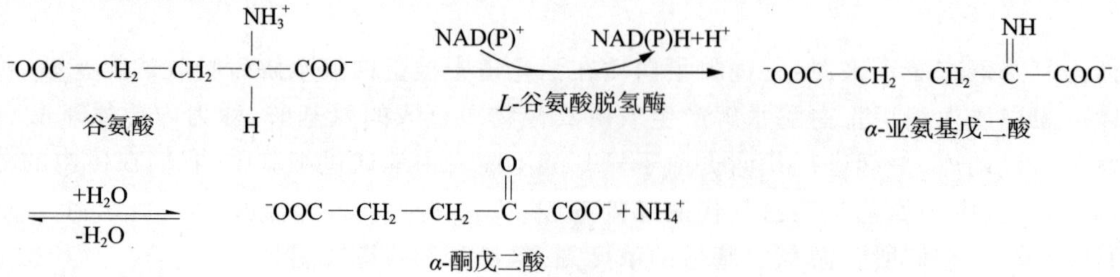

以上反应是可逆的，因此这一过程也是体内合成非必需氨基酸的重要途径。当谷氨酸浓度高而氨浓度低时，反应有利于 α-酮戊二酸的生成。L-谷氨酸脱氢酶由 6 个亚基组成，酶活性受到变构调节。GTP 和 ATP 是变构抑制剂，而 GDP 和 ADP 是变构激活剂。当细胞处于低能量水平时，谷氨酸加速氧化脱氨，产生出更多的 NAD(P)H 和 α-酮戊二酸，参与氧化供能。L-谷氨酸脱氢酶具有很高的专一性，只能催化 L-谷氨酸氧化脱氨基作用，所以单依靠此酶是不能使体内大多数氨基酸发生脱氨基作用的。

（二）转氨基作用

1. 转氨基作用

在转氨酶(transaminase)催化下，某一种氨基酸的 α-氨基转移到另一种 α-酮酸的酮基上，生成相应的 α-酮酸和氨基酸，这种作用称为转氨基作用(transamination)。在大多数情况下，接受氨基的 α-酮酸为 α-酮戊二酸。转氨基作用的反应通式如下：

L-氨基酸　　α-酮戊二酸　　α-酮酸　　L-谷氨酸

转氨基反应是可逆的，平衡常数近于 1。转氨基作用既是氨基酸的分解代谢过程，也是体内合成非必需氨基酸的重要途径。

2. 转氨酶

转氨酶又称氨基转移酶(aminotransferase)，不同氨基酸与 α-酮酸之间的转氨基作用只能由专一的转氨酶催化，所以体内存在着多种转氨酶。在各种转氨酶中，L-谷氨酸与 α-酮酸的转氨酶最为重要。如谷草转氨酶(glutamate oxaloacetate transaminase，GOT)和谷丙转氨酶(glutamate pyruvate transaminase，GPT)催化的氨基酸的转氨基反应如下：

$$\alpha\text{-酮戊二酸} + \text{天冬氨酸} \xrightleftharpoons{\text{GOT}} \text{谷氨酸} + \text{草酰乙酸}$$

$$\alpha\text{-酮戊二酸} + \text{丙氨酸} \xrightleftharpoons{\text{GPT}} \text{谷氨酸} + \text{丙酮酸}$$

转氨酶的辅酶是磷酸吡哆醛，它是维生素 B_6 的磷酸酯，结合于转氨酶活性中心的赖氨酸的 ε-氨基上，其功能是传递氨基。它的作用机理是磷酸吡哆醛和磷酸吡哆胺可以相互转变。首先，磷酸吡哆醛与供体氨基结合，形成席夫碱(Schiff base)；其次，席夫碱进行分子重排发生异构化，再水解生成磷酸吡哆胺和相应的 α-酮酸，实现氨基的最终转移(图 9-2)。

在正常情况下，转氨酶主要分布在细胞内，血清中的活性很低。在各种组织中，以心脏和肝脏中的活性为最高。当这些组织细胞受损时，大量的转氨酶逸入血液，导致血清中的转氨酶活性升高。例如，当患急性肝炎时，血清中的 GPT 活性明显上升；当心肌梗死时，血清中的 GOT 活性明显上升，临床上可用来协助诊断。

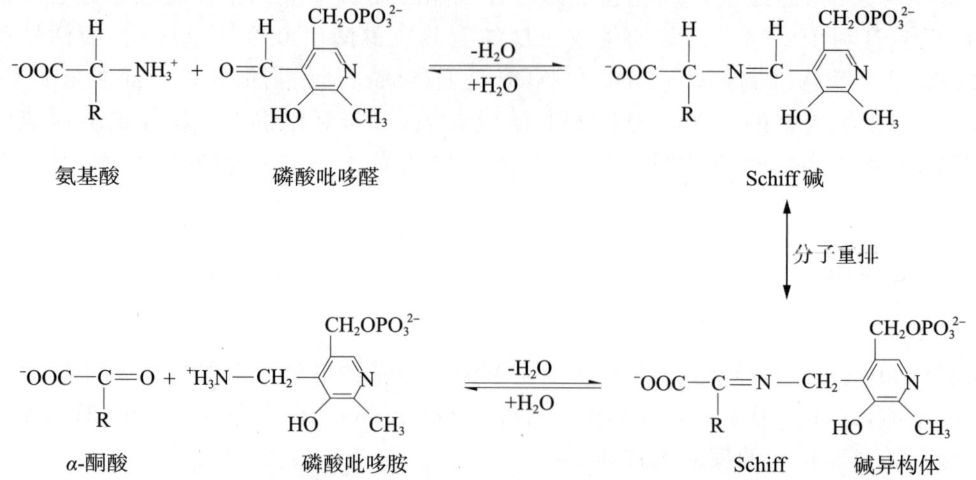

图 9-2　转氨酶的作用机制

（邹思湘，2005）

（三）联合脱氨基作用

1. 转氨基-氧化脱氨基作用的联合

这是一种将氨基酸的转氨基作用和 *L*-谷氨酸氧化脱氨基作用偶联在一起进行的脱氨反应过程，是体内大多数氨基酸脱氨的主要方式。该种脱氨基作用主要在肝脏和肾脏中进行，基本过程如图 9-3 所示。

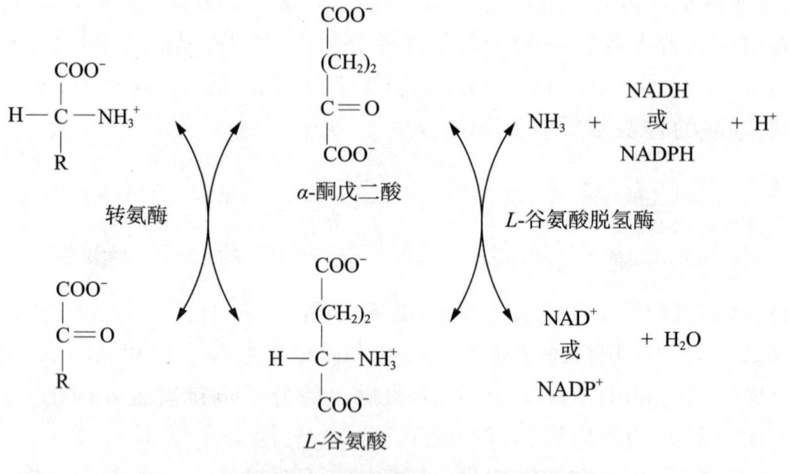

图 9-3　转氨基-谷氨酸氧化作用的联合脱氨基

2. 转氨基-嘌呤核苷酸循环的联合

骨骼肌和心肌中存在另一种形式的联合脱氨基作用，也称为嘌呤核苷酸循环（purine nucleotide cycle）。其反应过程：①通过转氨基作用生成谷氨酸；②由谷草转氨酶催化，草酰乙酸接受谷氨酸的氨基生成天冬氨酸；③天冬氨酸与次黄嘌呤核苷酸（IMP）反应生成腺苷酸代琥珀酸，该反应由腺苷酸代琥珀酸合成酶催化，需 GTP、Mg^{2+} 参加；④腺苷酸代琥珀酸裂解为腺嘌呤核苷酸（AMP）和延胡索酸，催化反应的酶是腺苷酸代琥珀酸裂解酶；⑤AMP 经腺苷酸脱氨酶的催化，水解再转变为 IMP 和游离的 NH_3。反应中的 IMP 可以再参加循环，延胡索酸可再转变为草酰乙酸。其反应过程如图 9-4 所示。

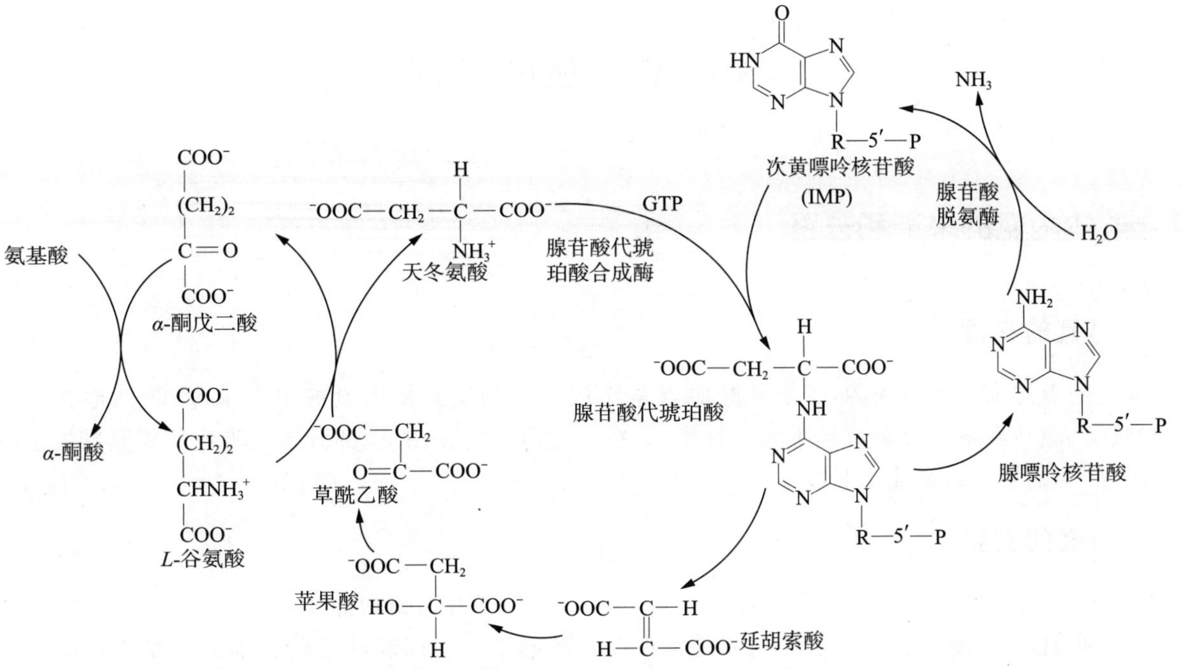

图 9-4　嘌呤核苷酸循环的联合脱氨基过程

(邹思湘,2005)

三、氨基酸的脱羧基作用

氨基酸在脱羧酶(decarboxylase)的作用下脱去羧基产生二氧化碳和胺,这一过程称为氨基酸的脱羧基作用(decarboxylation)。

肝、肾、脑和肠的细胞中都有各种氨基酸脱羧酶,磷酸吡哆醛也是脱羧酶的辅酶。畜禽体内在正常情况下只有少量的氨基酸通过脱羧基作用产生胺,其中大多数氨基酸具有特殊的生理功用(表 9-1)。绝大多数胺类对动物是有毒的。体内广泛存在的胺氧化酶能将这些胺类氧化脱氨成相应醛类,醛再经醛氧化酶催化生成羧酸,从而避免胺类在体内蓄积。胺氧化酶和醛氧化酶都属于需氧脱氢酶类,它们的辅基都是 FAD,脱氢产物为 H_2O_2,后者可被过氧化氢酶迅速分解为 H_2O 和 O_2 或被过氧化物酶转化利用。

表 9-1　动物机体中一些胺类的来源及功能

来源	胺类	功能
谷氨酸	γ-氨基丁酸	抑制性神经递质
半胱氨酸→→磺基丙氨酸	牛磺酸	形成牛磺胆汁酸,促进脂类消化
组氨酸	组胺	血管舒张剂,促进胃液分泌
色氨酸→5-羟色氨酸	5-羟色胺	抑制性神经递质,具有缩血管作用
鸟氨酸、精氨酸	腐胺、精胺等	促进细胞增殖

第三节　氨的代谢

一、体内氨的来源和去路

(一)氨的来源

体内的氨主要有 4 个来源:①氨基酸脱氨基作用产生的氨是体内氨的主要来源;②其他含氮化合物,如胺类、嘌呤和嘧啶分解也能生成少量氨;③在消化道细菌作用下,部分未被吸收的氨基酸发生脱氨基作用,产生的氨可被消化道吸收。

(二)氨的去路

氨是有毒化合物,脑组织对氨尤为敏感,血氨浓度升高可引起脑功能紊乱,严重时会引起因中毒而死亡。只有氨的含量维持在很低水平,才能保证动物的健康。不同动物氨的排泄途径是不同的。它的主要去路:①哺乳动物合成可溶性无毒的尿素,最终从尿中排出体外;②禽类和陆生爬行动物合成难溶性尿酸;③淡水鱼和海洋脊椎动物可直接把氨排入环境的水中;④重新合成氨基酸,通过脱氨基作用的逆反应,氨与 α-酮酸作用生成氨基酸;⑤参与合成嘌呤、嘧啶等其他重要含氮化合物;⑥氨可以在动物体内形成无毒的谷氨酰胺,这是运输氨和贮存氨的方式;⑦在肾脏生成 NH_4^+,以胺盐的形式直接排出体外。

二、氨的转运

机体内产生的氨主要以谷氨酰胺和丙氨酸 2 种方式进行运输。

(一)谷氨酰胺的运氨作用

在谷氨酰胺合成酶催化下,谷氨酸和氨结合生成谷氨酰胺,该反应消耗能量,并需要有 Mg^{2+} 参与。其反应如下:

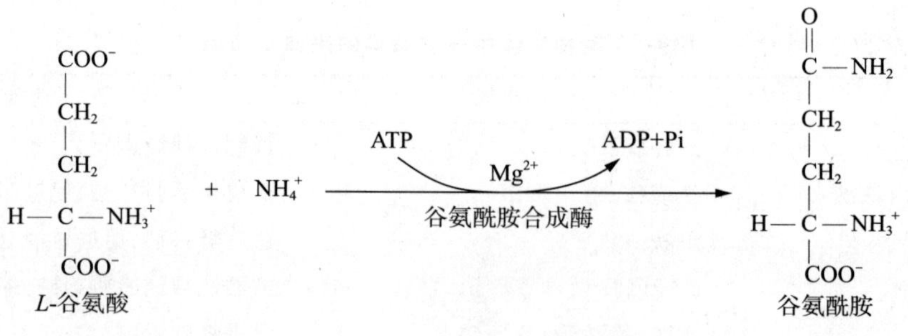

谷氨酰胺是中性无毒的氨基酸,而且易通过细胞膜,是体内迅速解除氨毒的一种方式,也是氨的贮存及运输形式。通过谷氨酰胺,肌肉、脑等组织产生的氨可运至肝脏和肾脏。随血液运至肝中的谷氨酰胺将氨释出,以合成尿素;运至肾中的谷氨酰胺将氨释出,直接随尿排出。催化谷氨酰胺分解的酶为谷氨酰胺酶,其反应如下:

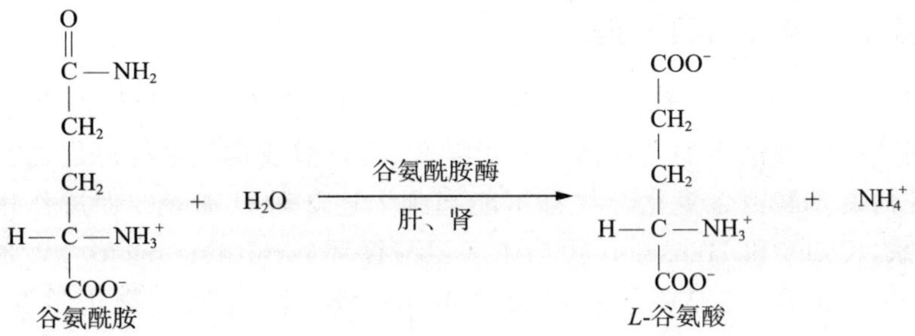

(二)丙氨酸-葡萄糖循环

在肌肉组织中,由糖酵解产生的丙酮酸通过转氨基作用生成丙氨酸。经血液运输到肝脏,在肝中通过联合脱氨基作用释放出氨,用于尿素的合成,重新生成的丙酮酸异生为葡萄糖,生成的葡萄糖由血液又回到肌肉。这种丙氨酸和葡萄糖反复地在肌肉和肝脏之间进行氨的转运,称为丙氨酸-葡萄糖循环(alanine-glucose cycle),反应过程如图 9-5 所示。通过这个循环,肌肉中的氨能以无毒的丙氨酸形式运到肝脏;肝脏又为肌肉提供了生成丙酮酸的葡萄糖。

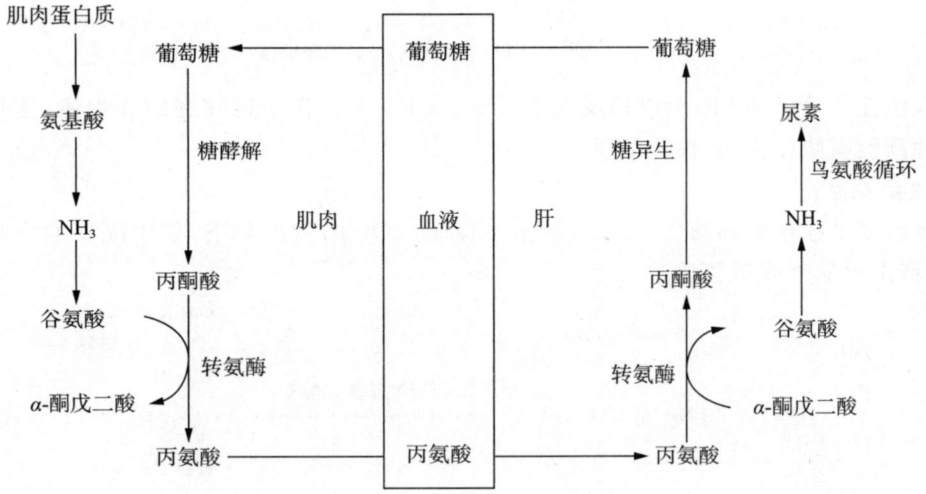

图 9-5　丙氨酸-葡萄糖循环途径

三、尿素的生成

尿素是肝脏中由鸟氨酸循环中一系列酶催化形成的。合成的尿素进入血液,再由血液运输到肾脏,从尿中排出。

(一)肝是尿素合成的主要器官

在哺乳动物体内氨的主要去路是合成尿素排出体外。实验证明,切除了肝脏的狗的血液和尿中的尿素显著减少,而血氨增高;如果将狗的肾切除,保留肝,血液中的尿素浓度就会明显升高,但不能排出;如果将狗的肝和肾都切除,则血液中只有低水平的尿素,而血氨显著增加。可见,肝脏是哺乳动物尿素合成的主要器官。肾、脑等其他组织虽然能合成尿素,但合成量甚微。

(二)鸟氨酸循环学说的实验根据

氨转变为尿素是一个循环性的代谢反应过程。1932 年，H. Krebs 和他的学生 K. Henseleit 观察到，往悬浮有肝脏切片的缓冲液中加入任何一种鸟氨酸、瓜氨酸或精氨酸都可促进肝脏切片显著加快尿素的合成，而其他任何氨基酸或含氮化合物都不能起到上述 3 种氨基酸的促进作用。通过研究前述 3 种氨基酸的结构关系，Krebs 和 Henseleit 提出了鸟氨酸循环(ornithine cycle)，又称尿素循环(urea cycle)或 Krebs-Henseleit 循环。这是除了三羧酸循环以外，Krebs 等对生物化学发展所做的又一重大贡献。

(三)鸟氨酸循环的反应过程

尿素生成的循环反应过程可概括为以下 4 个步骤。

1. 氨甲酰磷酸的生成

在线粒体中，氨、CO_2 和 ATP 在氨甲酰磷酸合成酶Ⅰ(carbamoyl phosphate synthetase Ⅰ，CPS-Ⅰ)的催化下，合成氨甲酰磷酸。该酶特异地利用氨作为氮源，*N*-乙酰谷氨酸是该酶的变构激活剂。

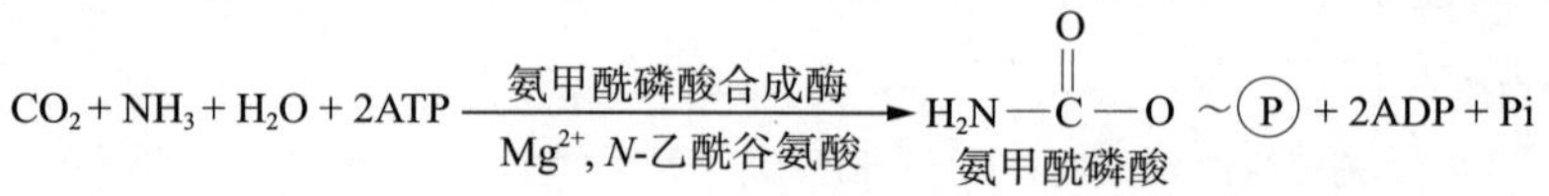

由于反应消耗 2 分子 ATP，所以该反应不可逆。CPS-Ⅰ存在于肝细胞的线粒体，催化生成的氨甲酰磷酸是一种高能磷酸化合物，性质活泼。

2. 瓜氨酸的生成

在线粒体内氨甲酰基转移酶(carbamoyl transferase，OCT)的催化下，氨甲酰磷酸将其氨甲酰基转移给鸟氨酸，释出磷酸生成瓜氨酸。

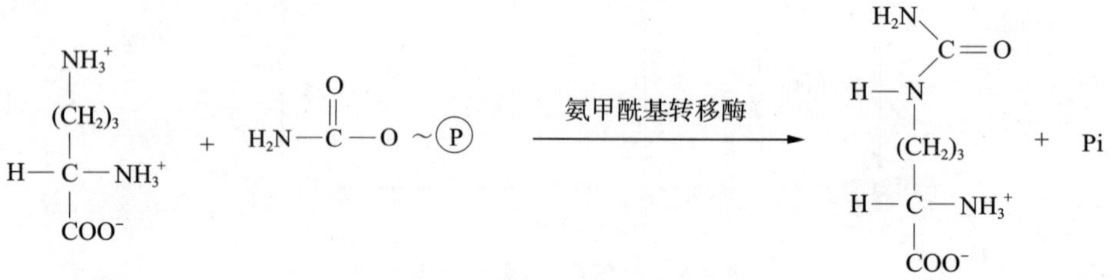

鸟氨酸　　　瓜氨酸

反应中的鸟氨酸是在胞液中生成并通过线粒体膜上特异的转运系统转移至线粒体内的。

3. 精氨酸的生成

瓜氨酸在线粒体内形成后即转移至胞液中。由瓜氨酸生成精氨酸的反应分 2 步进行。第一步反应是与天冬氨酸结合生成精氨琥珀酸，该反应由精氨琥珀酸合成酶(argininosuccinate synthase)催化，该酶是鸟氨酸循环途径的限速酶。在反应过程中，需要 ATP 提供能量(消耗 2 个高能磷酸键)及 Mg^{2+} 参与。其反应式如下：

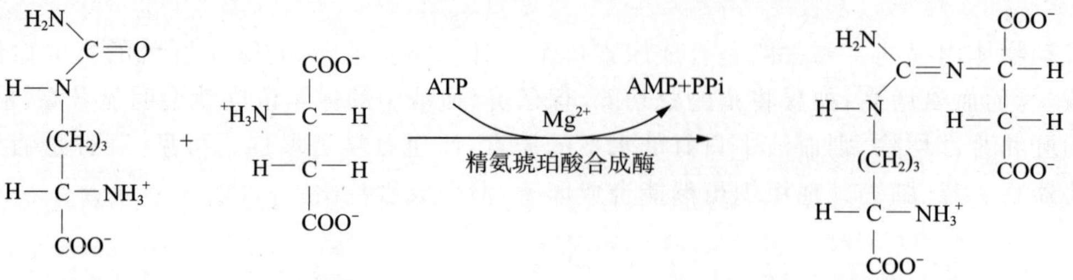

瓜氨酸　　　天冬氨酸　　　精氨琥珀酸

第二步反应是在精氨琥珀酸裂解酶(argininosuccinase 或 argininosuccinatelyase)的催化下,精氨琥珀酸分解为精氨酸和延胡索酸。

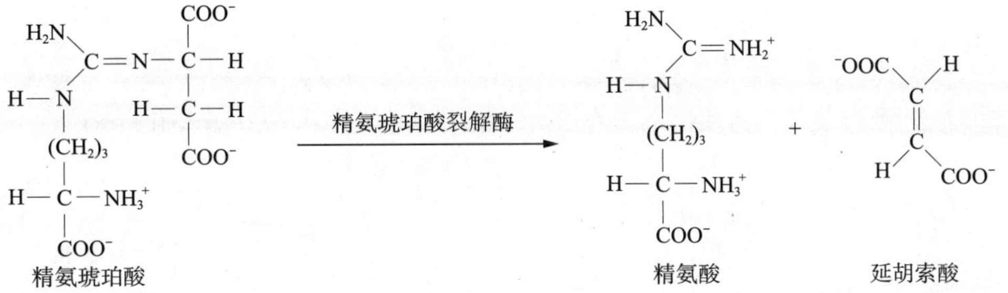

从上面 2 步反应可见,天冬氨酸起了氨基供给体的作用。

4. 精氨酸的水解

在胞液中,精氨酸水解生成尿素和鸟氨酸。催化水解反应的精氨酸酶(arginase)存在于哺乳动物体内,尤其在肝脏中有很高的活性。鸟氨酸可通过线粒体内膜上的载体转运进入线粒体,再次参与循环;尿素则排出体外。精氨酸的水解反应如下:

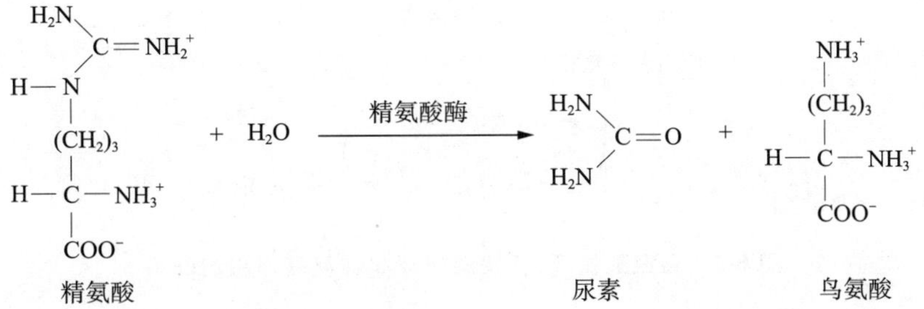

综合上述过程,尿素合成的总反应可归结为:

$$CO_2+NH_3+3ATP+\text{天冬氨酸}+2H_2O \longrightarrow H_2N-\overset{\overset{\displaystyle O}{\|}}{C}-NH_2+2ADP+AMP+PPi+2Pi$$

生成 1 分子尿素实际上可清除 2 分子氨基氮及 1 分子二氧化碳。尿素是中性无毒物质,因此合成尿素不仅可以解除氨的毒性,还可以减少由体内 CO_2 溶于血液所造成的酸性。

尿素的合成需消耗能量,每生成 1 分子的尿素,需水解 3 分子 ATP 中的 4 个高能磷酸键,其中 2 分子 ATP 用于氨甲酰磷酸的生成,1 分子 ATP 用于精氨酸的生成,消耗了其中 2 个高能磷酸键。

(四)天冬氨酸的再生成

在鸟氨酸循环过程中,天冬氨酸不断被消耗转变为延胡索酸。延胡索酸可以经过三羧酸循环转化为苹果酸,苹果酸再氧化成草酰乙酸,后者可再与谷氨酸进行转氨基反应,重新生成天冬氨酸。而谷氨酸又可通过其他的各种氨基酸把氨基转移给 α-酮戊二酸生成,因此其他的各种氨基酸的氨基可以通过天冬氨酸的形式用于合成尿素。天冬氨酸和延胡索酸把尿素循环、三羧酸循环和转氨基作用联系起来,反应过程如图 9-6 所示。

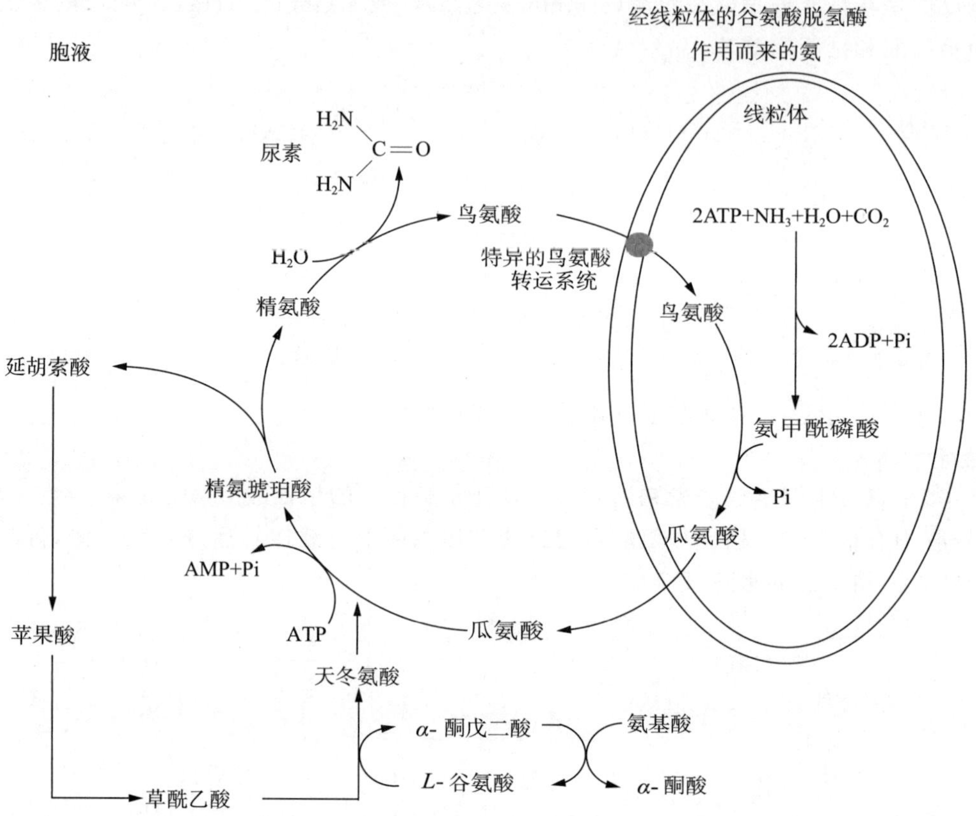

图 9-6 鸟氨酸循环、三羧酸循环和转氨基作用的联系

(五)尿素合成的调节

肝细胞线粒体内氨甲酰磷酸合成酶Ⅰ催化尿素循环关键的第一步反应,它被 *N*-乙酰谷氨酸变构激活。这个代谢物是谷氨酸在 *N*-乙酰谷氨酸合酶的催化下与乙酰 CoA 合成的。

肝脏中的尿素生成的速度实际上与这个 *N*-乙酰谷氨酸合酶(*N*-acetylglutamate synthase)的浓度直接相关。当氨基酸分解加强时,所产生过多的氨必须排出体外。此时,由转氨基作用生成的谷氨酸在细胞中的浓度增加。作为氨基酸代谢加强的化学信号,它促进了 *N*-乙酰谷氨酸的合成增加,进一步激活氨甲酰磷酸合成酶Ⅰ,推动尿素循环进行。

(六)高血氨症和氨中毒

在正常情况下,血氨的来源与去路能保持动态的平衡。氨在肝脏中合成尿素是维持这个平衡的关键。当肝功能严重受损时,尿素的合成就会发生障碍,血中的尿素减少,血氨浓度升高,进入脑组织的氨也会增加。在脑组织中,氨与 α-酮戊二酸结合生成谷氨酸,并进一步形成谷氨酰胺而解毒,这样就消耗了脑中大量的 α-酮戊二酸。α-酮戊二酸是三羧酸循环的中间产物,它的减少会使三羧酸循环不能正常进行,ATP 生成减少,能量供应不足会高度损伤脑。肝脏中的尿素的合成是除去氨的主要途径。尿素循环的任何一个步骤出问题都有可能产生疾病,例如,高血氨症(hyperammonemia)遗传病患者血液中的氨水平就明显增高。如果完全缺少尿素循环中某一个酶,在出生不久就会昏迷和死亡。如果是部分缺乏,则会引起智力发育迟缓、嗜睡和经常呕吐。

案例分析

尿素中毒

尿素中毒是指家畜因过量喂饲尿素添加剂或误食大量尿素化肥而引起的中毒。尿素是哺乳动物蛋白质分解代谢的终产物，也是一种含氮量达45%以上的优质化肥。由于反刍动物瘤胃中的微生物能通过脲酶将尿素水解为二氧化碳和氨，再胺化酮酸形成微生物蛋白质，以供动物机体消化、吸收和利用，因此在牛、羊等反刍动物生产养殖过程中常利用尿素作为蛋白质补充。如果喂量过多或大量误食，瘤胃内尿素就会分解释放出大量氨，并超过瘤胃微生物合成氨基酸和蛋白质的限度，从而导致氨大量进入血液并超过肝脏的解毒能力而中毒。

第四节　α-酮酸的代谢

在20种氨基酸经脱氨基作用后，大部分生成相应的α-酮酸。虽然它们的具体代谢途径各不相同，但其都具有下列3种去路。

一、经氨基化生成氨基酸

由于转氨基作用和*L*-氨基酸氧化脱氨基作用都是可逆的，所以α-酮酸可以通过脱氨基作用的逆反应而氨基化，生成其相应的氨基酸。这也是动物体内合成非必需氨基酸的主要方式。

有些α-酮酸不能由其他物质(如糖或脂肪)生成，只能由其相应的氨基酸生成，例如，苯丙酮酸只能由苯丙氨酸生成。虽然由苯丙氨酸生成的苯丙酮酸可再转变为苯丙氨酸，但不能增加体内苯丙氨酸的量。这样的氨基酸在体内是不能净合成的，必须从日粮中获得，因而是必需氨基酸。另一些α-酮酸(如丙酮酸、草酰乙酸和α-酮戊二酸等)是可以由其他物质(主要是糖)合成的，所以这些酮酸经氨基化生成的氨基酸(如丙氨酸、天冬氨酸和谷氨酸等)可在体内合成，而不必须从日粮中获得，因而是非必需氨基酸。

二、转变成糖和脂肪

当体内不需要将α-酮酸再合成氨基酸，并且体内的能量供给又极充足时，α-酮酸可分别转变成糖或脂肪，这已为动物实验所证明。因此，把在动物体内可以转变成葡萄糖的氨基酸称为生糖氨基酸，包括甘氨酸、丙氨酸、丝氨酸、苏氨酸、半胱氨酸、天冬氨酸、天冬酰胺、甲硫氨酸、缬氨酸、精氨酸、谷氨酸、谷氨酰胺、脯氨酸和组氨酸；能转变为酮体者称为生酮氨基酸，包括亮氨酸和赖氨酸；两者兼有者称为生糖兼生酮氨基酸，包括色氨酸、苯丙氨酸、酪氨酸和异亮氨酸。

在动物体内，糖是可以转变成脂肪的，因此生糖氨基酸也必然能转变为脂肪。在生酮氨基酸转变为酮体后，酮体可转变为乙酰CoA，然后进一步转变成脂酰CoA，再与α-磷酸甘油合成脂肪。所需的α-磷酸甘油由生糖氨基酸或葡萄糖提供。由于乙酰CoA在体内不能转变为糖，所以生酮氨基酸是不能异生成糖的。除了完全生酮的亮氨酸和赖氨酸以外，其余的氨基酸脱去氨基后的代谢物是三羧酸循环的中间产物和丙酮酸，它们能沿着糖异生途径，转变成磷酸烯醇式丙酮酸，然后再转变成葡萄糖。

三、氧化分解

氨基酸脱氨基后产生的α-酮酸是氨基酸分解供能的主要部分。在20种氨基酸脱氨基后，余下的碳骨架分别进一步转化形成 7 种主要的代谢中间物:丙酮酸、乙酰 CoA、乙酰乙酰 CoA、α-酮戊二酸、琥珀酰 CoA、延胡索酸和草酰乙酸,所以都能经三羧酸循环彻底氧化供能。从图 9-7 可以清楚地看到氨基酸链碳骨架的代谢走向。

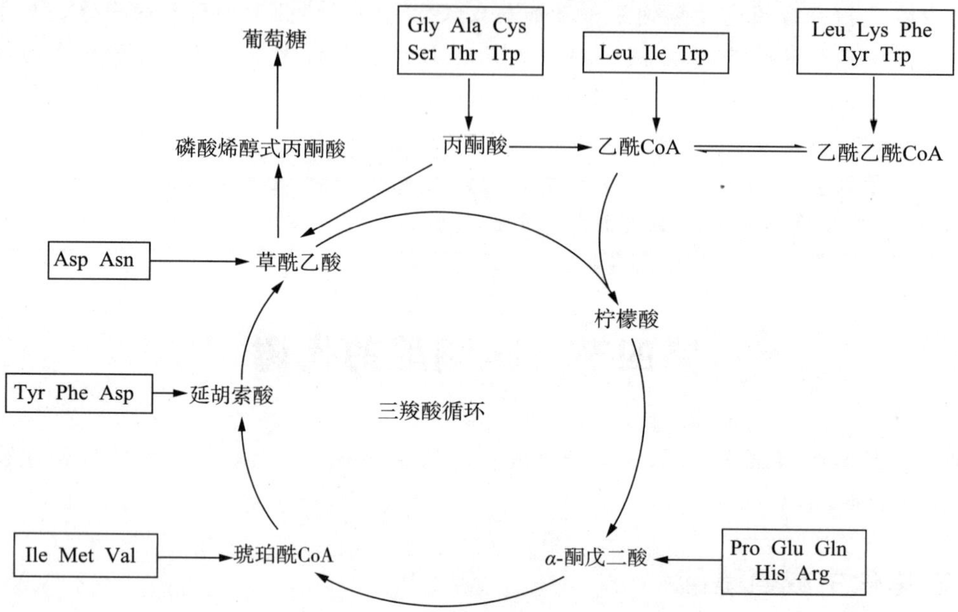

图 9-7 氨基酸碳链骨架的代谢走向

(邹思湘,2005)

综上所述,氨基酸的代谢与糖和脂肪的代谢密切相关。氨基酸可转变成糖或脂肪;糖也可转变成脂肪及多数非必需氨基酸的碳骨架部分;三羧酸循环不仅是糖、脂肪和蛋白质彻底氧化分解的共同途径,也是这些物质相互转变、相互联系的枢纽。

第五节 个别氨基酸的代谢

每个氨基酸都还有其特殊的代谢途径,且在途径之间以及其他代谢物之间存在密切的联系。下面仅将若干在动物体内有重要生理意义的氨基酸代谢做简要介绍。

一、一碳单位的代谢

(一)概念

在代谢的过程中,某些化合物可分解产生含有 1 个碳原子的基团(不包括羧基),称为一碳单位(one carbon unit)或一碳基团。生物体内的一碳单位有多种形式,如甲基($—CH_3$)、亚甲基($—CH_2—$)、次甲基($—CH=$)、亚氨甲基($—CH=NH$)、甲酰基(—CHO)、羟甲基($—CH_2OH$)等。它们的转移和代谢统称为一碳单位的代谢。二氧化碳不属于一碳单位。

(二)一碳单位的来源和转化

一碳单位不能游离存在,常被一碳单位转移酶的辅酶——四氢叶酸(FH_4或 THF)携带进行代谢和转运。四氢叶酸分子中的第 5 位和第 10 位氮原子是携带一碳单位的位置。在 FH_4的前面标以 N^5、N^{10}

字样，即表示其携带一碳单位的位置。

一碳单位是许多氨基酸如色氨酸、甘氨酸、丝氨酸、组氨酸和甲硫氨酸等代谢过程中的产物，还参与嘌呤和嘧啶以及 S-腺苷甲硫氨酸的生物合成，是生物体内各种化合物甲基化的甲基来源，因而一碳单位代谢在联系氨基酸、核酸及核苷酸代谢方面起着重要作用。与四氢叶酸相关的各类一碳单位可以相互转变，反应过程见图 9-8。

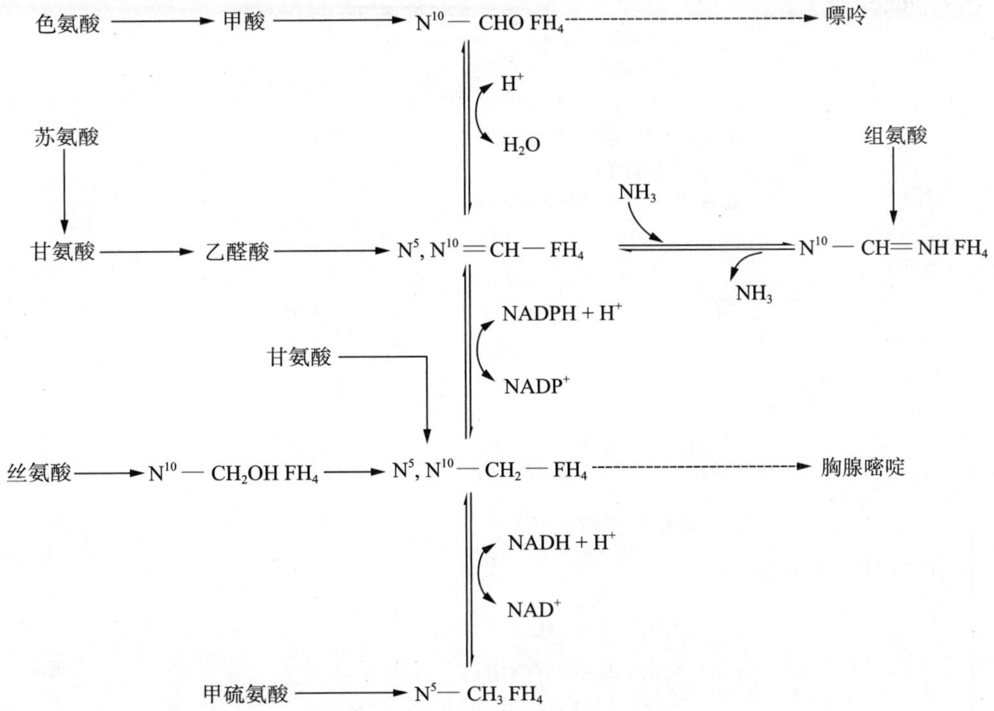

图 9-8　氨基酸产生的一碳单位及其相互转变

某些药物可以通过抑制四氢叶酸的正常合成，干扰一碳单位在氨基酸及核酸代谢中的运转，抑制细菌和肿瘤细胞的代谢活动而发挥其药理作用，如磺胺类、氨甲蝶呤(抗癌药物)

二、含硫氨基酸的代谢

体内的含硫氨基酸有 3 种：甲硫氨酸、半胱氨酸和胱氨酸。这三者的代谢是互有联系的，甲硫氨酸可转变为半胱氨酸和胱氨酸，半胱氨酸和胱氨酸可以互变，后两者不能转变为甲硫氨酸，所以甲硫氨酸是必需氨基酸。

(一)甲硫氨酸的代谢

1. 甲硫氨酸的转甲基作用

甲硫氨酸是动物体内最重要的甲基供给体，参与肾上腺素、肌酸、胆碱、肉碱的合成和核酸甲基化过程。但是甲硫氨酸在转移甲基前必须在 ATP 的参与下先形成 S-腺苷甲硫氨酸(*S*-adenoeylmethionine，SAM)，SAM 中的甲基称为活性甲基，SAM 为活性甲硫氨酸。

2. 甲硫氨酸循环

甲硫氨酸先将甲基转移给某个甲基受体，自身转变为 S-腺苷高半胱氨酸，然后在 N^5-CH_3FH_4 转甲基酶的作用下，获得甲基重新生成甲硫氨酸，形成一个循环过程，称为甲硫氨酸循环(methionine cycle)。在该循环过程中，维生素 B_{12} 与四氢叶酸需要参与。高半胱氨酸可与丝氨酸反应生成半胱氨酸和高丝氨酸(图 9-9)。

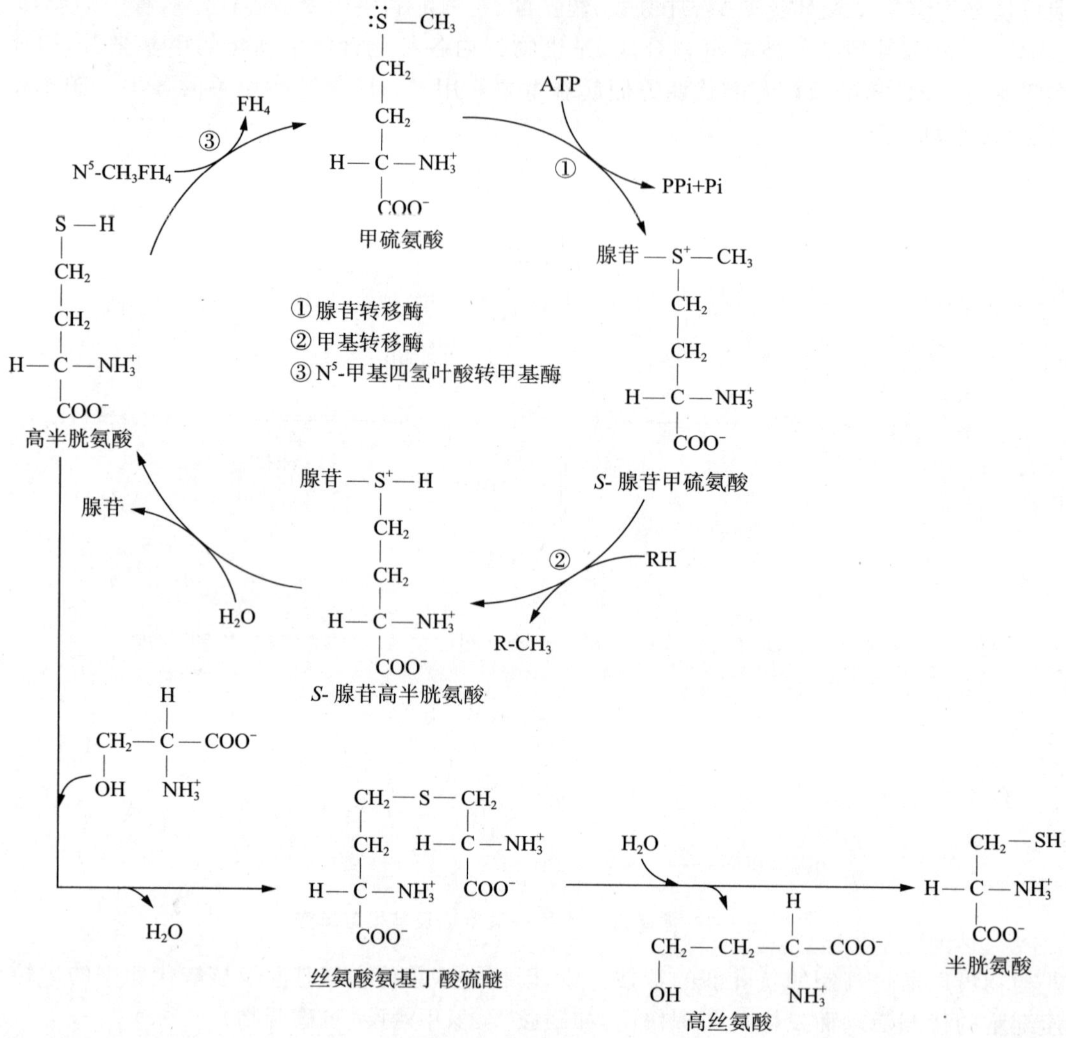

图 9-9 甲硫氨酸循环

尽管上述反应可以生成甲硫氨酸,但是体内不能合成高半胱氨酸,它只能来自甲硫氨酸,所以实际上甲硫氨酸仍然不能合成,必须由饲料供给。

该循环的意义是由 N^5-CH_3FH_4 供给甲基合成甲硫氨酸,再通过循环生成 SAM,由 SAM 直接提供甲基,以进行体内广泛的甲基化反应。因此 N^5-CH_3FH_4 可看成是体内甲基的间接供体。

(二)半胱氨酸与胱氨酸的代谢

1. 代谢过程

半胱氨酸含有巯基(—SH),而胱氨酸含有二硫键(—S—S—),二者可以相互转化。半胱氨酸在体内分解时有几条途径:①直接脱去巯基和氨基,生成丙酮酸、NH_3 和 H_2S。H_2S 再经氧化生成 H_2SO_4;②巯基氧化成亚磺基,然后脱去氨基和亚磺基,最后生成丙酮酸和亚硫酸,后者经氧化后可变为 H_2SO_4;③半胱氨酸的另一代谢产物是牛磺酸,它是胆汁酸盐的组成成分,胆汁酸盐有助于促进脂类的消化吸收;④半胱氨酸也是合成谷胱甘肽(glutathion)的原料。谷胱甘肽是由谷氨酸、半胱氨酸和甘氨酸所组成的三肽,它的生物合成不需要编码的 RNA,而与一个称之为"γ-谷氨酰基循环"的氨基酸转运系统相联系。

2. 硫酸的代谢

半胱氨酸是体内硫酸根的主要来源。产生的硫酸根一部分以无机盐形式随尿排出，另一部分经ATP活化生成活性硫酸根，即3′-磷酸腺苷-5′-磷酸硫酸(PAPS)。性质比较活泼的PAPS可使某些物质形成硫酸酯。例如，类固醇激素可形成硫酸酯而被灭活，一些外源性酚类化合物也可以通过形成硫酸酯而排出体外。这些反应在肝脏生物转化作用中有重要意义。

三、芳香族氨基酸的代谢

芳香族氨基酸包括苯丙氨酸、酪氨酸和色氨酸。苯丙氨酸在体内可转变成酪氨酸。

(一)苯丙氨酸和酪氨酸的代谢

在正常情况下，苯丙氨酸经苯丙氨酸羟化酶催化转变为酪氨酸。该反应不可逆，即酪氨酸不能转变为苯丙氨酸，然后通过酪氨酸的代谢途径进行代谢(图9-10)。

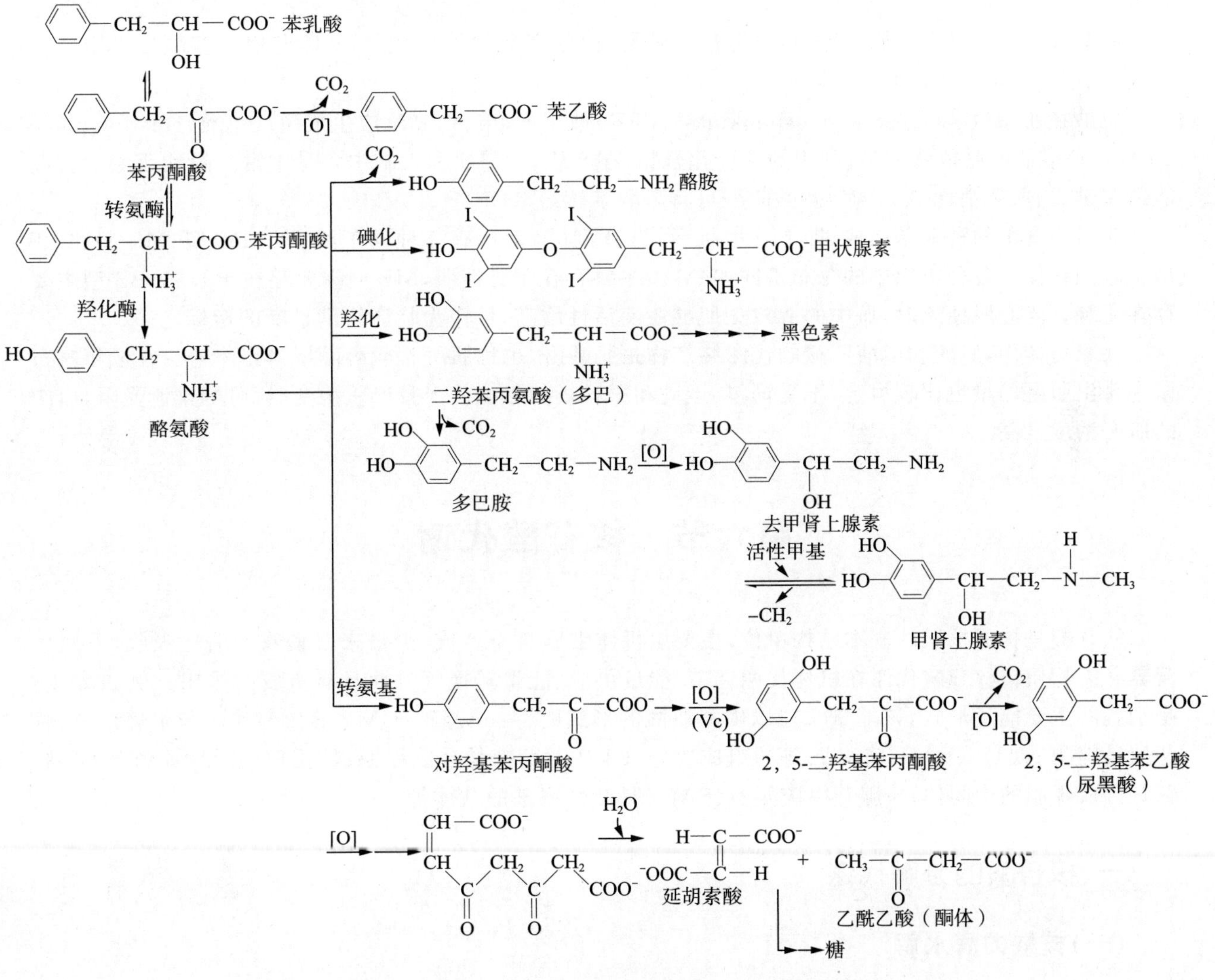

图9-10　苯丙氨酸和酪氨酸的代谢途径

如果苯丙氨酸和酪氨酸代谢发生障碍，这些疾病就可出现：①当先天缺乏苯丙氨酸羟化酶时，患儿体内苯丙氨酸堆积，经转氨变为苯丙酮酸、苯乳酸及苯乙酸，这些产物在体内积存或由尿排出，引起苯丙酮酸尿症，造成患儿智力发育障碍；②如果人体先天性缺乏酪氨酸酶，则黑色素合成就会发生障碍，皮肤、毛发等发白，称为白化病；③当尿黑酸酶缺乏时，尿黑酸的进一步分解就会受阻，可出现尿黑酸症，这也是一种人类遗传病。

（二）色氨酸的代谢

色氨酸经过羟化和脱羧作用后，转变成5-羟色胺，其生理作用是使血管收缩和血压升高。它也是神经递质。色氨酸代谢失调可引起神经系统的功能障碍。

色氨酸通过脱氨作用后可以进入不同途径，生成不同产物：①氧化脱羧最后生成吲哚乙酸从尿中排出；②通过色氨酸加氧酶作用，生成一碳单位（一碳基团）。③分解可转变为丙氨酸和乙酰乙酸，所以色氨酸也是生糖兼生酮氨基酸；④也能在体内转变成烟酸（维生素 B_5），但远不能满足机体的需要。

四、肌酸和肌酐的代谢

肌酸（creaine）是甲基胍乙酸，以甘氨酸为骨架，由精氨酸提供咪唑基、*S*-腺苷甲硫氨酸提供甲基而合成。肝脏是合成肌酸的主要器官。

肌酸在肌酸激酶（creatine phosphokinase，CPK）催化下，与 ATP 反应生成磷酸肌酸（creatine phosphate），磷酸肌酸是能量贮备、利用的重要化合物，在心肌、骨骼肌和大脑中含量丰富。磷酸肌酸含有高能磷酸键，当肌肉消耗 ATP 时，磷酸肌酸可将磷酸基转给 ADP 生成 ATP。

肌酸激酶由两种亚基组成，即 M 型（肌型）与 B 型（脑型），有 3 种同工酶，即 MM 型、MB 型和 BB 型。它们在体内各种组织中的分布不同，MM 型主要存在于骨骼肌，MB 型主要存在于心肌，BB 型主要存在于脑。当心肌梗死时，血中的 MB 型肌酸激酶活性增高，可作为临床辅助诊断的指标之一。

在家畜体内，肌酸和磷酸肌酸的代谢终产物是肌酸酐，也称肌酐。肌酐随尿排出体外。在成年家畜尿中排出肌酐的量也比较恒定，不受饲料、运动和尿容量的影响。当肾严重病变时，肌酐排泄受阻，血中的肌酐浓度升高。

第六节　核苷酸代谢

核苷酸是构成核酸的基本结构单位，主要由机体细胞自身合成，少量来自食物的消化吸收，不属于营养必需物质。核苷酸代谢在机体代谢调节、能量供应、能量转换等方面具有重要的作用。例如，ATP 是细胞的主要能量形式，该能量又能以磷酸肌酸的形式贮存；cAMP、cGMP 等参与代谢和生理调节；腺苷酸是辅酶 NAD^+、FAD、辅酶 A 等的组成成分；UDP-葡萄糖是合成糖原、糖蛋白的活性原料；CDP-胆碱是合成磷脂的中间体；*S*-腺苷甲硫氨酸（SAM）是活性甲基的载体等。

一、核苷酸的分解代谢

（一）核酸的酶水解

动物体内含有许多能够分解核酸的酶称为核酸酶（nuclease）或磷酸二酯酶（phosphodiesterase，PDE）。核酸酶根据作用底物不同可分为核糖核酸酶（RNase）和脱氧核糖核酸酶（DNase）：前者水解 RNA；后者水解 DNA。核酸酶按作用位置分为核酸内切酶（endonuclease）和核酸外切酶（exonuclease)，它们将核酸水解成核苷酸。核苷酸由核苷酸酶(nucleotidase)催化分解为核苷和磷酸。

$$\text{核酸}\xrightarrow[\text{(磷酸二酯酶)}]{\text{核酸酶}}\text{核苷酸}\xrightarrow[\text{(磷酸单酯酶)}]{\text{核苷酸酶}}\text{核苷}+\text{磷酸}$$

核苷再由核苷酶(nucleosidase)催化分解为戊糖和含氮碱，即核糖或脱氧核糖，嘌呤碱或嘧啶碱。分解核苷的酶有 2 类：一类是核苷水解酶(nucleoside hydrolase)，主要存在于微生物和植物体内，只分解核糖核苷，产物是含氮碱和核糖，反应不可逆，对脱氧核糖核苷不起作用；另一类是核苷磷酸化酶(nucleoside phosphorylase)，存在比较广泛，催化的反应是可逆的，反应的产物是含氮碱和戊糖的磷酸酯，后者再生成含氮碱和戊糖：

$$\text{核苷}+H_2O\xrightarrow{\text{核苷水解酶}}\text{嘌呤碱或嘧啶碱}+\text{核糖}$$

$$\text{核苷}+\text{磷酸}\xrightleftharpoons{\text{核苷磷酸化酶}}\text{嘌呤碱或嘧啶碱}+\text{戊糖-1-磷酸}$$

(二)嘌呤核苷酸的分解代谢

在动物组织中，嘌呤核苷酸的分解过程有 2 条途径：一条途径如图 9-11 所示。AMP、GMP 依次脱去磷酸和核糖生成嘌呤碱基，生成的腺嘌呤和鸟嘌呤最终都转变为黄嘌呤，在黄嘌呤氧化酶催化下氧化成尿酸。人和猿及一些排尿酸的动物(如鸟类、爬虫类、昆虫)以尿酸作为嘌呤分解的最终产物。但其他的哺乳动物最终产物则是尿囊素。核糖以核糖-1-P 形式存在，在体内可以转变为核糖-5-P，后者是 PRPP 合成的原料。另一途径是脱氨基作用。腺嘌呤核苷酸、腺嘌呤核苷、腺嘌呤均可在脱氨酶作用下脱去氨基。但在动物组织中，腺嘌呤脱氨酶含量很少，而腺嘌呤核苷酸脱氨酶、腺嘌呤核苷脱氨酶活性很高，所以其脱氨分解主要在核苷酸和核苷水平上。脱氨后生成肌苷-磷酸或次黄嘌呤核苷，然后再经脱磷酸、脱核糖，经黄嘌呤生成尿酸。

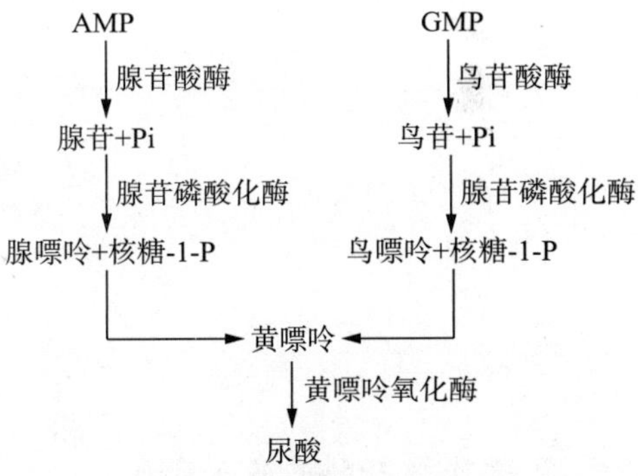

图 9-11　嘌呤核苷酸的分解

鸟嘌呤脱氨酶分布广泛，鸟嘌呤的脱氨分解主要是在该酶的催化下完成的。脱氨后生成黄嘌呤，然后转变为尿酸。

在正常人的血清中，尿酸含量为 119～357 μmol/L(20～60 mg/L)。当超过 80 mg/L 时，尿酸盐晶体可沉积于关节、软组织、软骨和肾等处，而导致尿路结石及痛风病。痛风的临床特征为高尿酸血症(hyperuricemia)和反复发作的急性单一关节炎。参与嘌呤核苷酸代谢的酶，例如，5-磷酸核糖焦磷酸(PRPP)合成酶、谷氨酰胺：PRPP 转移酶的缺陷可诱发痛风；PRPP 合成酶和谷氨酰胺：PRPP 转移酶是嘌呤核苷酸从头合成的限速酶，这两种酶的异常可导致机体的反馈抑制不再敏感，引起嘌呤核苷酸的过量合成进而导致尿酸水平的异常。临床上治疗痛风的特效药物是别嘌呤醇(allopurinol)，可通过与黄嘌呤氧化酶酶活中心结合抑制其活性，减少尿酸的合成。

(三)嘧啶碱的分解代谢

胞嘧啶经水解脱氨转化为尿嘧啶。尿嘧啶和胸腺嘧啶被 NADPH 还原，分别生成二氢尿嘧啶和二氢胸腺嘧啶，然后开环。胞嘧啶和尿嘧啶生成 β-丙氨酸、CO_2 和氨，而胸腺嘧啶生成 β-氨基异丁酸。β-氨基酸脱氨基后参加有机酸代谢，小部分直接随尿排出体外(图 9-12)。

胞嘧啶 + H_2O $\xrightarrow{\text{胞嘧啶脱氨酶}}$ 尿嘧啶 + NH_3

尿嘧啶 + NAD(P)H $\xrightarrow{\text{二氢尿嘧啶脱氢酶}}$ 二氢尿嘧啶 + $NAD(P)^+$

二氢尿嘧啶 + H_2O $\xrightarrow{\text{二氢尿嘧啶酶}}$ β-脲基丙酸

β-脲基丙酸 + H_2O $\xrightarrow{\text{脲基丙酸酶}}$ β-丙氨酸 + CO_2 + NH_3

胸腺嘧啶 + NAD(P)H $\longrightarrow$ $\longrightarrow$ β-氨基异丁酸 + CO_2 + NH_3

图 9-12　嘧啶碱的分解代谢

二、核苷酸的合成代谢

核苷酸是合成核酸的基本结构单位，主要由机体细胞自身合成，又分为从头合成和补救合成。合成过程主要在肝脏胞液中进行，其次在小肠黏膜及胸腺。

(一)嘌呤核苷酸的生物合成

嘌呤环合成的元素来源如图 9-13 所示。

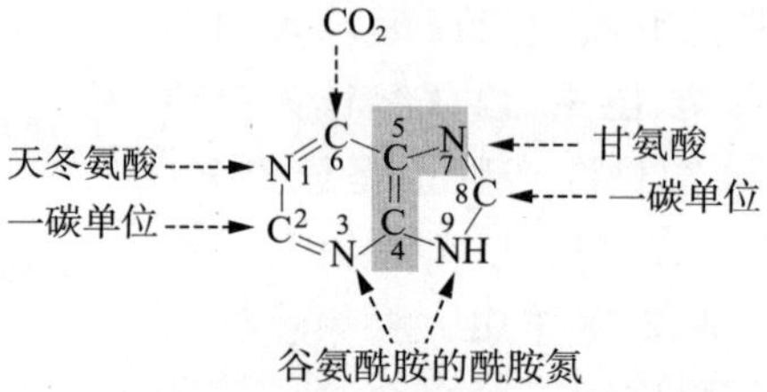

图 9-13　嘌呤环各原子的来源

1. 嘌呤核苷酸的从头合成

从核糖-5-磷酸开始，利用氨基酸、一碳单位及 CO_2 等提供原子或基团，经过一系列酶促反应生成次黄嘌呤核苷酸，然后转变为其他嘌呤核苷酸的过程被称为嘌呤核苷酸的从头合成。

(1)从头合成途径

① 肌苷-磷酸(IMP)的合成途径如图 9-14 所示。

②由 IMP 合成 AMP 和 GMP 如图 9-15 所示。

③其他嘌呤核苷酸的合成。AMP、GMP 生成后，在核苷酸激酶催化下，由 ATP 提供磷酸基团，可进一步生成 ADP、GDP、ATP 和 GTP。

(2)嘌呤核苷酸从头合成的特点　①由 5-磷酸核糖焦磷酸(PRPP)供给核苷酸的磷酸及核糖部分；②生物体内不是先合成嘌呤碱，而是以 PRPP 为基础，不断添加原子或基团，形成嘌呤的基本框架结构；③先由谷氨酰胺、甘氨酸、一碳单位和谷氨酰胺形成闭合五元环，然后再由 CO_2、天冬氨酸和一碳单位形成闭合六元环；④首先，合成肌苷-磷酸(IMP)；然后，转变为 AMP 和 GMP，转变过程需要消耗能量。

(3)嘌呤核苷酸从头合成的调节　①IMP、AMP、GMP 对磷酸核糖焦磷酸激酶和转酰胺酶有抑制作用；②过量的 AMP 能抑制腺苷酸代琥珀酸合成酶，从而控制 AMP 的生成，但不影响 GMP 的合成；过量的 GMP 能抑制 IMP 脱氢酶，从而控制 GMP 的生成，但不影响 AMP 的合成；③GTP 能促进 AMP 的生成，ATP 也能促进 GMP 的生成，这种交叉调节作用对维持 ATP 和 GTP 浓度的平衡具有重要意义。

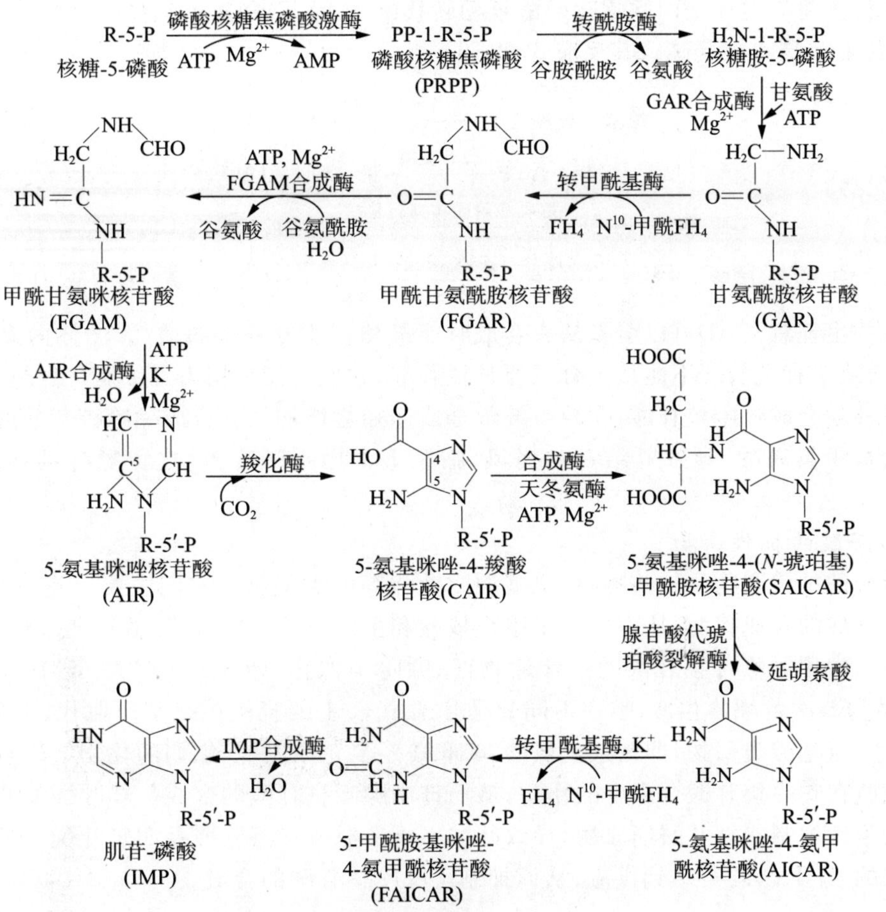

图 9-14　肌苷-磷酸(IMP)的合成途径

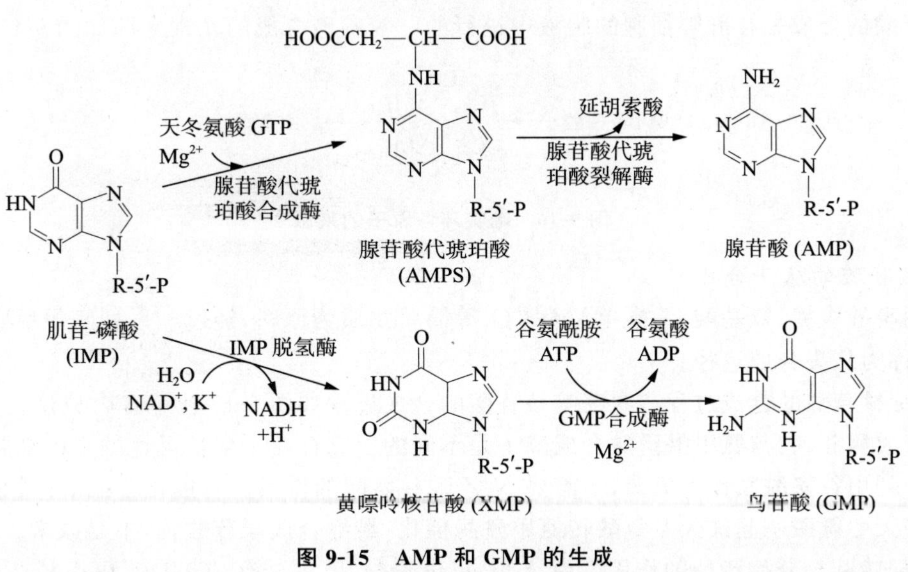

图 9-15　AMP 和 GMP 的生成

2. 嘌呤核苷酸的补救合成

细胞利用现成的嘌呤碱或嘌呤核苷重新合成嘌呤核苷酸的过程，称为补救合成(salvage pathways)。补救合成主要在动物的肝脏中进行。核苷磷酸化酶能利用现成的各种碱基产生核苷和磷酸，该催化反应是可逆的。生成的腺苷在腺苷激酶催化下生成腺苷酸，但是体内缺乏其他嘌呤核苷的激酶。

另一条更为重要的途径是由腺嘌呤磷酸核糖转移酶(APRT)和次黄嘌呤－鸟嘌呤磷酸核糖转移酶(HGPRT)催化形成嘌呤核苷酸。其反应式如下：

$$\text{碱基}+\text{核糖-1-P}\xrightarrow{\text{核苷磷酸化酶}}\text{核苷}+\text{磷酸}$$

$$\text{腺苷}+\text{ATP}\xrightarrow{\text{腺苷激酶}}\text{腺苷酸}+\text{ADP}$$

$$\text{腺嘌呤}+\text{PRPP}\xrightarrow{\text{腺嘌呤磷酸核糖转移酶}}\text{腺嘌呤核苷酸}+\text{PPi}$$

$$\text{鸟(次黄)嘌呤}+\text{PRPP}\xrightarrow{\text{次黄嘌呤/鸟嘌呤磷酸核糖转移酶}}\text{鸟(次黄)嘌呤核苷酸}+\text{PPi}$$

补救合成的生理意义：①可以节省从头合成时能量和一些氨基酸的消耗；②体内某些组织器官，如脑、骨髓等由于缺乏有关酶就不能从头合成嘌呤核苷酸，它们只能利用由红细胞从肝运来的自由嘌呤碱及腺嘌呤核苷补救合成嘌呤核苷酸；③缺少补救合成途径会增加从头合成嘌呤核苷酸的速度，会因嘌呤分解增多而大量积累尿酸，导致肾结石和痛风，临床上常用别嘌呤醇(次黄嘌呤结构类似物)治疗痛风症。

3. 嘌呤核苷酸的抗代谢物

嘌呤核苷酸的抗代谢物是一些嘌呤、氨基酸或叶酸等的类似物。它们主要以竞争性抑制方式干扰或阻断嘌呤核苷酸的合成代谢，从而进一步阻止核酸和蛋白质的生物合成，故这些抗代谢物在临床上具有抗肿瘤作用。常用的嘌呤核苷酸的抗代谢物：①嘌呤类似物，即6-巯基嘌呤(6MP)、8-氮杂鸟嘌呤。6MP的化学结构与次黄嘌呤相似，唯一不同的是分子中 C_6 上的羟基被巯基所取代，可阻断嘌呤核苷酸的从头合成。②氨基酸类似物，即氮杂丝氨酸、6-重氮-5-氧正亮氨酸，它们的化学结构与谷氨酰胺相似，可干扰谷氨酰胺在嘌呤核苷酸合成中的作用，从而抑制嘌呤核苷酸的合成。③叶酸类似物，即氨蝶呤及氨甲蝶呤能竞争性抑制二氢叶酸还原酶，导致叶酸不能还原成二氢叶酸及四氢叶酸，进而使嘌呤分子中来自一碳单位的 C_8 及 C_2 均得不到供应，从而抑制了嘌呤核苷酸的合成。

(二)嘧啶核苷酸的生物合成

嘧啶核苷酸的合成是在肝脏细胞的胞液中进行的。嘧啶碱合成的元素来源如图9-16所示。

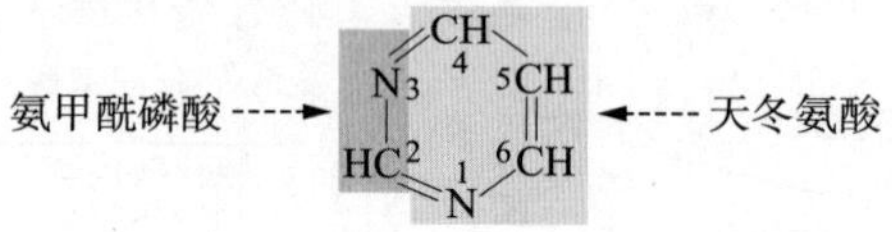

图9-16　嘧啶环各原子的来源

1. 嘧啶核苷酸的从头合成

体内利用磷酸核糖、氨基酸、一碳单位及 CO_2 等简单物质为原料，经过一系列酶促反应，合成嘧啶核苷酸的过程，称为从头合成途径。

(1)尿嘧啶核苷酸的合成过程　尿嘧啶核苷酸的合成过程如图9-17所示。合成途径的第一个酶是氨甲酰磷酸合成酶Ⅱ，它与氨甲酰磷酸合成酶Ⅰ是不同的。它存在于生长迅速的组织细胞、肿瘤细胞的胞液中。它是利用谷氨酰胺作为氮源，不需要 *N*-乙酰谷氨酸的作用。它催化合成的产物也是氨甲酰磷酸。该产物与天冬氨酸一起被天冬氨酸转氨甲酰酶催化，最终合成尿苷酸，而不是尿素。

UMP在尿嘧啶核苷酸激酶的作用下由ATP提供磷酸基，先转变成UDP，再由核苷二磷酸激酶催化转变成UTP，即

$$\text{UMP}\xrightarrow[\text{尿嘧啶核苷酸激酶}]{\text{ATP}}\text{UDP}\xrightarrow[\text{核苷二磷酸激酶}]{\text{ATP}}\text{UTP}$$

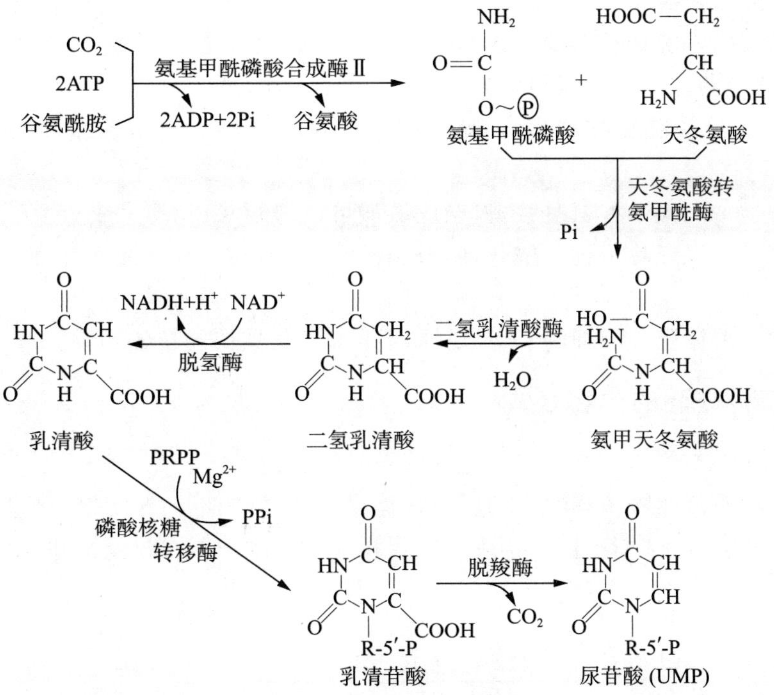

图 9-17　UMP 的合成途径

(2)胞嘧啶核苷酸的合成　尿嘧啶、尿嘧啶核苷和尿嘧啶核苷酸都不能氨基化变成相应的胞嘧啶化合物，只有尿嘧啶核苷三磷酸才能氨基化生成胞嘧啶核苷三磷酸。在细菌中，尿嘧啶核苷三磷酸可以直接与氨作用；动物组织则需由谷氨酰胺提供氨基，催化反应的酶是 CTP 合成酶，并由 ATP 提供能量，生成的 CTP 在磷酸酶的作用下脱磷酸，逐步变成 CDP、CMP。其反应式如下：

$$\text{UTP}+\text{谷氨酰胺}+\text{ATP}\xrightarrow{\text{CTP 合成酶}}\text{CTP}+\text{谷氨酸}+\text{ADP}$$

(3)途径特点　嘧啶核苷酸从头合成的特点：①与嘌呤核苷酸合成不同，嘧啶核苷酸合成时最先合成嘧啶环，再与 PRPP 提供的磷酸核糖结合；②嘧啶环的原子或基团来自氨甲酰磷酸和天冬氨酸；③首先合成的是尿嘧啶核苷酸，其他核苷酸则由尿嘧啶核苷酸转变而来。

(4)途径的调节　嘧啶核苷酸从头合成的调节途径：①氨甲酰磷酸合成酶Ⅱ受 UMP 的反馈抑制，直接影响尿苷酸的合成；②天冬氨酸转氨甲酰酶受 CTP 和 UMP 的反馈抑制，影响尿苷酸和胞苷酸的合成；③CTP 合成酶受 CTP 的反馈抑制，直接影响胞苷酸的合成。

2. 嘧啶核苷酸的补救合成

(1)嘧啶磷酸核糖转移酶的催化(尿嘧啶、胸腺嘧啶和乳清酸均可作为底物，但胞嘧啶不可)

$$\text{嘧啶}+\text{PRPP}\xrightarrow{\text{嘧啶磷酸核糖转移酶}}\text{嘧啶核苷酸}+\text{PPi}$$

(2)尿苷激酶的催化

$$\text{尿嘧啶核苷}+\text{ATP}\xrightarrow{\text{尿苷激酶}}\text{尿嘧啶核苷酸}+\text{ADP}$$

$$\text{胞嘧啶核苷}+\text{ATP}\xrightarrow{\text{尿苷激酶}}\text{胞嘧啶核苷酸}+\text{ADP}$$

(3)尿苷磷酸化酶催化

$$\text{尿嘧啶}+\text{核糖-1-磷酸}\xrightarrow{\text{尿苷磷酸化酶}}\text{尿嘧啶核苷}+\text{Pi}$$

3. 嘧啶核苷酸的抗代谢物

与嘌呤核苷酸一样，嘧啶核苷酸的抗代谢物是一些嘧啶、氨基酸和叶酸类似物。它们对代谢的影响及抗肿瘤作用与嘌呤核苷酸的抗代谢物相似。

(1)嘧啶类似物　与胸腺嘧啶相似，5-氟尿嘧啶(5-Fu)是胸苷合成酶的抑制剂，TMP合成受到阻断。

(2)氨基酸类似物　类似于谷氨酰胺，氮杂丝氨酸可以抑制CTP的生成。

(3)叶酸类似物　氨甲蝶呤干扰叶酸代谢，使dUMP不能利用一碳单位甲基化而生成TMP，进而影响DNA合成。

(4)核苷类似物　阿糖胞苷能抑制CDP还原成dCDP，是重要的抗癌药物。

(三)脱氧核糖核苷酸的生物合成

1. 核糖核苷酸的还原

脱氧嘧啶核苷酸、脱氧嘌呤核苷酸中的脱氧核糖是在二磷酸核苷(NDP)水平上由核糖核苷酸还原酶催化，以氢取代其核糖分子中C_2上的羟基而生成相应的dNDP。在该反应中，核糖转变为脱氧核糖(图9-18)。

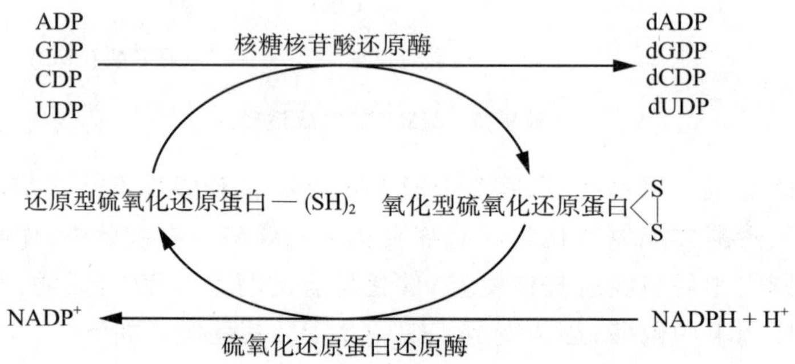

图9-18　脱氧核糖核苷酸的生成

核糖核苷酸还原酶的催化作用需要Mg^{2+}激活。该酶的辅因子是小分子的硫氧还蛋白，它含有2个巯基，当给出2个氢后即变成氧化型，从而失去它的还原作用。此时，氧化型硫氧还蛋白在硫氧还蛋白还原酶的催化下，由NADPH提供氢以恢复巯基的还原作用，保障核糖核苷酸还原酶的活性。

产物dADP、dGDP、dCDP、dUDP在不同的激酶作用下可转变成相应的dATP、dGTP、dCTP和dUTP，也可由磷酸酶水解生成相应的dAMP、dGMP、dCMP、dUMP。

3. 胸腺嘧啶核苷酸的合成

dTMP由dUMP甲基化产生。dUMP在胸苷酸合成酶的催化下由N^5,N^{10}-亚甲基四氢叶酸提供甲基合成dTMP。在激酶作用下，dTMP逐步磷酸化可转变成dTDP和dTTP。代谢生成的dATP、dGTP、dCTP和dTTP是遗传物质DNA合成的直接原料。

第十章

核酸的生物合成

- 核酸的生物合成
  - DNA的生物合成
    - DNA复制
      - 概念
      - 化学本质
        - DNA聚合酶沿5′→3′方向聚合dNTP的反应
      - 方式
        - 半保留复制
      - 过程
        - 复制所需酶类
          - 解旋酶、单链结合蛋白、引物酶、DNA聚合酶、拓扑异构酶等
        - 原核生物复制过程
          - 起始
            - 形成起始复合体-引发体，合成一段RNA引物，留出3′-OH
          - 延伸
            - 按碱基互补配对原则，5′→3′方向聚合dNTP，是半不连续合成过程
          - 终止
            - 在终止位点，亲代链和子代链分离
        - 复制高保真性的机制
          - 遵守碱基互补配对规律
          - DNA修复机制
          - 复制需要引物存在
          - DNA聚合酶有校对功能
      - 真核生物复制特点
        - 多起点复制
        - 复制起始复合物不同
        - 涉及核小体组装
        - 有端粒复制
          - 端粒酶的逆转录合成
    - 逆转录
      - 概念
      - 过程
        - 先以RNA链合成cDNA链，再以后者为模板，合成互补的DNA双链
    - DNA的损伤与修复
      - 损伤
        - 损伤因素
          - 理化因素
        - 损伤类型
          - 点突变、插入、缺失等
      - DNA损伤的修复类型
        - 光修复/切除修复/重组修复/易错修复
  - RNA的生物合成
    - 转录
      - 概念及特点
        - 概念
        - 特点
          - 不对称转录
      - 过程
        - 起始
          - RNA聚合酶结合到起始位点，形成起始复合物
        - 延伸
          - RNA聚合酶聚合NTP反应，5′→3′方向延伸
        - 终止
          - 依赖ρ因子终止
          - 不依赖ρ因子终止
    - 转录后的加工
      - mRNA加工
        - 原核生物
          - 不需要加工
        - 真核生物
          - 5′端加帽
          - 3′端加尾巴
          - 剪接：剪去内含子，连接外显子
          - 甲基化
          - RNA编辑
      - tRNA加工
        - 原核生物与真核生物加工类似
        - 末端修饰、剪接、碱基修饰
      - rRNA加工
        - 剪切、碱基修饰
    - RNA的复制
      - 概念
      - 4种RNA病毒复制方式
        - 含正链RNA的病毒
        - 含负链RNA的病毒
        - 含双链RNA的病毒
        - 逆转录病毒

1958年英国生物学家克里克提出了生物遗传信息传递法则——中心法则，即DNA贮存的遗传信息可以通过复制世代相传，也可以通过转录从DNA传递到RNA，再通过翻译从RNA传递到蛋白质，而且这种信息流向具有单向性。这是所有具有细胞结构的生物所遵循的法则。后来研究发现，某些病毒的遗传物质是RNA，RNA可以自我复制；而有些病毒则能以RNA为模板逆转录生成DNA。因此，1971年，克里克对传统的中心法则进行了补充和修改：遗传信息通常被贮存在DNA中，DNA通过复制将信息传给子代细胞，DNA可以被转录成RNA，然后RNA被翻译成多肽链；同时，某些生物用RNA贮存遗传信息，该RNA也具备复制能力，并且还可以作为模板逆转录合成DNA。由此可见，遗传信息并不一定是从DNA单向地流向RNA，RNA携带的遗传信息同样也可以流向DNA。但是DNA和RNA中包含的遗传信息只能单向地流向蛋白质，迄今为止还没有发现蛋白质的信息逆向地流向核酸。

第一节 DNA的生物合成

生物体内或细胞内DNA的生物合成主要包括DNA复制、逆转录和DNA的损伤与修复。

一、DNA复制

（一）复制的概念

DNA的合成是以DNA分子两条链各自为模板、按照碱基配对规律合成子代DNA，该过程称为DNA的复制（replication）。

（二）复制的特点

DNA复制的方式为半保留复制。亲代DNA分子的双链复制完成后，在子代DNA分子的两条链中，一条来自亲代DNA分子，另一条是新合成的，这种复制方式称为半保留复制（semi-conservative replication）。这种半保留复制又是如何得到证明的呢？1958年，哈佛大学生物系教授马修·斯坦利·梅塞尔森（Matthew Stanley Meselson）和他的学生富兰克林·威廉·斯塔尔（Franklin William Stahl）第一次用氯化铯（CsCl）密度梯度离心实验直接证明了DNA的半保留复制。实验设计和结果见图10-1。

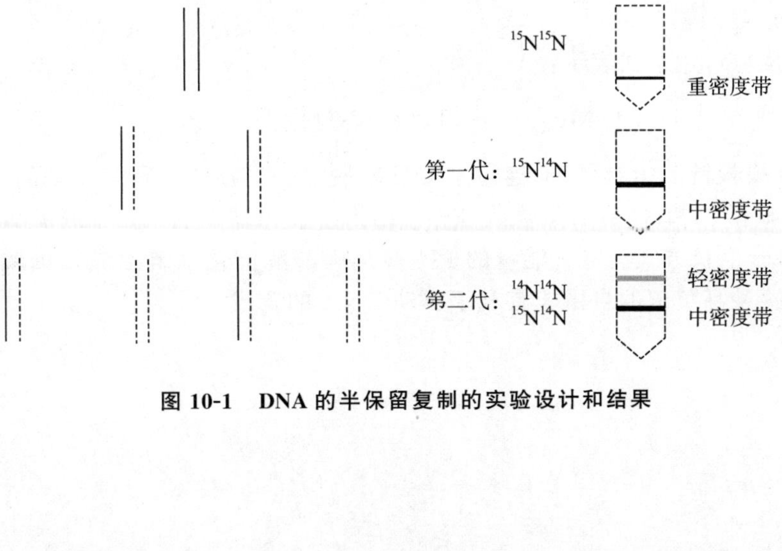

图10-1 DNA的半保留复制的实验设计和结果

除了半保留复制方式，自然界中也存在滚环复制（如噬菌体的单链 DNA）及 D 环模式（如线粒体 DNA）等复制方式。

（三）半保留复制的意义

半保留复制可使遗传信息准确地传递给子代细胞，是保持遗传性状稳定性的重要因素之一。

（四）DNA 复制的起始点和方向

DNA 复制在特定的位点开始，这一位点被称作复制原点（origins of replication）或复制的起始点，常用 *ori* 或 o 表示。这个区域由富含 A/T 碱基对的特殊碱基序列组成，能结合各种蛋白质，有助于解开螺旋并启动复制。DNA 复制从起始点开始直到终点为止，每个这样的 DNA 单位称为复制单元或复制子（replicon）。在原核细胞中，每个 DNA 分子只有一个复制起始点，因而只有一个复制子；而在真核生物中，DNA 的复制是从许多起始点同时开始的，所以每个 DNA 分子上有许多个复制子。一个完整的复制子在一个细胞周期中只复制一次。DNA 复制起始后复制的方向有以下几种情况。

1. 双向复制

在复制时，DNA 从起始点向两个方向解链，形成两个延伸方向相反的复制叉（replication fork），两个复制叉均参与 DNA 复制并以几乎相等的速率移动，这种复制称为双向复制（bidirectional replication）。实验证明原核生物 DNA 分子只有一个复制原点，在双向复制时形成两个复制叉，如果是环形 DNA 分子，两个复制叉在复制起点的对面会合。大多数生物的复制子都是采用双向复制模式。

2. 单向复制

单向复制可以从一个起始点开始复制，也可以从两个起始点开始。复制从一个起始点开始向一个方向解链，形成一个复制叉，以同一方向生长出两条链，这种复制称为定点单向复制，比如，某些质粒 DNA。复制从两个起点开始，形成两个复制叉，各以一个单一方向复制一条新链，这种单向复制称为两点单向复制，也叫作相向复制，如腺病毒 DNA。

（五）复制的过程

1. 复制的反应体系

DNA 复制实际是由模板指导、有许多酶和蛋白因子参与、以四种脱氧核苷三磷酸（dNTP）为底物的聚合化过程。该反应体系包括的成分：①底物，dATP、dTTP、dGTP 和 dCTP；②DNA 聚合酶，催化 dNTP 加到子链的 3′ 端；③模板，解开成单链的 DNA 母链；④引物，具有 3′-OH 的一段 RNA；⑤Mg^{2+}，为聚合酶发挥催化活性所必需；⑥其他酶和蛋白质因子。

2. 复制的化学反应

DNA 合成的总反应可用下式表示：

$$(dNMP)_n + dNTP \rightarrow (dNMP)_{n+1} + PPi$$

其反应机制是在模板链的指导下，子链的 3′-OH 对脱氧核糖核苷三磷酸 5′端的 α-磷酸进行亲核攻击并与之形成 3′，5′-磷酸二酯键，释放焦磷酸（PPi），结果在 3′末端加上了一个新的核苷酸（图 10-2），此过程是 5′→3′方向聚合生长方式。富含能量的 PPi 被焦磷酸酶催化水解生成无机磷酸，焦磷酸水解反应的自由能是负值，这种高负值的自由能有利于驱动 DNA 的合成。

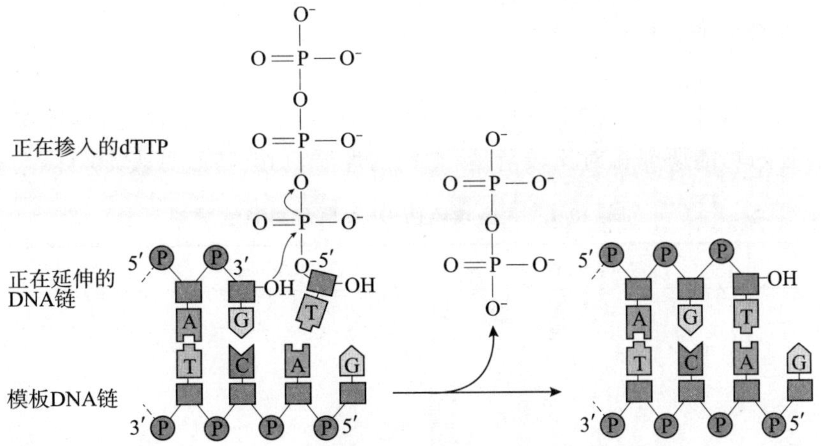

图 10-2　复制过程磷酸二酯键的生成

（李留安等，2022）

(六)参与复制的主要酶类和蛋白质

DNA 复制过程需要许多酶和蛋白因子参与。如 *E. coli* 中 DNA 复制需要 30 多种不同的蛋白质，其中有些蛋白质是合成的起始阶段和终止阶段特别需要的，但大多数是复制叉处 DNA 合成直接或间接需要的。

1. 解旋酶类

解旋酶 (helicase)是一类能通过水解 ATP 获得能量来解开 DNA 双链的酶，每解开 1 对碱基，需水解 2 分子 ATP 为 ADP 和 Pi。解旋酶位于复制叉前，催化复制叉前面的双螺旋 DNA 解旋，形成单链 DNA，便于 DNA 聚合酶 Ⅲ 和引物酶作用。大部分解旋酶是沿着滞后链模板的 5′→3′方向随着复制叉向前移动，而解旋酶 rep 蛋白则在前导链模板上沿 3′→5′方向移动，它们共同作用促进 DNA 双链不断解开。大肠埃希菌的 DnaB 蛋白是一种能使 DNA 双向解链的解旋酶。

2. 单链结合蛋白

单链结合蛋白(single strand DNA-binding protein，SSB)，又称 DNA 结合蛋白。单链结合蛋白不属于酶，大肠埃希菌细胞中的单链结合蛋白由 4 个相同的亚基组成，结合单链 DNA 的跨度约 32 个核苷酸单位。SSB 结合于解旋酶沿复制叉方向向前推进产生的单链区，防止解开的单链 DNA 重新配对形成双链 DNA，同时保护单链部分不被核酸酶降解。在原核生物细胞中，SSB 作用时表现协同效应，即一个 SSB 四聚体结合于单链 DNA 上可以促进其他 SSB 四聚体与其相邻的单链 DNA 结合，保证 SSB 在下游区段的继续结合。它不像聚合酶那样沿着复制方向向前移动，而是不停的结合、脱离。

3. 引物酶

引物酶(primase)是一种 RNA 聚合酶，可以合成一小段 RNA 来作为引物(primer)，用来引导 DNA 聚合酶起始 DNA 链的合成。引物酶需引发前体护送才能催化引物合成。已知的 DNA 聚合酶都不能从头合成 DNA 链，只能延长已有的带有 3′-OH 的 DNA 或 RNA 链。这段引物 RNA 作为合成 DNA 的引物，它是 DNA 合成所必需的。在引物的 5′端含有 3 个磷酸残基，3′端为游离的羟基。

引物酶属 DNA 指导的 RNA 聚合酶，但不同于催化转录过程的 RNA 聚合酶。在 *E. coli* 中，引物酶是由 *dnaG* 基因编码的 DnaG 蛋白。

4. DNA 聚合酶

DNA 聚合酶(DNA polymerase，DNA-pol)是以完整的 DNA 链为模板、催化底物 dNTP 分子聚合形成互补链的一类酶，被称为依赖 DNA 的 DNA 聚合酶或简称 DNA 聚合酶。该酶的特点是需要 DNA

模板；不能从头催化 DNA 的合成，需要 RNA 或 DNA 作为引物(primer)；催化 dNTP 加到引物的 3′-OH 末端，因而 DNA 合成的方向是 5′→3′；属于多功能酶，在 DNA 复制和修复过程的不同阶段发挥作用。

(1)原核生物的 DNA 聚合酶　已知至少有 5 种 DNA 聚合酶，其中有关 DNA 聚合酶Ⅰ、DNA 聚合酶Ⅱ、DNA 聚合酶Ⅲ的功能研究相对比较清楚，它们的性质、功能特点见表 10-1。

表 10-1　大肠埃希菌 DNA 聚合酶的性质

项目	DNA-pol Ⅰ	DNA-pol Ⅱ	DNA-pol Ⅲ
分子质量(kDa)	109	88 *	129.9 *
聚合酶活性(5′→3′)	+	+	+
外切核酸酶活性(3′→5′)	+	+	+
外切核酸酶活性(5′→3′)	+	−	−
主要功能	切除引物，滞后链的合成	损伤修复	复制

注：* 仅聚合活性亚基，pol Ⅱ 和 pol III 共用许多亚基，包括 β、γ、δ、δ′、χ 和 ψ。

①DNA 聚合酶Ⅰ。DNA 聚合酶Ⅰ是一个多功能酶，同时具有三种活性：5′→3′聚合酶活性，该活性可以填补 DNA 复制和修复中出现的空隙；3′→5′外切核酸酶活性，该活性可以即时校读 DNA 复制中出现的错误，保证复制的准确性；5′→3′外切核酸酶活性，该活性可以去除 RNA 引物和突变碱基。

用木瓜蛋白酶或胰蛋白酶可以将 DNA 聚合酶 Ⅰ 酶解为两个不等的片段。N 末端片段较小(第 1～323 残基)，具有 5′→3′外切核酸酶活性；C 端是一个大片段(第 324～928 残基)，由 2 个结构域组成，称为 Klenow 片段，包含聚合酶活性和 3′→5′ 外切核酸酶活性。

②DNA 聚合酶Ⅱ。DNA 聚合酶 Ⅱ的相对分子质量为 120 000。DNA-pol Ⅱ活性比 DNA-pol Ⅰ高，其真正的功能可能在损伤修复中有特殊作用。

③DNA 聚合酶Ⅲ。DNA-pol Ⅲ 的全酶相对分子质量为 827 000，全酶是由 10 种亚基(αβγδδ′εθτχψ)组成的不对称异源二聚体(图 10-3)，含有锌原子。α、ε 和 θ 三种亚基组成全酶的核心酶(core enzyme)，其中 α 亚基具有 DNA 聚合酶活性；ε 亚基具有 3′→5′外切核酸酶活性和碱基选择功能，是复制保真性所必需；θ 亚基可能起组装作用；而 2 个 β 亚基像夹子一样夹住模板并转移到核心酶上；由 γ、δ、δ′、χ、ψ 和 τ 亚基组成的 γ-复合物通过水解 ATP 装载 β 亚基到 DNA 分子上，τ 亚基促进二聚体全酶组装。2 个 β 亚基在 DNA 链上滑动，保持酶与模板的紧密结合，进行 DNA 的复制。

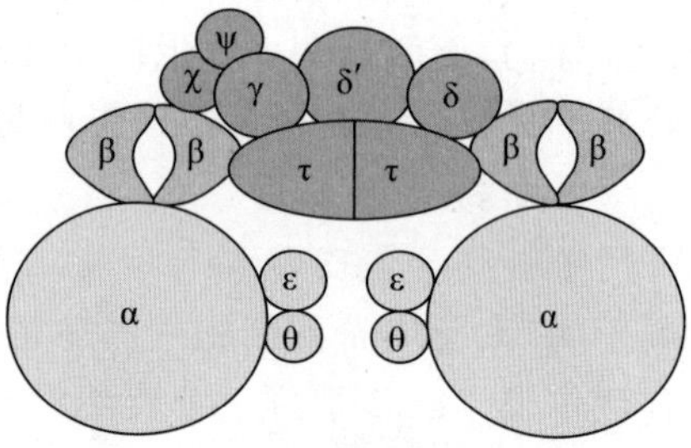

图 10-3　DNA 聚合酶Ⅲ结构

(Krebs 等，2018)

(2)真核生物的 DNA 聚合酶　真核生物有十几种 DNA 聚合酶，主要有 5 种，分别是 DNA-pol α、DNA-pol β、DNA-pol γ、DNA-pol δ、DNA-pol ε。在 DNA 复制时，这五种酶的作用有所不同(表 10-2)。DNA-pol α 是多亚基蛋白质，具有引物酶活性。但是它缺少外切核酸酶活性，因此无校正功能。DNA-pol α 的聚合速度为 500 个核苷酸/min，约为聚合酶Ⅲ的 1/20。DNA-pol δ 催化滞后链的不连续合成，具有 3′→5′外切核酸酶活性，能将单链 DNA 降解成单核苷酸。DNA-pol ε 催化前导链连续合成。DNA-pol ε 也含 3′→5′外切核酸酶活性，能将单链 DNA 降解为含 6～7 个残基的寡核苷酸，具有校读、修复功能。DNA-pol β 是一种小分子的核内 DNA 聚合酶，可能参与 DNA 的碱基切除修复。DNA-pol γ 只存在于线粒体中，它可能会催化线粒体 DNA 的合成。

表 10-2　某些真核生物 DNA 聚合酶的性质

项目	DNA-pol α	DNA-pol β	DNA-pol γ	DNA-pol δ	DNA-pol ε
细胞内定位	核	核	线粒体	核	核
分子质量/kDa	>250	36～38	160～300	170	256
聚合酶活性（5′→3′）	+	+	+	+	+
外切核酸酶活性（3′→5′）	−	−	+	+	+
引物酶活性	+	−	−	−	−
主要功能	引物合成	损伤修复	线粒体 DNA 合成	滞后链合成	前导链合成

5. 拓扑异构酶

在解链过程中，DNA 分子会出现过度拧紧、打结、缠绕、连环等现象（图 10-4），DNA 拓扑异构酶（DNA topoisomerase）可以通过催化 DNA 链的瞬时断裂和闭合来释放超螺旋产生的扭转张力，使复制能顺利进行。拓扑异构酶兼有内切酶和连接酶的活力，是完成复制所必需的一种酶。拓扑异构酶有以下 2 种类型。

图 10-4　解链过程中超螺旋的产生

（1）拓扑异构酶Ⅰ　只切断双链 DNA 中的一条链，催化超螺旋松弛，反应不需要 ATP。原核生物的拓扑异构酶Ⅰ催化负超螺旋 DNA 松弛；真核生物的拓扑异构酶Ⅰ既可松弛负超螺旋 DNA，也可松弛正超螺旋 DNA。

（2）拓扑异构酶Ⅱ　切断 DNA 分子的两条链，催化 DNA 的正超螺旋转变为负超螺旋，反应需要 ATP 的水解供能。负超螺旋的结构状态能降低互补碱基间氢键断开时所需的能量，便于 DNA 解链。当无 ATP 时，该酶只是如拓扑异构酶Ⅰ一样催化超螺旋结构松弛。

拓扑异构酶Ⅰ和拓扑异构酶Ⅱ广泛存在于原核细胞和真核细胞。这类酶不仅与 DNA 的复制有关，在遗传重组、DNA 的损伤修复过程中也很重要。

6. DNA 连接酶

在 DNA 复制中，DNA 连接酶（ligase）起着最后接合缺口的作用，它催化 DNA 双链中的一条单链缺口处游离的 3′末端-OH 与 5′末端磷酸形成磷酸二酯键，从而把两段相邻的 DNA 链连成完整的链。连接反应需要消耗能量，动物细胞和噬菌体 DNA 连接酶需要 ATP 供能，细菌 DNA 连接酶需要 NAD^+ 存在。

DNA 连接酶一般只能连接碱基互补基础上的双链中的单链缺口，但来自 T4 噬菌体的 DNA 连接酶能催化 DNA 双链间的连接。连接酶在 DNA 修复、重组和剪接中也起缝合缺口的作用，是基因工程的重要工具酶之一。

（七）原核生物 DNA 的合成过程

E. coli 染色体的复制可以分为 3 个阶段：起始、延伸和终止。

1. 复制的起始

复制的起始是一个很复杂的过程，包括 DNA 的解链、合成引物和超螺旋的转型等步骤。

（1）DNA 的解链　在细菌和大多数病毒中，特异的 DNA 序列决定了复制的起始。*E. coli* 中 *oriC*

位点是其DNA复制的唯一起点。*oriC*序列由245 bp组成，包含2组主要重复序列：一组为3个富含A-T的13 bp串联重复序列，其起点GA位点处的腺嘌呤甲基化与DNA复制的启动有关；另一组为5个9 bp序列，是DnaA蛋白的结合位点（图10-5）。另外，还有整合宿主因子（integration host factor，IHF）、倒位刺激因子（factor for inversion stimulation，FIS）等DNA结合蛋白位点。

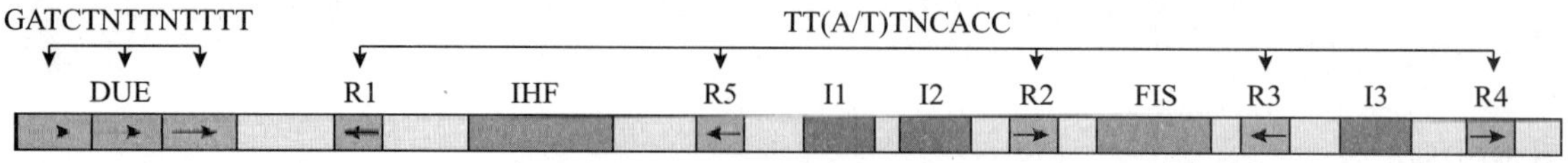

水平箭头代表核苷酸序列方向，向右的代表一条链（上链），向左的代表另一条链（下链）；DUE，代表13 bp序列的DNA解旋元件；R代表9 bp序列的DnaA结合位点；I代表DnaA其他结合位点，需要ATP结合；IHF、FIS是DNA结合蛋白位点。

图10-5 大肠埃希菌*oriC*位点特征

（Nelson等，2008）

DnaA蛋白是由相同亚基组成的四聚体。当DnaA蛋白辨认并结合*oriC*上的DnaA位点时，DNA复制开始。20～40个DnaA蛋白与DNA结合形成DNA-蛋白质起始复合体结构，导致富含13个A-T碱基对重复区内双螺旋变性、局部解链，形成开链复合物。

解螺旋酶（DnaB蛋白）在DnaC的辅助下结合于初步解开的双链，并用其解螺旋酶活性解开双螺旋；DnaC蛋白的作用是将DnaB蛋白运送到复制模板，并协助DnaB蛋白起作用。解螺旋酶需要利用ATP供能，作用于氢键，使DNA双链变成两条单链并形成两个复制叉；然后单链DNA结合蛋白结合在单链DNA上，使其维持在不配对状态和免受胞内广泛存在的核酸酶降解。但DNA在被复制之前必须去掉SSB。

（2）合成引物　由DnaB蛋白和DnaA、DnaC蛋白、拓扑异构酶Ⅱ、SSB及FIS、IHF和HU蛋白（一种组蛋白样细菌蛋白，最初称为因子U）等复制因子组成的复合体，再结合引物酶（DnaG蛋白）形成较大的聚合体，并结合到模板DNA上，一起构成的复合物被称为引发体（primosome）。引发体的蛋白质部分可以在DNA链上移动，此过程需由ATP供能及Mg^{2+}参与。

随着引发体移动，SSB蛋白离开，引发体移动到达适当位置就可按照与模板碱基的配对原则，由引物酶催化NTP（不是dNTP）聚合生成一小段RNA。其长度为50～100个核苷酸，用作DNA合成的引物（图10-6），然后由DNA-pol Ⅲ开始前导链和滞后链的合成。连续合成的前导链上只是在起始时出现引发体，而在不连续复制的滞后链上引发体需多次生成。引发体中的DnaB蛋白有2个功能：其一是解开DNA双螺旋；其二是活化引物酶。

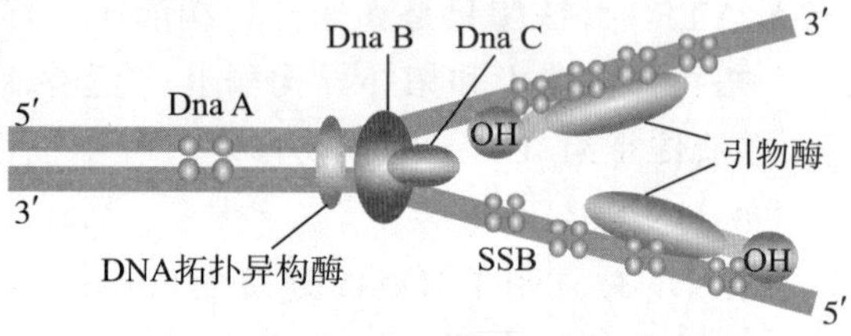

图10-6 合成的引物

（3）超螺旋的转型　解链过程将导致下游发生打结现象或DNA超螺旋的其他部分过度拧转，拓扑异构酶通过切断、旋转和再联接的作用，实现DNA超螺旋的转型，即把正超螺旋变为负超螺旋。

复制的起始过程：①DnaA蛋白辨认结合*oriC*的重复序列，并与DNA形成复合物，引起解链；②DnaB在DnaC的辅助下结合于初步打开的双链，并用其解螺旋酶活性解开双链；③拓扑异构酶通过切断、旋转和再联结作用，来实现DNA正超螺旋变为负螺旋；④SSB结合在已开链的DNA模板上使DNA在一定的范围内保持开链状态；⑤引物酶介入，形成引发体，催化NTP的聚合生成引物。

2. 复制的延伸

复制的延伸过程就是随复制叉的移动，新DNA链合成延伸过程。在复制起始时，母链即已解开，两股单链都是模板。其作用是按碱基配对规律指导脱氧单核苷酸逐个加入，从而延长DNA子链。原核生物中催化 DNA 链延长的主要酶是 DNA-pol Ⅲ。在该酶的催化下，dNTP 的 5′端磷酸与引物 RNA 的 3′端-OH 形成磷酸二酯键，然后不断以 dNTP 为原料，延长 DNA 子链，子链的延长方向为 5′→3′。复制延长速度相当快，*E. coli* 每分钟能加入的核苷酸数达 10^4 个。

DNA 分子的两条链反向平行，复制时均可以作为模板。目前所有已知的 DNA 聚合酶都只能催化 DNA 链沿 5′→3′ 方向合成，而不能催化 3′→5′ 方向的合成。那么，5′→3′方向的亲链是如何被复制的呢？1968 年，日本科学家冈崎(Okazaki)通过实验解释了这个问题：两条新链是以不同方式被合成的。一条新链的延伸方向与复制叉的前进方向相同，可以被连续合成，叫作前导链(leading strand)；另一条新链的延伸方向与复制叉的前进方向正好相反，这条新链被称为滞后链(lagging strand)，其不能被连续合成，只能先不连续地生成一些片段，称为冈崎片段(图 10-7)，然后由 DNA 连接酶将这些冈崎片段以 3′，5′-磷酸二酯键连接成为一条完整的 DNA 链。

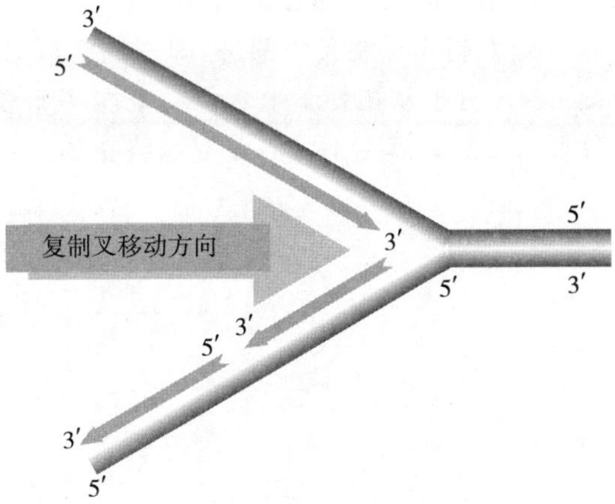

图 10-7　DNA 的半不连续复制

(邹思湘，2005)

冈崎片段是指以亲代 DNA 单链为模板，按 5′→3′ 方向由 DNA 聚合酶催化合成的短的 DNA 片段。其长度在原核生物中为 1 000～2 000 个核苷酸，在真核生物中为 100～200 个核苷酸。

DNA 合成中的前导链连续复制，而滞后链不连续复制的过程被称为半不连续性复制(semi-discontinuous replication)。这种连续和不连续合成的结合使得复制叉整体向一个方向延伸。

由于 DNA 复制是以半不连续方式进行的，前导链只是在合成开始时需要引物酶；而滞后链的合成是由引物酶沿着其模板在有规则的间隔内合成短的 RNA 引物，当一段新的冈崎片段合成后，DNA-pol Ⅰ 利用 5′→3′外切酶活性将 RNA 引物切除，同时又利用其 5′→3′ 聚合酶活性从上一冈崎片段的 3′-OH 末端起始，再合成一段 DNA 作为替换，留下的缺口由 DNA 连接酶连接。

原核生物 DNA 复制过程如图 10-8 所示。

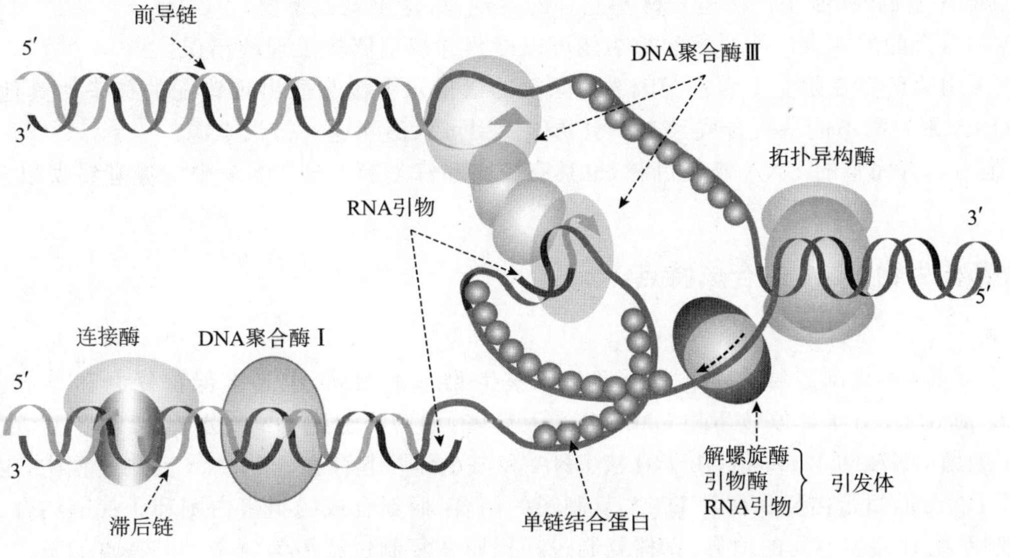

图 10-8　原核生物 DNA 复制

(邹思湘，2005)

3. 复制的终止

E. coli 的 DNA 复制终止位点(terminus, *ter*)在 *ori*C 区的对面。终止位点两侧各有几个专一的使其子代 DNA 分子分开的短序列，如 *ter*A、*terD*、*ter*F 等，在染色体上制造了一个"陷阱"区，该区可与终止子利用物质(terminator utilization substance，Tus)蛋白结合，形成 Tus-*ter* 复合物，通过阻止解旋酶的解旋来制止复制叉的前进，即复制叉可以进入但不能出来。在整个染色体被复制后，两个环状的双螺旋 DNA 分子从拓扑学上看像一个连环那样链接在一起，链接的两个染色体在 DNA 拓扑异构酶催化下分开。*E. coli* 染色体 DNA 复制终止的过程见图 10-9。

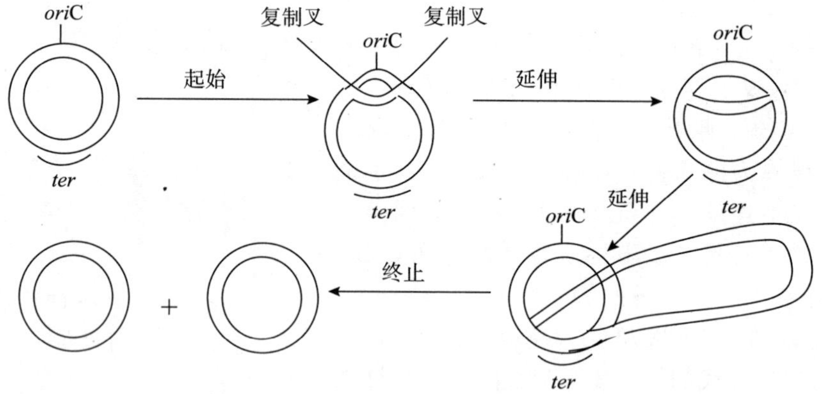

图 10-9 *E. coli* 染色体 DNA 复制终止的过程

复制的起始点和终止点刚好把环状 DNA 分为 2 个半圆，2 个方向各进行 180°，同时在终止点汇合。为了定位方便，习惯把 *E. coli* 的 DNA 分为 100 等份。*E. coli* 复制起始点 *ori*C 在 82 位点，复制终点 *ter* 在 32 位点。

4. 确保复制高保真性的机制

为保证物种的遗传保守性，DNA 复制必须有极高的精确度。在原核生物中，每 10^8 ～10^{10} 个被复制的碱基对中只有 1 个发生错配。在细胞中有多种因素保证 DNA 复制的高度忠实性。

①在 DNA 复制时，必须严格遵守碱基互补配对规律，这点至关重要。

②DNA 聚合酶的 3′→5′外切核酸酶功能可以检测并校正偶然出现的错误。

③RNA 引物的存在是 1 个因素。因为一条链的最初几个核苷酸出现错配的概率比其他核苷酸大得多，而 DNA 聚合酶不能从头合成，RNA 引物的使用可以消除这一错误来源。

④细胞内具有完整的 DNA 修复机制，也具有校正和修复新合成 DNA 中的碱基错误以及 DNA 损伤的能力。

(八)真核生物 DNA 的合成特点

1. 特点

真核生物 DNA 复制需要的因子和原理与原核生物基本相同，也是半保留复制和半不连续复制。由于真核生物 DNA 分子比原核生物 DNA 分子大得多，如动物细胞 DNA 分子大约由 10^{10} 个碱基对组成，相当于细菌 DNA 的 1 000 倍；由于真核 DNA 和核小体一起存在，在 DNA 复制过程中，也要合成组蛋白，亲代 DNA 的组蛋白仍保留和 DNA 复制子的结合，而新合成的组蛋白则和子代链结合，所以真核和原核复制系统有许多不同的地方，真核复制过程比原核复制过程更为复杂。其特点如下。

①真核生物每个染色体有多个起始点，属于多复制子复制。真核生物也具有与原核生物复制起始点类似的特征性结构，但真核生物每条染色体上有多个复制原点，每个起始点产生 2 个移动方向相反的复制叉；同时，真核生物的每个起始点左右各有 1 个终止点，相邻的复制叉在此处碰在一起；在复制完成

时，多个复制叉相遇并汇合连接成连续的 DNA 子代链（图 10-10）。

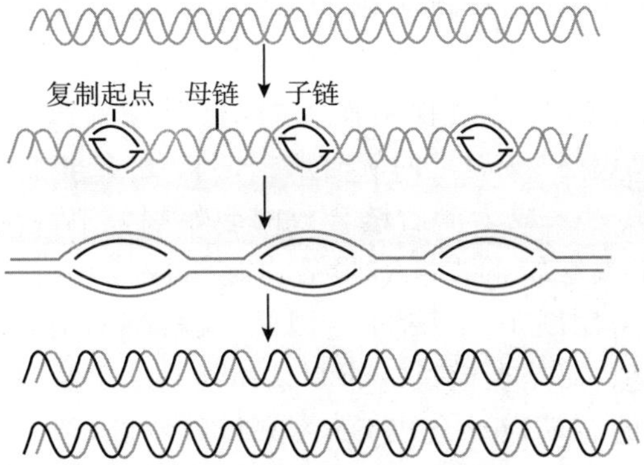

图 10-10　真核生物 DNA 的双向复制

（李留安等，2022）

②复制的起始需要 DNA-pol α（引物酶活性）和 DNA-pol δ 参与，还包括拓扑异构酶和众多复制因子（replication factor，RF）。复制起始也是形成复制叉、引发体和合成 RNA 引物。

③真核生物 DNA 被包装在核小体中，并与组蛋白紧密结合。研究实验表明，核小体的解聚发生在紧靠复制叉前面，解聚游离的亲代组蛋白直接转移到刚出现的子代前导链上，而滞后链则由新合成的组蛋白组装。发生在细胞质中的组蛋白的合成与发生在细胞核中的 DNA 复制协同进行。组蛋白修饰在形成和维持异染色质的结构、基因组印迹、DNA 修复、X 染色质的失活和转录等调控方面有重要作用。

④增殖细胞核抗原（proliferation cell nuclear antigen，PCNA）在复制起始和延长中起关键作用。

在复制叉及 RNA 引物生成后，由 DNA-pol ε 通过 PCNA 的协同作用，逐步取代 DNA-pol α 负责前导链的合成。PCNA 能形成环状夹子极大增加 DNA-pol ε 的持续合成能力。滞后链的合成由 DNA-pol δ 负责，也是通过不连续地合成出冈崎片段（100～200 个核苷酸长度），然后除去引物，由 DNA 连接酶连接成完整的 DNA 链。

2. 端粒和端粒酶

DNA 复制的过程涉及 RNA 引物的形成和去除导致 DNA 聚合酶不能正确复制真核生物染色体线性双链 DNA 的末端，即不能合成滞后链的最末端处的 5′末端。这样，细胞染色体 DNA 将面临复制一次就缩短一些的问题。在某些低等生物的特殊生活条件下观察到这种现象，但只是少数特例。事实上，由滞后链 5′末端在消除 RNA 引物后造成的空缺会被补齐，因为真核生物染色体线性 DNA 分子末端存在着被称为端粒（telomere）的特殊结构。

（1）端粒　端粒是真核生物染色体末端的特殊结构。其共同特点是在染色体的 3′末端单链区都有富含 G 碱基的六核苷酸多次重复序列。如哺乳类动物仓鼠和人类的端粒 DNA（TTAGGG）重复数可多达数十甚至上百次，并且形成反折式的二级结构。端粒的功能主要是维持染色体的稳定性，防止染色体间末端连接，保证 DNA 复制的完整性。在形态学上，染色体末端膨大成粒状，这是因为 DNA 末端与蛋白紧密结合，像两顶帽子那样盖在染色体两端，端粒因此而得名。

（2）端粒酶　端粒 DNA 由端粒酶（telomerase）催化合成。端粒酶是一种反转录酶，由 RNA 和蛋白质组成。端粒酶 RNA 的大小和序列因动物种类不同而不同，成熟的酿酒酵母端粒酶 RNA 包含1 167 个核苷酸残基序列，哺乳动物的端粒酶 RNA 明显变短，大约 450 个核苷酸残基序列。它可与端粒区的重复序列互补并作为端粒区重复序列延长的模板。蛋白质部分具有逆转录酶活性，能以其自身携带的 RNA 为模板进行逆转录，延长端粒的 3′端。

（3）端粒的复制　真核生物线性双链 DNA 末端的复制由这些步骤组成：①端粒 DNA 的 3′末端和端粒酶所含的 RNA 分子的 3′端形成碱基配对；②端粒酶利用 RNA 为模板，将 dNTP 加到端粒 DNA

的 3′端，这个逆转录过程一直进行到 RNA 模板的第 35 位；③DNA-RNA 杂交链之间发生相对滑动，新生长的端粒 DNA 链 3′端再和 RNA 3′端形成新的碱基配对，重新暴露出部分 RNA 模板序列；④继续逆转录过程。该结合→聚合→转位的过程周而复始，直至在端粒 DNA 的 3′末端形成了足够长度（提供滞后链回旋时所需的长度）的单链突出；⑤该 3′突出端能够弯转过来成为滞后链合成的起始端，然后由 DNA 聚合酶复制 DNA 5′末端空缺的 DNA，最后由连接酶连接。延伸→转位→延伸→转位过程可用图 10-11 表示。因此，端粒酶不是直接填补引物去除后留下的空隙，而是在模板链的 3′端添加末端重复序列，至出现回折后，用其回折的 3′端启动合成 DNA 来填补空隙，依此保障染色体的平均长度。

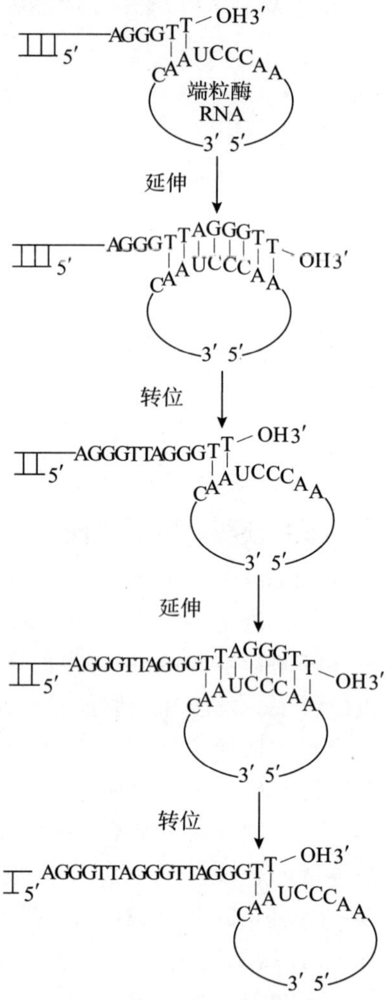

图 10-11　端粒的复制

（Blackburn，1991）

二、逆转录

（一）逆转录的概念

在逆转录酶的作用下，以 RNA 为模板合成 DNA 的过程，称为逆转录（reverse transcription）。在该过程中，遗传信息的流动方向（RNA→DNA）与转录（DNA→RNA）过程相反。

（二）逆转录病毒

RNA 病毒的基因组是 RNA 而不是 DNA，其复制方式是逆转录，故称为逆转录病毒（retrovirus）。许多逆转录病毒有致癌作用，称为 RNA 肿瘤病毒，如人类免疫缺陷病毒（HIV）、马传染性贫血病毒（EIAV）等。HIV 可引起艾滋病（AIDS），诱发患者体内产生淋巴瘤和/或卡波氏肉瘤。

RNA 病毒感染活细胞后，要先经逆转录成为双链 DNA，通过基因重组方式，加入宿主细胞基因组中，并随宿主细胞复制和表达。这种重组方式称为整合，整合是逆转录病毒生活周期中的必要步骤，因为逆转录病毒的 DNA 只有在整合进宿主细胞的 DNA 后才能转录，且病毒基因的整合可能是病毒致癌的重要方式。

（三）逆转录酶

逆转录酶（reverse transcriptase，RT）是一种依赖 RNA 的 DNA 聚合酶，能催化以单链 RNA 为模板合成双链 DNA 的反应。此酶广泛存在于致癌 RNA 病毒中。

逆转录酶是一种多功能酶，兼有 3 种酶活性：①RNA 指导的 DNA 聚合酶活性，将单链 RNA 分子拷贝成 DNA-RNA 杂合分子；②DNA 指导的 DNA 聚合酶活性，将单链 DNA 分子拷贝成双链 DNA 分子；③核糖核酸酶 H（RNase H）活性，降解 DNA-RNA 杂合分子中的 RNA 可以从 5′→3′和 3′→5′两个方向水解杂合分子中的 RNA。

逆转录酶的聚合酶性质与其他 DNA 聚合酶相类似，如需要引物、以 4 种 dNTP 为底物、合成 DNA 的方向为 5′→3′等。

（四）逆转录过程

由逆转录酶催化的 DNA 合成过程包括的反应：①以单链 RNA 的基因组为模板，在逆转录酶的

RNA 指导的 DNA 聚合酶活性的催化下，合成一条单链 cDNA（complementary DNA，cDNA），产物为 DNA-RNA 杂合分子；②杂合分子中的 RNA 链被逆转录酶的 RNase H 活性水解；③以新合成的单链 cDNA 为模板，逆转录酶的 DNA 指导的 DNA 聚合酶活性催化合成其互补 DNA 链，从而产生双链 DNA 分子（图 10-12）。

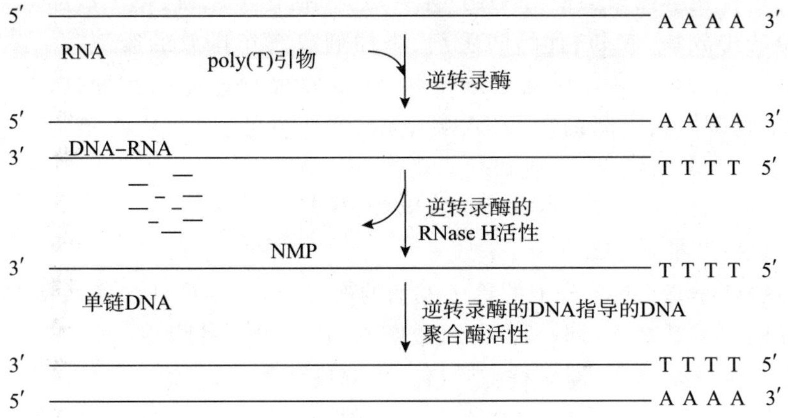

图 10-12　逆转录过程

（五）逆转录酶和逆转录现象的生物学意义

逆转录酶和逆转录现象是分子生物学研究中的重大发现，表明 RNA 不仅可以是遗传信息的基本携带者，而且能通过逆转录的方式将遗传信息传递给 DNA，即 RNA 兼有遗传信息传代与表达功能。

对逆转录病毒的研究拓宽了病毒致癌理论，且为人们通过寻找逆转录酶的专一性抑制剂来防治癌症带来期望。此外，逆转录酶已成为分子生物学研究中的重要工具，是获取基因工程目的基因的重要方法之一。

三、DNA 的损伤与修复

正常 DNA 分子组成与结构的改变，即个别脱氧核糖核苷酸残基甚至片段 DNA 在构成、复制或表型功能上的异常变化，称为 DNA 损伤。尽管 DNA 在复制过程中具有高保真机制，但是 DNA 在不断地传代的过程中以及各种内外因素的作用下难免会有损伤。在很多情况下，细胞具有校正或修复这些损伤的能力，这是生物在长期进化过程中获得的一种保护功能。当然，有些不能被完全修复的损伤就成为所谓的突变。

（一）突变

DNA 损伤可以引起遗传信息的改变，即 DNA 分子发生可遗传的结构和数量的变化，从而导致生物个体性状发生变化，这种损伤称为 DNA 突变（mutation）。从分子水平上看，突变就是 DNA 分子结构上发生碱基对组成或排列顺序的改变。

1. 突变的意义

DNA 的突变可能会导致相应蛋白质一级结构（氨基酸顺序）的变化，从而引起生物特征或性状发生变异。当 DNA 的突变发生在对生命过程至关重要的基因上时，有些突变将导致细胞及个体的死亡，甚至使物种被淘汰；有些突变将成为某些疾病的发病基础，造成遗传性疾病；有些突变只是导致基因型改变，个体间会出现多态性；还有些突变是无害的，甚至可能会导致机体产生某些优势。DNA 的突变为自然选择和生物进化提供了分子基础。

2. 引发突变的因素

DNA 可发生自然突变，也可由某些化学或物理因素诱发突变。

(1)自发突变　大量的突变属于自发突变，发生频率只不过 10^{-9} 左右。高等生物基因组庞大，细胞繁殖速度快，它起的作用是不可低估的。

(2)诱发突变　多种化学因素会使 DNA 产生突变，包括化工原料、化工产品和副产品，各种工业的排放物、农药、食品防腐剂、添加剂或汽车排放的废气、环境中存在的化学物质等。这些突变剂也是致癌剂，如黄曲霉毒素能引起癌症。紫外线和各种辐射等物理因素也能诱发 DNA 突变，如紫外线可引起 DNA 链上相邻的两个嘧啶碱基发生共价结合，生成嘧啶二聚体(图 10-13)。

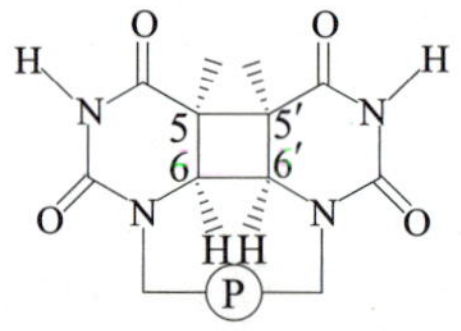

图 10-13　嘧啶二聚体

3. 突变的类型

突变类型包括点突变、插入和缺失等。

(1)点突变　点突变是指 DNA 分子的单一碱基的变异，包括转换和颠换两种类型。

①转换：发生在同型碱基之间，即一种嘌呤(或嘧啶)代替另一种嘌呤(嘧啶)。

②颠换：发生在异型碱基之间，即一种嘌呤被一种嘧啶置换，或反之。

转换和颠换都会产生新的碱基对。DNA 分子上的碱基错配(mismatch)会导致同义、错义、无义、终止密码子突变和起始密码子突变的发生。如果点突变发生在基因的编码区域，就可导致所编码氨基酸的改变。

(2)插入和缺失

①插入：原来没有的一个碱基或一段核苷酸链插入到 DNA 大分子中间。

②缺失：一个碱基或一段核苷酸链从 DNA 大分子上消失。

插入和缺失常常会导致阅读框改变，又称为框移突变(frame shift mutation)。三联体密码子的阅读方式的改变会造成所编码的蛋白质中氨基酸排列顺序发生改变，其后果是翻译出的蛋白质可能完全不同于原来正常的。

(二)DNA 损伤的修复

DNA 受损后细胞恢复 DNA 原来碱基序列或结构完整性的生物化学过程，称为 DNA 修复。修复的主要类型有光修复、切除修复、重组修复和易错修复等。

1. 光修复

光修复是通过光修复酶(photolyase)催化来完成的。光修复酶，也称光裂合酶或光复活酶，在低等单细胞生物至鸟类中普遍存在，仅需用强的可见光(最有效波长 400 nm 左右)照射即可活化。胸腺嘧啶二聚体就可以通过该方式修复。光修复酶结合在胸腺嘧啶二聚体部位，催化两个胸腺嘧啶碱基恢复正常，A-T 碱基对重新形成，然后光修复酶从已修复好的 DNA 上脱落。

2. 切除修复

切除修复是指将损伤 DNA 切除，用完整的那一条链作模板，合成出被切掉的那一部分，从而让 DNA 双螺旋恢复到正常的过程。这是细胞内最重要的修复机制，包括去除损伤的 DNA、填补空隙和片段连接等反应步骤。切除修复可以将损伤的核苷酸修复(其过程见图 10-14)，也可以将损伤或错配的碱基修复(图 10-15)。

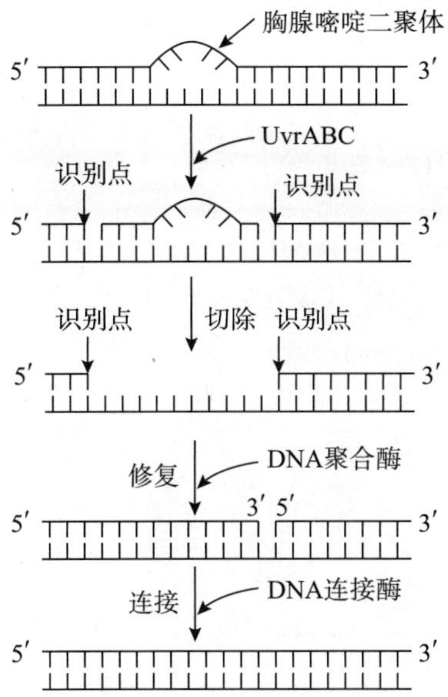

图 10-14 核苷酸的切除修复

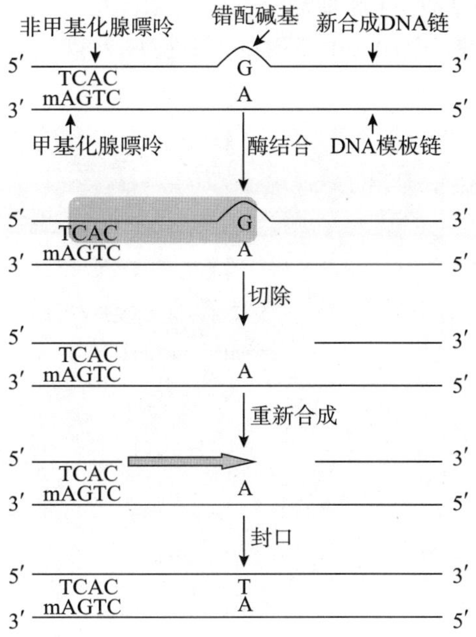

图 10-15 错配修复

3. 重组修复

重组修复是复制后发生的，也称复制后修复。这是一种类似遗传重组的修复机制。当 DNA 分子的损伤面较大，还来不及修复完善就进行复制时，损伤部位因无模板指引，复制出来的新子链会出现缺口，这时，由重组蛋白 RecA 的核酸酶活性将另一股健康的母链与该缺口部分进行交换，以填补缺口。健康的母链产生的缺口位于正常子链相应的对侧，可通过 DNA 聚合酶利用正常子链作模板复制 DNA 来填补，连接酶封口，DNA 得到修复(图 10-16)。

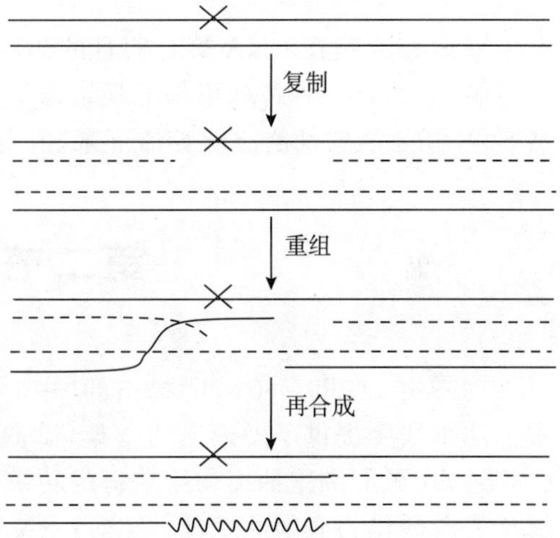

×：DNA 链受损伤的部位；
虚线：通过复制新合成的 DNA 链；
锯齿线：重组后缺口再合成的 DNA 链。

图 10-16 重组修复
(邹思湘，2005)

在重组修复过程中，原来的损伤段并未除去。如果损伤只发生在双链 DNA 中的一股单链，则下一轮的复制损伤链就只占 DNA 的 1/4。在不断复制后，其比例就越来越低，最终也就几乎不影响正常的生理过程，损伤的效应就得到“稀释”。有时，损伤本身在子代细胞中还可能通过切除修复而恢复正常。

4. 易错修复

易错修复(error-prone repair)是指在 DNA 损伤时，缺乏校对功能的 DNA 聚合酶常在受损部位进行 DNA 复制，以避免细胞死亡，又会导致较高差错率的修复方式。SOS 修复就是一类应急性的易错修复方式，是细菌受到潜在致死性突变剂，如紫外线、烷基化试剂或交联剂等的作用而产生的应激反应。*E. coli*，各种参与修复的 *SOS* 基因组成一个网络式调控系统。在正常情况下，参与 DNA 损伤修复的一些 *SOS* 基因共同受一个由 *lexA* 基因编码的 LexA 阻遏蛋白的控制，当紫外线照射造成 DNA 严重损伤时，*recA* 编码的 RecA 蛋白产生蛋白水解酶活性，使 LexA 蛋白水解失活，导致 *SOS* 基因转录表达，并对损伤的 DNA 进行修复。修复过程包括 UV 或某种诱变激活 RecA 的辅蛋白酶活性；RecA 辅蛋白酶激活 LexA

的水解酶活性;作为抑制子的 LexA 自我切割,从操纵子 umuDC 上释放;umuC 和 umuD 蛋白合成,组成 DNA 聚合酶 V,在损伤位点对面掺入错误碱基,从而保持复制(图 10-17)。

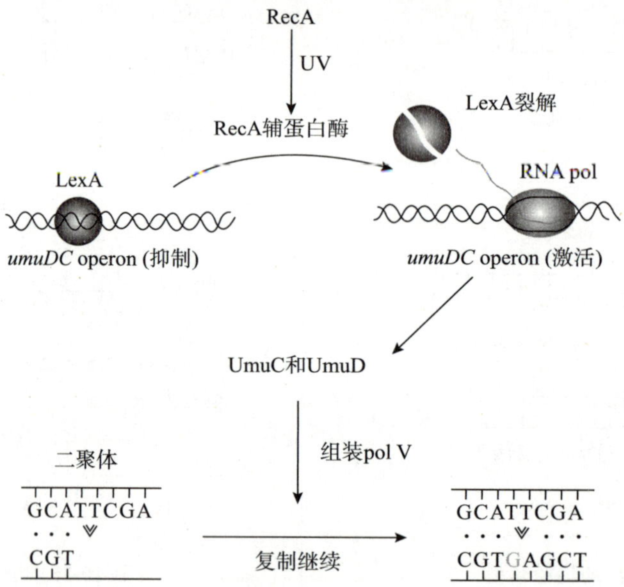

图 10-17 SOS 修复

(郑用琏等,2013)

SOS 修复是在 DNA 聚合酶Ⅲ的作用被阻断的情况下进行 DNA 复制,从而导致 DNA 损伤位点的不正确配对,是一种跨越损伤的易错修复。即使复制形成了完整的 DNA 链,这种链也是有缺陷的。虽然 SOS 修复能使细胞能够存活下来,但引起较广泛、长期的突变可能与生物进化相关。

第二节 RNA 的生物合成

1958 年,克里克(Crick)提出的"中心法则"说明遗传信息传递从 DNA 流向 RNA,然后再到蛋白质。这个法则提供了理论上的框架,试验者依据它来设计证明转录酶存在的各种方法。1959 年韦斯(Weiss)在鼠肝细胞抽提物中获得的转录活性证据和科恩伯格(Kornberg)对于 DNA 在体外合成需要核苷三磷酸作为底物的发现,意味着 RNA 的生物化学系统研究的开端。此后,随着 RNA 研究的不断深入,生命本质的许多疑问不断得到澄清。RNA 生物合成包括 DNA 转录生成和 RNA 自我复制合成两种方式。

一、转录

(一)转录的概念

转录(transcription)是指以 DNA 为模板,在 RNA 聚合酶的催化下,按照碱基配对的原则合成 RNA 的过程。

转录过程和复制过程的共同点:①都需要 DNA 模板;②都需要依赖 DNA 的聚合酶;③都遵守碱基配对规律;④合成新链的延长方向都是 5′→3′;⑤核苷酸之间都通过磷酸二酯键相连。转录过程和复制过程也有一些不同点,见表 10-3。

表 10-3　转录过程和复制过程的不同点

	复制	转录
模板	两条链均复制	模板链转录(不对称转录)
原料	dNTP	NTP
酶	DNA 聚合酶、拓扑异构酶、解旋酶、引物酶、连接酶等	RNA 聚合酶
产物	子代双链 DNA	mRNA、RNA、rRNA
配对情况	A═T G≡C	A═U G≡C T═A
引物	一小段 RNA	不需要引物

(二)转录的模板

在体外,RNA 聚合酶能使 DNA 的两条链同时进行转录。但体内的情况有所不同,许多实验证明,在体内 DNA 的两条链中,仅有一条链可作为模板进行转录,或者某些区段以一条链作为模板,而另一些区段则以另一条链为模板。由于转录仅以 DNA 一条链的某一区段为模板进行,因此称为不对称转录。把能够作为模板进行转录的一条链称为模板链(template strand)、Crick 链或负(－)链;另一条链称为编码链(coding strand)、Watson 链或正(＋)链。

mRNA 与模板链的核苷酸序列是互补的,而 mRNA 的核苷酸顺序则与编码链完全相同,只是其中以 U 代替了 T,因此 mRNA 的遗传信息与编码链相同,代表了基因的编码顺序。

生物体的 DNA 分子很长,并不是全部序列都被转录,其中一些 DNA 片段是不被转录的调控区,它们具有主宰 DNA 转录和表达的功能,是遗传信息传递过程中不可缺少的部分。

(三)RNA 聚合酶

RNA 聚合酶(RNA polymerase)催化 RNA 的合成需要 4 种核苷三磷酸(NTP)、模板 DNA 及 Mg^{2+},新链的聚合方向依然是 5′→3′。与 DNA 聚合酶不同的是,RNA 聚合酶不需要引物,能够以 DNA 为模板从头合成 RNA 分子。RNA 聚合酶没有校对功能,所以新合成的 RNA 链出现错误核苷酸的概率比新合成的 DNA 链高得多。由于 RNA 的转录产物很多,个别缺陷的转录本一般不会造成有害的影响。由于机体存在多重 RNA 质量控制(RNA quality control)机制,错误合成的 RNA 会被降解掉。

1. 原核生物的 RNA 聚合酶

(1)原核生物的 RNA 聚合酶的组成　原核生物中只有 1 种 RNA 聚合酶,负责所有种类 RNA 的合成,而且 RNA 聚合酶具有高度保守性,在组成、分子量及功能上极其相似。RNA 聚合酶的结构很复杂,由 6 个亚基组成:2 个 α 亚基、1 个 β 亚基、1 个 β′亚基、1 个 ω 亚基和 1 个 σ 亚基。大肠埃希菌的 DNA 指导的 RNA 聚合酶分子量约为 4.6×10^5 Da,除亚基外,还含有 2 个 Zn^{2+},它们与 β′亚基相连接。在不同种的细菌中,α 亚基、β 亚基和 β′亚基的大小比较恒定;但 σ 亚基有较大变动,其相对分子量为 3.2×10^4～9.2×10^4,而且 σ 亚基与其他亚基结合不紧密、容易脱落。大肠埃希菌的 RNA 聚合酶各亚基的大小和功能列于表 10-4。

原核生物的 RNA 聚合酶有 2 种存在形式:一种是全酶(holoenzyme)($\alpha_2\beta\beta'\omega\sigma$);另一种是核心酶(core enzyme)($\alpha_2\beta\beta'\omega$)。核心酶只能使已开始合成的 RNA 链延长,但不具有起始合成 RNA 的能力,必须加入 σ 亚基才表现出全部聚合酶的活性,即开始合成 RNA 链时必须要有 σ 亚基参与,因此 σ 亚基也被称为起始因子。

表 10-4 大肠埃希菌的 RNA 聚合酶的亚基

亚基	基因	分子质量/kDa	数目/个	组分	可能的功能
α	*rpoA*	40	2	核心酶	酶的装配，与启动子上游元件及活化因子结合
β	*rpoB*	155	1	核心酶	催化磷酸二酯键形成，结合底物(核苷酸)
β′	*rpoC*	160	1	核心酶	结合 DNA 模板，并与转录终止有关
σ	*rpoD*	32～92	1	σ因子	识别并结合转录起始位点
ω	*rpoZ*	9	1	核心酶	保护 β′亚基、帮助 β′亚基折叠和协助 RNA 聚合酶组装等

(2)RNA 聚合酶的功能　RNA 聚合酶具有多种功能：①识别 DNA 模板的转录起始部位；②催化与酶结合的 DNA 模板双链打开；③催化磷酸二酯键生成；④识别 DNA 模板的转录终止信号。

2. 真核生物的 RNA 聚合酶

在真核生物细胞中，至少有 3 种 RNA 聚合酶都是由多种亚基组成的含 Zn^{2+} 的寡聚酶，分别转录不同的基因。这 3 种 RNA 聚合酶对 α-鹅膏蕈碱敏感性不同。α-鹅膏蕈碱是一种由毒蕈产生的八肽化合物，对真核生物有较大毒性，但对细菌的 RNA 聚合酶只有微弱毒性。真核生物的 RNA 聚合酶的种类和列于表 10-5。线粒体和叶绿体自身也有 RNA 聚合酶，其分子大小、对抑制剂的敏感性等性质都与原核细胞的 RNA 聚合酶相似。

表 10-5 真核生物 RNA 聚合酶的种类和性质

特征	聚合酶Ⅰ(A)	聚合酶Ⅱ(B)	聚合酶Ⅲ(C)
细胞内定位	核仁	核质	核质
转录产物	rRNA 前体	hnRNA(mRNA 前体)	tRNA 和 5S rRNA 前体
亚基数目	6～13	8～11	9～15
全酶相对分子质量	～4 50 000	～520 000	～700 000
启动子类型	1 个上游启动子	多个上游启动子	下游启动子
对 α-鹅膏蕈碱的敏感性	低	高	中

真核生物的 RNA 聚合酶自身不能识别和结合到 DNA 的起始序列，而需要与一些转录因子装配成活性转录复合物才能起始转录。转录因子是 RNA 聚合酶起始转录所需的辅助因子(蛋白质)，其作用是识别 RNA 聚合酶或者 DNA 分子上的调控序列。

案例分析

α-鹅膏蕈碱(α-amanitin)的致死机制

α-鹅膏蕈碱是由世界上最毒蘑菇毒鹅膏(死亡帽菇)产生的一种毒素，是由 8 种氨基酸形成的二环八肽，可能也是毒伞肽中毒性最强的化合物。它能与真核生物 RNA 聚合酶Ⅱ(或 B)进行特异性结合产生非竞争性抑制，从而抑制 RNA 链在合成起始和延长过程中的磷酸二酯键的形成，最终抑制 mRNA 合成。α-鹅膏蕈碱并不抑制原核生物 RNA 的合成。目前，针对 α-鹅膏蕈碱中毒尚无特效解毒剂，首要采用催吐、洗胃、药物导泄等胃肠道净化的治疗措施。

(四)转录过程

无论是原核生物，还是真核生物 RNA 的转录过程，都分为 3 个阶段：转录起始(initiation)、转录延伸(elongation)和转录终止(termination)。转录过程所需要的基本条件:①双链 DNA 或单链 DNA 作为模板指导合成互补的 RNA;②4 种核苷三磷酸作为反应底物;③RNA 聚合酶催化。

1. 原核生物的转录过程

(1)转录起始　起始阶段的几个反应:①RNA 聚合酶全酶的 σ 亚基识别模板 DNA 的启动子,并与之紧密结合;②局部解开双螺旋,以使模板链可与核糖核苷酸进行碱基配对。模板 DNA 的局部解旋是由 RNA 聚合酶的解旋酶活性催化的,而不需要其他的酶参与。由于 RNA 聚合酶的结合,DNA 分子局部双螺旋解开形成的结构称为转录泡(图 10-18);③RNA 聚合酶催化底物核苷酸脱去焦磷酸形成磷酸二酯键,合成 RNA 链最初的 2～9 个核苷酸后,σ 亚基脱离,起始阶段结束。游离的 σ 因子可与游离的核心酶结合形成另一个全酶,开始下一次转录的启动。在合成 RNA 链时,第一个底物通常是 GTP 或 ATP。新合成的 RNA 链的核苷酸序列由模板链的脱氧核苷酸序列决定。

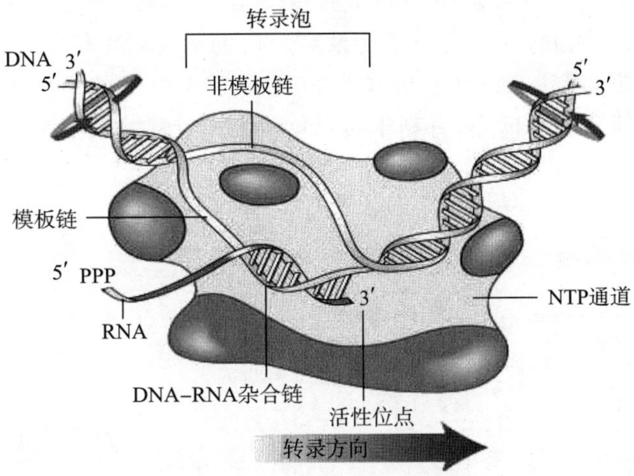

图 10-18　转录泡的结构

(邹思湘,2005)

启动子(promoter)是指 RNA 聚合酶识别、结合的一段保守的 DNA 序列,位于结构基因的上游,一般含有 10 个左右的保守核苷酸。通常将 mRNA 开始转录的第一个核苷酸定为起点(即+1),由此向转录延长的方向称为下游,其核苷酸以正序号表示;起始点左侧称为上游,其核苷酸以负序号表示,紧邻起点左侧的核苷酸为－1。绝大多数原核基因启动转录的序列很保守,共有 2 个序列元件:－35 区的-TTGACA-序列,称为 Sextama box;－10 区的-TATAAT-序列,称为 Pribnow box。原核生物启动子的基本结构见图 10-19。－35 区是 RNA 聚合酶对转录起始的辨认位点,主要与 σ 结合,辨认结合后,酶向下游移动,到达－10 区,此区序列主要通过与 β′结合形成相对稳定的酶-DNA 复合物,并将双链的解开,开始转录。DNA 链必须具有这些特殊序列才能准确启动转录。当－35 区序列突变时,它将会降低 RNA 聚合酶与启动子结合的速率,但不影响转录起点附近 DNA 双链的解开;而－10 区序列突变不影响 RNA 聚合酶与启动子结合速率,却会降低双链解开的速率。当－10 序列到－35 序列之间的距离为 17 bp 时,转录起始效率最高。

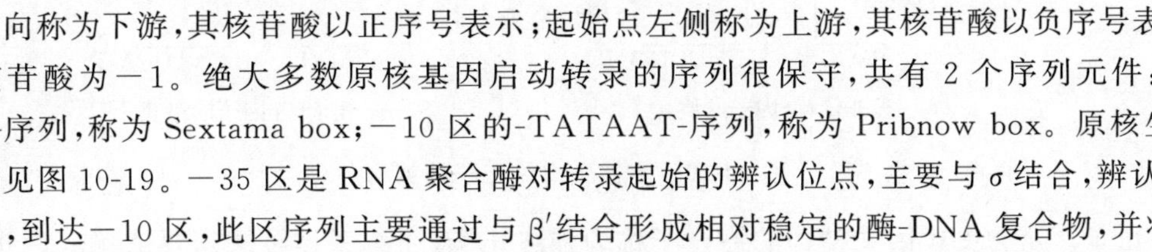

图 10-19　原核生物的启动子

(2)转录延伸　当 σ 亚基脱离后,RNA 的合成进入延伸阶段。核心酶与模板 DNA 结合较为松弛,以利于酶沿着 DNA 模板向前滑动。随着核心酶在转录泡内向前移动,DNA 解链区也随之推进,新生 RNA 链得以不断延长。随后 DNA 的互补链即取代 RNA-DNA 杂交双链中的 RNA 链,从而恢复原来的 DNA 双螺旋结构,而 RNA 被置换出来。转录延伸实际上就是以转录泡内 DNA 单链为模板,由核心酶聚合 NTP,形成 RNA 链的过程。RNA 聚合酶沿着模板链移动的方向为 3′→5′;RNA 链的合成方向是 5′→3′。

(3)转录终止　在一个基因的末端往往有一段特定顺序,它具有转录终止的功能,称为终止子(terminator)。终止子的共同特征是有一段由 7～20 核苷酸对组成的反向重复序列(回文序列)。回文顺序的 2 个重复部分由几个不重复碱基对隔开。在启动子和终止子之间的 DNA 序列称为一个转录单位。原核生物转录终止方式有以下 2 种。

①强终止子。该类终止子的特点是在序列中有一段富含 G≡C 的反向重复序列;在反向重复序列的下游有 6～8 个 A═T 对。因此,这段终止子转录后形成的 RNA 具有发夹结构。发夹结构的形成有助于阻止 RNA 聚合酶前进,使转录终止。转录产物具有与 A 互补的一串 U,因为 A═U 之间氢键较弱,因而 RNA-DNA 杂交部分易于拆开,有利于转录物从 DNA 模板上释放出来(图 10-20)。

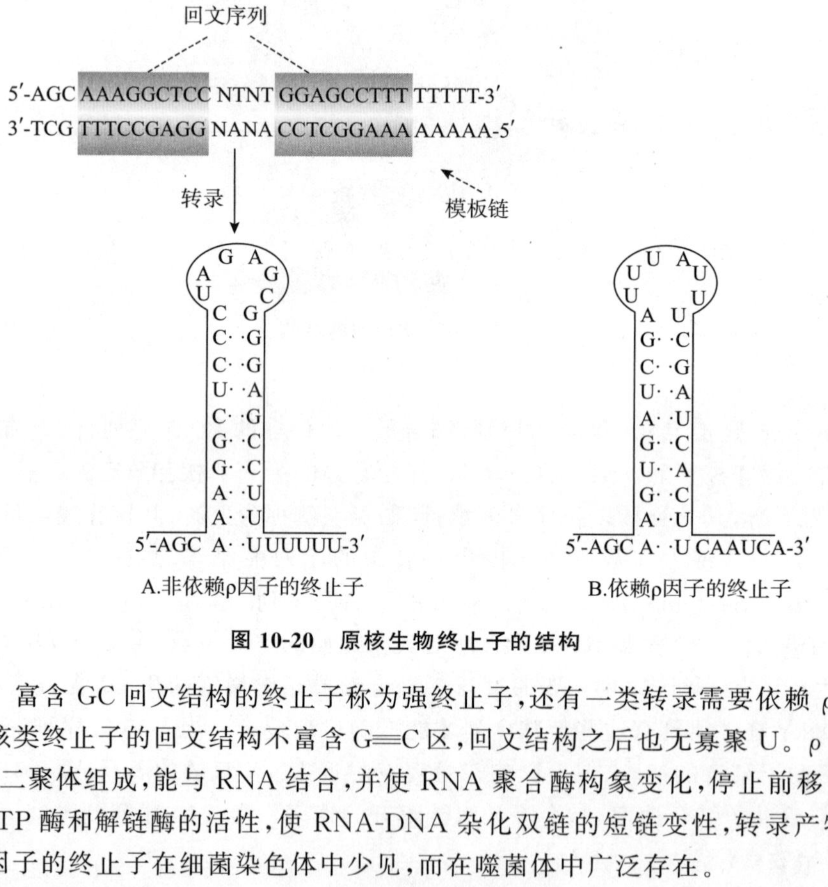

图 10-20　原核生物终止子的结构

②弱终止子。富含 GC 回文结构的终止子称为强终止子,还有一类转录需要依赖 ρ 因子的终止子,称为弱终止子。该类终止子的回文结构不富含 G≡C 区,回文结构之后也无寡聚 U。ρ 因子是一类强碱性蛋白质,由 3 个二聚体组成,能与 RNA 结合,并使 RNA 聚合酶构象变化,停止前移,促使转录终止。同时,ρ 因子有 ATP 酶和解链酶的活性,使 RNA-DNA 杂化双链的短链变性,转录产物从转录复合物中释放。依赖 ρ 因子的终止子在细菌染色体中少见,而在噬菌体中广泛存在。

2. 真核生物的转录特点

与原核生物不同,真核生物的转录在很多方面具有某些特殊规律。其主要包括以下特点。

①转录单位一般只编码一种蛋白质,为单基因(单顺反子),而原核生物的转录单位多为多基因(多顺反子)。

基因(gene)是指能编码蛋白蛋的 DNA 序列,也称为顺反子。通常把这些编码蛋白质或 RNA 的基因也称为结构基因(structural gene)。在真核生物中,仅约 15%的 DNA 序列为结构基因。结构基因的若干个编码区被非编码区隔开，因此真核生物的结构基因被称为断裂基因(split gene)。结构基因中能够指导多肽链合成的序列被称为外显子；不能指导多肽链合成的非编码序列被称为内含子。

②真核生物的 3 种成熟的 RNA 分别由 3 种不同的 RNA 聚合酶催化合成。最为重要的是，mRNA 的合成。mRNA 的前体是核不均一 RNA(hnRNA)，是由若干个编码区和非编码区一起被转录生成的。该过程由 RNA 聚合酶Ⅱ催化，然后把 hnRNA 中非编码区切除、拼接编码区、再修饰两个末端就形成有活性的 mRNA 模板。

合成 hnRNA 的启动子有 4 个序列元件：GC 盒、CAAT 盒、TATA 盒(hogness box)和转录起点。真核生物启动子结构如图 10-21 所示。

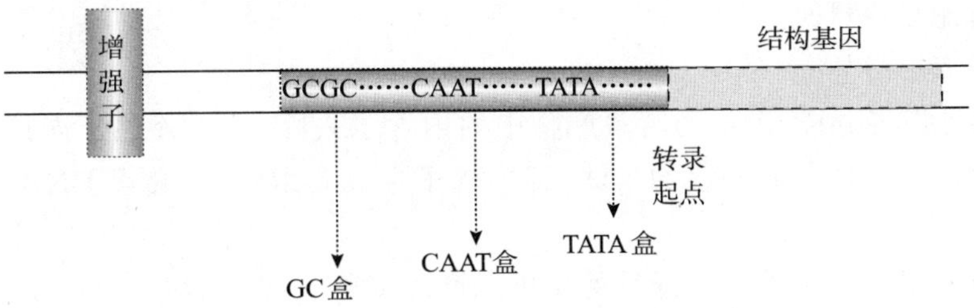

图 10-21　真核生物启动子结构

③在转录的起始阶段，RNA 聚合酶必须在特定的转录因子(transcription factors，TFs)的参与下才能起始转录。

④组织或时间特异表达的基因转录常与增强子(enhancer)或沉默子(silencer)有关。增强子是位于转录起始点上游或下游的远程调控元件，具有增强转录效率的作用。

⑤转录调节方式以正调节为主，调节蛋白通常是转录因子或调节转录因子活性的蛋白因子。

二、转录后的加工

最初转录生成的 RNA 一般是不成熟的，通常需要经过一系列断裂、拼接和修饰等加工过程才能变为成熟的 RNA 分子，其中有些步骤对所有 RNA 分子是相同的，但多数步骤则依其种类而异。一般来说，虽然原核生物和真核生物的 tRNA 和 rRNA 转录后加工方式基本相同，但是 mRNA 转录后的加工方式有很大差别。

(一)mRNA 转录后的加工

原核生物的 mRNA 大多不需加工，一经转录即可直接进行翻译，即转录和翻译几乎是同时进行。真核生物的 mRNA 需要加工后运输到细胞质才能进行翻译。真核生物 mRNA 的初始转录产物被称为 hnRNA，由 hnRNA 转变为成熟 mRNA 的加工过程包括以下几个方面。

1. 5′端加帽(adding cap)

真核生物 mRNA 5′端有一个 7-甲基鸟苷酸以 5′-5′三磷酸二酯键相连的二核苷酸(m^7G-pppN-)结构，该结构称为 mRNA 帽子(基本型)。5′端的帽子结构共有 3 种，分别称为帽子 0、帽子 1 和帽子 2，其中帽子 0 也称基本型。5′端帽子结构的形成过程：①mRNA5′端的 pppN-在 RNA 三磷酸酶作用下脱去 Pi，形成 pp-N-；②在鸟苷酸基转移酶(戴帽酶)作用下，GTP 与 5′端 pp-Np-反应形成 G-ppp-N-；③在鸟嘌呤-7-甲基转移酶作用下，由 *S*-腺苷甲硫氨酸提供甲基，在鸟嘌呤的 N7 上甲基化产生 m^7-G-ppp-N-(帽子 0)；④在帽子 0 的基础上，由核苷 2′-O 甲基转移酶转移甲基，使初始转录物上第一个核苷酸的 2′-OH 甲基化生成 m^7-G-ppp-Nm(帽子 1)，这是除单细胞真核生物外其他真核生物的主要帽子形式；⑤在帽子1基础上，再由核苷2′-O甲基转移酶甲基化第二个核苷酸的2′-OH产生m^7-G-ppp-NmNm（帽子2）。所有真核生物的加帽都是在细胞核中进行的，但胞质中也有反应酶系。

2. 3′端加尾（adding tail）

绝大多数真核mRNA的3′端被多聚腺苷酸化，这种末端的残基片段通常称为polyA尾部。转录新生的hnRNA 3′末端有一段保守序列AAUAAA，这一序列离腺苷酸加入位点的距离为11～30个核苷酸。首先由核酸内切酶将这一序列切除，然后由多聚腺苷酸聚合酶（polyA polymerase）催化腺苷酸聚合。该酶以带3′-OH的RNA为受体，ATP为供体，需要Mg^{2+}，此外，需要多种蛋白质协助。反应式为：RNA+nATP → RNA-(AMP)n+nPPi，该反应n=20～250。3′端的多聚腺苷酸（polyA）化反应在细胞核中开始，在细胞质中继续进行。

3. mRNA的剪接

mRNA的剪接是指将mRNA最初转录产物中的内含子去除，并将外显子连接起来形成一个连续的RNA分子的过程。A. Kiessig提出的模式，即内含子弯成套索状，称套索RNA，外显子互相靠近并连接。

来自一个基因的mRNA前体经选择性剪接可以产生多种mRNA，然后翻译出不同的蛋白质，这些蛋白质被称为同源异构体。大于5%的人的基因可在不同的组织或生理状态下，通过选择性剪接产生不同的蛋白质异构体，这是真核生物高度异质性的基础。

4. 甲基化

mRNA内部有少量的N^6-腺苷酸甲基化（m^6A），一般每500～1 000个碱基含1个m^6A。mRNA前体分子不存在这些结构，由甲基化酶催化加工生成。m^6A能够加速mRNA前体的加工时间，加快mRNA在细胞中的转运速度和出核速度。

5. RNA编辑

RNA编辑（RNA editing）是指前体mRNA除经上述加帽、加尾、剪接等加工外，对其序列特定部位进行碱基的插入、剔除或置换的加工，最后生成具有正确翻译功能的模板RNA的过程。RNA编辑的生理意义与选择性剪接相似，即增加了基因产物的多样性，增大了mRNA的遗传信息容量。

（二）tRNA转录后的加工

真核生物的tRNA加工过程与原核生物的非常相似，主要方式有5种：①由RNase P（核酸内切酶）作用，从5′末端切除多余的核苷酸。②由RNase D（核酸外切酶）作用从3′末端切除多余的核苷酸。③在tRNA核苷酰转移酶的作用下，完成3′添加-CCA-序列。原核生物tRNA 3′末端的CCA的形成有2种方式，即一是加工后暴露出来，二是聚合而成，而真核生物的tRNA 3′末端的CCA都是加工后聚合而成的。④由核酸内切酶和连接酶共同完成剪接反应。⑤完成碱基的甲基化、脱氨基和还原等化学修饰过程。

（三）rRNA转录后的加工

无论是在原核细胞，还是真核细胞，多种rRNA的初始转录产物都共同存在于同一个大分子前体中，它们之间通过某些序列相隔。绝大多数rRNA基因的初始转录产物必须经过进一步加工，才能成熟并具有功能。

真核生物的rRNA加工过程与原核生物的非常相似，区别在于真核生物rRNA前体比原核生物大。前者的初级转录产物为45S，后者的rRNA前体为30S左右。通过RNaseⅢ和其他的核酸内切酶催化，rRNA基因的初始转录产物水解为小的rRNA。如真核生物45S初始转录产物转变为核糖体大亚基28S、5S和5.8S rRNA和小亚基18S rRNA；而原核的30S初始转录产物转变为相应的23S和5S及16S rRNA。rRNA分子加工还包括甲基化及与蛋白质组装形成核糖体。

三、RNA 的复制

以 DNA 为模板合成 RNA 是生物界 RNA 合成的主要方式，但有些生物（如某些病毒和噬菌体）以 RNA 为模板合成 RNA，这个过程称为 RNA 复制。某些病毒、噬菌体的遗传信息贮存在 RNA 分子中，当这些微生物侵入寄主细胞后可借助复制酶（replicase，又称 RNA 指导的 RNA 聚合酶）进行病毒 RNA 的复制。这种复制是在 RNA 指导的 RNA 聚合酶催化下完成的。

RNA 复制酶催化的合成反应以 RNA 为模板，由 5′向 3′方向进行 RNA 链的合成。RNA 复制酶缺乏校对功能的内切酶活性，因此 RNA 复制的错误率较高。RNA 复制酶只是特异地对病毒 RNA 起作用，而不会作用于宿主细胞中的 RNA 分子。

RNA 病毒的种类很多，其复制方式也多种多样。依照惯例，把 mRNA 规定为（+）RNA，其互补链为（－）RNA。根据 RNA 病毒和其 mRNA 的关系（图 10-22），大卫·巴尔约摩（D. Baltimore）于 20 世纪 70 年代初将 RNA 病毒分为 4 类。

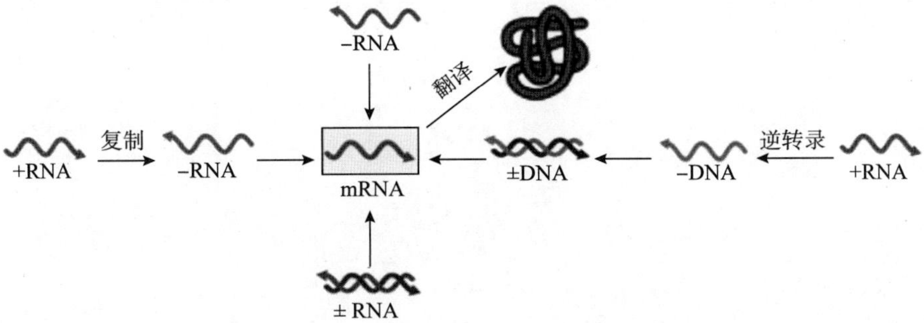

图 10-22　RNA 病毒产生 mRNA 的机制

（李留安等，2022）

（一）含正链 RNA 的病毒

这种类型的代表是噬菌体 Qβ 和灰质炎病毒（polio virus）。它们在进入宿主细胞后（+）RNA 充当 mRNA 首先合成复制酶以及有关蛋白质，然后在复制酶作用下进行复制合成（－）RNA，再以（－）RNA 为模板合成（+）RNA 组装成病毒颗粒。

（二）含负链 RNA 的病毒

这种类型的代表是狂犬病病毒（rabies virus）和马水疱性口炎病毒（vesicular stomatitis virus）。这类病毒侵入细胞后借助于病毒带进去的复制酶合成出（+）RNA，再以（+）RNA 为模板合成病毒蛋白质，并与（－）RNA 组装成病毒。

（三）含双链 RNA 的病毒

这种类型的代表是呼肠孤病毒（reovirus）。这类病毒感染宿主后会以双链 RNA 为模板，在病毒复制酶的作用下，通过不对称转录合成正链 RNA，并以正链 RNA 为模板翻译出病毒蛋白质，然后合成病毒负链 RNA，形成双链 RNA 分子，与病毒蛋白一起组装成病毒颗粒。

（四）逆转录病毒

这种类型的代表是白血病病毒（leukemia virus）和肉瘤病毒（sarcoma virus）。这类病毒较特殊，它们通过一个 DNA 中间物来表达病毒(+)RNA 的遗传信息。这个 DNA 中间产物是(+)RNA 合成的模板,因此逆转录病毒的信息流向是从 RNA 到 DNA,再返回 RNA。

二维码 10-1

DNA 复制忠实性的哲学思考

第十一章

蛋白质的生物合成

- 蛋白质的生物合成
  - 合成体系
    - 模板与遗传密码
      - 模板：mRNA
        - 多顺反子
        - 单顺反子
      - 遗传密码
        - 三联体密码
        - 特点
          - 通用性、简并性、连续且不重叠、方向性、摆动性
    - 搬运工具
      - tRNA
    - 合成场所
      - 真核生物核糖体组成
      - 原核生物核糖体组成
      - 核糖体是“装配机”
        - 结合肽酰-tRNA的P位
        - 结合氨酰-tRNA的A位
        - 空载tRNA的E位
    - 氨基酸的活化
      - 氨酰-tRNA合成酶
      - 原核生物起始氨酰-tRNA的合成
        - 消耗2ATP
  - 合成过程
    - 原核生物蛋白质的合成
      - 合成起始
        - 核糖体大小亚基分离
        - 小亚基与mRNA结合，形成30S起始复合物
        - 起始氨酰tRNA结合
          - 消耗1GTP
        - 大小亚基结合，形成70S起始复合物
      - 肽链延伸
        - 氨酰-tRNA进入A位
          - 消耗1GTP
        - 肽键形成
        - 移位
          - 消耗1GTP
      - 合成终止
        - 释放因子
          - RF1和RF2识别终止密码子
          - RF3与GTP结合，促进RF1及RF2与终止密码子的结合
        - 终止过程
          - 终止密码子辨认
          - 肽链脱离
          - 大小亚基分开
    - 核糖体循环
    - 真核生物蛋白质的合成特点
      - 比原核生物更加复杂
  - 加工和输送
    - 蛋白质的修饰
      - 一级结构的修饰
        - 末端氨基的脱甲酰化
        - N端甲硫氨酸的切除
        - 个别氨基酸的共价修饰
        - 多肽链的水解
      - 空间结构的修饰
        - 辅基连接
        - 亚基聚合
    - 多肽链的折叠
      - 分子伴侣
      - 折叠酶
    - 蛋白质合成后的靶向输送
      - 共翻译易位输送
      - 翻译后的靶向输送
  - 干扰和抑制
    - 抗生素类
      - 四环素类
        - 阻碍氨酰-tRNA与小亚基结合
      - 链霉素与卡那霉素
        - 引起读码错误
      - 氯霉素
        - 阻止肽键的形成
      - 嘌呤霉素
        - 取代氨酰-tRNA进入A位，导致肽链合成中断
      - 放线菌素
        - 抑制转肽酶活性
    - 其他干扰蛋白质合成的物质
      - 毒素
        - 阻断肽链合成延伸
      - 干扰素
        - 抑制病毒蛋白质的合成
      - 反义RNA
        - 与mRNA结合抑制翻译
      - 魔斑核苷酸
        - 影响RNA聚合酶与启动子结合的专一性

蛋白质是生命活动特征的体现者和重要的物质基础。无论是低等的微生物，还是高等植物，动物的生长、发育、繁殖、疾病、衰老和死亡的每一个过程，都有蛋白质的参与。蛋白质的生物合成又称为翻译(translation)，是指在细胞质中以 mRNA 为模板，在核糖体、tRNA 和多种蛋白因子等共同参与下，将 mRNA 分子中由 4 种核苷酸序列编码的遗传信息转变为由 20 种氨基酸组成的蛋白质。

第一节　蛋白质生物合成体系

在蛋白质合成时，20 种氨基酸是蛋白质生物合成的原料，在携带遗传信息的 mRNA 指导下合成具有特定一级结构的多肽链。合成过程还需要核糖体、tRNA、氨酰－tRNA 合成酶和多种翻译因子的参与。反应所需的能量由 ATP 和 GTP 提供。

一、mRNA 是蛋白质合成的模板

(一)mRNA 的结构和功能

mRNA 是蛋白质生物合成的直接模板。mRNA 经 DNA 转录生成，其排列顺序与 DNA 编码链的核苷酸顺序一致，但 DNA 编码链中的 T 在 mRNA 中被 U 所替代。mRNA 种类很多，分子长短不一，在各类 RNA 中，寿命也最短，是一种在生命活动中非常活跃的生物大分子物质。原核生物 mRNA 的 5′端存在可与核糖体 16S rRNA 3′末端互补结合的 SD 序列，帮助从起始密码子 AUG 处开始翻译。真核生物 mRNA 上也有一个功能类似 SD 序列的保守区段称为 Kozak 序列。该序列位于 mRNA 5′端帽子结构后面、起始密码子 AUG(通常后面又是一个 G)上游 3 个碱基的位置，通常为 GCCACCAUGG，通过与翻译起始因子的结合而介导含 5′帽子结构的翻译起始。mRNA 在蛋白质翻译过程中起着模板作用，mRNA 的核苷酸排列顺序决定着蛋白质氨基酸的排列顺序。

(二)遗传密码

遗传密码是指经转录生成的 mRNA 中的核苷酸顺序与其所编码的蛋白质多肽链中氨基酸顺序之间的对应关系。1954 年，美籍俄裔物理学家乔治・伽莫夫(G. Gamow)首先对遗传密码进行了探讨；1961 年克里克提供了确切的证据，说明三联体密码学说的正确性；后来在马歇尔・沃伦・尼伦伯(M. W. Nirenberg)和哈尔・葛宾・科拉纳(H. G. Khorana)等生物学家的努力下，于 1966 年破译了全部遗传密码。

mRNA 分子上从 5′→3′方向，相邻 3 个核苷酸为一组，代表多肽链上的某一个氨基酸或蛋白质合成的终止信号，这些三联体统称为遗传密码(codon)，也称为密码子。按 A、G、C、U 这 4 类核苷酸组合，可排列组成 $4^3 = 64$ 个不同的密码子(表 11-1)。在 64 个密码子中，61 个密码子分别代表 20 种不同的氨基酸。剩余的 3 个密码子 UAA、UAG、UGA 是肽链合成的终止信号，不被 tRNA 识别，而被称为释放因子的特异蛋白所识别，称为终止密码子。遗传密码有如下特点。

1. 通用性

从病毒、原核生物至人类都使用相同的一套遗传密码。密码子的通用性(universal)进一步证明生物界各种生物进化源自同一祖先。但遗传密码的通用性有例外，如在哺乳动物线粒体的蛋白质合成体系中，UAG 不代表终止信号而代表色氨酸，AGA 与 AGG 代表终止信号；CUA、AUA 不代表亮氨酸，分别代表苏氨酸和蛋氨酸(甲硫氨酸)等。此外，在特定的序列中，UGA 不代表终止信号而代表第 21 种氨基酸——硒代半胱氨酸；在某些古细菌中发现 UAG 代表第 22 种氨基酸——吡咯赖氨酸。

表 11-1 遗传密码

第一核苷酸（5′）	第二核苷酸 U	C	A	G	第三核苷酸（3′）
U	苯丙氨酸 UUU	丝氨酸 UCU	酪氨酸 UAU	半胱氨酸 UGU	U
	苯丙氨酸 UUC	丝氨酸 UCC	酪氨酸 UAC	半胱氨酸 UGC	C
	亮氨酸 UUA	丝氨酸 UCA	终止密码 UAA	终止密码 UGA	A
	亮氨酸 UUG	丝氨酸 UCG	终止密码 UAG	色氨酸 UGG	G
C	亮氨酸 CUU	脯氨酸 CCU	组氨酸 CAU	精氨酸 CGU	U
	亮氨酸 CUC	脯氨酸 CCC	组氨酸 CAC	精氨酸 CGC	C
	亮氨酸 CUA	脯氨酸 CCA	谷氨酰胺 CAA	精氨酸 CGA	A
	亮氨酸 CUG	脯氨酸 CCG	谷氨酰胺 CAG	精氨酸 CGG	G
A	异亮氨酸 AUU	苏氨酸 ACU	天冬酰胺 AAU	丝氨酸 AGU	U
	异亮氨酸 AUC	苏氨酸 ACC	天冬酰胺 AAC	丝氨酸 AGC	C
	异亮氨酸 AUA	苏氨酸 ACA	赖氨酸 AAA	精氨酸 AGA	A
	甲硫氨酸 AUG	苏氨酸 ACG	赖氨酸 AAG	精氨酸 AGG	G
G	缬氨酸 GUU	丙氨酸 GCU	天冬氨酸 GAU	甘氨酸 GGU	U
	缬氨酸 GUC	丙氨酸 GCC	天冬氨酸 GAC	甘氨酸 GGC	C
	缬氨酸 GUA	丙氨酸 GCA	谷氨酸 GAA	甘氨酸 GGA	A
	缬氨酸 GUG	丙氨酸 GCG	谷氨酸 GAG	甘氨酸 GGG	G

2. 简并性

除色氨酸和甲硫氨酸外，其余氨基酸均有 2 个或更多个三联体为其编码。多种密码子编码一种氨基酸的现象称为遗传密码的简并性(degeneracy)。同一氨基酸的不同密码子称为同义密码子。一般来说，同义密码子的第 1 位、第 2 位碱基相同，第 3 位碱基不同，例如丙氨酸的密码子是 GCU、GCC、GCA、GCG。遗传密码简并性的生物学意义是减少突变的有害效应。即使第 3 位碱基发生突变，也并不影响所翻译氨基酸的种类。合成的蛋白质不变有利于维持物种稳定性。

3. 连续且不重叠

在绝大多数生物中，密码子的阅读是连续且不重叠的。mRNA 链上的碱基插入或缺失往往可导致框移(frame shift)突变，出现错读，造成下游翻译产物氨基酸序列的完全改变。不重叠是指同一个密码子中的核苷酸一般不会被重复阅读。在某些病毒基因组中，基因的重叠导致出现密码子阅读的重叠性。

4. 方向性

方向性(polarity)指起始密码子总是位于 mRNA 的 5′端，终止密码子总是位于 3′端。从起始密码开始，按 5′→3′方向进行阅读到终止密码子结束。

5. 摆动性

在翻译过程中，氨基酸的正确加入需靠 mRNA 上的密码子与 tRNA 上的反密码子正确辨认。在 mRNA 上的密码子与 tRNA 上的反密码子配对辨认时，大多数都遵守碱基互补配对原则，也存在不严格配对，尤其是密码子的第三位碱基与反密码子的第一位碱基配对时常出现不严格碱基互补，这种现象称为摆动配对。如表 11-2 所示，反密码子的第 1 位碱基常出现次黄嘌呤 I，其与 A、C、U 之间皆可因形成氢键而结合，这是最常见的摆动现象。这种摆动现象使得一个 tRNA 所携带的氨基酸可排列在 2～3 个不同的密码子上，因此密码子的第 3 位碱基发生一定程度的突变并不一定会影响 tRNA 带入正确的氨基酸。

表 11-2　密码子、反密码子配对的摆动现象

tRNA 反密码子第 1 位碱基	mRNA 密码子第 3 位碱基
I	U,C or A
U	A or G
G	U or C
A	U
C	G

二、tRNA 是蛋白质合成的搬运工具

tRNA 是蛋白质合成过程中氨基酸的“搬运工”。tRNA 分子 3′端均为 CCA 序列。在酶的催化下，氨基酸 α 羧基与 tRNA 的 3′端腺苷酸中戊糖的 3′羟基形成酯键，完成氨基酸的活化。氨基酸分子通过酯键与 tRNA 分子 3′末端腺苷酸，然后通过反密码子识别 mRNA 上的密码子，决定氨基酸的“卸载”部位，从而保证了遗传信息从核酸到蛋白质传递的准确性。每种生物细胞内有 40～60 种不同的 tRNA。一种氨基酸可以和 2～6 种 tRNA 特异的结合。几个携带相同氨基酸的 tRNA 被称为同工 tRNA；在一个同工 tRNA 组内，所有 tRNA 能够被一个特殊的氨酰-tRNA 合成酶识别。

三、核糖体是蛋白质合成的场所

1950 年，保罗·查利斯·查美尼克(P. C. Zamecnik)用同位素标记的氨基酸注射动物，取肝脏并分离收集各种细胞器，检测蛋白质的放射性。结果发现注射后数分钟，带标记的蛋白质仅出现于核糖体上；注射后数小时或数天，带标记的蛋白质则分布于细胞内各组分。从而证实了蛋白质是在核糖体内合成的。

核糖体是由数种 rRNA 和多种蛋白质共同组成的一种亚细胞结构。真核细胞和原核细胞中的核糖体沉降系数分别为 80S 和 70S，均由大小亚基组成。亚基中含有不相同的蛋白质和 rRNA，原核生物和真核生物核糖体大小亚基的组分如表 11-3 所示。

表 11-3　原核生物、真核生物核糖体大小亚基的组成

	原核生物			真核生物		
S 值	核糖体	小亚基	大亚基	核糖体	小亚基	大亚基
	70S	30S	50S	80S	40S	60S
rRNA		16S-rRNA	5S-rRNA 23S-rRNA		18S-rRNA	28S-rRNA 5S-rRNA 5.8S-rRNA
蛋白质		rpS21 种	rpL34		rpS33 种	rpL49 种

注：*S* 代表沉降系数。

核糖体的小亚基外形扁平，有一个“颈沟”，大亚基似球形，中间有隆起，两边有柄状伸出。当大小亚基缔合时，其形成一个腔，贯穿整个核糖体，蛋白质生物合成过程就在其中进行(图 11-1A)。

核糖体是蛋白质生物合成的“装配机”。核糖体的大小亚基以及它们的结合部存在许多与蛋白质合成有关的位点或结构域，它们分别起着不同的作用。这些结构至少要提供以下 3 个功能部位(图 11-1B)。

(一)结合肽酰-tRNA 的 P 位

结合肽酰-tRNA 的 P 位(peptidyl-tRNA site),又称给位(donor site),它是起始氨酰-tRNA 或肽酰-tRNA 结合的部位。原核生物大部分位于小亚基,小部分位于大亚基。

(二)结合氨酰-tRNA 的 A 位

结合氨酰-tRNA 的 A 位(aminoacyl-tRNA site),又称受位(acceptor site),主要位于大亚基中,它是结合一个新进入的氨酰 tRNA 的位置。

(三)释放空载 tRNA 的 E 位

释放空载 tRNA 的 E 位(exit site)是指经过转氨酰基或肽酰基反应后,P 位上空载的 tRNA 分子释放出去的部位。

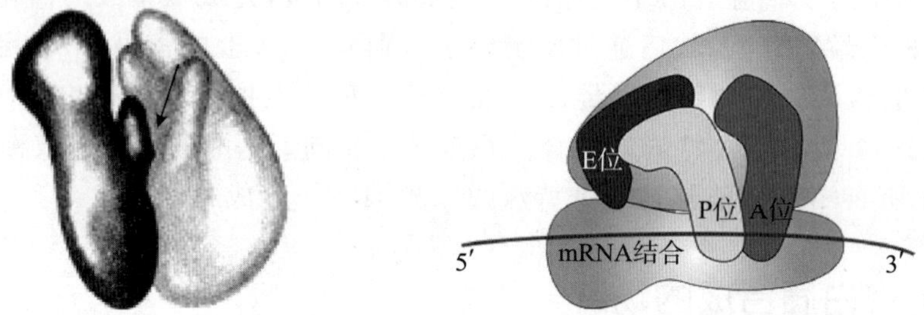

A B

A. 核糖体大亚基和小亚基间裂隙为 mRNA 和 tRNA 的结合部位;
B. 核糖体的主要结构功能域。

图 11-1 原核生物核糖体的结构模式

(邹思湘,2012)

四、氨基酸的活化

在蛋白质合成过程中,氨基酸的供体是氨酰-tRNA,而不是游离的氨基酸,因此氨基酸作为原料参与蛋白质合成过程时必须经过活化才能在彼此之间形成肽键,然后与其特异的 tRNA 结合,带到 mRNA 相应的位置上,这个过程需要依靠氨酰-tRNA 合成酶催化。在氨酰-tRNA 合成酶催化下,利用 ATP 供能,在氨基酸羧基上进行活化,首先形成氨酰-AMP,再与氨酰-tRNA 合成酶结合形成三联复合物,该复合物再与特异的 tRNA 相互作用,将氨酰基转移到 tRNA 3′-末端 CCA-OH 上,这样,氨基酸通过共价键连接到腺嘌呤核苷酸的 3′-OH 上,完成氨基酸的活化。活化后的氨基酰-tRNA 才能参与蛋白质的合成。

(一)氨酰-tRNA 合成酶

氨基酸的活化是指在 ATP 存在时,氨基酸与特异 tRNA 结合形成氨酰-tRNA 的过程。催化这一化学反应的酶是氨酰-tRNA 合成酶,该酶具有高度的特异性。

$$\text{氨基酸}+\text{tRNA}+\text{ATP}\xrightarrow{\text{氨酰-tRNA 合成酶}}\text{氨酰-tRNA}+\text{AMP}+\text{PPi}$$

上述化学反应又分为 2 个步骤完成:第一步形成氨酰-AMP-酶中间产物;第二步才生成氨酰-tRNA。这一过程净消耗了 2 个高能磷酸键。

$$氨基酸+ATP\text{-}E \longrightarrow 氨酰\text{-}AMP\text{-}E+PPi$$
$$氨酰\text{-}AMP\text{-}E+tRNA \longrightarrow 氨酰\text{-}tRNA+AMP+E$$

氨酰-AMP-E 复合体作为中间产物有利于酶分别对氨基酸和 tRNA 两种底物进行特异的辨认。氨酰-tRNA 合成酶具有校正活性，即对上述两步任何一步的错配都可以通过水解氨酰-AMP-E 的磷酸酯键或催化氨酰-tRNA 脱酰基，重新与正确的氨基酸结合。这一高度特异性的反应使遗传信息在核酸-蛋白质之间得到传递，且准确无误。

氨酰-tRNA 的书写习惯上表示为：Arg-$tRNA^{Arg}$，Met-$tRNA^{Met}$等。此处，开头的 3 个字母氨基酸缩写是代表已结合的氨基酸残基（氨酰基），tRNA 右上角的 3 字母是代表 tRNA 应该正确配对结合的特异的氨基酸。

（二）原核生物起始氨酰-tRNA 的合成

原核生物的起始密码子只能识别甲酰化的甲硫氨酸，即 N-甲酰甲硫氨酸（fMet），与 *N*-甲酰甲硫氨酸识别结合的 tRNA 简写为 $tRNAi^{fMet}$。某些原核生物还可使用 GUG、UUG 作为起始密码子。首先，甲硫氨酸与 $tRNAi^{fMet}$结合；其次，通过甲酰化酶催化，将甲酰基从 N_{10}-甲酰四氢叶酸转移到甲硫氨酸上，形成 fMet-$tRNAi^{Met}$，其反应过程如下：

$$Met\text{-}tRNAi^{fMet}+N_{10}\text{-}甲酰四氢叶酸 \xrightarrow{甲酰化酶} fMet\text{-}tRNAi^{Met}$$

第二节　蛋白质生物合成过程

蛋白质生物合成的方向是自多肽链的氨基端开始向羧基端方向逐步延伸。合成的基本过程可分为 3 个阶段：①肽链合成的起始；②肽链延伸；③肽链合成的终止。

一、原核生物蛋白质的合成

（一）肽链合成的起始

1. 核糖体大小亚基的分离

除了核糖体大小亚单位的多种蛋白质外，尚需胞液中的可溶性蛋白质因子的参与，称为起始因子（initiation factor，IF）。已知原核生物中的起始因子有 3 种，分别称为 IF-1、IF-2 和 IF-3。在翻译起始时，在 IF-1 的协助下，IF-3 作用于核糖体，结合到 30S 小亚基上，促使大小亚基解离，大小亚基的解离有利于小亚基与 mRNA 及起始氨酰-tRNA 的结合。

IF-3 的作用可防止在没有 mRNA 的情况下 30S 小亚基与 50S 大亚基结合，并协助 mRNA 的 Shine-Dalgarno（SD）序列与 16S rRNA 3′端结合，使核糖体结合在 mRNA 的正确位置。IF-1 的作用是促进 IF-3 与小亚基的结合，加速释出大亚基。

2. 核糖体小亚基与 mRNA 的结合

原核生物的 mRNA 与核糖体结合是先与小亚基结合，因为两者有能够互相识别的序列。核糖体小亚基 16S rRNA 的-UCCUCC-序列可识别 mRNA 的 SD 序列，从而形成 IF3-30S-mRNA 复合物。两者结合后，mRNA 移动，起始密码子进入核糖体（图 11-2）。

SD 序列是指在原核生物 mRNA 起始密码子前约 10 个核苷酸处，存在一段富含嘌呤碱基的核苷酸序列(4～9 bp)，可与小亚基16S rRNA 3′末端富含嘧啶的短序列互补结合。

3′——OH…………UCCUCCA…………16S rRAN的5′-末端
5′……GAUUCCUAGGAGGUUUGACCU…AUG CGA GCU UUU AGU——mRNA
fMet——Arg——Ala——Phe——Ser——多肽

图 11-2　原核生物 mRNA 与核糖体小亚基的识别

3. 起始氨酰-tRNA 的结合

在 IF-1、IF-2 及 GTP 参与下，IF3-30S-mRNA 进一步与 fMet-tRNAi^{fMet}、GTP 结合，释放 IF-3 形成 30S 翻译起始复合物：fMet-tRNAi^{fMet}-IF2-IF1-GTP-30S-mRNA。fMet-tRNAi^{fMet}结合在小亚基 P 位的 mRNA 起始密码子相对应的位置。这一反应对 fMe-tRNAi^{fMet}十分严格，其他氨酰 tRNA 不能进入。

4. 核糖体大亚基结合

30S 起始复合物形成后，50S 大亚基与 30S 小亚基结合，IF-2 结合的 GTP 水解释能，促使 IF-1、IF-2、IF-3 相继脱离，形成 70S 翻译起始复合物：70S-fMet-tRNAi^{fMet}-mRNA(图 11-3)。在起始复合物中，核糖体 P 位(肽位或给位)被 fMet-tRNAi^{fMet}占据着；A 位空着，有待于对应 mRNA 上第 2 个密码子的相应氨酰-tRNA 进入，从而进入延伸阶段。

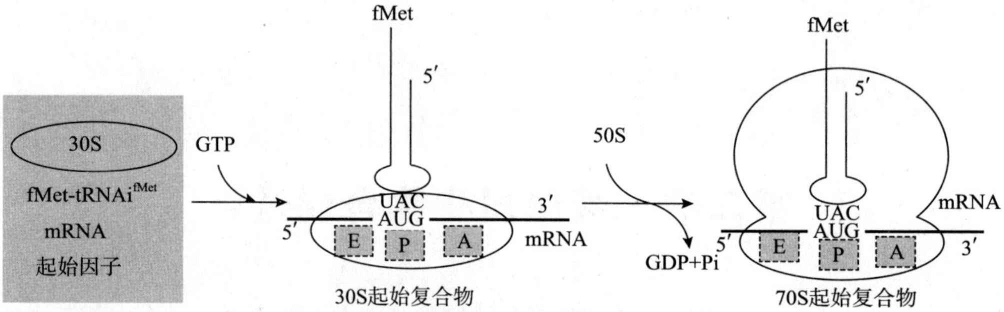

图 11-3　原核生物肽链合成的起始过程

(二)肽链延伸

蛋白质合成过程的肽链延伸是指从 70S 起始复合物形成到合成终止之前的过程。它包括 3 个基本反应步骤：氨酰-tRNA 进入 A 位、肽键的形成和移位。每循环 1 次，肽链就延长 1 个氨基酸，如此不断重复，直至肽链合成终止。延伸过程所需的蛋白质因子称为延伸因子(elongation factor，EF)，见表 11-4。

表 11-4　原核生物的延长因子及其功能

原核生物的延长因子	生物学功能
EF-Tu	协助氨酰-tRNA 进入 A 位；结合 GTP
EF-Ts	调节亚基
EF-G	有转位酶活性，协助 mRNA-肽酰-tRNA 前移，由 A 位进至 P 位，促进 tRNA 的释放

1. 氨酰-tRNA 进入 A 位

在起始复合物形成后，肽链延伸阶段的第一步是携带氨基酸的氨酰-tRNA 进入核糖体的 A 位(图 11-4)。进入的氨酰-tRNA 的种类由 A 位对应着的 mRNA 的密码子决定。该过程需要延伸因子 EF-Tu 和 EF-Ts 的协助来进行转运。

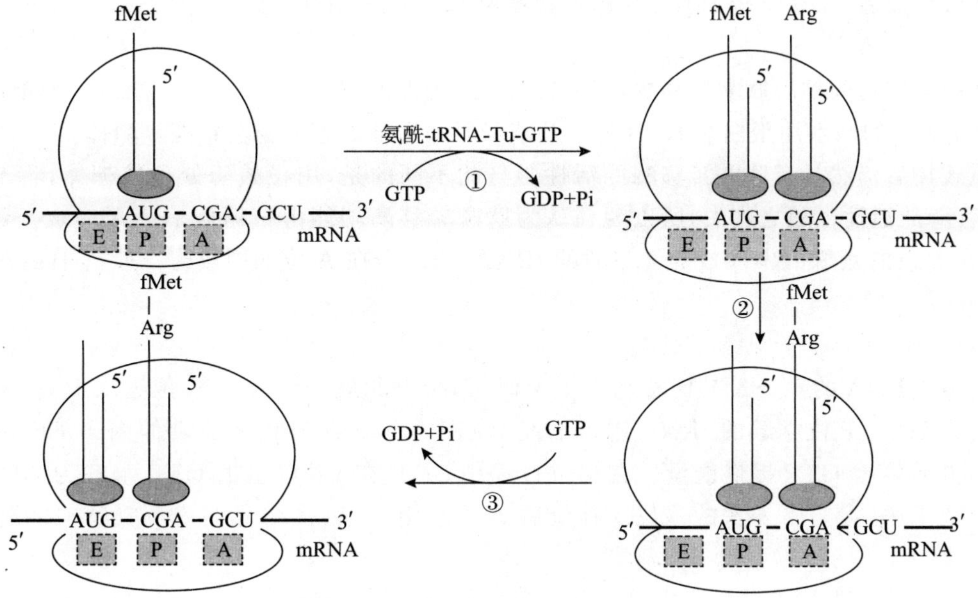

图 11-4　原核生物肽链的延伸过程

EF-Tu 的作用是促进氨酰-tRNA 与核糖体的 A 位结合；而 EF-Ts 的作用是促进 EF-Tu 的再利用。进位时，EF-Tu 首先与 GTP 和氨酰-tRNA 结合形成复合物（氨酰-tRNA-Tu-GTP），形成的复合物进入核糖体 A 位。随后，GTP 水解提供能量驱动 EF-Tu-GDP 从核糖体释放。EF-Ts 替代 GDP 与 EF-Tu 结合，然后 EF-Ts 又可被 GTP 替代，重新生成 EF-Tu-GTP。这样 EF-Tu-GTP 又可与另一个氨酰-tRNA 结合，并转运新的氨酰-tRNA 进入 A 位（图 11-5），即进入下一轮反应。要注意的是，EF-Tu 不会与 fMet-$tRNAi^{fMet}$ 反应，因此起始氨酰-tRNA 不能进入 A 位，从而保证了内部 AUG 密码子不会被起始氨酰-tRNA 所阅读。

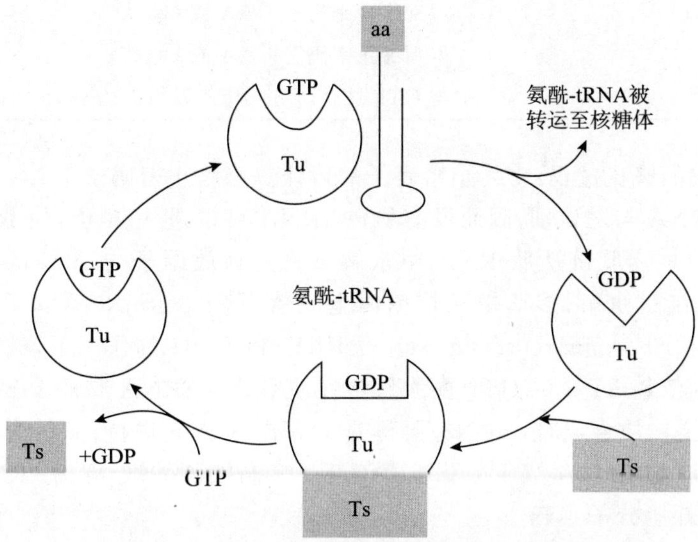

图 11-5　原核生物延伸因子的作用及转化

2. 肽键形成

肽键形成，又称转肽，即在肽酰转移酶（peptidyl transferase）催化下，P 位上的 tRNA 携带的甲酰甲硫氨酰基（或肽酰基）转移到 A 位上新进入的氨酰-tRNA 上，与其所携带的氨酰基上的氨基相互作用形成肽键。肽键生成后，原在P位的脱去甲酰甲硫氨酰基的 $tRNAi^{fMet}$（或脱去肽酰基的tRNA）从核糖体上脱落。

催化肽键生成的酶称为肽酰转移酶，该酶曾被认为是核糖体大亚基上的一种或几种蛋白质。1992年，H. Noller和他的同事用蛋白酶K、SDS以及苯酚等去垢剂处理大肠埃希菌核糖体50S大亚基，将所有的蛋白质破坏后仍然具有肽酰转移酶的活性。与此不同的是，用核酸酶处理核糖体，将rRNA降解后，肽酰转移酶的活性也随之丧失，所以现在认为肽酰转移酶功能由核糖体rRNA完成。经转肽反应后，原结合在P位的氨酰-tRNA成为无负载的tRNA，而结合在A位的则成为二肽酰-tRNA，于是进入移位阶段。

3. 移位

核糖体沿mRNA的5′→3′方向移动1个密码子，结果肽酰-tRNA从A位进入P位，同时1个新的密码子进入A位，P位空载的tRNA进入E位，见图11-4。此过程需要延伸因子EF-G（又称转位酶）的催化，并且需要GTP提供能量。在移位过程中，结合在EF-G上的GTP水解为GDP，EF-G从核糖体上解离下来，参与下一次的移位。移位后A位空出，可以再结合下一个氨酰-tRNA，并重复以上过程。

一个新的密码子进入A位后可以重新开始下一核糖体循环：进位、转肽和移位3个步骤，然后P位出现三肽-tRNA-mRNA，A位留空让第4号氨酰-tRNA进入。循环往复可使肽链增长到需要的长度。

（三）肽链合成的终止

在蛋白质合成过程中，当核糖体移位到终止密码子时，则肽链合成就会终止。终止过程也需要蛋白质因子参与，通常把这些蛋白质因子称为释放因子（release factor，RF）。原核生物的RF有3种，其功能不同，见表11-5。

表11-5　原核生物的释放因子及其功能

释放因子	功能
RF-1	识别终止密码子UAA或UAG
RF-2	识别终止密码子UAA或UGA
RF-3	与GTP结合，促进RF-1及RF-2与终止密码子的结合

原核生物肽链合成的终止过程：①终止密码子的辨认。当终止密码子UAG、UAA或UGA进入A位后，因无任何氨酰-tRNA与之识别，因而没有氨酰-tRNA可以进入A位，但RF-1或RF-2可以识别终止密码子，进入A位。②肽链从肽-RNA中水解下来。释放因子与A位的结合可促使P位上的tRNA与多肽链之间的酯键水解，多肽链从核糖体上脱落下来。③mRNA离开核糖体及大小亚基分开。在核糖体释放因子（ribosome releasing factor，RRF）和EF-G的作用下，核糖体大小亚基分离，并于mRNA分开。随后，依赖RF-3的GTP酶水解活性使空载的tRNA离开30S亚基。

需要注意的是，当蛋白质合成时，mRNA翻译是从5′向3′方向进行；肽链合成是从N端向C端方向延长；除起始第一个肽键之外，生成1个肽键需消耗4个高能磷酸键，氨酰-tRNA的生成消耗2分子ATP、进位和移位各消耗1分子GTP。

二、核糖体循环

实际上，不论是真核，还是原核生物，在细胞内蛋白质合成时，并不是单个核糖体，而是多个核糖体可在同一时间内与同一条mRNA相连。在一条mRNA上可以同时合成多条同种多肽链，这种成分称为多核糖体。当第一个核糖体翻译完成后就解聚，其大小亚基又去结合这条 mRNA 的起始密码子，进行第二轮同种多肽链的翻译。依此类推，这种多个核糖体同时在一条 mRNA 上进行多条同种多肽链循环合成的过程叫做核糖体循环。核糖体循环能够充分利用 mRNA 模板，使蛋白质的生物合成得以高速度、高效率进行。无论真核生物，还是原核生物，都存在核糖体循环。

三、真核生物蛋白质的合成特点

真核生物蛋白质合成与原核生物基本类似，但合成过程更加复杂，其特点如下。

①真核生物核糖体更大更复杂，核糖体为 80S，其小亚基为 40S、大亚基为 60S。

②真核细胞的起始氨基酸为甲硫氨酸(蛋氨酸)，但不需要进行甲酰化。在真核生物中与甲硫氨酸结合的 tRNA 至少有 2 种，携带起始甲硫氨酸的 tRNA 用 $tRNAi^{Met}$ 表示；在肽链延伸过程中携带的甲硫氨酸的 tRNA 则表示为 $tRNA^{Met}$。

③真核细胞的 mRNA 无 SD 序列，但其 5′端有“帽子”结构，3′端有多聚腺苷酸(polyA)尾巴结构。起始复合物的合成有所不同：$Met\text{-}tRNAi^{Met}$ 首先与小亚基结合，然后与起始因子 eIF2、GTP 结合成四元复合物，又在多个蛋白因子的帮助下通过“帽子”结构与小亚基的 18S rRNA 结合，小亚基向 mRNA 的 3′端滑动至第一个 AUG(起始密码)处，AUG 与 $Met\text{-}tRNAi^{Met}$ 的反密码子结合而停下来，再与大亚基结合形成 80S 起始复合物开始翻译。

④真核细胞 mRNA 是单顺反子，即一种 RNA 只能翻译产生一种蛋白质。原核细胞 mRNA 是多顺反子，即一种 RNA 可翻译产生多种相关蛋白质。

⑤真核生物的蛋白质合成与 mRNA 的转录过程不同时进行，mRNA 在细胞核内合成，而翻译过程在细胞质中进行，两者间隔约 15 min。原核生物的 mRNA 转录和翻译过程几乎同时进行。

⑥真核生物的翻译过程需要更多的蛋白因子参与，即有 13 种起始因子、2 种延伸因子和 1 种终止因子。

第三节　蛋白质合成后的加工和输送

以 mRNA 为模板，在核糖体上合成释放出的蛋白质多肽链大多数还不具有生物学活性，必须经过一系列翻译后的加工，才能转变成具有生物学功能的终产物。另外，在核糖体合成的各种蛋白质还需要靶向输送到特定细胞部位发挥生物学作用。

一、蛋白质的修饰

(一)一级结构的修饰

1. 末端氨基的脱甲酰化和 N 端甲硫氨酸的切除

天然蛋白质 N 末端一般多不以甲硫氨酸作为第一位氨基酸。在细胞内脱甲酰基酶(原核生物)和氨肽酶(真核生物)的催化下，切除 N 末端的甲硫氨酸或相连的若干残基。这个过程不一定等肽链合成终止才发生，有时边合成，边加工。

2. 个别氨基酸的共价修饰

某些蛋白质肽链中存在共价修饰氨基酸残基。经磷酸化、羟基化、酰基化和甲基化等修饰后，蛋白质肽链转化为有活性的蛋白质。例如有些酶的活性中心含有磷酸化的丝氨酸、苏氨酸或酪氨酸残基。

这些磷酸化的氨基酸残基都是在肽链合成后相应残基的—OH 被磷酸化而形成的。某些凝血酶原中的谷氨酸可发生羧化作用,转化为 γ-羧基谷氨酸,后者可与 Ca^{2+} 螯合。胶原蛋白中存在的羟赖氨酸和羟脯氨酸并无遗传密码,它们由肽链上赖氨酸残基和脯氨酸残基经内质网上羟化酶催化生成。肽链中半胱氨酸间可形成二硫键,参与维系蛋白质空间构象。

3. 多肽链的水解

某些无活性的蛋白质前体可经蛋白酶水解,切除部分肽段后,生成有活性的蛋白质。例如,胰岛素的合成先合成较大的前体,即前胰岛素原,然后水解切去一段由 1~24 位氨基酸的 N 端信号序列,并形成二硫键,生成胰岛素原。胰岛素原再由肽链内切酶在两处切去两对碱性氨基酸,并由肽链外切酶再切去一段连接的肽链(C 肽),最后生成胰岛素的两条以二硫键连接的 A 链、B 链。有些肽类激素、神经肽类及生长激素等由无活性的前体转变为有活性的形式都是经特异蛋白水解酶切除修饰的结果。

(二)空间结构的修饰

1. 辅基连接

结合蛋白是组成细胞结构的主要成分。多数的结合蛋白,如糖蛋白、脂蛋白及各种带辅基的酶,合成后都需要结合相应辅基,才能发挥生物学功能。这一过程在细胞内质网及高尔基体中完成。

糖与蛋白质之间以蛋白质为主,其一定部位以共价键与若干糖分子链相连所构成的分子就称为糖蛋白。人体内含有大量的糖蛋白,包括抗体、激素和免疫系统内的蛋白质等。此外,许多药物属于糖蛋白,如用于治疗贫血、癌症和 AIDS 的 erythropoietin 药物。其总体性质更接近蛋白质,通常包括 *N*-乙酰己糖胺。该链末端成员常常是唾液酸或 α-岩藻糖。糖肽键是指寡糖链与多肽链(蛋白质)中的氨基酸以多种形式共价连接,构成糖蛋白的糖肽连接键。

(1)糖肽连接键的类型　①以丝氨酸、苏氨酸和羟赖氨酸的羟基为连接点,形成 *O*-糖苷键型;②以天冬酰胺的酰胺基,N-末端氨基酸的 α-氨基以及赖氨酸(或精氨酸)的 ε-氨基为连接点,形成 *N*-糖苷键型;③以天冬氨酸或谷氨酸的游离羧基为连接点,形成酯糖苷键型;④以羟脯氨酸的羟基为连接点的糖肽键;⑤以半胱氨酸为连接点的糖肽键。

(2)糖蛋白的作用　①由于糖蛋白的高黏度特性,机体用它作为润滑剂;②防护蛋白水解酶的水解作用;③防止细菌、病毒侵袭;④在组织培养时对细胞粘连和细胞接触起抑制作用;⑤对外来组织的细胞识别有一定的作用;⑥与肿瘤特异性抗原活性的鉴定有关。

2. 亚基聚合

寡聚蛋白的亚基合成后需要通过非共价键聚合,形成寡聚体才有生物活性,例如血红蛋白分子的亚基($\alpha_2\beta_2$)聚合。α 链在多聚核糖体上合成后即行释放。释放后的 α 链可与尚未从多聚核糖体上释放的 β 链相连,然后一并从多核蛋白体上脱下,变成游离的 α、β 二聚体。该二聚体又与线粒体内生成的2 个血红素相结合,最后才形成一个由 4 条肽链和 4 个血红素构成的有功能的血红蛋白分子。

二、多肽链的折叠

新合成的多肽链一级结构经过氨基酸侧链基团非共价键的相互作用,折叠形成一定的空间结构才能有生物学活性。肽链的折叠是在折叠酶(foldase)或分子伴侣(molecular chaperone)的参与下协助完成的。

(一)分子伴侣

分子伴侣(molecular chaperone)是指一类在细胞内帮助新生肽链正确组装和协助蛋白质折叠,而本身却不是最终功能蛋白质组成成分的分子。分子伴侣广泛存在于原核生物和真核生物细胞中，它们能识别肽链的非天然构象，促进蛋白质正确折叠。近年来，研究最多的分子伴侣是热休克蛋白（heat shock protein，HSP）70 与 60。HSP70 的 C 端具有非折叠肽链结合部位，能与非折叠肽链中的一个很短的疏水片段结合，使新生肽链不发生错误折叠或与其他蛋白质随机结合。HSP70 的 C 端还具有 ATP 酶活性，当其释放新生肽链时伴有 ATP 水解反应。HSP60 由 16 个分子质量为 60 kDa 的相同亚单位构成，可与 HSP70 释放的新生肽链结合，使其正确折叠，该过程也伴有 ATP 水解反应。

（二）折叠酶

折叠酶包括蛋白质二硫键异构酶（protein disulfide isomerase，PDI）和肽酰脯氨酰顺反异构酶（peptidyl prolyl cis/trans isomerase，PPI）。蛋白质二硫键异构酶在内质网腔中活性很高，具有多种功能，可促进天然二硫键的形成。由肽酰-脯氨酸间形成的肽键存在两种异构体：绝大多数天然蛋白肽链中肽酰-脯氨酸间为反式构型，顺式构型仅为 6%；肽酰脯氨酰顺反异构酶可促进顺反两种异构体之间的转换，多肽能在各脯氨酸弯折处能够形成准确的折叠。

三、蛋白质合成后的靶向输送

作为蛋白质合成场所的核糖体可以游离存在，也可以与内质网结合存在，从而导致蛋白质合成后的靶向输送有 2 个途径：共翻译易位输送和蛋白质翻译后的靶向输送。

（一）共翻译易位输送

在核糖体合成的新生蛋白多肽的 N 端往往含有一段 15～30 个保守性很强的氨基酸序列（有时不一定在 N 端），称为信号肽。信号肽被信号识别颗粒（signal recognition particle，SRP）识别。SRP 与携带新生多肽链的核糖体相互作用，引起翻译暂时的终止。新生肽链在合成过程中（即共翻译）插入与核糖体结合的内质网膜上的特殊通道，然后转移入其内腔。信号肽由内质网内的信号肽酶切除掉。蛋白质在内质网内进行有效的加工与修饰后，蛋白质进入高尔基体，然后可以被分别运送至不同的目的地，如溶酶体、质膜或分泌出细胞外。

（二）蛋白质翻译后的靶向输送

线粒体、细胞核、过氧物酶体等许多细胞器所需的蛋白质是在游离的核糖体上合成的，合成后被释放到细胞质中，随后经转运为细胞器所接受。与蛋白质跨内质网转运不同，跨细胞器膜的蛋白质是在肽链合成之后再转运的，因此它又称为翻译后转运。

1. 线粒体蛋白的靶向输送

蛋白质前体，首先，在线粒体外膜上与受体蛋白结合；其次，通过跨膜的通道进入线粒体。这种跨膜通道是由膜的整合蛋白组成的，具有亲水性。这一过程需要 ATP 水解释能或跨膜电化学梯度为肽链进入线粒体提供动力。

2. 细胞核蛋白质的靶向输送

细胞核内全部的蛋白质都是由细胞质输入的。在细胞核的核膜上有核孔，这是细胞核与细胞质交换大分子的通道。大分子的蛋白质进入细胞核是一个主动过程，且要求有信号指引和 GTP 供能。

第四节　蛋白质生物合成的干扰和抑制

蛋白质生物合成在细胞内进行，受到细胞内多种因素的调控。有些生物产生的一些物质对其他生物的蛋白质生物合成起着抑制作用。它们通过阻断真核、原核生物的蛋白质翻译体系某些组分的功能，达到干扰或抑制蛋白质生物合成的作用。这些干扰或抑制作用在临床医学中有重要价值。

一、抗生素类

抗生素是一类来源于微生物的药物，部分抗生素可以通过直接阻断细菌蛋白质生物合成而起抑菌作用。

(一)四环素类

四环素类包括四环素、金霉素、土霉素等。其作用机理是它们可与原核生物的核糖体小亚基结合，阻碍氨酰-tRNA 与小亚基结合。在真核生物中，核糖体对该类药也敏感，但该类药不能通过真核生物的细胞膜，避免了它抑制真核生物蛋白质的合成。

(二)链霉素与卡那霉素

链霉素与卡那霉素能与原核生物中的核糖体小亚基结合，引起核糖体构象改变，使密码子与反密码子结合松弛，引起读码错误，从而致使合成错误蛋白质。结核杆菌对这两种药特别敏感。

(三)氯霉素

氯霉素能与原核生物核糖体大亚基结合，抑制转肽酶活性，阻止肽键的形成。在高浓度时也能影响真核生物线粒体内蛋白质的合成，造成对高等动物的毒害作用。

(四)嘌呤霉素

嘌呤霉素的结构与氨酰-tRNA(特别是酪氨酰-tRNA)的氨基酰腺苷部分极相似，因而在肽链延长中，其可进入 A 位，取代氨酰-tRNA，使新肽链的合成提前脱落，从而导致肽链合成中断。嘌呤霉素对真核、原核生物均有干扰作用，因而难以用作抗菌药物。

(五)放线菌素

放线菌素(又名环己酰亚胺)可特异性抑制真核生物核糖体转肽酶活性，对高等动物是一种毒物，因而仅限于作研究试剂用。

二、其他干扰蛋白质合成的物质

(一)毒素

除上述抗生素，一些毒素(toxin)也可抑制蛋白质合成。如白喉杆菌产生的白喉毒素对人及其他动物具有较强的毒性。其作用机理是白喉毒素可作为一种修饰酶催化真核生物中肽链延伸因子 eEF-2 与

NAD^+ 发生特异结合而导致失去活性，阻断了肽链合成的延伸过程，抑制真核生物细胞蛋白质的合成。

案例分析

蓖麻蛋白中毒机制

蓖麻又称大麻子、红麻等，是大戟科蓖麻属植物。蓖麻种子含剧毒蓖麻毒蛋白。人及其他动物误食蓖麻子或脱脂后的蛋白可出现中毒反应。其原因就是蓖麻蛋白可引起真核生物核糖体 60S 亚基的 28S rRNA 的特异腺苷酸发生脱嘌呤反应，导致大亚基失活，从而抑制蛋白质的合成。一旦发现误食蓖麻子或蓖麻蛋白，就应及时进行催吐、洗胃及导泻。

(二)干扰素

干扰素是真核细胞感染病毒后产生的一类蛋白质。干扰素可抑制病毒繁殖。其作用机制表现在两方面：一是它在双股 RNA(如某些病毒 RNA)存在时能活化一种蛋白激酶，这种激酶可使起始因子 eIF-2 磷酸化，而抑制细胞的蛋白质生物合成，由此达到抑制病毒蛋白的生物合成，病毒无法繁殖。另一方面，干扰素与 dsRNA 能共同诱导细胞中 2′,5′-寡聚腺苷酸合成酶，催化 ATP 将 2′,5′-磷酸二酯键转化为 2′,5′-寡聚腺苷酸，其能使无活性的核酸内切酶激活，从而促进 mRNA 的降解，抑制病毒蛋白质的合成。

(三)反义 RNA

反义 RNA(antisense RNA)是指能与 mRNA 互补结合从而阻断翻译的 RNA 小分子，是基因的编码链(反义链)的转录产物，对基因表达的调节属于一种翻译水平的调控。天然的具有功能的反义 RNA 分子一般在 200 bp 以下。

反义 RNA 的作用方式：①反义 RNA 按照碱基配对原则与 mRNA 5′端非翻译区，包括与 SD 序列相结合，阻止了 mRNA 与核糖体小亚基结合，直接抑制翻译；②反义 RNA 与 mRNA 5′端编码区起始密码子 AUG 结合，从而抑制 mRNA 翻译起始；③反义 RNA 与 mRNA 的编码区互补结合使 mRNA 构象改变，影响其与核糖体结合，间接抑制了 mRNA 的翻译。

(四)魔斑核苷酸

当缺乏氨基酸时，rel^+(严紧型)菌株能合成鸟苷四磷酸(ppGpp)和鸟苷五磷酸(pppGpp)。rel^-(松散型)菌株则不能合成这些鸟苷酸。鸟苷四磷酸和鸟苷五磷酸在层析谱上可检出斑点，故称为魔斑。ppGpp 的主要作用可能是影响 RNA 聚合酶与启动子结合的专一性。有人将鸟苷四磷酸称为警报素。当细胞缺乏氨基酸时，则易产生鸟苷四磷酸，可在很大范围内做出抑制核糖体和其他大分子合成、活化某些氨基酸操纵子的转录表达、抑制与氨基酸转运无关的系统、活化蛋白水解酶等应急反应。

第十二章

基因表达的调控

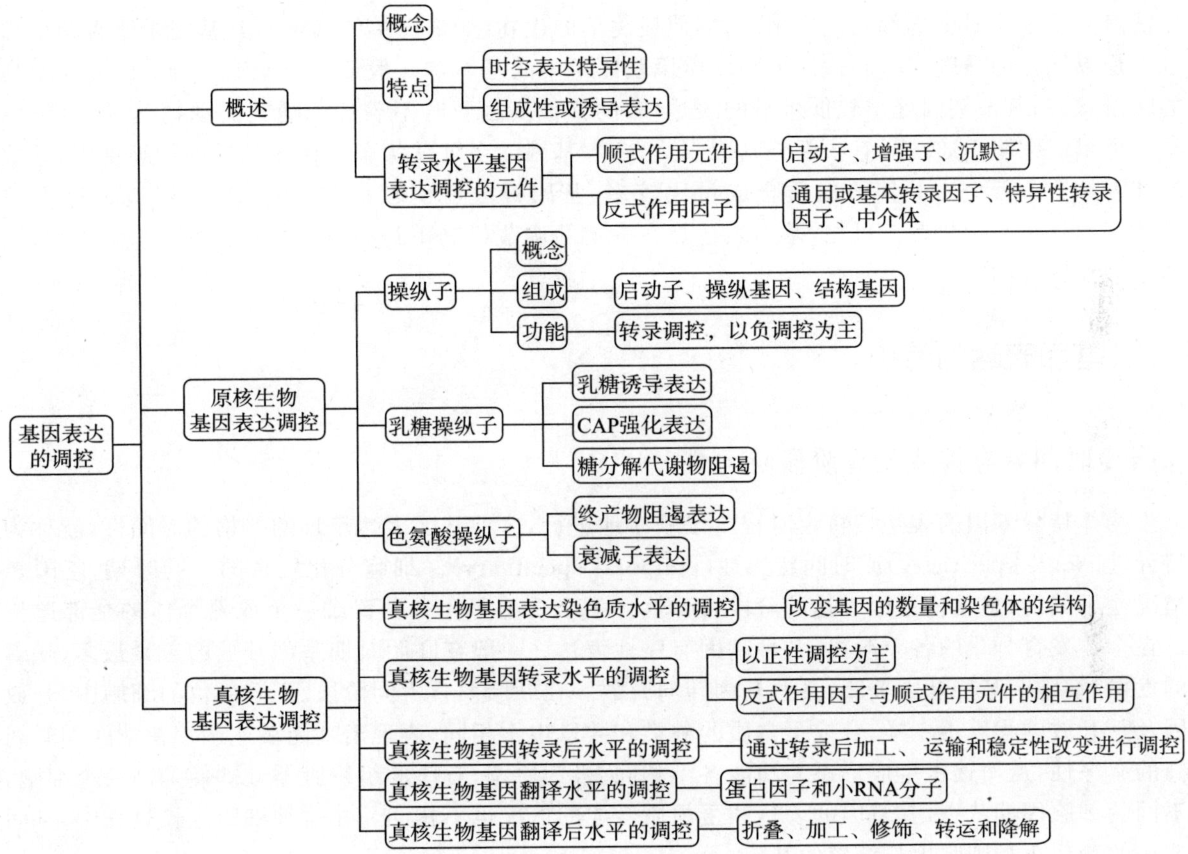
基因表达的调控
概述
概念
特点
时空表达特异性
组成性或诱导表达
转录水平基因表达调控的元件
顺式作用元件
启动子、增强子、沉默子
反式作用因子
通用或基本转录因子、特异性转录因子、中介体
原核生物基因表达调控
操纵子
概念
组成
启动子、操纵基因、结构基因
功能
转录调控，以负调控为主
乳糖操纵子
乳糖诱导表达
CAP强化表达
糖分解代谢物阻遏
色氨酸操纵子
终产物阻遏表达
衰减子表达
真核生物基因表达调控
真核生物基因表达染色质水平的调控
改变基因的数量和染色体的结构
真核生物基因转录水平的调控
以正性调控为主
反式作用因子与顺式作用元件的相互作用
真核生物基因转录后水平的调控
通过转录后加工、运输和稳定性改变进行调控
真核生物基因翻译水平的调控
蛋白因子和小RNA分子
真核生物基因翻译后水平的调控
折叠、加工、修饰、转运和降解

第一节 概 述

一、基因表达的概念

基因表达(gene expression)是指储存遗传信息的基因经过转录和翻译表现出生物功能的过程。大多数基因的表达产物是蛋白质,部分基因的表达产物是RNA,如rRNA和tRNA基因。生物基因组的遗传信息并不是同时全部都表达出来的,即使极简单的生物(如最简单的病毒),其基因组所含的全部基因也不是以同样的强度同时表达。大肠埃希菌基因组中的基因在一般情况下只有5%～10%处于高水平的转录状态,其他基因处于较低水平的表达,有的其他基因暂时不表达。哺乳类动物基因组更复杂,人的一个组织细胞中通常只有一部分基因表达,多数基因处在沉默状态。在哺乳类动物细胞中,开放转录的基因约有1万个。即使蛋白质合成量比较多、基因开放比例较高的肝细胞,一般也只有不超过20%的基因处于表达状态。可见,基因表达是在一定的调节机制下进行的,以便更好地适应环境,维持生物生长和发育的需要。

二、基因表达的特点

(一)时间特异性或发育阶段特异性

生物体特异基因的表达按特定时程阶段顺序地进行,这种基因表达呈现的严格的时间性,就称为阶段特异性(stage specificity)或时间特异性(temporal specificity)。细胞分化发育的不同时期,基因表达的情况是不同的,这就是基因表达的阶段特异性。一个受精卵含有发育成一个成熟个体的全部遗传信息。在个体发育分化的各个阶段,各种基因有序地表达。一般在胚胎时期基因开放的数量最多,随着分化的发展,细胞中某些基因关闭,某些基因转向开放。在胚胎发育不同阶段、不同部位的细胞中,开放的基因及其开放的程度不一样,合成蛋白质的种类和数量也不相同,表现出基因表达调控在空间和时间上极高的有序性,从而逐步生成形态与功能各不相同、极为协调、有序的组织脏器。即使是同一个细胞,处在不同的细胞周期状态,其基因的表达和蛋白质合成的情况也不相同。在这种细胞生长过程中,基因表达调控的变化正是细胞生长繁殖的基础。

(二)空间特异性或组织细胞特异性

生物个体的各种组织细胞一般都有相同的染色体数目,每个细胞中的DNA含量基本相近。经典的遗传学认为只有生殖细胞才能繁衍后代。随着科学的发展,生物的体细胞能被培育成为完整的个体。例如成年山羊的乳腺细胞在适当的条件下能分化发育成山羊个体即克隆羊,表明这些体细胞也像生殖细胞一样含有个体发育、生存和繁殖的全部遗传信息。这些遗传信息的表达受到严格的调控,通常各组织细胞只合成其自身结构和功能所需要的蛋白质。在多细胞生物中的某一发育、生长的阶段,同一基因产物在不同的组织器官中表达的数量不同;不同的基因产物在不同的组织器官中分布也不完全相同,这就是基因表达的组织特异性(tissue specificity)。这种基因产物在机体各空间部位特异出现而不平均分布的性质称为基因表达的空间特异性(spatial specificity)。

细胞特定的基因表达状态决定这个组织细胞特有的形态和功能。如果基因表达调控发生变化,细胞的形态与功能就会随之改变。例如正常组织细胞转化为癌细胞的过程最先就有基因表达方面的改变。例如，人体肝细胞在胚胎时期能合成甲胎蛋白(α-fetoprotein，AFP)，成年后就很少合成 AFP 了。当肝细胞转化成肝癌细胞时，编码 AFP 的基因就会开放，合成 AFP 的量会大幅度提高，因而成为肝癌早期诊断的一个重要指标。

(三)组成性表达和适应性表达

生物只有适应环境才能生存。当周围的营养、温度、湿度、酸度等条件变化时，生物体就需要改变自身基因表达状况，以调整体内执行相应功能蛋白质的种类和数量，从而改变自身的代谢等以适应环境。生物体内的基因表达随环境变化的情况而呈现不同的表达结果。一些基因表达不太受环境的变动而变化，这类基因表达被称为组成性表达(constitutive expression)。其中某些基因表达产物是细胞或生物体整个生命过程中都必不可少的，这类基因被称为持家基因(housekeeping gene)。在这些基因中，多数基因是在生物组织细胞，甚至在同一物种的细胞中都是持续表达的，可以看作细胞基本的基因表达。但是组成性基因表达不是一成不变的，其表达强弱也受一定机制的调控。另一些基因的表达易受环境变化的影响，这类基因表达被称为适应性表达(adaptive expression)。随环境条件的变化，基因表达水平增高的现象就称为诱导(induction)，这类基因被称为可诱导的基因(inducible gene)；随环境条件的变化，基因表达水平降低的现象称为阻遏(repression)，相应的基因被称为可阻遏的基因(repressible gene)。

(四)受多层次调控

基因表达在复制、转录、转录后加工、翻译和翻译后加工等水平上都可以进行调节，但转录水平的调节最为重要。基因结构的活化可暴露碱基，为 RNA 聚合酶有效结合创造条件。转录起始调控是最有效的调控环节，主要通过 DNA 与蛋白质以及蛋白质与蛋白质之间的相互作用来调节 RNA 聚合酶的活性。

三、转录水平基因表达调控的元件

转录水平基因表达调控是指通过 DNA 与蛋白质以及蛋白质与蛋白质之间的相互作用，来实现对 RNA 聚合酶活性进行调节的过程。在同一条核酸链上起调控基因表达作用的核酸序列称为顺式作用元件；能直接或间接地识别或结合在各类顺式作用元件核心序列上参与调控靶基因转录效率的蛋白质称为反式作用因子。核酸链上的顺式作用元件与反式作用因子相互作用进而调控基因表达。

(一)顺式作用元件

顺式作用元件(*cis*-acting element)是指对基因表达有调节活性的 DNA 序列，这些序列自身不编码蛋白质，但是能够影响其后面的结构基因的转录。按照功能不同，真核基因顺式作用元件可分为启动子、增强子和沉默子等。

1. 启动子

启动子(promoter)是 RNA 聚合酶结合并启动转录的特异 DNA 序列。原核生物基因启动子通常在转录起始点上游－10 区域及－35 区域存在。真核基因启动子是在基因转录起始位点(＋1)及其 5′ 上游近端 100～200 bp 以内的一组具有独立功能的 DNA 序列，是决定转录起始点和转录频率的关键元件。真核基因启动子有 4 个序列元件，从结构基因一侧开始依次是转录起点、－25 区域的 TATA 盒(hogness box)、－180～－107 区域的 CAAT 盒和 GC 盒。

2. 增强子

增强子(enhancer)是指远离转录起始点、决定基因表达的时间和空间特异性、具有增强启动子转录活性的 DNA 序列。增强子由多个独立的具有特征性的核苷酸序列组成，真核细胞中的跨度为 100～200 bp，核心序列由 8～12 bp 组成。

增强子有 2 个显著的特点：一是增强子与启动子的相对位置无关，无论在启动子的上游，还是在启动子的下游，都能对其起作用；二是增强子无方向性，从 5′→3′或由 3′→5′均可对启动子表现出增强效应，但增强子本身不具备启动子活性。此外，增强子还具有组织特异性，它优先或只在某种细胞中发挥作用。

3. 沉默子

沉默子(silencer)是指某些真核基因内含有的负性调节元件。其与反式作用因子结合会对基因的转录起阻遏作用。它们不受距离和方向的限制，并可对异源基因的表达起作用。

(二)反式作用因子

反式作用因子(*trans*-acting factor)是指能直接或间接地识别或结合在各顺式作用元件上，参与调控靶基因转录效率的一组蛋白质。这是一类细胞核内蛋白质因子在结构上含有与 DNA 结合的结构域。

原核生物中的反式作用因子习惯上称之为调节蛋白，主要包括特异因子、阻遏蛋白(repressor)和激活蛋白(activator)等。特异因子决定 RNA 聚合酶对一个或一套启动序列的特异性识别和结合能力。阻遏蛋白可结合操纵序列，阻遏基因转录。激活蛋白可结合启动序列邻近的 DNA 序列，以促进 RNA 聚合酶与启动序列的结合，增强 RNA 聚合酶的活性。

真核生物中的反式作用因子又被称为转录因子(transcription factor，TF)。绝大多数真核生物转录因子由某一基因表达后通过与特异的顺式作用元件的相互作用(DNA-蛋白质相互作用)反式激活另一基因的转录，故又被称反式作用因子。绝大多数转录因子在结合 DNA 前须通过蛋白质-蛋白质相互作用形成二聚体或多聚体。另外，一些调节蛋白不能直接结合 DNA，而是通过蛋白质-蛋白质相互作用间接结合 DNA，以调节基因转录。

根据反式作用因子种类繁多，不同的细胞类型具有不同的反式作用因子群体。其可分为 3 大类：通用或基本转录因子、特异性转录因子和中介体。

1. 通用或基本转录因子

通用转录因子又称为基本转录因子，它们是 RNA 聚合酶结合启动子所必需的一组蛋白质因子，决定转录生成哪种 RNA(tRNA、rRNA 或 mRNA)。通用转录因子结合在 TATA 盒和转录起始点，与 RNA 聚合酶一起形成转录起始复合物。

2. 特异性转录因子

特异性转录因子是结合于启动子上游调控区或增强子等顺式作用元件中的特异性识别序列上的转录因子，为个别基因转录所必需，并决定该基因表达的时间和空间特异性。该类转录因子又分为转录激活因子和转录抑制因子。转录激活因子通常是一些增强子结合蛋白；多数转录抑制因子是沉默子结合蛋白。

3. 中介体

中介体(mediotor)是一种保守的转录共激活因子，由 26 个亚单位所组成，分子量为 1.5 MDa。中介体由转录激活因子招募，并结合转录起始前复合物 (pre-initiation-complex，PIC)来引起 RNA 聚合酶Ⅱ磷酸化和启动子解脱。中介体可以将不同通路的转录激活信号传递到 PIC 上激活转录。绝大多数人体中的活跃基因都需要中介体才能够实现高表达。

(三)DNA 结合域的结构特点

反式作用因子至少具有 2 个功能结构域：DNA 结合域(DNA-binding domain)和转录活性域(transcriptional activation domain)。此外，很多转录因子包含一个与蛋白质结合的结构域(protein-binding domain)，最常见的是二聚化结构域。研究发现，DNA 结合域有一些共同的结构特征。

1. 锌指结构

锌指(zinc finger)结构是指含有一段保守氨基酸残基顺序的蛋白质与该蛋白的辅基锌螯合而形成的指状结构。在锌指结构中，与锌结合的氨基酸可以是 4 个半胱氨酸残基(Cys)，也可以是 2 个半胱氨酸残基和两个组氨酸残基(His)(图 12-1)。锌指是最常见的 DNA 结合域的结构形式，普遍存在于真核生物的 DNA 结合蛋白中，锌指数目为 1 个或多个。

2. 亮氨酸拉链

亮氨酸拉链(leucine zipper)是指有些肽链 C 末端有一段 30 个氨基酸残基以 α-螺旋构象出现的结构单元，每间隔 6 个氨基酸出现一个亮氨酸残基，能形成两性 α-螺旋，即带正电荷有亲水性的氨基酸残基位于一侧，具有疏水性的亮氨酸残基位于另一侧。2 个具有这种结构的因子接触后可借助侧链疏水性交错对插，像拉链一样将 2 个反式作用因子连在一起。含有亮氨酸拉链的蛋白质都以二聚体形式存在，每个拉链与重复的亮氨酸残基相连的碱性区都含一个 DNA 结合位点(图 12-2)。

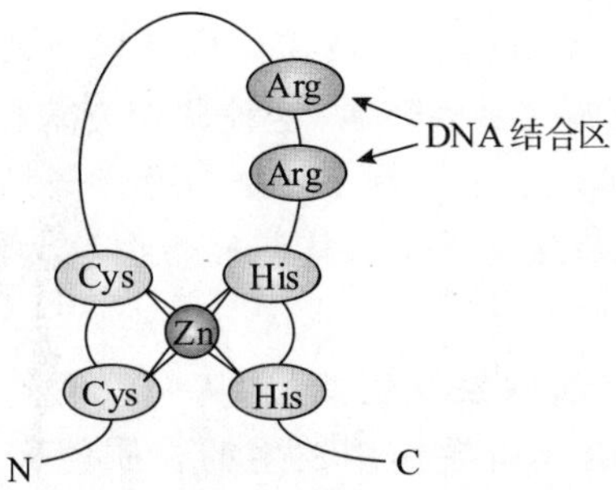

图 12-1　锌指结构

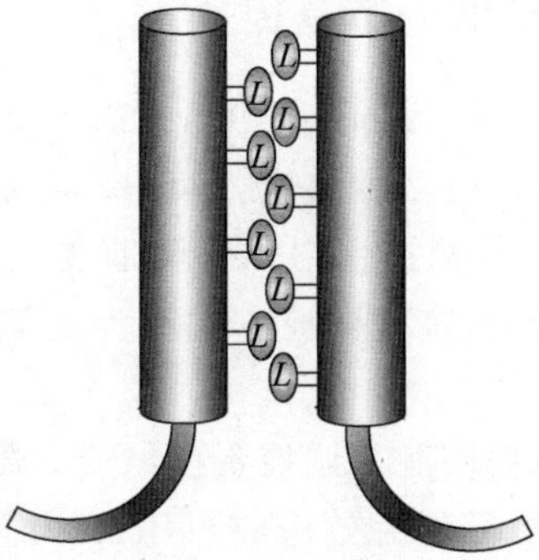

图 12-2　亮氨酸拉链

3. 螺旋-环-螺旋结构

螺旋-环-螺旋(helix-loop-helix，HLH)结构是指蛋白质的两个短 α-螺旋的中间有一段非螺旋的环连接，α-螺旋附近氨基端也有碱性区，其 DNA 结合性质与亮氨酸拉链相似。碱性区对结合 DNA 是必需的，螺旋区对形成二聚体是必需的。

这几种结构形式都是最典型、最常见的，此外，还有一些其他的结构形式。

第二节　原核生物基因表达调控

原核生物没有细胞核，亚细胞结构及其基因组结构要比真核生物简单得多，所以原核生物基因表达调控也较简单，主要发生在转录水平上。原核生物基因表达有以下特点。

①σ 因子决定 RNA 聚合酶识别特异性。原核生物细胞仅含有一种 RNA 聚合酶，核心酶参与转录延长，全酶负责转录起始。在转录起始阶段，σ 亚基(又称 σ 因子)识别特异启动序列。不同的 σ 因子决定特异基因的转录激活，决定 tRNA、mRNA 和 rRNA 基因的转录。

②阻遏蛋白与阻遏机制具有普遍性。阻遏蛋白是调节基因的负调控产物，起着阻止结构基因转录的作用。这种由阻遏蛋白引起的阻遏机制在原核生物基因表达调控中普遍存在。

③操纵子(operon)模型具有普遍性。除个别基因，绝大多数基因表达调节是以操纵子形式体现的。

一、操纵子

原核生物基因一般不含内含子，而由若干个功能相关的结构基因串联在一起，构成一个转录单位—操纵子(operon)，受同一个调节区的调节。1961 年，弗朗索瓦・雅各布(Francois. Jacob)和雅克・莫诺(Jacques L. Monod)提出了操纵子学说，揭示了原核生物转录调控的基本模式，开拓了从分子水平认识基因表达调控机制的新领域。

(一)操纵子的概念和结构

操纵子是原核生物基因表达调控的功能单位，通常包括启动子、操纵基因和与功能相关的结构基因。在操纵子的上游还有自己的调节基因。其各组分的功能：①启动子是与 RNA 聚合酶结合并启动转录的特异性 DNA 序列；②操纵基因在启动子和结构基因之间，是阻遏(激活)蛋白的结合位点，由它来开启和关闭相应结构基因的转录；③结构基因是转录 mRNA 的模板。

(二)操纵子的调节基因

调节基因(regulatory gene)是指编码能与操纵基因序列结合的调控蛋白基因。调节基因产物与操纵基因结合后会产生 2 种效应：一种是能减弱或阻止被调控基因转录，这种调控方式称为负调控(negative regulation)，其调控蛋白称为阻遏蛋白(repressive protein)；另一种是与操纵子结合后能增强或启动被调控基因转录，这种调控方式称为正调控(positive regulation)，其调控蛋白称为激活蛋白(activating protein)。

某些特定的物质能与调控蛋白结合，调控蛋白的空间构象发生变化，从而改变其对基因转录的影响，这些特定物质可称为效应物(effector)。其中凡能引起诱导作用发生的物质就称为诱导物(inducer)；能导致阻遏作用发生的物质就称为阻遏物(repressor)。调节基因编码的阻遏蛋白能与一些小分子诱导物或辅阻遏物结合，从而决定它能否与操纵基因结合，并进一步调控操纵基因的“开”与“关”。

操纵子的调控能决定原核生物分解代谢所需的酶能否表达，避免了代谢物不必要的浪费。比较有代表性的操纵子是乳糖操纵子和色氨酸操纵子。

二、乳糖操纵子

大肠埃希菌(*E. coli*)乳糖操纵子是第一个被发现的操纵子，它的结构和功能被研究得比较透彻。

(一)乳糖操纵子的结构

乳糖操纵子(*lac* operon)由依次排列的降解物基因激活蛋白(catabolite gene activation protein，CAP)结合位点、启动子(promoter，P)、操纵基因(operator，O)和 3 个相连的结构基因(Z、Y、A)组成。3 个结构基因分别编码与乳糖降解相关的 3 种酶：β-半乳糖苷酶(*lacZ*)、β-半乳糖苷通透酶(*lacY*)和硫代半乳糖苷转乙酰基酶(*lacA*)。乳糖操纵子的结构见图 12-3。乳糖操纵子受其调节基因(I)编码的阻遏蛋白的调节。*lacI* 位于启动子附近，能够编码产生由 347 个氨基酸组成的阻遏蛋白，介导基因表达的负调控，也有人称为抑制基因。而乳糖(实际上是别乳糖)能够与阻遏蛋白结合起到去阻遏作用(derepression)，诱导利用乳糖的酶类基因的转录。

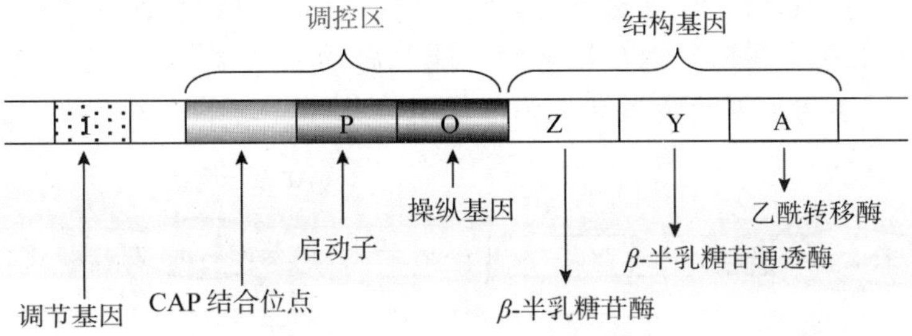

图 12-3　乳糖操纵子的结构

(二) 乳糖操纵子的调节

当大肠埃希菌在以葡萄糖作为碳源的培养基中生长时，细胞内就缺少乳糖分解的酶；当生长在没有葡萄糖，只有乳糖的培养基中时，分解乳糖的酶量从几个分子迅速增加近千倍，使之能够分解乳糖；当培养基中既有乳糖又有葡萄糖时，大肠埃希菌利用葡萄糖而乳糖代谢停止，只有当葡萄糖消耗殆尽才又利用乳糖。那么乳糖操纵子是如何进行这种调节的呢？现在已经知道，大肠埃希菌乳糖操纵子是受到双重调控的操纵子，即阻遏蛋白的负调控和降解物基因激活蛋白(CAP)的正调控。

1. 阻遏蛋白的负调节

当培养基中有葡萄糖、无乳糖时，调节基因表达出阻遏蛋白(repressor protein)，这种有活性的阻遏蛋白能与操纵基因结合，从而阻止了与启动子结合的 RNA 聚合酶移动，所以结构基因不能转录，大肠埃希菌不能利用乳糖(图 12-4A)。

当大肠埃希菌培养基中无葡萄糖、有乳糖时，乳糖是调节基因表达出的阻遏蛋白的诱导物。诱导物与阻遏蛋白结合使阻遏蛋白空间结构改变，不能与操纵基因结合或从操纵基因上解离，于是操纵基因便“开放”了，这样结合在启动子上的 RNA 聚合酶就可以向前滑动，结构基因得以转录，并产生可分解乳糖的酶(图 12-4B)，大肠埃希菌便可以乳糖为能源进行代谢。

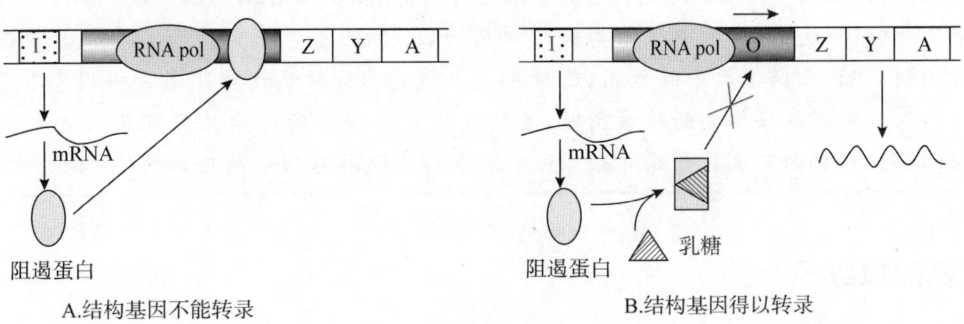

图 12-4　乳糖操纵子的负调控

一些化学合成的乳糖类似物不受 β-半乳糖苷酶的催化分解，却也能与阻遏蛋白特异性结合，使阻遏蛋白构象变化，诱导乳糖操纵子的开放。例如异丙基硫代半乳糖苷(isopropylthio-galactoside, IPTG)就是很强的诱导剂；5-溴-4-氯-3-吲哚-β-半乳糖苷(5-Bromo-4-chloro-3-indolyl β-*D*-galactopyranoside, X-gal)也是一种人工化学合成的半乳糖苷，可被 β-半乳糖苷酶水解，产生蓝色化合物，因此其常被用作 β-半乳糖苷酶活性的指示剂。IPTG 和 X-gal 在分子生物学和基因工程实验中已得到广泛应用。

2. 降解物基因激活蛋白(CAP)的正调控

乳糖操纵子的启动子是弱启动子，RNA 聚合酶与之结合的能力很弱。而 CAP 是同二聚体，分子内有 DNA 结合区和 cAMP 结合位点。当 cAMP 浓度较高时，cAMP 与 CAP 结合形成复合物，该复合物结合到启动子上游的CAP结合位点，促进RNA聚合酶与启动子结合，使转录得以进行。当cAMP浓度低时，cAMP与CAP的结合受阻，RNA聚合酶不能与启动子结合，不能进行转录，所以CAP是一种转录起始的正调节物，对结构基因的转录起正调节作用。CAP的正调控机制见图12-5。

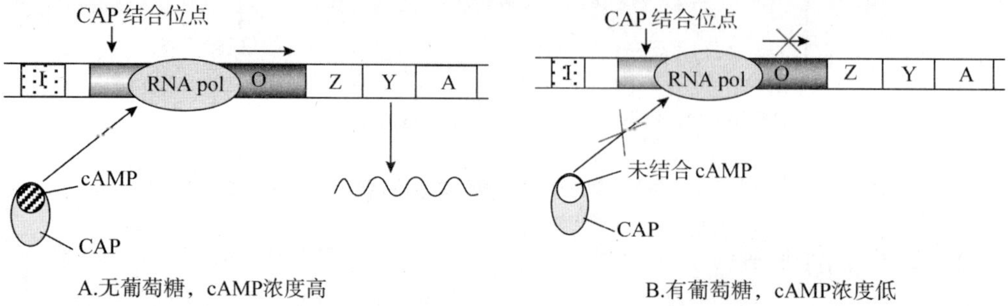

图 12-5　降解物基因活化蛋白(CAP)的正调控

由此可见，细菌的 *lac* 操纵子既受阻遏蛋白的负调控，又受CAP蛋白的正调控。其意义是乳糖操纵子的启动子是弱启动子，单纯因乳糖的存在而发生去阻遏，使 *lac* 操纵子转录开放，但是细菌无法很好地利用乳糖，必须同时用CAP来加强转录活性，细菌才能合成足够的酶来利用乳糖。通过这个机制，细菌是优先利用环境中的葡萄糖。只有无葡萄糖而又有乳糖时，细菌才去充分利用乳糖。

综上所述，乳糖操纵子是属于可诱导操纵子(inducible operon)，这类操纵子通常是关闭的，当受效应物作用后诱导开放转录。这类操纵子使细菌能适应环境的变化，有效地利用环境所提供的能源底物。

案例分析

为什么大肠埃希菌埃希菌培养基中葡萄糖会影响乳糖的利用

研究表明，细菌中的cAMP含量与葡萄糖水平呈负相关。当细菌利用葡萄糖分解产生能量时，葡萄糖代谢产物会抑制腺苷酸环化酶的活性，同时活化磷酸二酯酶，使cAMP生成减少，cAMP含量降低；相反，当环境中无葡萄糖可利用时，cAMP含量就会升高，可见，葡萄糖的代谢产物具有抑制CAP正调控水平的作用，这种抑制也被称为分解代谢物阻遏。当用含有葡萄糖和乳糖的培养基作为碳源培养大肠埃希菌时，虽然乳糖作为诱导物已解除了阻遏蛋白对操纵基因的阻遏，但缺乏CAP的正调控作用导致RNA聚合酶不能与启动子结合，所以也不能进行转录。

三、色氨酸操纵子

大肠埃希菌色氨酸操纵子是一种典型的可阻遏型操纵子。

(一) 色氨酸操纵子的结构

色氨酸操纵子(*trp* operon)的结构由启动子(P)、操纵基因(O)和5个相连的结构基因组成(图12-6)。5个结构基因分别编码合成色氨酸的5种酶：邻氨基苯甲酸合成酶、邻氨基苯甲酸焦磷酸转移酶、邻氨基苯甲酸异构酶、色氨酸合成酶和吲哚甘油-3-磷酸合成酶，分别用trpE、trpD、trpC、trpB和trpA表示。色氨酸操纵子调控基因(R)的位置远离P-O-结构基因群，在其自身启动子作用下，以组成性方式低水平表达47 kDa的阻遏蛋白。在色氨酸操纵子O区与第一个结构基因 *trpE* 之间有一段162 bp的前导序列(trpL)，内部含有弱化子(attenuator)(也称为衰减子)。

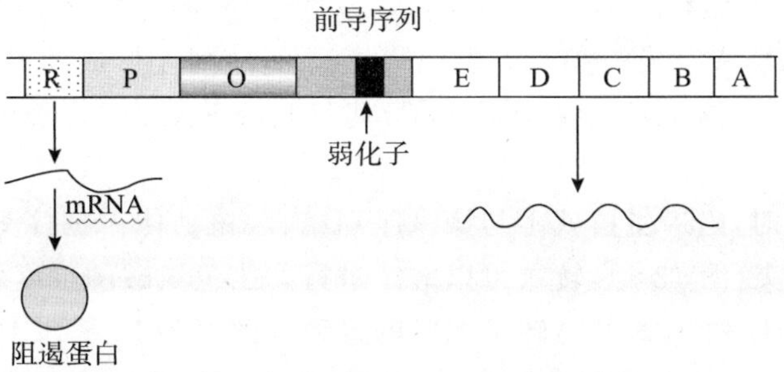

图 12-6　色氨酸操纵子的结构

(二) 色氨酸操纵子的调节

1. 阻遏蛋白的负调节

当大肠埃希菌培养基中不含有色氨酸时，调节基因产生的没有活性的阻遏蛋白就不能与操纵基因结合，结构基因可以转录，并翻译色氨酸操纵子上的 5 个结构基因，生成合成色氨酸所需要的 5 种酶。

当大肠埃希菌培养基中有色氨酸时，色氨酸作为辅阻遏物(corepressor)与阻遏蛋白结合，使阻遏蛋白由无活性的构象变成有活性的构象，辅阻遏物与阻遏蛋白复合物与操纵基因结合，RNA 聚合酶不能移动，结构基因也不能转录。辅阻遏物一般是该操纵子结构基因表达的酶所催化的终产物或其类似物，这种以终产物阻止基因转录的作用称为反馈阻遏。色氨酸操纵子的负调控如图 12-7 所示。

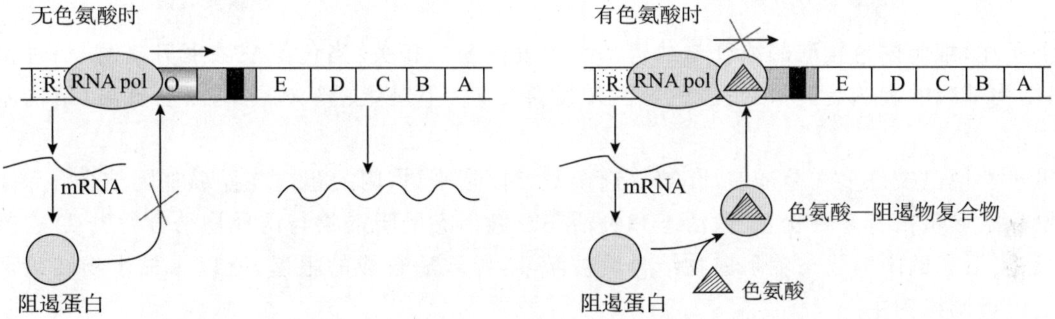

图 12-7　色氨酸操纵子的负调控

2. 色氨酸操纵子的弱化作用调节

大肠埃希菌色氨酸操纵子的负调节作用较弱，在阻遏蛋白存在的情况下仍可进行一定水平的转录，因此色氨酸操纵子还存在弱化作用(attenuation)的调节。实验研究表明，当色氨酸达到一定浓度，但还没有高到能够活化阻遏蛋白时，色氨酸操纵子中的弱化子可通过引起转录的提前终止而发挥调节作用。

在前导序列(*trpL*)中，有段编码区能够编码 14 个氨基酸的短肽，其中有 2 个色氨酸相连，在此编码区前有核糖体识别结合位点序列，提示这段短序列在转录后是能被翻译的。在弱化子区域的后半段，有 4 个反向重复序列，即序列 1、序列 2、序列 3、序列 4 在被转录生成 mRNA 后，它们能够两两形成 4 个发夹结构(1-2、2-3、3-4)，由于序列 2、序列 3 不能重复使用，所以最多只能够同时形成 2 个发夹结构(图 12-8)。如果序列 1、序列 2 形成

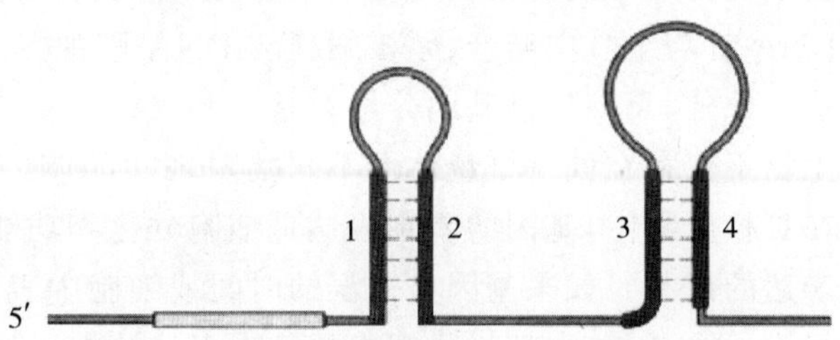

图 12-8　色氨酸操纵子的发夹结构

(李留安，2022)

发夹结构，那么序列 2、序列 3 就不能形成发夹结构，以利于序列 3、序列 4 生成发夹结构。由于序列 4 后面紧跟一串 A(转录成 RNA 就是一串 U)，所以由序列 3、序列 4 形成的发夹结构实际上是一个终止结构。如果转录成 mRNA 时这个发夹结构形成了，其就能使 RNA 聚合酶停止转录而从 mRNA 上脱离下来。

当色氨酸的浓度较低时，阻遏蛋白就不与操纵序列结合，核糖体占据序列 1 的位置，弱化子区域序列 2 和序列 3 可以形成发夹(图 12-9)，转录可以继续进行。当色氨酸的浓度较高或很高时，核糖体能够很快地通过序列 1，并封闭序列 2，这种与转录偶联的过程导致序列 3、序列 4 形成一个不依赖 ρ 因子的转录终止结构(图 12-10)，致使 RNA 聚合酶脱落和转录终止。转录衰减实质上是转录和前导肽翻译过程的偶联，是原核生物特有的转录调节机制。

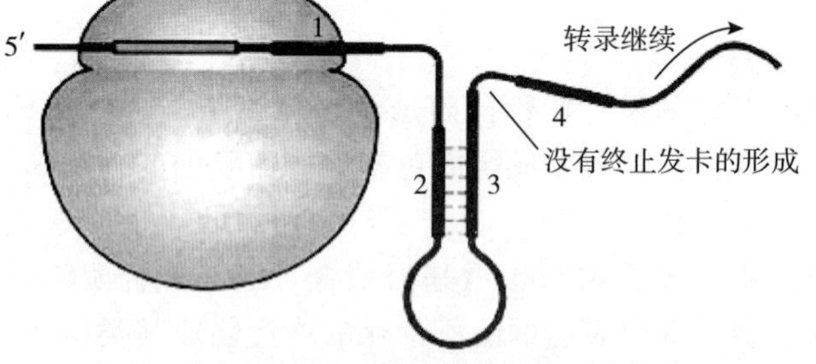

图 12-9　色氨酸操纵子转录过程中的发夹结构

(李留安，2022)

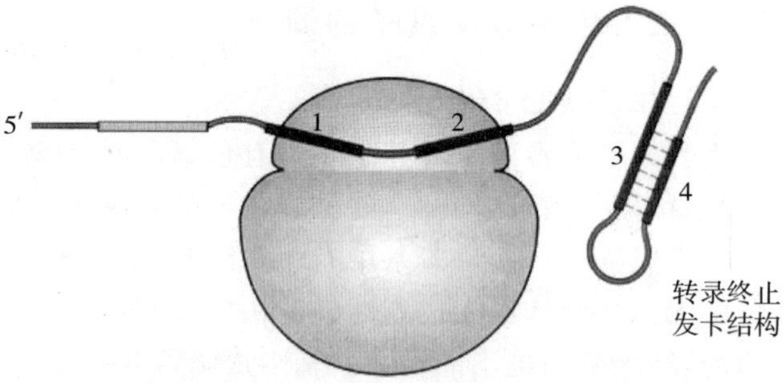

图 12-10　色氨酸操纵子转录终止的发夹结构

(李留安，2022)

综上所述，细胞内色氨酸的浓度与结构基因的表达密切相关：当色氨酸浓度升高时，活性型阻遏蛋白增多，结构基因的表达受到抑制；当色氨酸浓度降低时，阻遏蛋白从操纵基因上解离，结构基因进行表达。

操纵子学说已被许多实验证实，并被普遍接受。概括来讲，阻遏蛋白与操纵基因结合导致了结构基因不转录。阻遏蛋白有 2 种状态：激活态和失活态。激活态的阻遏物与诱导物结合后失活，会导致酶的诱导合成；失活态的阻遏物与辅阻遏物结合后被激活，导致酶合成的阻遏，所以原核生物转录调控的一大特点是以负调控为主。

第三节　真核生物基因表达调控

真核生物基因表达存在多层次的调控。真核生物细胞特有的核膜将细胞分为胞核和胞浆，使基因转录与翻译分别在胞核与胞质中进行，具有时间和空间上的差异性。在真核生物细胞核内，几乎所有的 DNA 都与组蛋白结合(原核细胞的 DNA 则裸露着)，形成染色质，染色质结构的变化可以调控基因表达。此外，真核生物基因分散在整个基因组的各个染色体上，而不像细菌那样全部基因串在一起。真核生物不仅存在同一染色体上不同基因之间的调控问题，而且还存在不同染色体之间的基因调控问题。在真核生物中，基因的差别表达是细胞分化和功能的核心。真核生物细胞具有选择性激活和抑制基因表达的机制。如果基因在错误的时间或细胞中表达或过量地表达，都会破坏细胞的正常代谢，甚至导致细胞死亡，因此真核生物细胞的基因表达调控远比原核生物细胞的基因表达调控更为复杂。其调控可发生在染色体活化、基因转录激活、转录后加工、翻译及翻译后加工等多个水平。

真核生物基因表达以正调节为主。真核生物基因的表达调控主要依赖一些具有转录激活特性的蛋白质分子。在真核细胞中，RNA 聚合酶对启动子的亲和力很低，基本上不能只靠其自身来起始转录，而是需要依赖多种激活蛋白的协同作用。虽然真核基因调控也发现了负调控元件，但其存在并不普遍。真核基因转录表达的调控蛋白也起着阻遏或阻遏和激活作用。总体来说，以激活蛋白的作用为主，即多数真核基因在没有调控蛋白作用时是不转录的，需要表达时就要有激活的蛋白质来促进转录。这样的正调节机制更为有效和经济，因此大多数真核生物基因组转录调控以正调节机制为主。

一、真核生物基因表达染色质水平的调控

染色体 DNA 水平上的基因调控就是通过改变基因组中有关基因的数量和顺序结构而实现的基因调控。染色质水平的调控的主要机制是对组蛋白和 DNA 进行修饰，包括染色质重塑、组蛋白修饰、基因扩增、重排或化学改变及非编码 RNA 等。这些调控可激活染色质，并为转录做准备。

（一）染色质重塑

染色质重塑（chromatin remodeling）是指染色质位置和结构的变化，主要涉及核小体的置换或重新排列。它改变了核小体在基因启动子区的排列，增加了基因转录装置和启动子的可接近性，能改变染色质对核酶的敏感性。染色质重塑需要染色质重塑复合体的结合。其主要作用机制有 2 种：一是利用水解 ATP 的能量以非共价方式改变组蛋白与 DNA 的结合状态；二是通过共价修饰组蛋白或 DNA 来改变染色体结构，改变其转录活性。

染色质重塑复合体有很多种，比如，最早在酵母细胞中发现的 SWI（switch）/SNF（sucrose nonfermenting）复合物，其亚基有 ATP 酶活性。因其参与调控蔗糖转化酶 SUC2（sucrose invertase）和核酸内切酶 HO（homothallic switching endonuclease）基因的表达，其中 SUC2 是蔗糖发酵所必需，HO 是交配型转换开关，所以该复合物被取名为 SNF/SWI 蛋白。又如，在果蝇中，多梳蛋白（polycomb group protein，PcG）和三胸蛋白（trithorax group protein，TrxG）都会被募集到多梳蛋白或 trithorax 反应元件（PRE/TRE）上。在哺乳动物细胞中，未甲基化的 CpG 岛可以根据转录信号为两种复合物提供停靠位点。PcG 蛋白会被募集到非转录基因的 CpG 富集启动子处，参与转录抑制的维持；TrxG 复合物则会被募集到活性转录基因上，且通过核小体重塑和 H3K4 甲基化来维持开放的容许性染色质环境。

（二）组蛋白修饰

组蛋白是碱性蛋白质，带正电荷，可与 DNA 链上带负电荷的磷酸基结合，从而遮蔽 DNA 分子，阻碍转录。组蛋白修饰包括赖氨酸氨基乙酰化及甲基化、精氨酸氨基甲基化、丝氨酸和苏氨酸羟基磷酸化、赖氨酸氨基泛素化等。组蛋白乙酰化主要与基因激活有关，组蛋白乙酰化主要发生在 H3、H4 的 N 端比较保守的赖氨酸位置上，由组蛋白乙酰转移酶和组蛋白去乙酰化酶来协调。特定基因区域的组蛋白乙酰化和去乙酰化以一种非随机的、位置特异的方式进行。乙酰化可通过对组蛋白电荷以及相互作用蛋白的影响来调节基因转录。甲基化取决于其位置和状态，与抑制或激活有关。研究表明，组蛋白精氨酸甲基化是一种相对动态的标记，精氨酸甲基化与基因激活相关。相反，赖氨酸甲基化似乎是基因表达调控中的一种较为稳定的标记。

组蛋白修饰改变了染色质的活性，组蛋白修饰对基因表达影响的机制包括 2 种相互包容的理论，即组蛋白的修饰直接影响染色质或核小体的结构以及化学修饰募集了其他调控基因转录的蛋白质，为其他功能分子与组蛋白结合搭建了一个平台。这些理论构成了“组蛋白密码”的假说。

（三）基因剂量与基因扩增

基因扩增（gene amplification）是指某一个特定基因的拷贝数选择性地增加而其他基因的拷贝数并未按比例增加的过程。在细胞中，有些基因的需要量比另一些大得多，细胞保持这种特定比例的方式之

一是基因剂量。例如假设 A 基因和 B 基因的转录、翻译效率相同，若 A 基因拷贝数比 B 基因多 20 倍，则 A 基因产物也多 20 倍。组蛋白基因是基因剂量效应的一个典型实例。为了合成大量组蛋白用于形成染色质，多数细胞含有数百个组蛋白基因拷贝。

基因剂量是指在基因组中某一特定基因的拷贝数，其也可经基因扩增临时增加。两栖动物，如蟾蜍的卵母细胞很大，是正常体细胞的 1×10^7 倍，需要合成大量核糖体。核糖体含有 rRNA 分子，基因组中的 rRNA 基因数目远远不能满足卵母细胞合成核糖体的需要，所以在卵母细胞发育过程中，rRNA 基因数目临时增加了 4 000 倍。在基因扩增后，卵母细胞形成了大量的核糖体，以满足胚胎发育早期蛋白质合成的需要。

在某些情况下，基因扩增也发生在异常细胞中。例如在人类癌细胞中，许多致癌基因经大量扩增后高效表达，导致细胞生长失控。有些致癌基因扩增的速度与病症的发展及癌细胞扩散程度高度相关。

（四）DNA 重排

真核生物基因组中的 DNA 序列可发生重排，这是由特定基因组的遗传信息决定的，重排后的基因序列转录成 mRNA，翻译成蛋白质，在真核生物细胞生长发育中起关键作用。尽管基因组中的 DNA 序列重排并不是一种普遍方式，但它是有些基因调控的重要基础。

（五）DNA 甲基化和去甲基化

DNA 甲基化(methylation)是一种表观遗传修饰，是指由 DNA 甲基转移酶(DNA methyl-transferase, DNMT)催化 *S*-腺苷甲硫氨酸(*S*-adenosylmethionine, SAM)作为甲基供体，将 DNA 的特定核苷酸残基选择性甲基化。在真核生物 DNA 分子中，少数胞嘧啶碱基第 5 碳上的氢被一个甲基取代，使胞嘧啶甲基化。甲基化多发生在 CG 二核苷酸对上，有时 CG 二核苷酸对上的两个 C 都甲基化，称为完全甲基化。只有一个 C 甲基化称为半甲基化。甲基化酶可识别这种半甲基化 DNA 分子，从而使另一条链上的胞嘧啶也甲基化。

未甲基化的 CpG 成簇地组成 CpG 岛，位于结构基因启动子的核心序列和转录起始点。CpG 岛 DNA 甲基化可引起基因组中相应区域染色质结构变化，DNA 失去限制性内切酶的切割位点以及 DNA 酶的敏感位点，使染色质高度螺旋化，凝缩成团，失去转录活性。DNA 甲基化发生在基因的不同区域的功能差别很大，既可以抑制基因表达，也可以促进表达。比如，甲基化发生在基因序列内可能会促进基因表达。

把甲基化和未甲基化的病毒 DNA 或细胞核基因分别导入活细胞，已甲基化的基因不表达，而未甲基化的基因能够表达。活跃表达的基因通常是甲基化不足的基因。表达活性与甲基化程度呈负相关。甲基化的程度可以在转录充分激活和完全阻遏之间起调节作用。

DNA 甲基化是可逆的，因为生物体内存在甲基化酶和去甲基化酶。正是这种甲基化和去甲基化的平衡维持着许多基因正常的时空特异性表达。

（六）非编码 RNA 参与调控染色质结构

非编码 RNA 可促进形成致密的染色质结构而形成基因沉默区；招募染色质重塑复合体调控组蛋白修饰；参与调控 DNA 甲基化。通过这些方式来参与染色质结构的调控。

（七）染色质丢失

在发育过程中，一些体细胞失去了某些基因，这些基因便永不表达，这是一种极端形式的不可逆的基因调控。

在某些线虫、原生动物、甲壳动物发育过程中，体细胞有遗传物质丢失现象。在这些生物中，只有生殖细胞才保留着该种生物基因组的全套基因。例如在马副蛔虫卵裂的早期就有染色体的丢失现象。蜜蜂的工蜂和蜂后是二倍体，而单倍体则发育成为雄蜂，这也可以认为是一种通过染色体丢失的基因调控。

二、真核生物基因转录水平的调控

在转录水平上，顺式作用元件和反式作用因子是最为重要的两个调控因素。不同的顺式作用元件组合可产生多种类型的转录调节方式，多种转录因子(反式作用因子)又可结合相同或不同的顺式作用元件。转录因子可以相互作用形成复合物，改变DNA的结合功能和转录激活的特性，从而在细胞核中形成一个转录因子调控网络。此外，转录因子本身作为蛋白质分子，它的一些修饰，如磷酸化、乙酰化、亚基的结合和解离等都直接影响它的功能。

(一)转录因子影响转录效率

在真核细胞中，RNA聚合酶通常不能单独发挥转录作用，必须依赖一种或多种激活蛋白即特异性转录因子的作用。转录因子的不同会导致转录效率的差异。

真核生物有3种RNA聚合酶分别控制tRNA、mRNA和rRNA这三种RNA的合成。RNA聚合酶Ⅰ、RNA聚合酶Ⅱ、RNA聚合酶Ⅲ相应的转录因子分别被称为TFⅠ、TFⅡ、TFⅢ。

RNA聚合酶Ⅱ需要与多种TFⅡ形成转录起始复合物来控制mRNA合成。在转录前，转录因子要先形成转录起始前复合物(pre-initiation-complex，PIC)。所谓PIC是指在RNA转录过程中的起始阶段，真核生物转录因子之间先相互辨认结合，然后以复合体的形式与RNA聚合酶一同结合于转录起始前的DNAⅡ区域而成的复合物。在PIC组装过程中，TFⅡD作为最关键的因子主导了整个动态装配的过程。TFⅡD包含了识别TATA box的TATA盒结合蛋白(TBP)和13个TBP相关蛋白(TAF1-13)。TFⅡD不仅能通过TBP识别TATA box，还可以通过TBP相关因子(TAFs)识别下游的启动子元件，从而实现对几乎所有蛋白编码基因的调控。

组装过程是先由TBP结合启动子的TATA盒，然后TFⅡB以其C端与TBP-DNA复合体结合，其N端则能与RNA聚合酶Ⅱ结合，将RNA聚合酶Ⅱ带到启动子的TATA box。虽然TFⅡA不是必需的，但是它能稳定与DNA的TFⅡB-TBP复合体结合，且在TBP与不具有特征序列的启动子结合时发挥重要作用。TFⅡB-TBP复合体再与由RNA聚合酶Ⅱ和TFⅡF组成的复合体结合。TFⅡF的作用是通过RNA聚合酶Ⅱ一起与TFⅡB相互作用，降低RNA聚合酶Ⅱ与DNA的非特异部位的结合，以协助RNA聚合酶Ⅱ靶向结合启动子。TFⅡE和TFⅡH最后加入，形成闭合复合体，最终装配完成，这就是转录起始前复合物。TFⅡH不仅能借助水解ATP获得能量参与启动子解链，而且能够催化RNA聚合酶Ⅱ多个位点发生磷酸化，使起始复合物改变构象而进入活性转录状态，但是TFⅡH需要中介体激活。

通过这些过程，一个典型的转录复合体就形成了，但有的真核启动子不含TATA盒或不通过TATA盒开始转录。例如，有的无TATA盒的启动子是靠TFⅡ-I和TFⅡ-D共同组成稳定的转录起始复合体开始转录的，由此可见，真核生物转录起始的复杂性。

(二)中介体对转录的调控

基于TFⅡD的完整PIC与中介体(mediator)组成转录起始超级复合物(称为PIC-mediator)具备转录起始过程所有因子和完整的基本转录活性。中介体由转录激活因子招募，并结合PIC来引起聚合酶Ⅱ磷酸化和启动子解脱。中介体可以将不同通路的转录激活信号传递到PIC上激活转录。绝大多数人体中的活跃基因都需要mediator才能够实现高表达。体外实验表明，中介体结合PIC和众多转录因子,促进启动子区 PIC 复合物的组装并激活 TFⅡH 上的周期素依赖性激酶 7(cyclin-dependent kinase 7,CDK7)激酶活性,促进聚合酶Ⅱ羧基末端结构域(polⅡ CTD)的磷酸化,极大地提升 PIC 的转录活性。研究分析发现,在结合 PIC 时,中介体发生模块重排(modular reorganization),通过构象改变稳定聚合酶ⅡCTD 并将其送至 CDK7 活性中心进行磷酸化反应。而聚合酶ⅡCTD 完全磷酸化后又使 PIC 与中介体解离,允许转录机器离开启动子进入延伸阶段。

(三)RNA 聚合酶Ⅱ的调控作用

1. RNA 聚合酶Ⅱ的羧基末端结构域(RNA pol Ⅱ C-terminal domain,CTD)对基因的转录有重要调控作用

CTD 拥有多个包含 7 氨基酸残基(Tyr-Ser-Pro-Thr-Ser-Pro-Ser)的重复序列。在这些重复序列中,第 2 位和第 5 位的丝氨酸是蛋白质的主要磷酸化位点,在 Thr 和 Tyr 位点有时也会发现轻微的磷酸化现象。在真核生物细胞内,存在着 2 种不同的 RNA 聚合酶Ⅱ类型:一种是 CTD 结构没有发生磷酸化,或者发生轻微磷酸化的类型,被称为 RNAPⅡA;另一种是发生了高度磷酸化的类型,被称为 RNAPⅡO。这两种类型可以相互转换而共同参与 mRNA 转录和加工的偶联过程。

2. CTD 的磷酸化可促进转录的起始和延伸过程

CTD 的磷酸化导致其结构中的部分脯氨酸的构象发生变化,使之更容易与其他转录因子结合,从而提供一个动态的有利于形成转录复合物的平台。在转录起始的初期,RNAPⅡA 与转录起始相关的顺式作用元件相互作用,并形成了稳定的转录起始复合物而聚集在转录的起始区。待转录起始以后,RNAPⅡA 转变为 RNAPⅡO 的形式,参与 mRNA 的转录延伸的过程。在转录末期,mRNA 完成加工过程以后,RNAPⅡO 又转变为 RNAPⅡA 的形式,从转录延伸的复合物中脱离下来并参与下一次转录加工的循环反应,所以 CTD 的磷酸化是 mRNA 转录作用起始的“开关”。RNA 聚合酶Ⅱ正是借助 CTD 的磷酸化从而跨越了启动子障碍,引发了下游的转录合成和加工的诸多事件。

三、真核生物基因转录后水平的调控

真核基因转录产生的前体 mRNA 需要经过一系列的选择性加工和拼接,并运输到胞浆中才能进行翻译。转录后调控主要影响真核 mRNA 的结构与功能,多种因素参与调控 mRNA 的加工、转运及其稳定性等。转录后加工及转运调控是通过 RNA 编辑、剪接、转运等方式来完成的。

mRNA 稳定性(半衰期)可显著影响基因表达,参与调控 mRNA 稳定性,下面简要介绍几种主要调节因素。

(一)mRNA 自身的某些序列可调控 mRNA 稳定性

5′-端的帽子结构和 3′-端的 poly(A)尾结构可防止 mRNA 被酶解,从而增加 mRNA 的稳定性;3′-非翻译区(3’untranslated region,3′-UTR)中的反向重复序列形成的茎环结构具有促进 mRNA 稳定的作用,而 3′-UTR 中的不稳定子序列,即 AU 富含元件可降低 mRNA 稳定性。

(二)mRNA 结合蛋白可调控 mRNA 稳定性

帽子结合蛋白、编码区结合蛋白、3′-UTR 结合蛋白以及 polyA 结合蛋白都能调节 mRNA 稳定性。

(三)非编码 RNA 可促进 mRNA 降解以调节 mRNA 稳定性

一些非编码 RNA 可通过募集特定蛋白因子或通过竞争结合 RNA 稳定蛋白而促进 mRNA 降解。某些非编码小 RNA 分子可以通过转录后基因沉默(post-transcriptional gene silencing,PTGS)机制调节 mRNA 稳定性。人们广泛关注的非编码小 RNA 主要有 siRNA 和 miRNA。

siRNA 是双链小分子 RNA，其长度通常为 21～23 bp。当细胞中导入这种与内源性 mRNA 编码区同源的双链 RNA 时，该 mRNA 发生降解而导致基因表达沉默，这种转录后基因沉默现象被称为 RNA 干扰（RNA interference，RNAi）。在 RNA 干扰中，一个非常重要的酶是 RNase III 核酶家族的核酸内切酶 Dicer。它可与双链 RNA 结合，并将其剪切成 21～23 bp 及 3′端突出的小分子 RNA 片段，即 siRNA。siRNA 在细胞内 RNA 解旋酶的作用下解链成正义链和反义链，反义 siRNA 再与体内一些酶蛋白（包括内切酶、外切酶、解旋酶等）结合形成 RNA 诱导沉默复合物（RNA-induced silencing complex，RISC），RISC 与靶 mRNA 的同源区进行特异性结合，RISC 具有核酸酶的功能，在结合部位切割 mRNA，切割位点即是与 siRNA 中反义链互补结合的两端。被切割后的断裂 mRNA 随即降解。siRNA 不仅能引导 RISC 切割同源单 mRNA，而且可作为引物与靶 RNA 结合，并在 RNA 聚合酶作用下合成更多新的 dsRNA，新合成的 dsRNA 再由 Dicer 切割产生大量的次级 siRNA，从而使 RNAi 的作用进一步放大，最终将靶 mRNA 完全降解。siRNA 只能导致靶标基因的降解，即为转录后调控。siRNA 的最初作用是抑制转座子活性和病毒感染。目前发现，RNAi 机制普遍存在于动植物中，RNAi 机制中的一些分子，如内源性双链 RNA 及蛋白因子可在多种层次上对基因表达进行调控，其范围已经超越了转录后基因沉默。

miRNA 是一类长度很短的非编码调控单链小分子 RNA，长度为 21～22 个核苷酸（少数小于 20 个核苷酸），能够通过与靶 mRNA 特异性的碱基配对，引起靶 mRNA 的降解或者抑制其翻译，从而对基因表达进行调控。

四、真核生物基因翻译水平的调控

翻译及翻译后加工调控可通过特异的蛋白因子阻断 mRNA 翻译，翻译后对蛋白的加工、修饰等过程。

（一）蛋白因子的调节

蛋白因子在翻译水平至少 3 种方式调节基因表达。

1. 起始因子

起始因子（initiation factor，IF）可通过蛋白激酶使其磷酸化，磷酸化后其活性下降，引起细胞内翻译抑制。

2. 某些蛋白质可直接与 mRNA 结合，起翻译抑制作用

大多数这类蛋白能特异地结合到靶 mRNA 3′非翻译区。一旦结合后，就与其他一些已结合到 mRNA 上的翻译起始因子或 40S 核糖体小亚基结合，抑制翻译起始。

3. 真核生物中存在着保守性结合蛋白，可以破坏起始因子 eIF4E 和 eIF4G 的相互作用

这种蛋白在哺乳动物中称为 4E 结合蛋白（eIF4E binding proteins，4E-BPs）。当细胞生长缓慢时，这些蛋白与 eIF4E 结合；当细胞受到刺激生长恢复或加快时，这种结合蛋白通过蛋白激酶依赖的方式进行磷酸化灭活。

（二）小 RNA 分子能够调节翻译

miRNA 主要通过作用于靶基因 3′非翻译区来抑制靶基因的翻译，但其可导致靶基因降解，即在转录水平后和翻译水平起作用。成熟的 miRNAs 是由较长的初级转录物经过一系列核酸酶剪切加工而产成生的，随后组装成 RNA 诱导沉默复合体，通过碱基互补配对的方式识别靶 mRNA，并根据互补程度的不同来指导沉默复合体降解靶 mRNA，或者阻遏靶 mRNA 的翻译。

五、真核生物基因翻译后水平的调控

从 mRNA 翻译成蛋白质并不意味着基因表达调控的结束。直接来自核糖体的线性多肽链必须经过加工才具有活性。蛋白质翻译后的加工过程还有一系列的调控机制。

(一)翻译后的折叠、加工和修饰

新合成的蛋白质分子需要折叠、加工及一些特定的修饰才能成为功能和结构完整的分子。新合成蛋白质的折叠必须有伴侣蛋白参与才能完成。有些膜蛋白、分泌蛋白在其氨基端具有一段疏水性强的氨基酸序列,这个序列就被称为信号肽。信号肽可用于前体蛋白质,附着在细胞膜上。信号肽必须切除才具有功能。有些新合成的多肽和蛋白需要剪切才有活性。比如,多数新合成的酶都是以酶原的形式存在,没有酶活性,或者仅具有较低的活性,通过剪切后,才能使酶原成为功能完整的酶。此外,还有一些特殊的加工和修饰,如将乙酰基、甲基、磷酸基等加到氨基酸侧链上,或者加到氨基端或羧基端。很多细胞内的信号转导分子必须经过磷酸化后才具有信号转导的功能。这种修饰的方式是特异的,不同蛋白质可以有完全相同的修饰,相同的蛋白质可以有完全不同的修饰。

(二)蛋白质的转运

在真核生物细胞中,蛋白质分子的功能与其细胞内的定位密切相关。细胞通过各种各样的细胞器将数以万计的分子准确定位,使之在特定部位发挥功能,因此一定功能的蛋白质分子必须被运送到细胞的特定场所才能发挥其作用。蛋白质在细胞质中的核糖体上合成后,被运输到特定的细胞器,例如,线粒体、内质网等。另外一些则被运送到细胞膜上,或者分泌到胞外。这种新生蛋白质在细胞内的最终定位是由定位信号决定的。在真核细胞中,存在多种信号分子分别指导蛋白质进入各个不同的细胞器,例如,线粒体滞留信号、核定位信号、内质网滞留信号以及高尔基体滞留信号等。

(三)蛋白质的降解

在蛋白质完成其功能后,或者发生了错误合成时,其均需要及时进行降解。真核细胞中存在多种蛋白质降解体系,其中泛素介导的蛋白降解系统目前研究得最为清楚。泛素为含 76 个氨基酸、大小约为 8.6 kDa 的蛋白质,在真核生物中普遍存在且高度保守。

泛素可将底物蛋白质泛素化。蛋白质泛素化是一种动态的翻译后修饰。泛素化涉及三个主要步骤:活化、结合和连接,分别由泛素激活酶、泛素结合酶和泛素连接酶执行。第一,通过泛素激活酶催化泛素与 ATP 结合,其被腺苷酸化;第二,泛素结合酶的半胱氨酸活性位点与被泛素激活酶转移的泛素形成硫酯键;第三,泛素连接酶通过在泛素的 Gly76 的羧基与底物中的 Lys 的 ε-胺之间形成肽键而完成底物的泛素化;第四,形成的靶蛋白——泛素复合体被运送到蛋白酶体上,并最终发生降解。

第十三章

物质代谢的联系及其调节

- 物质代谢的联系及其调节
  - 代谢途径的相互联系与影响
    - 代谢途径的相互联系
      - 糖代谢与脂类代谢
        - 糖可大量转变为脂肪
        - 脂肪能够少量转化成糖
      - 糖代谢与蛋白质代谢
        - 糖代谢为氨基酸合成提供碳架
        - 氨基酸可分解供能或异生为糖
      - 脂类代谢与蛋白质代谢
        - 脂肪分解产生的甘油可转变为氨基酸
        - 蛋白质可转变为脂肪
      - 核酸代谢与糖、脂类和蛋白质代谢
        - 核酸代谢影响糖/脂类/蛋白质代谢
        - 核酸合成受到糖/脂肪/蛋白质代谢影响
    - 糖、脂类和蛋白质代谢之间的相互影响
      - 为满足机体能量需求而相互影响
  - 代谢调节的一般原理
    - 代谢调节的意义与实质
      - 调控酶，保证整个代谢过程的正常进行
    - 代谢调节的方式
      - 细胞水平(最基本)
      - 激素水平
      - 神经水平或整体水平
    - 能荷对代谢的调节
      - 能荷水平高，抑制产生ATP的代谢反应
      - 能荷水平低，促进产生ATP的代谢反应
  - 细胞水平的调节
    - 酶区域化的调节
      - 各种代谢途径能独立进行，并便于调节
    - 酶活性的调节
      - 前馈与反馈调控
        - 前馈是底物对酶活性的调控
        - 反馈是产物对酶活性的调控
      - 酶的共价修饰调节
        - 具有级联放大的特点
  - 激素水平的调节
    - 水溶性激素调节代谢的作用机理
      - 与细胞膜上的受体结合，主要通过G蛋白及第二信使发挥调节作用
    - 脂溶性激素调节代谢的作用机理
      - 直接进入细胞内，与胞质受体特异结合后发挥调节作用
  - 整体水平的调节
    - 神经系统调节机制
      - 直接调节
        - 神经兴奋的快速作用
      - 间接调节
        - 通过交感神经和副交感神经来影响各内脏系统及各内分泌腺
    - 饥饿时的代谢调节
      - 肝脏中糖异生作用增强
      - 组织中葡萄糖的利用降低
      - 肌肉蛋白质分解加强
      - 脂肪动员加强，酮体生成增多
    - 应激时的代谢调节
      - 血糖浓度升高
      - 脂肪动员增强
      - 蛋白质分解加强
    - 运动时的代谢调节
      - 糖酵解作用加快
      - 糖异生作用增强
      - 蛋白质分解加强
      - 脂肪分解加强

第一节　代谢途径的相互联系与影响

糖类、脂类、蛋白质、核酸四大类基本物质在动物体内的代谢过程并不是彼此孤立、互不影响，而是相互联系、相互转换、相互制约的，各类物质代谢彼此交织在一起形成一个巨大的代谢网络。糖、脂类和蛋白质之间可以互相转化，当糖代谢失调时会立即影响到蛋白质代谢和脂类代谢。本章主要叙述糖、脂类、蛋白质和核酸的代谢途径的相互联系与影响。

一、代谢途径的相互联系

(一)糖代谢与脂类代谢的相互联系

糖类和脂类都是以碳氢元素为主的化合物，它们在代谢关系上十分密切。一般来说，在糖供给充足时，糖可大量转变为脂肪贮存起来。

1.糖转变为脂肪的大致步骤

糖可以净合成脂肪，用含糖类多的饲料喂养家畜，可获得肥育的效果。其途径为：①糖经酵解产生磷酸二羟丙酮，磷酸二羟丙酮可以还原为 α-磷酸甘油，α-磷酸甘油是合成甘油三酯和磷脂的原料；②糖也可经氧化分解转变成乙酰 CoA，乙酰 CoA 是合成脂肪酸的原料；③糖的分解代谢还可为脂类的合成提供 ATP；④磷酸戊糖途径可为脂肪酸、胆固醇合成提供所需的大量 NADPH。可见，甘油三酯的每个碳原子都可以从糖转变而来。此外，乙酰 CoA 也是合成胆固醇及其衍生物的原料。

2.脂肪能够少量转化成糖

脂肪分解成甘油和脂肪酸，然后两者分别按不同途径(向糖)转化。①甘油经磷酸化生成 α-磷酸甘油，再转变为磷酸二羟丙酮，后者经糖异生作用转化成糖；②脂肪酸经 β-氧化作用，生成乙酰 CoA。在动物的肝脏和肌肉组织中，因丙酮酸生成乙酰 CoA 的反应不可逆，则乙酰 CoA 不能逆反应生成丙酮酸，故乙酰 CoA 不可能经生成丙酮酸而异生为葡萄糖。虽然有研究显示，同位素标记的乙酰 CoA 的碳原子最终掺入到了葡萄糖分子中去，但其前提是必须向三羧酸循环补充草酰乙酸等有机酸。而动物体内草酸乙酸却只能由糖代谢的中间产物丙酮酸羧化或由其他氨基酸脱氨后得到，所以单独由脂肪分子的脂肪酸部分异生为葡萄糖的可能性并不大。由于脂肪分子中只有甘油部分可转变为糖，而甘油占脂肪分子的量相对很少，最终由脂肪生成的糖量相对也很少。但脂肪酸的氧化利用可以减少机体对糖的需求，即在糖供应不足时，脂肪可以代替糖提供能量，血糖浓度才不至于下降过多。

可见，在动物体内，糖和脂肪之间不仅存在一定程度的相互转化，而且在相互替代供能上关系是非常密切的。

(二)糖代谢与蛋白质代谢的相互联系

糖不仅是动物体内的主要能源，而且是重要的碳源。糖在分解代谢过程中产生的一系列 α 酮酸，如丙酮酸、α-酮戊二酸、草酰乙酸等，都可以作为合成氨基酸的碳链骨架，通过氨基化或转氨基作用形成相应的氨基酸，进而转变成组成蛋白质的许多非必需氨基酸，用以合成蛋白质。此外，由糖分解产生的能量也可供氨基酸和蛋白质合成之用。因此，当糖供应不足时，细胞内能量水平会降低，导致需要消耗大量高能磷酸化合物(ATP 和 GTP)的蛋白质生物合成受到抑制。

蛋白质可以降解形成氨基酸。在动物体内，除赖氨酸和亮氨酸，其余的氨基酸都可以通过脱氨基作用生成相应的 α-酮酸，然后或直接沿糖异生途径合成糖或再进一步分解转变为糖异生途径中的某种中间产物后经糖异生途径合成糖，以满足机体对葡萄糖的需要和维持血糖水平的稳定。因此，在饥饿、应激等条件下，体内维持生理活动所需能量的很大一部分是由蛋白质分解代谢提供的。

（三）脂类代谢与蛋白质代谢的相互联系

脂肪分解产生甘油和脂肪酸。其中，甘油可转变为丙酮酸，进而转变为草酰乙酸及α-酮戊二酸。这三种酮酸分别接受氨基而转变为丙氨酸、天冬氨酸及谷氨酸，这些氨基酸又可转变为其他一些氨基酸。至于脂肪酸，它可通过β-氧化途径生成乙酰CoA，乙酰CoA与草酰乙酸缩合进入三羧酸循环，转变为α-酮戊二酸和草酰乙酸，进而通过转氨作用生成相应的谷氨酸和天冬氨酸，从而与氨基酸代谢相联系。但是这种由脂肪酸合成氨基酸碳链结构的可能性是受一定限制的。实际上，当乙酰CoA进入三羧酸循环形成用以合成氨基酸的碳骨架时，它就需要消耗三羧酸循环中的有机酸，如无其他来源补充，反应将不能进行下去。因此，一般来说，动物细胞不易利用脂肪酸合成氨基酸。

蛋白质转变为脂肪，在动物体内也能进行。所有氨基酸，无论是生糖、生酮，还是生糖兼生酮氨基酸，都可以在动物体内转变为乙酰CoA，再经脂肪酸合成途径合成脂酰CoA；而生糖氨基酸可转变为丙酮酸，进而转变为α-磷酸甘油；最后α-磷酸甘油和脂酰CoA合成脂肪。另外，某些氨基酸还是合成磷脂的原料。丝氨酸脱去羧基后形成胆胺，胆胺则是合成脑磷脂的原料。胆胺从甲硫氨酸（以SAM形式）获得甲基后可形成胆碱，而胆碱则是合成卵磷脂的原料。

（四）核酸代谢与糖、脂类和蛋白质代谢的相互联系

核酸、核苷酸及其衍生物在代谢中起着重要作用。例如，ATP是能量的载体和提供磷酸基团的重要物质，UTP参与多糖的合成，CTP参与卵磷脂的合成，GTP供给蛋白质肽链合成时所需要部分能量。而HSCoA、NAD^+和FAD等许多重要的辅酶或辅基都是腺嘌呤核苷酸（AMP）的衍生物，它们参与了某些酶的催化作用。另外，如cAMP和cGMP等环核苷酸则作为胞内信号分子参与了细胞信号的转导，在代谢过程中起着重要的作用。

核酸本身的合成又受到糖、脂肪、蛋白质等物质代谢的影响。例如，甘氨酸、天冬氨酸、谷氨酰胺等氨基酸不但是合成蛋白质的原料，也是合成核苷酸的原料，它们参与嘌呤和嘧啶环的合成，进而为核酸的生物合成准备原料核苷酸；糖代谢可为核酸的合成提供核糖-5-磷酸和还原能力NADPH；多种酶和蛋白因子参与了核酸的生物合成。此外，糖、脂肪还为核酸的生物合成及生物学功能的实现提供了能量的保证。

总体来说，糖类、脂类、蛋白质和核酸等物质在代谢过程中都是彼此影响，相互转化和密切相关的。糖代谢是各类物质代谢网络的"总枢纽"，通过它将各类物质代谢相互沟通，紧密联系在一起，而葡萄糖-6-磷酸、丙酮酸、乙酰CoA等代谢物质则是各类物质相互转化的重要中间产物。糖代谢中产生的ATP、GTP和NADPH等可直接用于其他代谢途径。脂类是生物能量的主要贮存形式，脂类的氧化分解最终进入三羧酸循环，进而为机体提供更多的能量。磷脂和鞘脂是构成生物膜的成分，而且它们的某些中间代谢物具有信息传递的作用。蛋白质是机体中所有原生质结构的基础，而且作为酶的主要组成成分，决定着各种物质代谢反应的速度、方向及相互关系。各类物质的主要代谢关系如图13-1所示。

二、糖、脂类和蛋白质代谢之间的相互影响

糖、脂类和蛋白质代谢之间的相互影响是多方面的，而突出在能量供应上。在一般情况下，机体优先利用的能量物质顺序是糖、糖原、脂肪和蛋白质，供能以糖、脂为主，并尽量减少蛋白质的消耗。任一供能物质的代谢占优势常能抑制和减少其他物质的降解。在家畜饲料中，糖是数量最多的营养物质（除

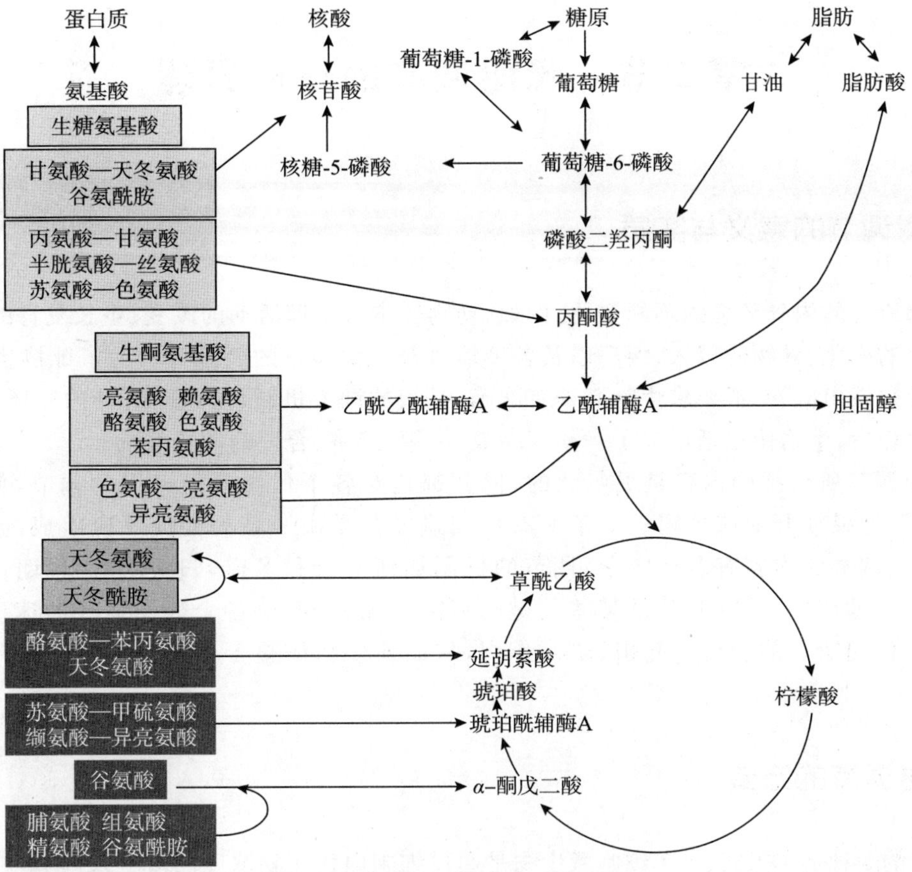

图 13-1　糖、脂类、蛋白质和核酸的代谢关系

（邹思湘，2005）

去水分），它占饲料的 80%左右，甚至更多。目前来看，动物体维持各种生理活动所需要的能量主要由糖供给。据估计在正常生理条件下，约 70%以上的维持生命活动所需要的能量是由糖供应的。当饲料中糖类供应充足时，机体主要由糖提供能量，此时一般不需要动用脂肪和蛋白质来分解供能。若糖的供应量超过机体的需要，过量的糖可以糖原的形式贮存起来，表现为动物体内糖原的合成速度加快，分解过程受到抑制。但是糖在体内以糖原形式贮存的量不多，一般不到体重的 1%，而糖的大部分则转变成脂肪贮存起来。与此同时，糖的大量分解为蛋白质合成提供了所需要的能量和原料。总的结果是体内脂肪和蛋白质的合成速度增强，分解代谢受到抑制，大量的脂肪和蛋白质在动物体内堆积，家畜或家禽呈现肥育现象。反之，当饲料中糖类供应不足或饥饿时，动物体内的糖原很快就减少消耗。此时，一方面，糖的异生作用加强，即主要动用机体蛋白转变为糖，以维持血糖浓度恒定；另一方面，动用体内贮存的脂肪分解供能，以减少糖的分解利用。若长期饥饿，则体内脂肪的分解将大大加快，酮血症就可能会出现。由于体内脂肪和蛋白质的大量分解，动物就会出现消瘦、无力等现象。由此可见，饲料中的供能物质不足必然会影响脂肪和蛋白质的代谢，进而影响动物的生产性能，这是在家畜饲养中必须注意的问题。

第二节 代谢调节的一般原理

一、代谢调节的意义与实质

随着生物所处的内外环境的不断变化，例如，动物体本身生理活动的改变、生长发育的进行、营养条件和环境条件的变化、异物的侵入、疾病以及各种信号对感觉器官的刺激等。为了维持生命活动，生物必须对这些变化做出应答，都要求生物必须有准确、灵敏的调节机制，以适应这种内外环境的多变。在长期的进化过程中，生物体逐渐形成了一整套高效、灵敏、经济、合理的调控系统。

虽然代谢调节所包括的内容是很广泛的，但其都是对各个代谢途径速度的调节，使它们或快或慢，或者使代谢途径或开放或关闭。由于所有代谢途径都是由一系列酶促反应组成的，都是由酶催化的，因而无论调节的内容有多么庞杂，调节的机制如何复杂和多样，归根结底，代谢调节可通过改变细胞内的酶活性或酶含量（尤其是某些关键酶或限速酶）来影响各个代谢途径的速度。代谢调节的实质就是把体内所有的酶组织起来，协同作用，从而使生物体整个代谢过程适应内外环境变化的需要。

二、代谢调节的方式

代谢调节的3种基本方式：①单细胞微生物是通过细胞内代谢物浓度的改变来调节一些酶的活性或含量，进而影响细胞内代谢反应速率，称为细胞水平的代谢调节，这是最原始的调节方式。②当低等的单细胞生物进化到多细胞生物时，其就分化出专司调节功能的内分泌细胞及内分泌器官。这些器官和细胞分泌的激素可以改变细胞内代谢物质的浓度和某些酶的催化能力或含量，从而影响代谢反应的速度，这种调节称为激素水平的代谢调节。③其他高等动物和人类则有了功能更复杂的神经系统。在神经系统的控制下，神经递质对效应器直接发生作用，或者改变某些激素的分泌来调节某些细胞的代谢及功能，并通过各种激素相互协调对整体代谢进行综合调节，这种调节称为神经水平或整体水平的代谢调节。

总之，就整个生物界来说，代谢调节是在细胞、激素和整体水平这三个不同层次上进行的。在这三个层次的代谢调节中，细胞水平的代谢调节是最基本的调节方式，也是激素水平和整体水平代谢调节的基础。

三、能荷对代谢的调节

能荷是对细胞中高能磷酸状态的一种数量上的衡量，能荷大小可以说明生物ATP-ADP-AMP系统的能量状态。其计算方式如下：

$$能荷=\frac{[ATP]+0.5[ADP]}{[ATP]+[ADP]+[AMP]}$$

由此可看出，能荷的大小取决于ATP和ADP的多少。能荷可从0到1.0。当细胞中都是ATP时，能荷为1.0，此时可利用的高能磷酸键数量最大；当细胞中都为ADP时，能荷为0.5，系统中有一半的高能磷酸键；当细胞中都为AMP时，能荷为0，此时无高能磷酸化合物存在。

细胞内的能荷水平可以同时对糖的分解代谢和氧化磷酸化作用进行调节控制。能荷调节是通过

ATP、ADP 和 AMP 分子对某些酶分子进行变构调节来实现的。具体而言，当细胞内的能荷高(ATP 含量高)时，其就会抑制上述过程的进行，以降低其能荷，即降低 ATP 的生成速度以避免浪费；反之，当 ATP 需要量大，细胞内的能荷低时，则其会促进 ATP 生成，从而保证细胞获得必需的 ATP 供应。这是细胞内的一种十分灵活的代谢调节机制。

第三节　细胞水平的调节

一、酶区域化的调节

原核细胞无细胞器，各种代谢所需的酶，如呼吸链、氧化磷酸化、磷脂及脂肪酸生物合成等各种酶类都存在于质膜上。真核细胞具有由膜包围的各种细胞器，如细胞核、内质网、线粒体、高尔基体、溶酶体等，各种酶类的分布是有区域性的。例如，糖酵解、磷酸戊糖途径和脂肪酸合成酶系存在于细胞质中；三羧酸循环、脂肪酸 β-氧化和氧化磷酸化的酶系存在于线粒体中；核酸合成的酶系大部分在细胞核中；蛋白质合成酶系在微粒体中；水解酶系在溶酶体中(表 13-1)。

即使在同一细胞器内，酶分布也有一定的区域。例如，位于线粒体外膜、内膜、膜间腔以及内部基质的酶是不同的，细胞色素和氧化磷酸化的酶分布在内膜上，而三羧酸循环的酶则主要是在基质中。酶的区域化把不同代谢途径的酶系固定地分布在不同的区域中，为代谢调节提供了便利的条件。这种分隔一方面可以使某些调节物只对某一区域的代谢途径发生影响；另一方面还可以通过膜的转运功能，根据条件变化的需要把调节物从一个区域转运到另一个区域，以发挥其调节作用。细胞的区域化保证了代谢途径的定向性和有序性，合成途径和分解途径能彼此独立，分开进行，同时将酶、辅酶和底物高度浓缩，以有效地提高局部范围内代谢的速度。

表 13-1　主要代谢途径多酶体系在细胞内的分布

多酶体系	分布	多酶体系	分布
DNA 及 RNA 合成	细胞核	糖酵解	胞液
蛋白质合成	内质网、胞液	磷酸戊糖途径	胞液
糖原合成	胞液	糖异生	胞液
脂肪酸合成	胞液	脂肪酸 β-氧化	线粒体
胆固醇合成	内质网、胞液	多种水解酶	溶酶体
磷脂合成	内质网	三羧酸循环	线粒体
血红素合成	线粒体、胞液	氧化磷酸化	线粒体
尿素合成	线粒体、胞液	呼吸链	线粒体

资料来源：杨海灵等，2015。

二、酶活性的调节

酶在催化反应的同时，调节控制着代谢的速度、方向和途径，是新陈代谢调节中的主要因素。酶通过 2 种方式调节细胞代谢：一种是细调，即通过激活或抑制已有的酶的活性来进行；另一种是粗调，即通过控制酶的合成或降解效率改变酶的含量来进行。

就一个代谢途径而言，其速度与方向由其中的关键酶决定。关键酶催化的反应速率最慢，并决定着整个代谢途径的总速率，故关键酶也被叫作限速酶(limiting velocity enzymes)；其反应单向进行、不可逆，或是非平衡反应，故关键酶的活性决定着整个代谢途径的方向；其活性可受底物、多种代谢物或者效应物的调控。在细胞中，已有酶活性的调节包括酶的前馈与反馈调控、酶的共价修饰调节、变构调节、酶原激活等方式。

(一)酶的前馈与反馈调控

前馈(feedforward)即底物对催化其反应的酶的活性的影响，或者一个代谢途径中的某种物质对位于该途径中此物质所处反应位置之后的某个酶的活性的影响。例如在脂肪酸的生物合成过程中，高浓度的乙酰 CoA 是其羧化酶的抑制剂，可以避免丙二酸单酰 CoA 的过量生成，这也是负前馈的例子。一般来讲，前馈若对正向反应起促进作用，或者激活作用，即为正前馈。

动物体内的反馈调控(feedback regulation)是指某一代谢途径的终产物可反过来影响该途径中起始反应酶(常常是第一或第二个酶)的活性，从而影响整个代谢途径速度，这种调节方式称为反馈调控。凡是使起始反应的酶活性的增加都被称为正反馈或反馈激活；反之，使起始反应的酶活性的降低，称为负反馈或反馈抑制。反馈调控也包括具体的某个酶促反应的产物对催化该反应的酶活性的调控。

终产物的反馈抑制是准确、经济的调控方式。这是因为起调节作用的是终产物本身，所以在终产物少时，关键酶的活性增高，整个途径的运行速度加快，终产物增多，最终导致终产物在体内的量既不过多，也不过少，以维持在机体需要的水平。在这种调节中，受控的酶是初始酶，而不是其他催化后续反应的酶，所以能避免反应的中间产物积累，有利于原料的合理利用和节约机体的能量。

(二)酶的共价修饰调节

在其他酶的催化作用下，一个酶分子可以共价结合，或者脱去某个基团，因此发生构象变化，导致酶活性变化。这种酶活性调节方式即共价修饰调节。酶的共价修饰调节主要有 6 种修饰方式(类型)：磷酸化/去磷酸化、乙酰化/去乙酰化、腺苷酰化/去腺苷酰化、尿苷酰化/去尿苷酰化、甲基化/去甲基化以及氧化(S-S)/还原(2-SH)。真核生物的共价修饰方式主要是磷酸化/去磷酸化，原核生物的共价修饰方式主要为腺苷酰化/去腺苷酰化。表 13-2 列出了一些可被共价修饰调节的酶。

表 13-2 一些可被共价修饰调节的酶

酶名称	修饰机理	酶活性变化
糖原磷酸化酶	磷酸化/去磷酸化	增加/降低
磷酸化酶 b 激酶	磷酸化/去磷酸化	增加/降低
糖原合成酶	磷酸化/去磷酸化	降低/增加
丙酮酸脱氢酶	磷酸化/去磷酸化	降低/增加
谷氨酰胺合成酶	腺苷酰化/去腺苷酰化	降低/增加

糖原磷酸化酶是酶的共价修饰的典型例子。此酶有两种形式：即有活性的磷酸化酶 a 和无活性的磷酸化酶 b，两者可以互相转化。酶被修饰的基团是丝氨酸的羟基。

酶的共价修饰反应往往是连锁进行的，导致原始调节因素的效率逐级放大，这样的连锁代谢反应系统叫作级联放大反应或级联系统(cascade system)。如肾上腺素或胰高血糖素对磷酸化酶 b 激酶的激活就属这种类型。其具体过程如图 13-2 所示。

在这些连锁的酶促反应过程中，除最后一个反应外，前一反应的产物是后一反应的催化剂，每进行一次共价修饰反应，就产生一次催化效应放大的作用。假设每一级反应放大 100 倍，即假定每一级均由 1 个酶分子催化 100 个底物分子发生反应生成产物，那么从激素促进 cAMP 生成的反应到磷酸化酶 a

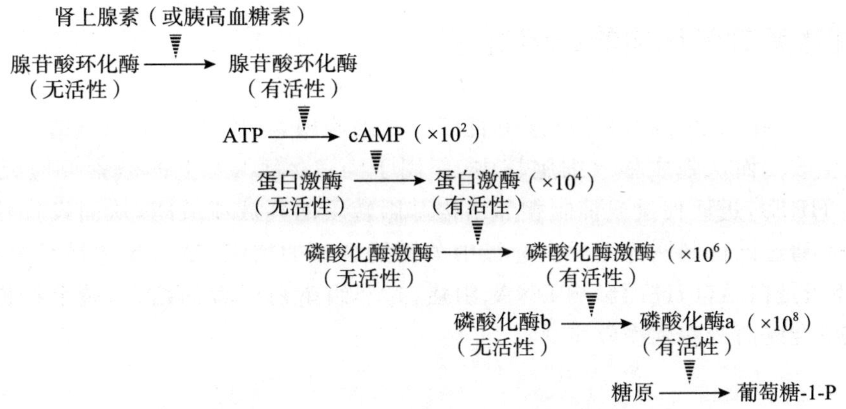

图 13-2　磷酸化酶 b 激酶的激活的级联放大反应

生成为止，经过 4 次放大后，调节效应就放大了 10^8 倍了。由此可见，极微量的激素对酶活性的控制是十分灵敏的。

第四节　激素水平的调节

信息分子是细胞间进行信息传递的一类化学物质，包括第一信使和第二信使。第一信使是指细胞外的信息分子，包括神经递质、激素、细胞因子等，将信息从一种细胞传递到另一种细胞。通过激素调节体内的代谢是动植物，这尤其是高等动物体内代谢调节的主要方式。激素作用的特点是微量、高效、有放大效应，且有较高的组织特异性与作用效应特异性。

根据激素受体在细胞中的定位，激素的作用机理可分成两大类：①通过与细胞膜上的受体结合来发挥作用的激素，例如，蛋白质、肽类激素、儿茶酚胺类激素等。该类激素多为水溶性的，不能通过细胞膜的磷脂双分子层结构而进入靶细胞内。②通过与靶细胞内的受体结合来发挥作用的，例如，类固醇激素、甲状腺激素等。该类激素多为脂溶性的，容易直接通过细胞膜（甚至核膜）从而进入细胞内来直接发挥作用。

一、水溶性激素调节代谢的作用机理

蛋白质、肽类激素、儿茶酚胺类等水溶性激素可与细胞膜上的受体结合，除可使靶细胞膜发生某些结构和功能的变化外，主要通过 G 蛋白及第二信使，如 cAMP、cGMP、IP_3、Ca^{2+}，再经蛋白激酶 PKA、PKG、PKC 等，引起一些靶酶发生磷酸化与去磷酸化等共价修饰调节而产生生物效应。例如在肌肉剧烈活动时，肾上腺素分泌增加，与细胞膜上的受体结合而激发 cAMP 的生成，而 cAMP 则触发糖原分解的级联反应，最终使血糖浓度升高。这种生化机制就是水溶性激素调节代谢的典型实例。

cAMP 蛋白激酶系统对代谢的调节作用是十分复杂的，可影响细胞核基因的转录。其作用机理是通过激活特定的蛋白激酶，促使非组蛋白磷酸化，从与 DNA 结合的部位上脱落，从而使被阻遏的基因得以转录，以利于表达。它可使胞质中核糖体上的蛋白质磷酸化，从而直接加速细胞蛋白质合成的翻译过程等。

二、脂溶性激素调节代谢的作用机理

类固醇激素、甲状腺激素等脂溶性激素可直接进入细胞内，与胞质受体特异结合形成活性复合物，并因受体构象发生改变而从胞质移入细胞核中，作用于染色体 DNA 上的激素反应元件(hormone response element，HRE)，进而促进或抑制相邻结构基因转录的开放或关闭，从而发挥代谢的调节作用。肾上腺糖皮质激素通过该机制诱导糖异生途径中关键酶合成的增强，激素受体活性复合物进入靶细胞核内后，与某些非组蛋白结合，进而影响 DNA、组蛋白、非组蛋白三者的结合，调节结构基因的开放，从而诱导某些蛋白质合成而产生生物效应。

第五节　整体水平的调节

高等动物具有高度发达的神经系统，其各种活动和代谢的调节机制都处于中枢神经系统的控制之下。神经系统既直接影响各种酶的合成，又影响内分泌腺分泌激素的种类和水平，所以神经系统的调节具有整体性的特点。

一、神经系统调节机制

(一)直接调节

直接调节属于神经兴奋的快速作用。在应激情况下，人或其他动物的交感神经兴奋，由神经细胞(或称神经元)的电兴奋引起的动作电位或神经脉冲可使血糖浓度升高，并可引起糖尿；刺激动物的丘脑下部和延髓的交感中枢也能引起血糖升高。这是因为外界刺激通过神经系统促进肝细胞中糖原分解。此外，丘脑下部的损伤可引起肥胖症；摘除了大脑两半球的实验动物的肝中的脂肪含量增加。这些都是中枢神经系统调节脂类代谢的例子。

(二)间接调节

在更多的情况下，神经系统对代谢的控制是通过交感神经和副交感神经来影响各内脏系统及各内分泌腺，从而改变它们的物质代谢。神经系统对内分泌腺活动的控制有两种方式：①神经系统可以直接作用于内分泌腺，引起激素分泌。例如，肾上腺髓质受中枢-交感神经的支配而分泌肾上腺素，胰岛的 β-细胞受中枢-迷走神经的刺激而分泌胰岛素。在实验动物中，当大脑皮层兴奋时，甲状腺的活动增加，而当皮层处于抑制状态时，甲状腺的活动即降低。此外，前列腺素的分泌也受神经系统的直接控制；②通过脑下垂体控制内分泌调节系统，这种间接调节一般按照中枢神经系统→丘脑下部→脑下垂体→内分泌腺→靶细胞的模式进行。这是一种多元控制、多级调节的机制，如甲状腺素、性激素、肾上腺皮质激素、胰高血糖素等的分泌都是这种调节方式。

二、饥饿时的代谢调节

当动物饥饿时，体内代谢发生了一系列的改变，主要表现在以下几个方面。

(一)肝脏中糖异生作用增强

在饥饿期间,体外营养物质的供应断绝,但体内不能没有葡萄糖。虽然脑组织可以或多或少地利用酮体,但红细胞所需的 ATP 则完全需要依靠血糖在细胞内的分解,所以此时体内的肝糖原分解加快,以补充血糖含量。从理论上来说,肝糖原半天即会耗尽。此时,由肌肉释放的、进入肠黏膜的谷氨酰胺减少,被肝脏和肾脏摄取的增多,通过糖异生作用而促进合成葡萄糖,所以当长期处于饥饿状态时,体内糖异生作用明显增强。

(二)组织中葡萄糖的利用降低

由于心肌、骨骼肌、肾皮质等增加了对脂肪酸及酮体的摄取和氧化,因而减少了这些组织对葡萄糖的摄取及利用,以确保大脑与红细胞中葡萄糖的持续供应,甚至大脑也增加了对酮体的利用,以节约利用葡萄糖。这些对在饥饿时保障中枢神经系统,尤其是大脑的血糖供应是十分必要的。

(三)肌肉蛋白质分解加强

当动物饥饿时,骨骼肌蛋白质分解加强,释放入血的氨基酸量增加。肌肉蛋白质分解,大部分转变成丙氨酸和谷氨酰胺,然后进入血循环,成为肌肉在饥饿时释放的主要氨基酸。当长期处于饥饿状态时,体内能源代谢会进一步发生变化,肌肉蛋白质分解减少,以保留对生命重要的蛋白质。

(四)脂肪动员加强,酮体生成增多

当动物饥饿时,脂肪动员增加,血浆中的甘油和脂肪酸浓度就会增高。其中甘油可以异生为糖,而脂肪酸分解则不但成为糖异生作用的能量来源,而且还能促进氨基酸、丙酮酸和乳酸的糖异生作用。脂肪酸的代谢中间物——乙酰 CoA 可激活糖异生途径的关键酶——丙酮酸羧化酶,这也是脂肪酸促进糖异生的一个重要原因。在从脂肪组织释放的大量脂肪酸中,约 1/4 可在肝中转变为酮体,在饥饿时,血浆中的酮体的水平会明显升高。脂肪酸和酮体成为心肌、骨骼肌、肾皮质的重要燃料。一部分酮体也可被大脑利用。当长期处于饥饿状态时,肝脏生成的酮体增加,脑组织利用的酮体明显增多,以至于超过葡萄糖的利用,其占能量来源的 85%以上,而肌肉以脂肪酸代替酮体为燃料可保证酮体优先供应脑组织。

总之,饥饿时,机体各组织的主要供能物质是贮存的脂肪和蛋白质,其中脂肪约占能量来源的 85%以上。长期饥饿使大量的脂肪动员分解,这种分解易引起酮症酸中毒,而组织蛋白质的大量降解会导致机体负氮平衡,大大降低体质和机体的抵抗力。当体内脂肪消耗殆尽,蛋白质消耗到某一临界点时,生命就随时终止。

三、应激时的代谢调节

应激(stress)是指机体在创伤、手术、缺氧、寒冷、休克、感染、剧烈疼痛、中毒、强烈情绪激动等情况下的一种整体神经综合应答反应调节过程,它使机体全身紧急动员以渡过"难关"。在处于应激状态时,交感神经兴奋,肾上腺素及皮质激素分泌增多,血浆胰高血糖素及生长激素水平增加,而胰岛素分泌减少,一系列代谢被改变。

(一)血糖浓度升高

交感神经兴奋会引起肾上腺素和胰高血糖素分泌增加,这些激素可激活磷酸化酶,同时抑制糖原合成酶,肝糖原和肌糖原能迅速分解,而糖原合成减慢,导致血糖浓度迅速升高;胰高血糖素和皮质醇分泌

增多促使肌蛋白分解和肝中糖异生作用加速，以不断补充血糖；肾上腺皮质激素及生长激素使周围组织对糖的利用降低均可使血糖升高。这对保证大脑及红细胞的供能有重要意义。

(二)脂肪动员增强

由于胰岛素等分泌相应减少，脂肪动员加强，一部分生成的脂肪酸被组织氧化，一部分进入肝脏合成脂蛋白或酮体而输出，再被外周组织利用。此时，血浆游离脂肪酸升高，成为心肌、骨骼肌、肾等组织的主要能量来源。

(三)蛋白质分解加强

肌肉释放的丙氨酸等氨基酸增加，同时尿素生成及尿氮排出增加，呈负氮平衡。应激表现的主要特征是糖、脂肪、蛋白质等物质的分解代谢加强，而合成代谢受到抑制，血液中分解代谢的中间产物，如葡萄糖、氨基酸、游离脂肪酸、甘油、乳酸、酮体、尿素等浓度相应升高，机体各组织能及时得到充足的能源和营养物质，以有效地应对紧急状态，安然渡过险情，但机体呈消瘦、乏力状态。机体应付应激的能力是有一定限度的，若长期应激消耗将会导致机体衰竭而危及生命。应激时，机体的代谢变化见表 13-3。

表 13-3　应激时动物机体的代谢变化

内分泌腺或组织	应激时的代谢变化	
	代谢改变	血液中的激素或代谢物含量
垂体前叶	肾上腺皮质激素分泌增加 生长激素分泌增加	肾上腺皮质激素含量上升 生长激素含量上升
胰腺 α-细胞	胰高血糖素分泌增加	胰高血糖素含量上升
胰腺 β-细胞	胰岛素分泌受到抑制	胰岛素含量下降
肾上腺髓质	去甲肾上腺素及肾上腺素分泌增加	肾上腺素含量上升
肾上腺皮质	皮质醇分泌增加	皮质醇含量上升
肝	糖原分解增加、糖原合成减少、糖异生增强 脂肪酸 β-氧化增强、酮体生成增加	葡萄糖含量上升 酮体含量上升
肌肉	糖原分解增加 葡萄糖的摄取利用下降 蛋白质分解增加 脂肪酸的 β-氧化增强	乳酸含量上升 氨基酸含量上升
脂肪组织	脂肪分解增强 葡萄糖的摄取利用下降 脂肪合成减少	游离脂肪酸含量上升，甘油含量上升

四、运动时的代谢调节

运动需要消耗能量，剧烈运动更要燃烧大量能源物质为机体供能。此时，体内能源物质的代谢会发生一系列变化。

(一)糖酵解作用加快

当进行轻度或中度运动量时，骨骼肌对糖原或血糖的分解仍以有氧氧化为主，也产生较多的乳酸。

当进行大运动量时，可因相对缺氧而使乳酸显著增强。此时，糖的有氧氧化速度相对受到抑制，糖酵解速度加快，以补充肌肉剧烈或持久收缩所需要的能量。

（二）糖异生作用增强

血液中的乳酸明显升高，乳酸在肝中通过糖异生途径重新生成葡萄糖，再供给肌肉利用，形成乳酸循环。

（三）蛋白质分解加强

运动导致了机体对能量的大量消耗，肌肉中的氨基酸氧化分解加强，脱下的氨与丙酮酸合成为丙氨酸，血液中的丙氨酸浓度会明显升高。被运输至肝脏后，丙氨酸可经糖异生途径而合成葡萄糖，成为血糖的一个重要来源。丙氨酸既是糖异生的原料，又能把氨从肌肉中运至肝脏合成尿素解毒。

（四）脂肪分解加强

在长时间运动的后期，血糖浓度降低，较低的血糖浓度可促进脂肪的动员，使血浆中的游离脂肪酸和甘油明显升高，进而加速了酮体的生成，使体内能量代谢发生改变。此时，肌肉以脂肪酸为主要的能源物质。除很小部分脂肪酸来自肌细胞的内源性脂肪，绝大部分来自脂肪的动员。脂肪酸不但被运动的肌肉利用，而且用于运动时心肌等组织的供能。即使脂肪酸和酮体在运动停止后，也可持续升高一段时间。酮体是运动晚期的重要能源物质。事实上，在运动开始时，90%的 ATP 来自糖原；在运动后期，80%的 ATP 来自脂肪（包括脂肪酸和酮体）；在运动停止后，休息的骨骼肌氧化乳酸和酮体等能源物质的速度增加，加上其他组织的氧化利用，血液中的乳酸和酮体的浓度会逐渐降低。

总体说来，运动时肌肉收缩所需要的能量来源是糖和脂肪酸的氧化。而氧化供能的原料及途径则因肌肉收缩的强度以及持续时间而异。

综上所述，机体总是通过神经体液来调节体内的物质代谢，以应对所遭遇的异常情况。

二维码 13-1

乙酰 CoA——小分子，大作用

第十四章

体液酸碱平衡与钙、磷代谢

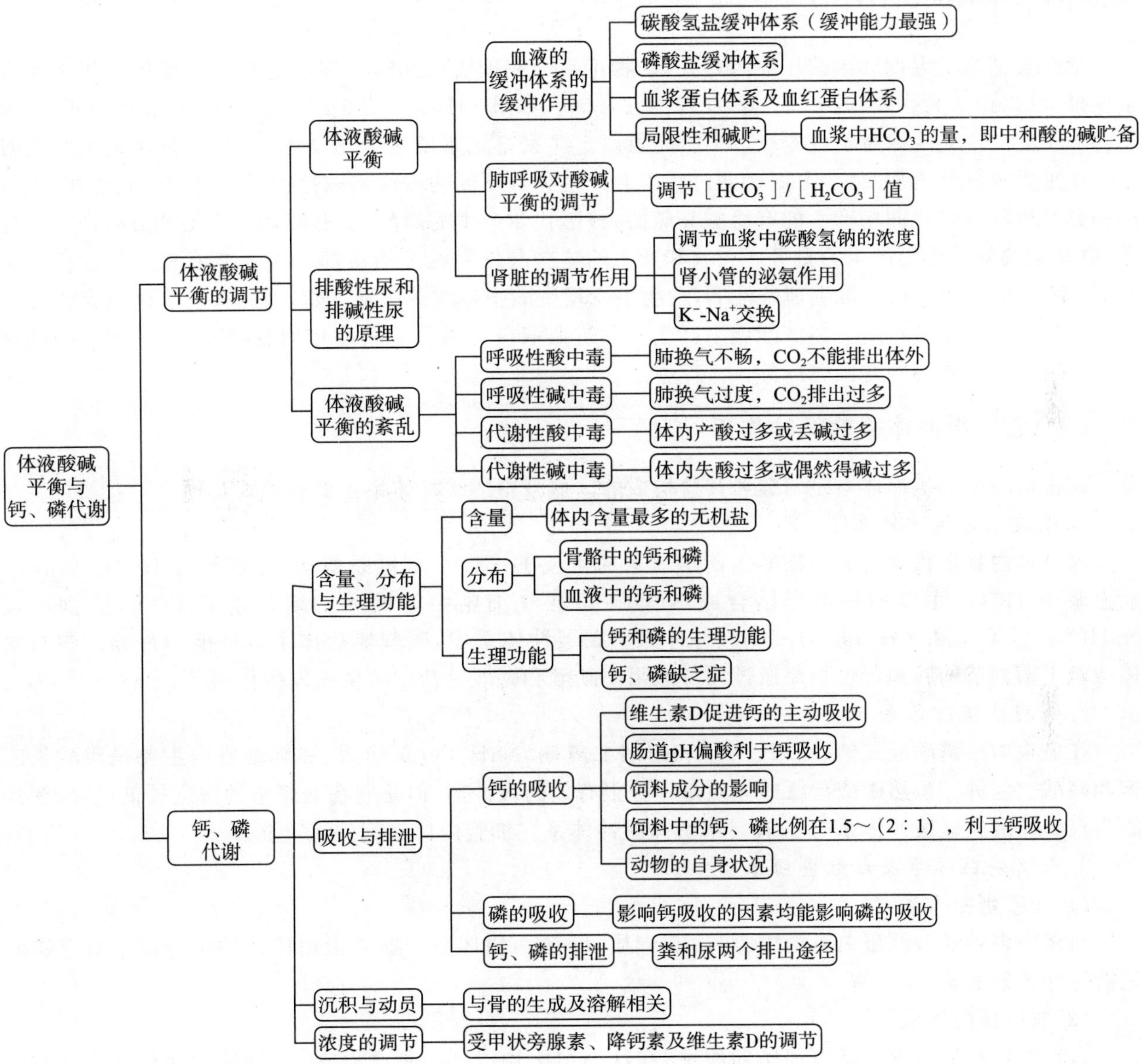
体液酸碱平衡与钙、磷代谢
体液酸碱平衡的调节
体液酸碱平衡
血液的缓冲体系的缓冲作用
碳酸氢盐缓冲体系（缓冲能力最强）
磷酸盐缓冲体系
血浆蛋白体系及血红蛋白体系
局限性和碱贮
血浆中HCO_3^-的量，即中和酸的碱贮备
肺呼吸对酸碱平衡的调节
调节［HCO_3^-］/［H_2CO_3］值
肾脏的调节作用
调节血浆中碳酸氢钠的浓度
肾小管的泌氨作用
K^--Na^+交换
排酸性尿和排碱性尿的原理
体液酸碱平衡的紊乱
呼吸性酸中毒
肺换气不畅，CO_2不能排出体外
呼吸性碱中毒
肺换气过度，CO_2排出过多
代谢性酸中毒
体内产酸过多或丢碱过多
代谢性碱中毒
体内失酸过多或偶然得碱过多
钙、磷代谢
含量、分布与生理功能
含量
体内含量最多的无机盐
分布
骨骼中的钙和磷
血液中的钙和磷
生理功能
钙和磷的生理功能
钙、磷缺乏症
吸收与排泄
钙的吸收
维生素D促进钙的主动吸收
肠道pH偏酸利于钙吸收
饲料成分的影响
饲料中的钙、磷比例在1.5～（2∶1），利于钙吸收
动物的自身状况
磷的吸收
影响钙吸收的因素均能影响磷的吸收
钙、磷的排泄
粪和尿两个排出途径
沉积与动员
与骨的生成及溶解相关
浓度的调节
受甲状旁腺素、降钙素及维生素D的调节

第一节　体液酸碱平衡的调节

一、体液酸碱平衡

除需要适当的温度和渗透压等因素外，动物正常的生理活动还需要保持适当的酸碱度。正常家畜细胞外液（以血浆为代表）的 pH 一般为 7.24～7.54。如果 pH 高于 7.8 或低于 6.8，家畜就会死亡，因此将 pH 6.8 ～ 7.8 称为家畜体液 pH 的极限值。在家畜正常的生命活动中，一方面不断地由肠道吸收一些酸性或碱性物质；另一方面代谢过程也会产生各种不同的酸性和碱性物质。例如在脂肪酸、氨基酸和葡萄糖的分解代谢中产生的有机酸和碳酸；核酸代谢产生的磷酸；胱氨酸和甲硫氨酸分解产生的硫酸；氨基酸脱氨基作用产生的氨等。吸收和产生的这些酸性和碱性物质都会进入血液和其他细胞外液并对 pH 产生影响。在正常生理条件下，动物很少发生酸中毒或碱中毒，这是因为在动物体内有强大而完善的酸碱平衡调节机制。体液酸碱平衡主要通过血液缓冲体系的缓冲作用、肺呼吸对酸碱平衡的调节和肾脏的调节作用等共同完成的。

（一）血液缓冲体系的缓冲作用

家畜血液中的缓冲体系是弱酸和其盐构成的。血液中的缓冲体系主要有以下几种。

1. 碳酸氢盐缓冲体系

家畜体内物质代谢的终产物 CO_2 能溶于水而生成 H_2CO_3。碳酸是弱酸，可解离为 HCO_3^- 和 H^+，在血浆中 HCO_3^- 主要与钠离子结合成 $NaHCO_3$，在红细胞中与钾离子结合成 $KHCO_3$，分别构成 $NaHCO_3/H_2CO_3$ 和 $KHCO_3/H_2CO_3$ 缓冲体系。在缓冲体系中，碳酸氢盐体系缓冲能力最强。参与机体酸碱平衡调节的肺和肾也主要通过调节血浆中碳酸和碳酸氢盐的浓度来发挥作用。

2. 磷酸盐缓冲体系

在血浆中由磷酸氢二钠（Na_2HPO_4）和磷酸二氢钠（NaH_2PO_4）组成，在红细胞内主要是磷酸氢二钾和磷酸二氢钾。虽然磷酸盐缓冲体系是一种很有效的缓冲剂，但是它在血浆中的浓度较低，实际缓冲能力仅为碳酸氢盐缓冲体系的 1/50。磷酸盐缓冲体系在细胞内比细胞外更重要。

3. 血浆蛋白体系及血红蛋白体系

（1）血浆蛋白体系

血浆中多种弱酸性蛋白质构成的 Na-蛋白质/H-蛋白质体系。血浆蛋白体系的缓冲能力只有碳酸氢盐缓冲体系的 1/10 左右。

（2）血红蛋白体系

血红蛋白与氧合血红蛋白都属弱酸性，在红细胞中均以钾盐形式存在，分别构成血红蛋白 KHb/HHb 和 $KHbO_2/HHbO_2$ 缓冲体系，其缓冲能力约为碳酸氢盐缓冲体系的 1/3。当酸或碱侵入血液时，血浆中所有的缓冲体系都会发生相应的变化。血液缓冲体系可总结如下。

$$\text{血浆中：}\frac{NaHCO_3}{H_2CO_3}\qquad\frac{\text{Na-蛋白质}}{\text{H-蛋白质}}\qquad\frac{Na_2HPO_4}{NaH_2PO_4}$$

$$\text{红细胞中：}\frac{KHCO_3}{H_2CO_3}\qquad\frac{KHbO_2}{HHbO_2}\qquad\frac{KHb}{HHb}\qquad\frac{K_2HPO_4}{KH_2PO_4}$$

4. 缓冲作用的局限性和碱贮

在各种缓冲体系中，以碳酸氢盐缓冲体系的缓冲能力为最大，因此血浆的 pH 是由血浆中

[HCO_3^-]/[H_2CO_3]值决定的，而与两者的绝对浓度无关。

缓冲体系的作用能力是有限的。例如当代谢产生的 H_2SO_4 侵入血浆后，它与血浆中的 HCO_3^- 发生反应，使 HCO_3^- 转变为 H_2CO_3，因此血浆中的 HCO_3^- 降低了，而 H_2CO_3 升高了，[HCO_3^-]/[H_2CO_3]值随之降低，所以 pH 也会稍有下降。当 H_2SO_4 的进入量不大时，它就不会发生问题，但是细胞代谢继续进行，产生的 H_2SO_4 进入血液，就会使体液的 pH 持续下降，最终会低于正常范围。

由于人和许多家畜在正常代谢过程中常常产生较多的酸性化合物，因而体液受到酸的影响比较大，所以血浆必须经常保持一定量的 HCO_3^-，以便随时中和进入的酸，一般常把血浆中所含 HCO_3^- 的量称为碱贮，即中和酸的碱贮备，通常以 mmol/L 来表示。必须注意的是，当酸进入血液时，并非只是 HCO_3^- 去中和它，而是所有的缓冲体系都在起作用，故它们的含量也都会有相应的改变。由于 HCO_3^- 是血浆中缓冲能力最大的，且易于测定，因此通常以它的含量来代表碱贮。

机体为了维持体液 pH 的正常恒定，除了体液的缓冲作用以外，我们还必须随时调整血浆中[HCO_3^-]/[H_2CO_3]值以及恢复两者的绝对浓度的机制。在动物体内，这种作用是靠肺和肾来完成的。需要指出的是，体内代谢产生最多的酸性物质是 H_2CO_3 或未水合的，它们不能被碳酸氢盐缓冲，而主要靠血红蛋白体系来缓冲，很小一部分被血清蛋白和磷酸盐缓冲。

（二）肺呼吸对酸碱平衡的调节

肺对血液 pH 的调节机能在于加强或减弱 CO_2 的呼出，从而调节血浆和体液中 H_2CO_3 的浓度，血浆中[HCO_3^-]/[H_2CO_3]值趋于正常，从而使血液的 pH 趋于正常。

例如，当酸进入血液时，因中和作用使血液中的 HCO_3^- 下降，因而[HCO_3^-]/[H_2CO_3]值下降，血液偏酸。由于肺呼吸受血浆 pH 及 CO_2 分压的调节，所以呼吸中枢兴奋，肺加强呼吸，呼出 CO_2 增加，血液中的 H_2CO_3 浓度下降，从而使[HCO_3^-]/[H_2CO_3]值和 pH 均趋于正常。反之，当碱进入血液而血浆偏碱时，肺的呼吸减弱，从而多保留一些 CO_2，血浆中的[HCO_3^-]/[H_2CO_3]值和 pH 也趋于正常。由此可见，肺调节酸碱平衡的作用是快速的。

肺的作用在于调节血浆中[HCO_3^-]/[H_2CO_3]值，但不能调节血浆中 HCO_3^- 和 H_2CO_3 的绝对含量。例如，当酸进入血液，血浆中的 HCO_3^- 浓度下降时，肺的作用是相应降低 H_2CO_3 的浓度，从而导致两者的含量均下降。同样，当碱进入血液时，两者均上升。虽然肺的调节在维持血液 pH 正常中有重要的作用，但仍不能从根本上解决问题。

（三）肾脏的调节作用

肾脏通过肾小管的重吸收作用和分泌作用，排出体内 H^+ 和重吸收 HCO_3^- 以维持血浆碱贮和 pH 的恒定。

1. 肾对血浆中碳酸氢钠浓度的调节

肾脏是维持机体内环境恒定最重要的器官。当体液 pH 低时，肾小管排 H^+ 增加，在肺机能的配合下，血液 H_2CO_3 的浓度降低；另外，肾远曲小管对 HCO_3^- 的重吸收作用增强，血浆中[HCO_3^-]/[H_2CO_3]值恢复正常。而当 pH 高时，肾小管排 H^+ 减少，HCO_3^- 的重吸收作用也就减弱。

肾脏对 H^+ 的排出是主动转运的结果，受体内 pH 调节。肾远曲小管对 HCO_3^- 的重吸收作用也受体内 pH 调节，同时需要碳酸酐酶催化。碳酸酐酶是一个分子较小的蛋白质（分子质量为 30 000 Da），由肾小球滤出。通常血浆中的碳酸酐酶浓度很低，滤过量不是很多。而近端肾小管管壁细胞的刷状缘上碳酸酐酶的浓度却很高，这可能是管腔液中碳酸酐酶的主要来源。

2. 肾小管的泌氨作用

远端肾小管具有的一项重要功能是泌氨。当肾小管管腔内的尿液流经远端肾小管时，尿中氨的含量逐渐增加。排出的 NH_3 与原尿中的 H^+ 结合生成 NH_4^+，使尿的 pH 升高，这有助于体内强酸的排出。NH_4^+也可与管腔中的Na^+交换，生成铵盐排出。肾小管的泌氨作用与排出受体液 pH 的影响。当体液中的酸性物质过多时，尿液的氢离子浓度增加，NH_4^+的生成和排出增多；相反，当体液中的碱性物质过多时，尿液呈碱性，NH_4^+的生成和排出减少；当机体严重碱中毒时，尿中无NH_4^+排出。

肾小管分泌的氨大部分来自谷氨酰胺，少部分来自氨基酸的氧化脱氨基作用。肾小管上皮细胞含有丰富的谷氨酰胺酶、谷氨酸脱氢酶和氨基酸氧化酶，它们分别使谷氨酰胺、谷氨酸或其他氨基酸水解脱氨，脱下的氨由肾小管分泌到管腔中和H^+结合生成NH_4^+。

3. K^+-Na^+交换

肾远曲小管细胞还有分泌K^+的功能。排出的K^+可与肾小管液中的部分Na^+进行交换，Na^+被吸收入血，而K^+则随尿液排出。由于肾远曲小管同时具有H^+-Na^+交换的作用，K^+-Na^+交换与H^+-Na^+交换是竞争性的。如果K^+-Na^+的交换作用增强，则H^+-Na^+的交换就减弱，肾脏回收$NaHCO_3$的量就减少；相反，肾脏回收的$NaHCO_3$的量则增加。当血钾升高时，肾小管K^+-Na^+的交换作用增强可导致H^+-Na^+的交换减弱，从而引起酸中毒；相反，当低血钾时，肾小管会使回收的$NaHCO_3$增多，可能会引起碱中毒。

综上可见，家畜体液酸碱平衡的调节是由体液的缓冲体系以及肺和肾共同配合进行的。缓冲体系和肺调节酸碱平衡的作用是迅速的，它们保证了当酸或碱突然进入体液时，体液的 pH 不发生或仅发生较小的改变。它们不能把进入的酸(固定酸)或碱从体内清除，这种清除要靠肾脏来完成。肾的作用较缓慢，单靠肾不能应付酸或碱的突然进入，为了维持体液 pH 的正常恒定，这三方面的作用是缺一不可的。

二、排酸性尿和排碱性尿的原理

在正常情况下，不同家畜尿液的 pH 是不同的。狗和猫一般排酸性尿；草食动物则排碱性尿，如牛、马；猪则随饲料的不同而排酸性尿或排碱性尿。这主要是由它们食用的饲料的不同所致的。狗和猫的饲料中的蛋白质含量较高，而蛋白质分解产酸(如硫酸、磷酸)。当体内产酸较多时，肾脏排出的H^+超过其从肾小管液中重吸收的HCO_3^-的量，所以尿液偏酸，尿中基本上无HCO_3^-。而草食动物的饲料中含有较多有机酸的钾盐或钠盐，这些物质在体内分解后会产生较多的$KHCO_3$或$NaHCO_3$，从而使肾小球滤液中HCO_3^-的含量也增多。在这种情况下，肾小管排出的H^+不能把滤过的HCO_3^-全部重吸收，尿液就含有较多的HCO_3^-，尿液偏碱。简而言之，当动物在代谢过程中产酸较多时，肾脏排酸较多，尿呈酸性；当动物在代谢过程中产碱较多时，肾脏排碱较多，尿呈碱性。这是肾脏调节体液酸碱平衡的结果。

三、体液酸碱平衡的紊乱

在正常情况下，动物通过其调节机制保持着体液 pH 的正常恒定。当体液 pH 超过体液的正常范围时，就被称为酸碱平衡紊乱(acid-base disturbance)。常将 $pH<7.24$，称为酸中毒，$pH>7.54$，称为碱中毒。引起体液 pH 改变的原因可分为两个方面：①肺功能失常影响了体内CO_2的排出，这种现象就被称为呼吸性酸中毒或呼吸性碱中毒；②肺功能失常以外的原因引起的体液酸碱平衡失常，这种现象就被称为代谢性(也称非呼吸性)酸中毒或代谢性碱中毒。当动物体发生酸中毒或碱中毒时，机体还可以通过肺(非呼吸性时)或肾进行调整，体液的 pH 可趋于正常，这种调节作用被称为代偿作用。现将这四种酸碱平衡紊乱发生的生化机制分别叙述如下。

(一)呼吸性酸中毒

由肺的通气和肺循环障碍，CO_2不能通畅地排出体外引起的酸中毒，这种现象被称为呼吸性酸中毒

(respiratory acidosis)。当出现呼吸性酸中毒时，血液中的 P_{CO_2} 升高，[$NaHCO_3$]/[H_2CO_3]值下降，pH 降低。同时肾脏进行代偿性代谢，肾脏的排 H^+ 增加，$NaHCO_3$ 的重吸收增强，血浆中 $NaHCO_3$ 的浓度也升高。如代偿完全，其血液 pH 就接近正常或稍偏低。

呼吸性酸中毒常见于：①使用挥发性麻醉剂和采用密闭系统麻醉机麻醉；②广泛性肺部疾患(肺水肿、严重的肺气肿、胸膜炎)；③由气胸、胸部外伤或药物引起的呼吸中枢的抑制等。

(二)呼吸性碱中毒

由通气过度，肺排出 CO_2 过多引起的碱中毒称为呼吸性碱中毒(respiratory alkalosis)。当出现呼吸性碱中毒时，血液 P_{CO_2} 降低，[$NaHCO_3$]/[H_2CO_3]值升高，pH 升高。肾脏的代偿作用与呼吸性酸中毒相反，肾小管排 H^+ 量减少，HCO_3^- 重吸收减少，$NaHCO_3$ 的排出增加，因此血浆中的 $NaHCO_3$ 降低。

呼吸性碱中毒常见于由疼痛或生理应激时引起的呼吸增加，例如，狗在高温环境中会引起过度换气等，其他动物比较少见。

(三)代谢性酸中毒

由体内产酸过多或失碱过多引起的酸中毒称为代谢性酸中毒(metabolic acidosis)。在代谢性酸中毒时，血浆中的 $NaHCO_3$ 浓度减少，[$NaHCO_3$]/[H_2CO_3]值下降，体液 pH 降低。这是临床上最常见，也是最重要的一种酸碱平衡紊乱。代谢性酸中毒会排出酸性尿。

当出现代谢性酸中毒时，肺进行代偿功能，增加换气率(呼吸加深加快)，增加 CO_2 的排出，降低血液中的 P_{CO_2}，[$NaHCO_3$]/[H_2CO_3]值趋于正常。当肾小管功能正常时，H^+ 的排出和碳酸氢盐的重吸收量能同时增加，[$NaHCO_3$]/[H_2CO_3]值趋于正常。

由产酸过多引起的常见病例：①牛的酮病和羊的妊娠毒血症导致大量酮体在血液中蓄积，从而引起酸中毒；②反刍动物饲喂不当使瘤胃发生异常发酵，产生大量乳酸，乳酸从瘤胃吸收进入血液，从而引起代谢性酸中毒；③休克病畜由于微循环障碍，组织细胞缺氧，糖的无氧分解增强，产生大量乳酸，此时又常继发肾的代偿功能不全或完全失去代偿作用，最后导致严重的酸中毒。

由失碱过多而引起代谢性酸中毒的病例主要是肠道疾病，如仔猪肠炎、马骡急性结肠炎和沙门菌肠炎等。持续地大量腹泻会造成大量消化液的丢失，而消化液含有较多的 $NaHCO_3$ 导致机体丢失 $NaHCO_3$ 过多，血浆中的 $NaHCO_3$ 浓度下降会引起酸中毒。在正常情况下，肠道前段分泌的消化液到肠道后段基本上全部重吸收回来几乎不会丢失多少碱。只有当肠道后段出现重吸收障碍时，才会造成由碱丢失过多而引起的酸中毒。例如，有的肠炎病例并不伴有腹泻，而是大肠麻痹导致不能重吸收消化液，致使大量消化液潴留在消化道中引起酸中毒；某些结症、肠扭转也发生类似情况。草食动物的肠道容积较大，因而常见该病的发生。需要注意的是，当家畜失碱过多导致酸中毒时，钾也随消化液与 $NaHCO_3$ 一起丢失。在酸中毒被纠正以后，应补充钾，否则将会出现低血钾症。

(四)代谢性碱中毒

与代谢性酸中毒相反，由体内失酸过多，或者由碱过多引起的碱中毒称为代谢性碱中毒(metabolic alkalosis)。当出现代谢性碱中毒时，细胞外液中的 $NaHCO_3$ 浓度升高，[$NaHCO_3$]/[H_2CO_3]值增大，体液 pH 升高。当出现代谢性碱中毒时，代偿作用是肺呼吸变浅变慢，换气减少，血液中的 CO_2 保留较多，[$NaHCO_3$]/[H_2CO_3]值和血液 pH 趋于正常。

常见的家畜病例：①犬连续呕吐造成胃酸大量丢失而引起的碱中毒；②牛的皱胃变位和十二指肠阻塞(嵌塞)或弛缓。其主要原因都是皱胃分泌的大量 HCl 不能进入肠道重吸收，大量酸性胃液被潴留在胃中，造成 HCl 不断丢失。

第二节　钙、磷代谢

一、钙和磷在体内的含量、分布与生理功能

钙和磷占机体总灰分的 70%以上。99%以上的体内总钙量和 80%～85%的总磷量存在于骨骼和牙齿中，以维持其硬度。其余的钙则主要分布在细胞外液（血浆和组织间液）中，细胞内钙的含量很少。磷则在细胞外液和细胞内均有分布。

（一）骨骼中的钙和磷

钙和磷是体内含量最多的无机盐，占机体总灰分的 70%以上。骨骼中的钙约占骨灰的 36%，磷约占 17%，另外还有 0.8%的镁以及其他一些元素，其中钙和磷的比值总是维持在 2∶1 左右。体内 99%以上的钙及 80%～85% 的磷以羟磷灰石(hydroxyapatite)［$3Ca_3(PO_4)\cdot Ca(OH)_2$］的形式构成骨盐，分布在骨骼和牙齿中，以维持骨骼和牙齿的正常硬度。动物在其生命活动体液中的钙和磷不断进入并沉积在骨骼中，同时骨骼中的钙和磷不断动员进入体液，因此骨盐不仅是维持骨的硬度所必需，也是体内钙、磷的贮存库。当动物由饲料中摄入的钙和磷不能满足机体需要或机体对钙、磷的需要量相对增加（如在妊娠、泌乳或产卵等）时，摄入量就会少于排出量，钙和磷就由骨组织中动员出来，以满足机体的需要。

（二）血液中的钙和磷

1. 血钙

血液中所含的钙称为血钙。大部分血钙存在于血浆中，动物血钙的平均浓度约为 0.1 g/L。血钙有 3 种存在形式：①血浆蛋白质结合钙，约占 40%～45%，是不可扩散钙，不易透过毛细血管壁；②钙离子，占 45%～50%，是可扩散钙，能透过毛细血管壁；③与柠檬酸或其他小分子有机酸结合的钙，约占 5%。体液中发挥生理作用的是游离 Ca^{2+}，游离 Ca^{2+} 浓度过低则四肢会出现抽搐现象，游离 Ca^{2+} 浓度过高则可引起神经症状或肌无力。

血浆蛋白质结合钙与 Ca^{2+} 可互相转化，当 Ca^{2+} 浓度降低时，血浆蛋白质结合钙可逐步释放出 Ca^{2+}。这种释放过程受血液 pH 影响，当血浆 pH 下降时，Ca^{2+} 浓度会升高；相反，当 pH 升高时，血浆中 Ca^{2+} 与血浆蛋白质的结合作用会增强。临床上的碱中毒常见伴有抽搐就是这个原因。

2. 血磷

血液中磷主要以 3 种形式存在，即无机磷酸盐、有机磷酸酯和磷脂，其中无机磷酸盐主要存在于血浆中，后两种主要存在于红细胞内。

血磷通常是指血浆中无机磷酸盐所含的磷。成年动物血磷的浓度为 0.04～0.07 g/L。幼年动物含磷较高，其血磷浓度为 0.05～0.09 g/L。在正常情况下，血浆中的钙与磷含量有一定比例，其比值为(2.5～3.0)∶1。血钙和血磷含量的相对稳定依赖于它们的吸收与排泄之间的相对平衡。而 $1,25\text{-}(OH)_2\text{-}D_3$、甲状旁腺素和降钙素等正是通过对这些平衡的调节来维持血钙含量和血磷含量的恒定。

（三）钙的生理功能

虽然体液中钙、磷的含量只占其总量的极少部分，但在机体内生理活动和生物化学过程中起着非常

重要的调节作用。Ca^{2+}是凝血因子之一，参与正常血液凝固过程。细胞外液中的钙能够降低神经、肌肉的兴奋性，降低毛细血管壁及细胞膜的通透性；增强心肌收缩，与促进心肌舒张的K^+相拮抗；维持神经冲动的正常传导。此外，钙还是许多酶的激活剂（如脂肪酶、ATP酶等）。随着激素作用机制和受体研究的深入，发现Ca^{2+}也有细胞内受体，即钙调节蛋白（calmodulin），Ca^{2+}能与钙调蛋白特异性结合，使钙调蛋白变构启动细胞内的一系列生理反应参与和介导激素的调节作用，如骨骼肌与心肌的收缩、神经兴奋的维持等。

（四）磷的生理功能

磷以磷酸根（PO_4^{3-}）的形式参与许多对生命活动非常重要的物质代谢过程。磷是核酸和细胞膜磷脂的主要成分；参与糖、脂类、蛋白质等物质的代谢过程及氧化磷酸化作用；参与物质代谢调节，如蛋白质磷酸化和去磷酸化修饰等；参与DNA、RNA以及许多辅酶的构成，如构成辅酶Ⅰ、辅酶Ⅱ、黄素单核苷酸、黄素腺嘌呤二核苷酸、辅酶A、磷酸吡哆醛等多种辅酶。此外，磷酸盐构成血液缓冲体系中的缓冲对还能够调节体液酸碱平衡。

常见的钙、磷缺乏症的表现是食欲降低，异食癖；生长减慢，生产力和饲料利用率下降；骨生长发育异常，已骨化的钙、磷也可能大量游离到骨外，造成骨灰分降低、骨软化，严重时，不能维持骨的正常形态，从而影响其他生理功能。动物典型的钙、磷缺乏症有佝偻病、骨疏松症和产后瘫痪。

二、钙、磷的吸收与排泄

（一）钙的吸收

饲料中的钙不必经过消化就能够被吸收，主要在小肠前段被吸收。肠黏膜对钙的吸收机制较复杂，既有跨膜转运，又有细胞内转运；既有逆浓度梯度的主动吸收，又有顺浓度梯度的被动扩散或易化扩散。肠黏膜细胞中的钙结合蛋白可在肠黏膜细胞的黏膜侧促进肠腔中的钙进入细胞，并把钙转移至浆膜侧，然后由浆膜侧细胞膜上的钙泵将钙由细胞内排出以进入血液；钙泵是依赖钙的ATP酶，能够利用水解ATP释放的能量，通过磷酸化和脱磷酸化反应而发生构象的改变把钙主动转运跨膜。影响钙吸收的主要因素有以下几点。

1. 维生素D的影响

维生素D能够促进钙的主动吸收，对磷的吸收也有一定的促进作用。当D_3在肝中转变为25-羟胆钙化醇，再到肾中转变为1，25-二羟胆钙化醇后可促进小肠黏膜细胞中钙结合蛋白的合成，因而促进了钙的主动吸收。

2. 肠道pH的影响

钙盐在酸性环境中易溶解，在碱性环境中易沉淀。因此，胃酸分泌对钙的吸收有促进作用，饲料中富含能增加肠道酸性的物质有助于钙的吸收，如乳酸、柠檬酸、酸性氨基酸等。

3. 饲料成分的影响

饲料中过多的碱性磷酸盐、草酸、鞣酸和植酸等可与钙结合形成不溶性化合物，从而影响钙的吸收。当麦麸作为马的主要饲料时，其含的较多的植酸常易发生钙吸收不良，但反刍动物瘤胃微生物能分解草酸和植酸。含磷酸盐过高的食物可在肠道内形成难溶的磷酸钙的复合物而抑制钙和磷的吸收。蛋白质在消化道水解产生的氨基酸可与钙形成易溶性的氨基酸钙，有利于钙的吸收。

4. 饲料中的钙、磷比例

在饲料中钙与磷的含量比值对钙的吸收率有较大影响。在饲料中，过多的磷会影响钙的吸收，而过多的钙也会影响磷的吸收。当饲料中Ca：P保持（1.5～2）：1时，其对两种元素的吸收最为有利。不同动物对不适宜的Ca∶P的耐受能力不同。非反刍动物不能耐受＞3∶1的Ca∶P值，却能耐受＜1∶1的Ca∶P值。反刍动物能耐受的Ca∶P值为7∶1，当Ca∶P＜1∶1时，就会出现吸收障碍。

5.动物的自身状况

钙的吸收量与年龄成反比。如哺乳犊牛对钙的吸收率可达90%，成年牛对钙的吸收率通常仅有30%～50%。另外，钙的吸收率受动物需要量的影响。引起钙需要量增加的因素包括妊娠和泌乳等。

(二)磷的吸收

饲料中的可溶性无机磷酸盐可以不经消化而直接在小肠前段吸收，而有机磷由于需要消化则主要在小肠后段被吸收。磷的吸收方式主要为被动吸收。小肠对磷的吸收率平均为70%，其中吸收率最高的部位是空肠；低磷时的吸收率可达90%。钙的吸收能够促进磷的吸收，凡是影响钙吸收的因素均能影响磷的吸收。

(三)钙、磷的排泄

钙、磷主要通过粪和尿两个途径排出。粪中排出的大部分钙、磷是饲料中未被吸收的外源性钙、磷，小部分钙、磷是小肠分泌的消化液中的内源性钙、磷。而不同种类动物经不同途径排泄的量不同。草食动物的磷主要经粪排出，肉食动物则主要经尿排泄。在正常情况下，所有动物的钙均经粪排出，但马、兔采食高钙食物也可能经尿排出大量钙。此外，泌乳家畜可由乳汁、禽类所生的蛋中排出显著量的钙。如泌乳母畜可随乳汁排钙1 200 mg/kg，排磷1 000 mg/kg；产蛋鸡每产1枚蛋，平均排钙2.0 g。

三、钙、磷的沉积与动员

和其他组织一样，骨也在不断地进行代谢。在正常情况下，血浆中的钙和磷不断沉积在骨组织，引起血液中钙和磷的含量降低。同时骨表面基质中的钙在酶的作用下又不断溶解而释放到血浆中，即当骨溶解时，则发生钙、磷由骨中动员出来，血液中的钙和磷的浓度升高。骨的这种代谢既保证了骨的成长和改造，又维持了血浆中的钙、磷浓度的正常恒定和机体的其他需要。

(一)骨的化学组成

骨骼是由骨细胞、骨盐及有机质组成的。骨细胞包括成骨细胞(osteoblast)(负责骨的生成)、骨细胞(osteocyte)和破骨细胞(osteoclast)(负责骨的降解)。骨细胞占总体积的2%～3%。在骨的化学组成中，水分为20%～25%，骨盐为40%～50%，有机质为30%～40%。90%～95%的有机质总量都是胶原，胶原与黏多糖及骨细胞一起组成有机骨母质。

(二)钙、磷在骨中沉积——骨的生成

骨的生成叫作成骨作用(osteogenesis)，包括膜性成骨和软骨成骨。其成骨作用的原理基本相同。骨的生成包括2个基本过程，即有机骨母组织的生成和骨盐的沉积。

1.有机骨母组织的生成

有机骨母组织的主要成分是胶原和基质。胶原是一种纤维状蛋白质，其前体是原胶原，胶原的存在使骨骼具有良好的韧性；基质的主要成分是黏蛋白和黏多糖，基质起着保持胶原纤维的正常结构和定位的作用。这几种成分均在成骨细胞内合成，合成后转移到细胞外。

2.骨盐的沉积

骨盐(bony salt)即骨中的无机盐，主要以柱状或纤维状的羟磷灰石及无定形的磷酸氢钙[$Ca_9H(PO_4)_6OH$或$Ca_8H_2(PO_4)_6 \cdot 5H_2O$]形式存在，骨盐决定了骨的硬度。

在成骨细胞周围，Ca^{2+} 和 PO_4^{3-} 浓度较大，往往处于过饱和状态。在成骨细胞周围形成骨母组织后，骨盐便在其中沉积（骨的钙化）。现在认为该沉积过程是由胶原诱发的，胶原可能以特有的立体构型及某些化学基团（如赖氨酸、羟脯氨酸的末端）与磷酸根结合成晶核，从而诱发磷酸钙的结晶沉淀为羟磷灰石结晶。羟磷灰石为微细的结晶体，结构比较稳定，不易溶解于周围体液中。但是它可与吸附在其表面体液中的其他离子（如 Ca^{2+}、Mg^{2+}、Na^{+}、Cl^{-}、HCO_3^{-}、F^{-} 及少量柠檬酸根离子）进行交换，以致骨盐又成为体内多种无机盐的主要贮存部位。骨的这种代谢不仅保证了骨的生成与改造，也维持了血浆中钙和磷浓度的正常恒定。

细胞外液中的焦磷酸盐和多磷酸盐是起稳定作用的物质，即它们对骨盐结晶的形成有抑制作用。成骨细胞能产生焦磷酸酶（它是一种碱性磷酸酶），维生素 D 对其有激活作用，可将焦磷酸水解，磷的浓度增加，从而有利于骨盐的沉积。

（三）骨中钙、磷的动员——骨的吸收

在正常情况下，骨组织在不断地进行更新，不仅进行着骨的生成，也发生骨的溶解，原有的骨组织通过破骨细胞的积极活动而溶解，也称为骨的吸收。

骨的吸收过程包括骨母组织的破坏和骨盐的溶解。首先，在甲状旁腺素作用下，骨细胞和破骨细胞产生组织蛋白酶、胶原酶和糖苷酶等，使胶原和黏多糖降解，骨母组织消失。其次，甲状旁腺素改变了骨组织的代谢，使其释放柠檬酸和乳酸，一方面，吸收部位的 pH 会降低；另一方面，柠檬酸可与 Ca^{2+} 结合形成可溶解而不解离的化合物，这两种作用都有利于局部骨盐的溶解，骨组织被溶解和吸收。

四、血浆中钙、磷浓度的调节

钙、磷代谢主要受甲状旁腺素、降钙素和 1,25-$(OH)_2$-D_3 三种体液因素的调节。通过控制钙磷的吸收、在骨中的沉积和动员以及由肾脏的排泄等方式来维持钙、磷代谢的正常进行。

其机制中起主要作用的是通过体液中的钙与骨中钙的交换，该交换有 2 种机制：一种机制是依赖于血浆中的 Ca^{2+} 和易交换骨 Ca^{2+} 之间的物理化学平衡，它不依赖于激素的作用就可使其浓度维持在 0.07 g/L 左右的水平（正常平均为 0.1 g/L）；另一种机制是在甲状旁腺素的作用下，骨盐晶体中的钙（不易交换钙）被动员出来，血钙浓度能达到正常浓度水平，这是甲状旁腺素激活骨细胞和使破骨细胞增殖的结果。

（一）甲状旁腺素

甲状旁腺素（parathyroid hormone，PTH）是甲状旁腺主细胞分泌的一种蛋白质激素，是调节血钙的主要激素。PTH 具有升高血钙、降低血磷和酸化血液等作用。其靶组织主要是骨骼和肾小管。它的主要作用如下几个方面。

1. 对骨的作用

加强破骨细胞活动，使骨组织溶解，增加细胞外液钙、磷的含量。PTH 可以促使间质细胞转变为破骨细胞，抑制破骨细胞转变为成骨细胞，使破骨细胞的活性增强，并使柠檬酸含量增多，血钙升高。

2. 对肾脏的作用

PTH 能促进肾小管对钙的重吸收和对磷酸盐的排泄。血磷的降低有利于血钙的升高，促进肾脏对维生素 D_3 的活化，使 25-(OH)-D_3 转为 1,25-$(OH)_2$-D_3，其中后者促进了钙在肠中的吸收，间接促进了血钙的升高。

PTH 的分泌受血钙浓度的调节，血钙降低，PTH 分泌增加；相反，血钙升高，PTH 分泌减少。

(二)降钙素

降钙素(calcitonin, CT)是一种由甲状腺的滤泡旁细胞(parafollicular cell,又称C细胞)合成与分泌的多肽激素。CT的主要作用是降低血钙和血磷的浓度。

1. 对骨的作用

降钙素能抑制间质细胞转变为破骨细胞以及破骨细胞活动;促进破骨细胞转变为成骨细胞以及成骨细胞的活动,从而抑制骨吸收,促进钙在骨中的沉积,血钙降低。

2. 对肾脏的作用

降钙素可直接作用于肾近曲小管,抑制对钙和磷的重吸收,尿钙和尿磷会增加。降钙素的分泌受血浆Ca^{2+}浓度的调节:当血钙浓度高于正常水平时,分泌增多;反之,则分泌减少。降钙素作用的总结果是血钙降低。

(三)维生素D

维生素D能使血浆Ca^{2+}浓度提高到正常水平。由于维生素D_2或维生素D_3都是无活性形式,经过代谢转变(主要是在肝、肾中进行羟化作用)生成$1,25\text{-}(OH)_2\text{-}D_2$或$1,25\text{-}(OH)_2\text{-}D_3$之后才能促进肠黏膜对$Ca^{2+}$的吸收和骨中的骨盐溶解以及肾小管对钙、磷的重吸收。

第十五章

动物组织机能的生物化学

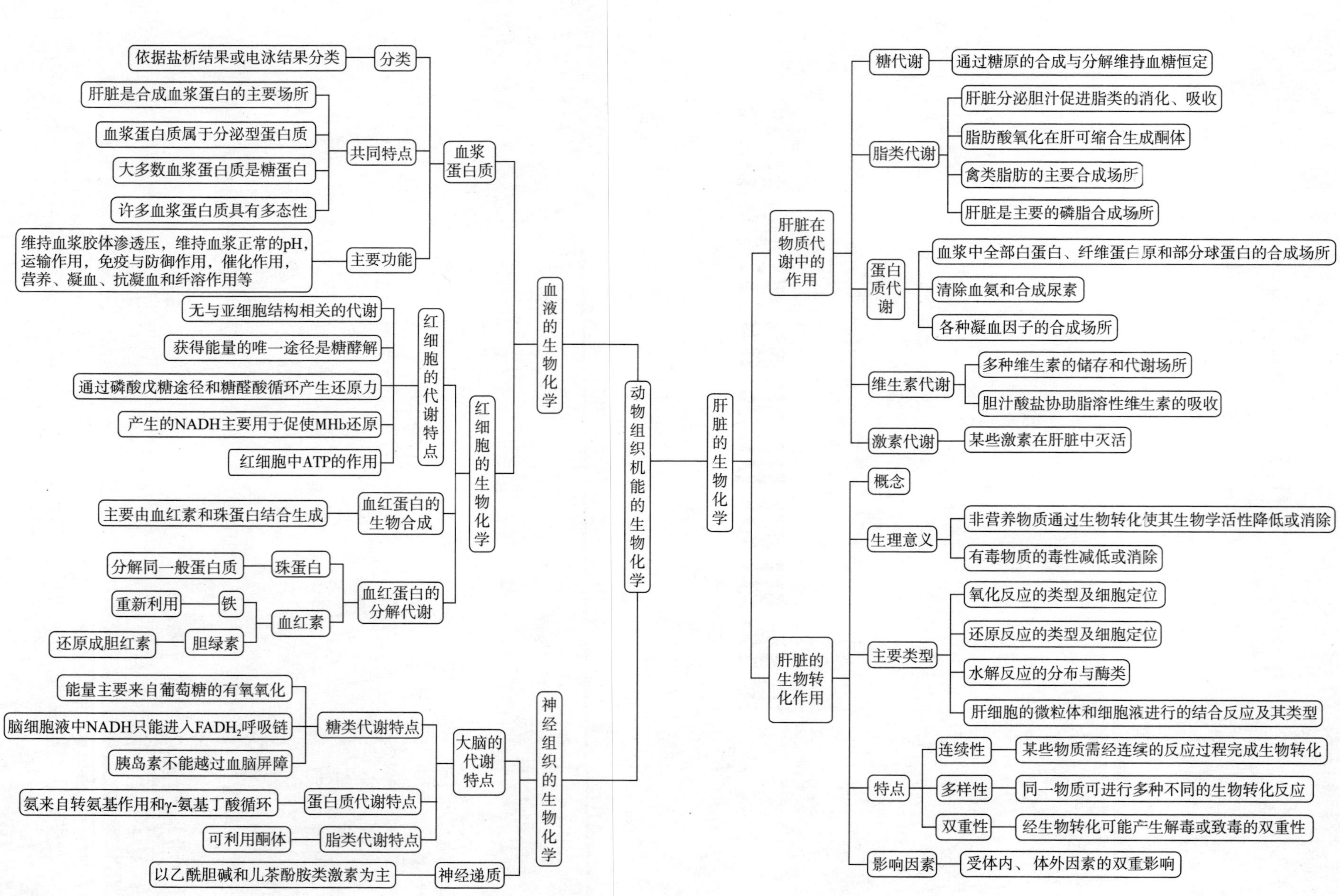
动物组织机能的生物化学
血液的生物化学
血浆蛋白质
分类
依据盐析结果或电泳结果分类
共同特点
肝脏是合成血浆蛋白的主要场所
血浆蛋白质属于分泌型蛋白质
大多数血浆蛋白质是糖蛋白
许多血浆蛋白质具有多态性
主要功能
维持血浆胶体渗透压，维持血浆正常的pH，运输作用，免疫与防御作用，催化作用，营养、凝血、抗凝血和纤溶作用等
红细胞的生物化学
红细胞的代谢特点
无与亚细胞结构相关的代谢
获得能量的唯一途径是糖酵解
通过磷酸戊糖途径和糖醛酸循环产生还原力
产生的NADH主要用于促使MHb还原
红细胞中ATP的作用
血红蛋白的生物合成
主要由血红素和珠蛋白结合生成
血红蛋白的分解代谢
珠蛋白
分解同一般蛋白质
血红素
铁
重新利用
胆绿素
还原成胆红素
神经组织的生物化学
大脑的代谢特点
糖类代谢特点
能量主要来自葡萄糖的有氧氧化
脑细胞液中NADH只能进入$FADH_2$呼吸链
胰岛素不能越过血脑屏障
蛋白质代谢特点
氨来自转氨基作用和γ-氨基丁酸循环
脂类代谢特点
可利用酮体
神经递质
以乙酰胆碱和儿茶酚胺类激素为主
肝脏的生物化学
肝脏在物质代谢中的作用
糖代谢
通过糖原的合成与分解维持血糖恒定
脂类代谢
肝脏分泌胆汁促进脂类的消化、吸收
脂肪酸氧化在肝可缩合生成酮体
禽类脂肪的主要合成场所
肝脏是主要的磷脂合成场所
蛋白质代谢
血浆中全部白蛋白、纤维蛋白原和部分球蛋白的合成场所
清除血氨和合成尿素
各种凝血因子的合成场所
维生素代谢
多种维生素的储存和代谢场所
胆汁酸盐协助脂溶性维生素的吸收
激素代谢
某些激素在肝脏中灭活
肝脏的生物转化作用
概念
生理意义
非营养物质通过生物转化使其生物学活性降低或消除
有毒物质的毒性减低或消除
主要类型
氧化反应的类型及细胞定位
还原反应的类型及细胞定位
水解反应的分布与酶类
肝细胞的微粒体和细胞液进行的结合反应及其类型
特点
连续性
某些物质需经连续的反应过程完成生物转化
多样性
同一物质可进行多种不同的生物转化反应
双重性
经生物转化可能产生解毒或致毒的双重性
影响因素
受体内、体外因素的双重影响

第一节　血液的生物化学

血液是动物机体内外环境联系的重要部分,机体的营养物质及代谢物不断进入和离开血液。在生理状态下,血液的各种化学成分含量相对稳定,可反映机体各种物质的代谢情况,当肝、肾、心等器官病变时,其可引起血液某些化学成分的含量变化,超出正常范围。因此通过分析血液的化学成分可以了解机体物质代谢的状况,辅助诊断疾病。血液成分复杂、种类繁多,本节主要介绍血浆蛋白质及红细胞的代谢。

一、血浆蛋白质

(一)血浆蛋白质的分类

血浆蛋白质种类繁多、组成复杂、功能广泛。在临床上,常用盐析法和电泳法粗略地对血浆蛋白质进行分离并分类。

1. 依据盐析结果分类

用不同浓度的中性盐可将血浆蛋白质分为清蛋白(白蛋白,albumin)、球蛋白(globulin)与纤维蛋白原(fibrinogen)。被饱和硫酸铵盐析出的蛋白质称为清蛋白,为简单蛋白质,分子呈椭球形,溶于水、稀酸、稀碱及稀盐溶液。被半饱和硫酸铵盐沉淀的蛋白质为球蛋白,分子为球形或椭球形,这类蛋白质是多种蛋白质的混合物,均可溶于稀氯化钠溶液。纤维蛋白原也可被半饱和硫酸铵沉淀,也可被半饱和氯化钠沉淀,故可与球蛋白分离,分子呈纤维状。在临床上,盐析(salting out)法被用来测定清蛋白与球蛋白(A/G)的值,这个值被称为血清蛋白系数(serum protein coefficient),具有一定的临床诊断意义,严重肝病患者由于肝脏合成清蛋白能力下降,因此 A/G 值下降。人的血清蛋白系数大于 1,而大多数畜禽的该系数小于 1。

2. 依据电泳结果分类

用醋酸纤维薄膜电泳(electrophoresis)可将血浆蛋白质分为清蛋白和 α_1-球蛋白、α_2-球蛋白、β-球蛋白和、γ-球蛋白。用分辨率高的电泳法可将血浆蛋白分出更多的成分,如聚丙烯酰胺凝胶电泳。

(二)血浆蛋白质的共同特点

1. 肝脏是合成血浆蛋白质的主要场所

肝脏是合成血浆蛋白质的主要场所,只有少量血浆蛋白质来自网状内皮系统的浆细胞。

2. 血浆蛋白质属于分泌型蛋白质

血浆蛋白质一般在与内质网相连的核糖体上合成,多数以合成蛋白质前体的形式出现,需经过各种翻译后的加工和修饰,如切除信号肽、磷酸化、糖基化等,这些是分泌型蛋白质合成的共同特点。

3. 大多数血浆蛋白质是糖蛋白

大多数血浆蛋白质含有通过氮或氧连接的寡聚糖链,但清蛋白不含任何糖基。研究表明,血浆蛋白质上的糖基链具有许多功能,如与血浆蛋白质的半衰期有关。

4. 许多血浆蛋白质具有多态性

所谓多态性是指在某一群体中,2 种以上的发生频率不低于 1%的表现型。血浆蛋白质中的运铁蛋白、血浆铜蓝蛋白、α_1 抗胰蛋白酶等都具有多态性。血浆蛋白质的多态性对遗传研究和临床诊断具有一定意义。

(三)血浆蛋白质的主要功能

1. 维持血浆胶体渗透压

清蛋白含量最多,分子量又小,是维持血浆胶体渗透压的主要成分。因为溶液的渗透压与溶质的浓度成正比,而与溶质分子量成反比。在正常情况下,如果血浆胶体渗透压高于细胞间液,细胞间液就可进入血浆进行正常的代谢。当清蛋白含量显著减少时,血浆胶体渗透压就会降低,出现水肿。

2. 维持血浆正常的 pH

血浆蛋白质的等电点多为 pH 4.6～7.3,故在 pH 7.4 的血液中均呈弱酸性,其中一部分以酸的分子形式存在,另一部分则以盐的分子形式存在,两者可构成缓冲对,对维持体液的酸碱平衡有一定作用。

3. 运输作用

血浆蛋白质可与多种物质结合成复合物,以此作为这些物质在血液中的运输形式,例如,某些药物、某些激素和脂肪酸等均可与清蛋白结合在血液中运输。

4. 免疫与防御作用

血浆中的抗体大部分是球蛋白,其中包括 α-球蛋白、β-球蛋白和 γ-球蛋白,它们均具有免疫作用,且以 γ-球蛋白所存抗体最多。当机体被细菌、肠道寄生虫等感染时,γ-球蛋白会升高。其原因是体内合成抗体增多。

5. 催化作用

血浆中含有多种蛋白酶,除少数酶能在血浆中发挥重要催化功能,大多数血浆中的酶,如转氨酶、乳酸脱氢酶等活性很低。在正常情况下,它们几乎不发挥催化作用。当体内某些器官或组织发生病变时,这类酶在血浆中的活性和含量往往会升高。

6. 营养作用

血浆蛋白质可以作为构建机体其他组织蛋白质的原料与组织蛋白质保持一定的动态平衡。

7. 凝血、抗凝血和纤溶作用

血浆中含有凝血和抗凝血系统。通过血液凝固,防止血管损伤时血液过度丢失;通过纤溶系统溶解血块,防止血栓形成。

二、红细胞的生物化学

红细胞是血液中最主要的细胞成分,是由骨髓中造血干细胞定向分化而成的。在成熟过程中,有核红细胞、网织红细胞到成熟红细胞在代谢方面也随之发生了一系列的变化。与一般细胞不同,红细胞的化学成分主要固形物为血红蛋白,与氧的运输密切相关。

(一)红细胞的代谢特点

1. 无一些亚细胞结构内的代谢

哺乳类动物成熟的红细胞没有细胞核、线粒体、内质网及高尔基体,因此蛋白质合成、DNA 合成、RNA 合成和脂肪酸合成等均不能进行。

2. 糖酵解是红细胞获得能量的唯一途径

在哺乳类动物成熟红细胞中,缺乏完整的三羧酸循环酶系,但却有糖酵解所需要的全部酶分子。在红细胞中,90%～95%的葡萄糖经糖酵解途径进行代谢。

在哺乳类动物的成熟红细胞中,糖酵解过程与其他组织基本相同。其唯一不同的是在成熟红细胞中进行的糖酵解途径存在甘油酸-2,3-二磷酸旁路(图 15-1)。在葡萄糖生成甘油酸-1,3-二磷酸后,一部分产物可以由甘油酸二磷酸变位酶催化生成甘油酸-2,3-二磷酸,另一部分再经甘油酸-2,3-二磷酸酶催化生成甘油酸-3-磷酸。

甘油酸-2,3-二磷酸的功能是调节血红蛋白的运氧功能及氧化供能。其通过变构调节方式降低血红蛋白对氧的亲和力,即当甘油酸-2,3-二磷酸的浓度升高时,血红蛋白与氧的亲和力下降,从而使组织获得更多的氧气。红细胞不能贮存葡萄糖,但含有较多的甘油酸-2,3-二磷酸,甘油酸-2,3-二磷酸分解可生成ATP,因此甘油酸-2,3-二磷酸还是红细胞中的能量的贮存形式。

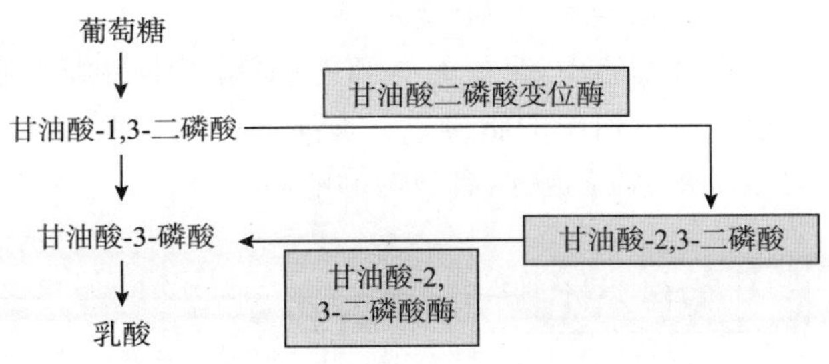

图 15-1　甘油酸-2,3-二磷酸旁路

鸟类等动物的红细胞具有细胞核等结构,有核红细胞的代谢与一般细胞代谢相似,主要通过糖的有氧氧化而获得能量。

3. 通过磷酸戊糖途径和糖醛酸循环产生还原能力

红细胞还原能力的生成有2条途径:一是磷酸戊糖途径。在红细胞中,5%～10%的葡萄糖通过磷酸戊糖途径进行代谢。其代谢过程与其他细胞相同,主要功能是产生还原能力NADPH。二是糖醛酸循环。该途径由葡萄糖开始,经葡萄糖醛酸等,生成木酮糖-5-磷酸,与磷酸戊糖途径汇合(图15-2),这是红细胞提供NADH的主要途径。在正常细胞中,糖酵解产生的NADH主要用于还原丙酮酸为乳酸,因此用于还原高铁血红蛋白(MHb)的NADH量并不多。

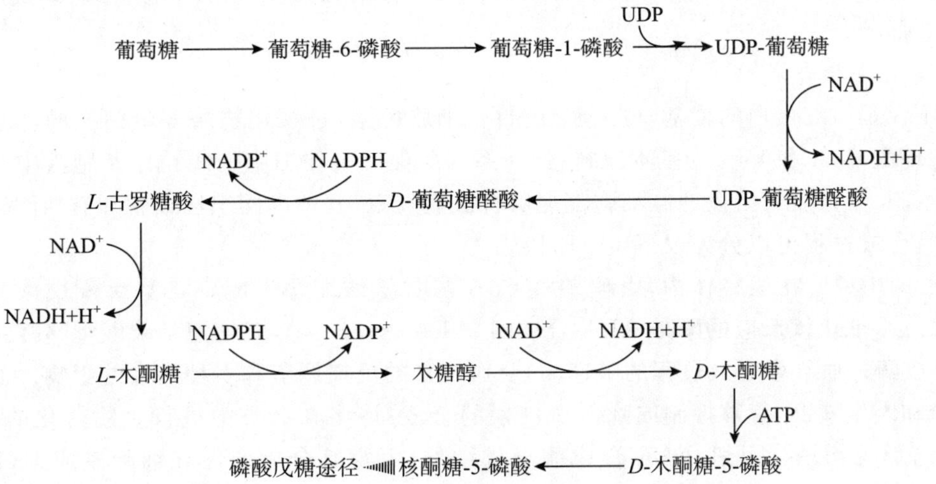

图 15-2　糖醛酸循环

4. 红细胞产生的NADH主要用于促使MHb还原

在红细胞中,没有细胞色素体系,所以产生的NADH不能通过呼吸链进行氧化并提供能量,而是用于促使MHb还原。

在红细胞中,每天约3%的血红蛋白自我氧化为高铁血红蛋白(MHb),高铁血红蛋白无携带氧的功能。催化MHb还原的酶主要是NADH脱氢酶,其辅酶是NADH,占总还原能力的73%。红细胞内也有NADPH脱氢酶,但作用很小。磷酸戊糖途径产生的NADPH不能直接促使MHb还原,而是在谷胱甘肽还原酶催化下将氧化型谷胱甘肽(GSSG)还原为还原型谷胱甘肽(GSH),然后由GSH提供还原能力使MHb还原,占总还原能力的12%。除此之外,GSH还可维持巯基酶等的还原状态,保护红细胞膜免受氧化损伤,其余的还原能力可由抗坏血酸提供。

5. 红细胞中 ATP 的作用

在红细胞中，生成的 ATP 主要用于维持细胞膜上钠泵、钙泵的正常运转；维持红细胞膜上的脂质与血浆脂蛋白中的脂质进行交换；少量 ATP 用于 GSH 和 NADH 的生物合成；除此之外，葡萄糖的活化也需要 ATP，从而启动糖酵解途径。

案例分析

亚硝酸盐解毒剂——亚甲蓝剂量选择依据

兽医临床常见由饲料含亚硝酸盐过多而引起家畜中毒的现象。其机理是亚硝酸盐使细胞中的 MHb 产生的速度超过 MHb 还原为 Hb 的能力，此时通过静脉注射葡萄糖、小剂量的亚甲蓝或抗坏血酸作为解毒剂。葡萄糖分解可产生 NADPH 和 NADH；小剂量亚甲蓝可加速磷酸戊糖途径对 MHb 的还原作用，这在实际上起着传递电子的作用。如果亚甲蓝剂量太大，超过磷酸戊糖还原能力，则大量过剩的亚甲蓝就贮存在血液中。亚甲蓝是氧化剂，能氧化 Hb 为 MHb，大剂量的亚甲蓝与小剂量的亚甲蓝临床效果恰恰相反，其原因就在这里。

（二）血红蛋白的生物合成

血红蛋白是一种色素蛋白，由 4 个各含 1 个血红素辅基的珠蛋白亚基（2 个 α 亚基和 2 个 β 亚基）组成。血红蛋白合成是在红细胞成熟之前进行的，其合成主要包括血红素的生物合成、珠蛋白的合成与血红蛋白合成 3 部分。

1. 血红素的生物合成

血红素不仅是血红蛋白的辅基，也是肌红蛋白、细胞色素、过氧化物酶等蛋白质的辅基。血红素是以甘氨酸、琥珀酰 CoA 和 Fe^{2+} 为基本原料，经一系列酶促反应在细胞的线粒体及胞液中合成的。除成熟的晚期红细胞，其他发育阶段的红细胞都能够合成血红素，其中以网织红细胞和有核红细胞为主要的合成场所。其合成过程可以分为以下 4 个阶段。

(1)ALA 的生成　在线粒体内，由琥珀酰 CoA 与甘氨酸缩合生成 δ-氨基-γ-酮戊酸（δ-aminolevulinic acid，ALA），催化该反应的酶是 ALA 合成酶（ALA synthase），其辅酶是磷酸吡哆醛。

ALA 合成酶是血红素合成过程的限速酶，受血红素的反馈调节和多种因素的影响。血红素是其反馈抑制剂，铅和维生素 B_6 能够抑制或降低血红素的合成；许多在肝脏中进行生物转化的物质，如杀虫剂、药物、致癌剂等均诱导肝脏 ALA 合成酶合成增加，由肾脏合成的促红细胞生成素（EPO）可诱导 ALA 合成酶的合成。

(2)胆色素原的生成　ALA 生成后从线粒体进入胞液，在 ALA 脱水酶催化下，2 分子 ALA 脱水缩合生成 1 分子胆色素原。

(3)尿卟啉原与粪卟啉原的生成　在胞液中，4 分子胆色素原由胆色素原脱氨酶催化生成线状四吡咯，由尿卟啉原Ⅲ同合酶催化生成尿卟啉原Ⅲ，经尿卟啉原Ⅲ脱羧酶催化，最终生成粪卟啉原Ⅲ。

(4)血红素的生成　在胞液中，生成的粪卟啉原Ⅲ再进入线粒体，经粪卟啉原Ⅲ脱羧酶和原卟啉原Ⅸ氧化酶催化，使粪卟啉原Ⅲ的侧链氧化生成原卟啉Ⅸ，通过亚铁整合酶，又称血红素合成酶的催化，原卟啉Ⅸ和 Fe^{2+} 结合，生成血红素，其合成的总过程见图 15-3。

2. 血红蛋白的合成

在血红蛋白中，珠蛋白的合成与一般蛋白质相同，血红素生成后从线粒体转运到胞液，在骨髓的有核红细胞及网织红细胞中，与珠蛋白结合成为血红蛋白。在珠蛋白多肽链合成后，能容纳血红素的空穴形成，立刻与血红素结合，并形成蛋白质的空间结构，经过形成稳定的 α，β-二聚体后，由 2 个二聚体构成

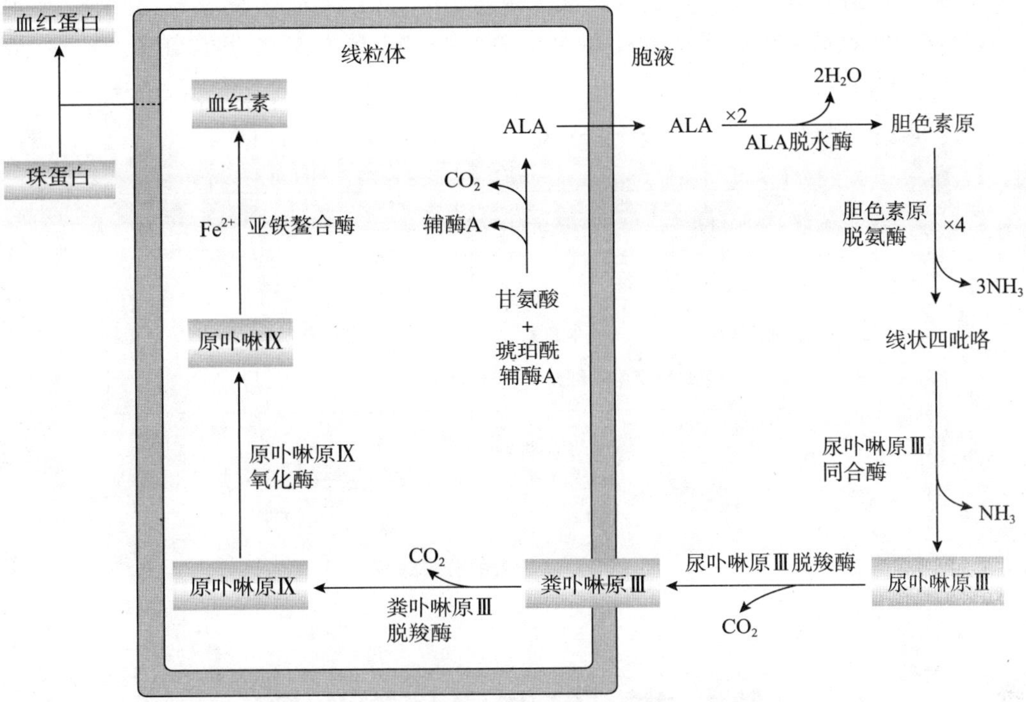

图 15-3　血红素合成过程

有功能的 $\alpha_2\beta_2$-四聚体，即血红蛋白。

(三)血红蛋白的分解代谢

在动物体内，每天都有一部分红细胞被降解，红细胞破裂后生成珠蛋白和血红素，珠蛋白的分解过程与其他蛋白质的分解过程基本相同。血红蛋白的辅基被分解成铁和胆绿素，铁转变为铁蛋白被重新利用，胆绿素被还原生成胆红素。胆红素的分解过程如下。

1. 生成间接胆红素

胆红素在水中溶解度很小，在血液中，基本是以胆红素清蛋白复合体的形式运输，这种与蛋白质结合的胆红素在临床上称为间接胆红素，也称游离胆红素。胆红素有毒性，特别对神经系统的毒性较大。与蛋白质结合后，可限制胆红素自由地通过各种生物膜，以减少胆红素进入组织细胞产生毒性作用。

2. 生成直接胆红素

在胆红素被肝细胞摄取前先与清蛋白分离，肝细胞对胆红素有极强的亲和力，在进入肝细胞后，胆红素主要与 UDP-葡萄糖反应生成无毒的葡萄糖醛酸胆红素，这是肝脏解毒的一种方式。在临床上，葡萄糖醛酸胆红素称为直接胆红素，也称为结合胆红素。

3. 生成胆素原

经肝细胞转化生成的葡萄糖醛酸胆红素随胆汁进入肠道，在肠道细菌的作用下大部分脱去葡萄糖醛酸基团，成为未结合胆红素，未结合胆红素被逐步还原生成胆素原(粪胆素原和尿胆素原)。

4. 排泄

在肠道下段，无色的胆素原接触空气分别被氧化为相应的尿胆素、粪胆素。胆素呈黄褐色，是粪便的主要色素，日排出总量为 40～280 mg。当胆道完全梗阻时，胆红素就不能排入肠道形成胆素原和胆素，所以粪便呈现灰白色。血红素的分解过程见图 15-4。

在肠道中，10%～20%的胆素原可被肠黏膜细胞重吸收，经门静脉入肝。其中大部分胆素原再随胆汁排入肠道，形成胆素原的肠肝循环。只有少量经血液循环入肾并随尿排出，尿胆素是尿的主要色素。

在正常血液中，胆红素含量较低。当胆红素来源增加时，如红细胞大量破坏、肝细胞处理胆红素的能力降低等，其均会导致血液中的胆红素过多，出现视黏膜被染黄的现象，其在临床上被称为黄疸。

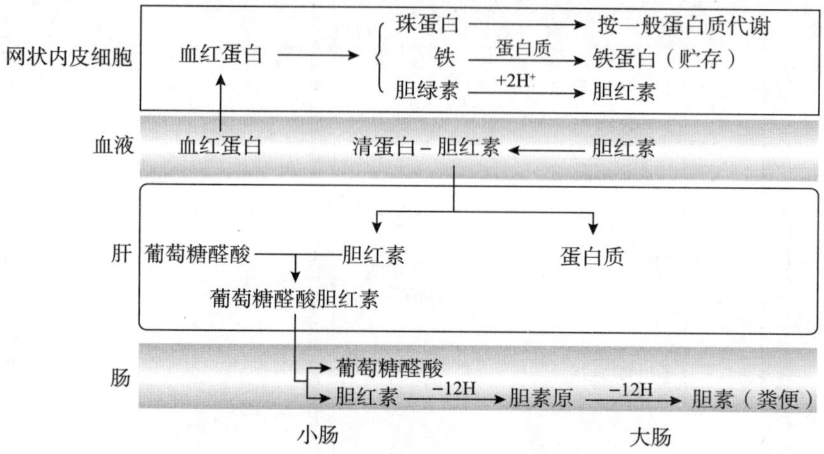

图 15-4　血红素的分解过程

第二节　肝脏的生物化学

肝脏是动物的最大腺体，是机体进行物质代谢与生物转化的最主要场所之一。肝脏接受门静脉和肝动脉的双重血液供应，并有丰富的血窦，因此肝细胞可直接与血液接触，为进行物质交换提供良好的条件。由于肝细胞膜比其他组织细胞膜的通透性要大，在一般组织中，相对分子质量大于 1 万的蛋白质较难通过毛细血管壁及细胞膜而进入细胞。在肝脏，相对分子质量在 4 万以上的蛋白质甚至能进入细胞，而其他小分子，如葡萄糖则极易进入肝细胞，浓度与血糖基本相同，故肝组织合成糖原、贮存糖原的效率远远超过其他组织。

肝脏在糖、脂类、蛋白质、维生素、激素等物质的代谢中都占有极重要的地位，并具有解毒、分泌、排泄等多方面的机能。

一、肝脏在物质代谢中的作用

(一)肝脏在糖代谢中的作用

肝脏在糖代谢中的作用主要是通过糖原合成与分解、糖的异生作用来维持血糖浓度的恒定，以保障全身各组织细胞，特别是脑组织和红细胞的能量来源。

肝脏在维持血糖恒定方面具有重要作用。进食后，动物血糖浓度升高，葡萄糖经门静脉到达肝脏，在肝内转变为肝糖原贮存，以防止血糖浓度过高。一般肝糖原的贮存量可达肝重的 5%～6%。当劳动、饥饿、发热时，血糖大量消耗，肝细胞则能通过肝糖原分解为葡萄糖进入血液循环。与肝糖原相比，虽然骨骼肌能够贮存糖原，但缺乏葡萄糖-6-磷酸酶，故肌糖原不能直接补充血糖。肝糖原贮存有限，在动物饥饿十几小时后，肝脏可通过糖异生途径将非糖物质转化为葡萄糖，以补充血糖不足，所以在患肝病时，血糖常有变化。

(二)肝脏在脂类代谢中的作用

肝脏在脂类的消化、吸收、合成、分解与运输过程中均具有重要作用。

①肝脏是脂肪运输的枢纽。在肝脏内甘油三酯、胆固醇、磷脂与载脂蛋白合成脂蛋白，分泌入血，并运至全身，供其他组织利用。如果载脂蛋白合成量不足，就会导致甘油三酯在肝内积聚，出现脂肪肝。

②肝脏是脂肪酸 β-氧化及生成酮体的主要场所。

③肝脏是禽类合成脂肪的主要场所。家畜脂肪的合成主要在脂肪组织内，但肝脏也能合成一定数量的脂肪。

④肝脏是类脂代谢的重要场所。肝脏是合成胆固醇、磷脂的主要部位，而且其他组织的胆固醇和磷脂也主要运回肝脏进行代谢。当肝严重损伤时，胆固醇和磷脂的合成能力降低。

⑤肝脏是合成胆酸盐的主要场所，能促进脂类的消化和吸收。

(三)肝脏在蛋白质代谢中的作用

肝脏在动物机体蛋白质合成、分解和氨基酸代谢中起着重要作用。

1.肝细胞是合成与分泌血浆蛋白质的重要器官

肝脏不仅合成组成机体的体蛋白，还合成与分泌 90%以上的血浆蛋白质。

2.肝脏是分解多种血浆蛋白质的主要器官

除清蛋白，多数血浆蛋白质是糖基化蛋白，它们在肝细胞膜唾液酸酶的作用下脱去其糖基末端的唾液酸，然后与肝细胞膜上的糖蛋白结合，进入肝细胞内，在溶酶体中进行降解。

3.肝脏是哺乳动物清除血氨和合成尿素的器官

在肝脏中，通过鸟氨酸循环可将机体大多数的氨合成尿素，并随尿液排出体外。当肝脏严重受损时，肝合成尿素的能力降低会导致血液中的氨浓度增高，容易引起肝昏迷。

4.肝是体内氨基酸分解和转变的重要场所

与糖酵解相比，氨基酸是肝内更重要的能量来源。

(四)肝脏在维生素代谢中的作用

肝脏在吸收、贮存、运输及代谢维生素方面起重要作用。肝脏可贮存脂溶性维生素，95%的人体的维生素 A 都贮存在肝脏内，且肝脏可合成视黄醇结合蛋白和维生素 D 结合蛋白，从而参与维生素 A、维生素 D 在血液中的运输。另外，肝脏是维生素 C、维生素 D、维生素 E、维生素 K、维生素 B_1、维生素 B_6、维生素 B_{12}、烟酸、叶酸等多种维生素贮存和代谢的场所。

(五)肝脏在激素代谢中的作用

在发挥其调节作用后，激素主要在肝中转化、降解或失去活性，这一过程称为激素的灭活。当患肝病时，可能出现雌激素、抗利尿激素等灭活障碍，出现肝掌(肝病患者手掌出现红斑等)、毛细血管扩张等临床表现。

二、肝脏的生物转化作用

机体对内外源性非营养物质，或者一些生物毒性成分进行各种代谢转变，增加其水溶性(或极性)，使其随胆汁、尿液排出体外的过程，被称为生物转化。

(一)进行生物转化的物质

1. 内源性物质

一些对机体具有很强生物学活性的物质既包括激素、神经递质和其他胺类等,也包括对机体有毒性的氨、胆红素等。

2. 外源性物质

食品添加剂、色素和药物,还有肠道经细菌作用产生的腐败产物(如胺、酚、吲哚和硫化氢等)等。

(二)生物转化的生理意义

①对体内的非营养物质进行转化,使其生物学活性降低或消除(灭活作用)或使有毒物质的毒性减低或消除(解毒作用)。

②生物转化作用可将一些物质的溶解性增高,变为易于从胆汁或尿液中排出体外的物质。

(三)生物转化反应的主要类型

1. 氧化反应

氧化反应是最多见的生物转化反应,由肝细胞中多种氧化酶系催化。其中最重要的氧化酶是存在于微粒体内依赖细胞色素 P_{450} 的加单氧酶,次重要的氧化酶是存在于线粒体内的单胺氧化酶(MAO),这是肝中非常重要的代谢药物与毒物的酶系统。

肠道细菌作用于蛋白质、多肽和氨基酸所生成的各种胺类,在肠壁细胞与肝细胞内经氧化处理,从而使之丧失生物活性,如组胺、酪胺、色胺、尸胺和腐胺等。

2. 还原反应

肝细胞微粒体中的主要还原酶类是硝基还原酶类和偶氮还原酶类,分别催化硝基化合物与偶氮化合物从 NADPH 接受氢,还原成相应的胺类,如硝基还原酶可催化多种硝基化合物(硝基甲苯、硝基苯、偶氮苯和氮霉素等),还原成相应的胺类。

3. 水解反应

肝细胞的胞液与微粒体中含有多种水解酶类,可将脂类、酰胺类和糖苷类化合物水解,以减少或消除其生物活性。这些水解产物通常还需进一步反应,以利于排出体外,如在乙酰水杨酸的生物转化过程中,首先是水解反应,然后是结合反应。

4. 结合反应

肝细胞内含有许多催化结合反应的酶类。凡含有羟基、羧基或氨基的药物、毒物或激素均可与葡萄糖醛酸、硫酸、谷胱甘肽、甘氨酸等发生结合反应或进行酰基化和甲基化等反应,其中与葡萄糖醛酸、硫酸和酰基的结合反应最为重要,尤以葡萄糖醛酸的结合反应最为普遍。

(1)葡萄糖醛酸结合反应　肝细胞微粒体中含有非常活跃的葡萄糖醛酸基转移酶(UGT),它以尿苷二磷酸-α-葡萄糖醛酸(UDPGA)为供体,催化葡萄糖醛酸基转移到多种含极性基团的化合物分子上,如醇、酚、胺、羧基化合物等。

(2)硫酸结合反应　3′-磷酸腺苷-5′-磷酸硫酸(PAPS)是活性硫酸供体,在肝细胞胞液硫酸转移酶的催化下,将硫酸基转移到多种醇、酚或芳香族胺类分子上,生成硫酸酯化合物,例如,雌酮就是通过形成硫酸酯进行灭活的。

(3)酰基化反应　肝细胞胞液中含有乙酰基转移酶,催化乙酰基从乙酰辅酶 A 转移到芳香族胺化合物,形成乙酰化衍生物,例如,抗结核病药物异烟肼在肝内乙酰基转移酶催化下经乙酰化而失去活性。

此外,大部分磺胺类药物在肝内也通过这种形式灭活。应该指出的是,磺胺类药物经乙酰化后,其溶解度反而降低,在酸性尿中易于析出。

(4)谷胱甘肽结合反应　谷胱甘肽(GSH)在肝细胞胞液谷胱甘肽－S－转移酶催化下可与许多卤代化合物和环氧化合物结合，生成含 GSH 的结合产物；生成的谷胱甘肽结合物主要随胆汁排出体外，不能直接从肾排出。

(5)甘氨酸结合反应　甘氨酸在肝细胞线粒体酰基转移酶的催化下可与含羧基的外来化合物结合。例如，胆酸和脱氧胆酸可与甘氨酸或牛磺酸结合，生成结合胆汁酸。

(6)甲基化反应　体内一些胺类生物活性物质和药物可在肝细胞胞液和微粒体中在甲基转移酶的催化下通过甲基化灭活，而通常甲基的供体是 *S*-腺苷甲硫氨酸(SAM)。

(四)生物转化的特点

1. 反应过程的连续性

某种非营养物质在体内往往需要经过连续进行多种反应方可排出体外。如乙酰水杨酸在进入体内后，先被水解为水杨酸，除少量直接排出，大部分在肝脏要经过(或先氧化)结合反应才可被排出体外。

2. 反应类型的多样性

同一种非营养物质在体内可进行多种不同的转化反应，如乙酰水杨酸经水解后，生成的水杨酸与葡萄糖醛酸结合生成 β-葡萄糖醛酸苷或与甘氨酸结合生成水杨酰甘氨酸。

3. 解毒与致毒的双重性

有些非营养物质在体内经生物转化后可使其毒性减弱(解毒)，也可使其毒性增强(致毒)，因此不能将肝的生物转化作用简单地看作“解毒作用”。例如，苯并芘本身没有直接的致癌作用，经体内的转化所形成的环氧化合物能够与核酸分子中的嘌呤碱基第 2 位上的氨基结合而诱发癌变。

(五)影响生物转化的因素

1. 体内因素

(1)生理因素的影响　包括年龄、性别和健康状态等。新出生动物肝脏中的相关酶体系发育还不完善，对药物和毒物的耐受性较差；随老龄动物肝脏的重量和肝细胞数量明显减少，肝脏对许多药物和毒物的耐受性下降而容易中毒。

(2)肝脏功能的影响　当肝功能低下时，其可影响肝脏的生物转化功能，药物或毒物的灭活速度就会下降，治疗剂量与毒性剂量的差距减小，肝脏损害就易发生。

2. 体外因素

(1)诱导作用　食物中的某些成分、药物或毒物可诱导相关代谢酶的合成，长期服用某种药物可出现耐药性。

(2)抑制作用　由于许多物质的生物转化反应常常受到相同酶系的催化，使用几种药物可发生药物之间对酶竞争性抑制作用，生物转化受到影响。

第三节　神经组织的生物化学

神经组织是调节动物活动的重要组织，虽然在体重中所占比例很小，但它所构成的神经系统却支配着全身绝大多数的机能活动。它通过神经冲动或体液来影响机体的功能，而其功能的实现皆与神经组织的重要器官——大脑及其神经递质密切相关。本节主要讲大脑的代谢特点和神经递质。

一、大脑的代谢特点

与其他组织器官一样，大脑中的各种化合物不断进行着合成与分解。大脑是神经系统的最高中枢，脑功能的实现与其生物化学的代谢特点密切相关。

（一）糖类代谢特点

①脑中糖代谢活跃。机体对大脑的血液供应量占心输出量的15%左右。静息时，大脑的耗氧量占机体总需要量的20%。

②大脑主要靠葡萄糖的有氧氧化供能。脑内葡萄糖分解90%以上是彻底氧化为CO_2和H_2O，仅有不足10%的葡萄糖进行酵解生成乳酸。

大脑贮存葡萄糖和糖原的量有限（仅够维持几分钟正常活动的需要），大脑主要是通过血液来获得葡萄糖，因此大脑对血糖浓度的降低非常敏感。血糖浓度的轻微下降可通过增加大脑的血流量来代偿，但下降较多时，则会引起大脑的机能紊乱，甚至可以发生低血糖昏迷。此外，由于大脑主要进行有氧氧化，正常大脑的氧含量仅够8 s的活动所需，所以在血液循环停止后，氧气供应断绝，大脑的机能将很快丧失。

③脑细胞液中产生的NADH只能通过α-磷酸甘油穿梭作用进入线粒体。

④胰岛素不能越过血脑屏障，胰岛素只能通过对血糖浓度的影响来改变脑中糖代谢，但神经末梢的糖代谢可直接受血液胰岛素的影响。

（二）蛋白质代谢特点

①脑中的氨基酸脱氨基可经嘌呤核苷酸循环，即氨基酸通过连续的转氨基作用把其氨基转移给草酰乙酸形成天冬氨酸，然后天冬氨酸参与次黄嘌呤核苷酸转变成腺嘌呤核苷酸的氨基化过程。腺嘌呤核苷酸又可被脱氨酶水解，再次转变为次黄嘌呤核苷酸并脱去氨基。

②大脑中产生氨的另一个重要反应系列是γ-氨基丁酸（GABA）的生成和分解（图15-5）。这个反应途径是由谷氨酸脱羧基反应开始的，反应需要磷酸吡哆醛为辅酶，该反应途径称为γ-氨基丁酸循环。γ-氨基丁酸是抑制性神经递质，其生成量的降低可能会引起动物惊厥。

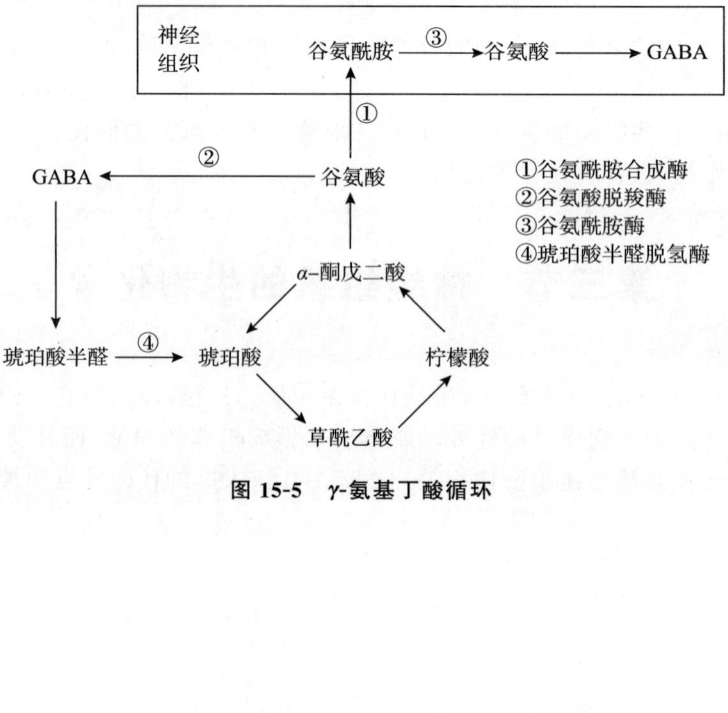

图15-5 γ-氨基丁酸循环

(三)脂类代谢特点

脂类在大脑中主要以类脂形式存在,并以胆固醇含量最高。脑中的大多数脂类主要起结构作用,在代谢上并不活泼。

大脑是利用酮体的主要器官。成年动物的大脑具有足够的酶活性,通过这些酶的作用可由酮体提供三羧酸循环所需的全部乙酰 CoA。在幼畜哺乳期,酮体变为乙酰 CoA 的酶活性比成年高,因而在大脑的氧化底物中,酮体占相当显著的部分。在动物出生时,血糖和血中酮体都会出现暂时性降低。在动物开始吃乳后,由于乳是高脂肪物质,其血中酮体的浓度显著上升,以致酮体可以作为大脑的能源之一。在较长期的饥饿情况下,血糖浓度降低而血中酮体含量大为上升,酮体的氧化量可达大脑总耗能量的60%左右,此时葡萄糖则仅为30%左右。

二、神经递质

神经纤维把神经冲动传递给效应器细胞,通过神经末梢释放某种可扩散的小分子化合物,这些化合物经过突触间隙作用于效应器细胞而实现的,这种物质称为神经递质。

乙酰胆碱和去甲肾上腺素是最重要的两种神经递质。在外周神经系统中,当有一些神经纤维兴奋时,其末梢释放乙酰胆碱作为神经递质,这些神经纤维就被称 α 胆碱能神经;当另一些神经纤维兴奋时,其末梢则释放去甲肾上腺素,这些神经纤维就被称去甲肾上腺素能神经。此外,还有氨基酸类、肽类和其他类型的神经递质。

(一)乙酰胆碱

1. 乙酰胆碱的合成

乙酰胆碱(acetylcholine,Ach)是在胆碱能神经末梢由乙酰 CoA 和胆碱合成的。乙酰 CoA 来源于线粒体内丙酮酸的氧化脱羧;胆碱来自细胞外摄入或由体内其他代谢中间产物转化。催化该合成反应的酶是胆碱乙酰转移酶(choline acetyltransferase)。其合成反应如下:

$$\underset{\text{乙酰辅酶 A}}{CH_3CO{-}SCoA}+\underset{\text{胆碱}}{HOCH_2CH_2N^+(CH_3)_3}\xrightarrow{\text{胆碱乙酰转移酶}}\underset{\text{乙酰胆碱}}{CH_3COOCH_2CH_2N^+(CH_3)_3}+\underset{\text{辅酶 A}}{CoA{-}SH}$$

有些合成的乙酰胆碱被摄入到突触小囊中,其余的则留在胞液中,每个突触小囊约含 10 000 个乙酰胆碱分子。

2. 乙酰胆碱的失活

乙酰胆碱完成生理功能后被乙酰胆碱酯酶(choline esterase)水解,该酶活性中心的丝氨酸残基可与乙酰胆碱共价结合,最后生成乙酸和胆碱,这样便恢复了突触后膜的通透性,膜便处于极化状态。在神经组织中,乙酰胆碱酯酶位于突触间隙,其突出特点是活性很高。水解反应如下:

$$\underset{\text{乙酰胆碱}}{CH_3COOCH_2CH_2N^+(CH_3)_3}+H_2O\xrightarrow{\text{乙酰胆碱酯酶}}\underset{\text{乙酸}}{CH_3COOH}+\underset{\text{胆碱}}{HOCH_2CH_2N^+(CH_3)_3}$$

3. 临床应用

①新斯的明和毒扁豆碱是乙酰胆碱酯酶的抑制剂,用以治疗肠蠕动迟缓;许多有机磷化合物是乙酰胆碱酯酶的强抑制剂,被用于杀虫剂。

②琥珀酰胆碱是乙酰胆碱的类似物。在外科手术中,它可用于让肌肉松弛。

(二)儿茶酚胺类

儿茶酚胺类神经递质包括肾上腺素(epinephrine/adrenalin,E/A)、去甲肾上腺素(norepinephrine/noradrenalin,NE/NA)和多巴胺(dopamine,DA)。

1. 儿茶酚胺类神经递质的合成

儿茶酚胺类神经递质是在交感神经末梢和肾上腺中由酪氨酸合成的(外周由肾上腺髓质合成的肾上腺素是一种内分泌激素,不属于神经递质)。合成的第一步是酪氨酸羟化为多巴,第二步是多巴脱羧生成多巴胺,第三步是经羟基化生成去甲肾上腺素,去甲肾上腺素经甲基化后生成肾上腺素。其合成过程如下:

$$\text{酪氨酸}\xrightarrow{\text{酪氨酸羟化酶}}\text{多巴}\xrightarrow{\text{芳香族氨基酸脱羧酶}}\text{多巴胺}\xrightarrow{\text{多巴胺羟化酶}}\text{NE}\xrightarrow{N\text{-甲基转移酶}}\text{E}$$

酪氨酸羟化酶是该途径的限速酶,位于去甲肾上腺素能神经纤维的胞浆内,含量少,活性低。四氢生物蝶呤是它的辅酶。

2. 儿茶酚胺类神经递质的灭活

催化儿茶酚胺类神经递质灭活的酶主要有单胺氧化酶(MAO)和儿茶酚-*O*-甲基转移酶(catechol transmethylase,COMT)。儿茶酚-*O*-甲基转移酶催化儿茶酚胺环上的3-羟基甲基化,由*S*-腺苷甲硫氨酸提供甲基,单胺氧化酶催化脱氨基。例如,去甲肾上腺素在单胺氧化酶作用下,首先,氧化脱氨基生成醛,失去递质的活性;其次,在其他酶催化下变成醇或酸。在中枢内,去甲肾上腺素的主要降解产物是3-甲氧基-4-羟基苯乙二醇(MHPG);在外周,去甲肾上腺素的主要降解产物是香草基扁桃酸(VMA)。这两种酶不仅存在于神经组织内,而且广泛地分布于非神经组织,神经元的线粒体膜上也很多。

3. 临床应用

当患嗜铬细胞瘤和神经母细胞瘤时,肿瘤组织会产生去甲肾上腺素或肾上腺素,其代谢产物香草基扁桃酸相应增多,所以在临床上常测定尿液中的香草基扁桃酸含量,将其作为辅助诊断指标。

(三)其他类型的递质

某些氨基酸在中枢的突触传递中起着递质的作用,而不仅仅是合成蛋白质的原料或蛋白质分解的产物。如γ-氨基丁酸、甘氨酸、β-丙氨酸等对中枢神经元表现为抑制作用,谷氨酸、天冬氨酸则表现为兴奋作用。另外,还有一些其他类型分子也具有递质的作用,如中枢内的P物质、阿片肽以及脑肠肽等;再如NO和CO等气体递质分子。

第十六章

现代生物技术及其在畜牧兽医中的应用

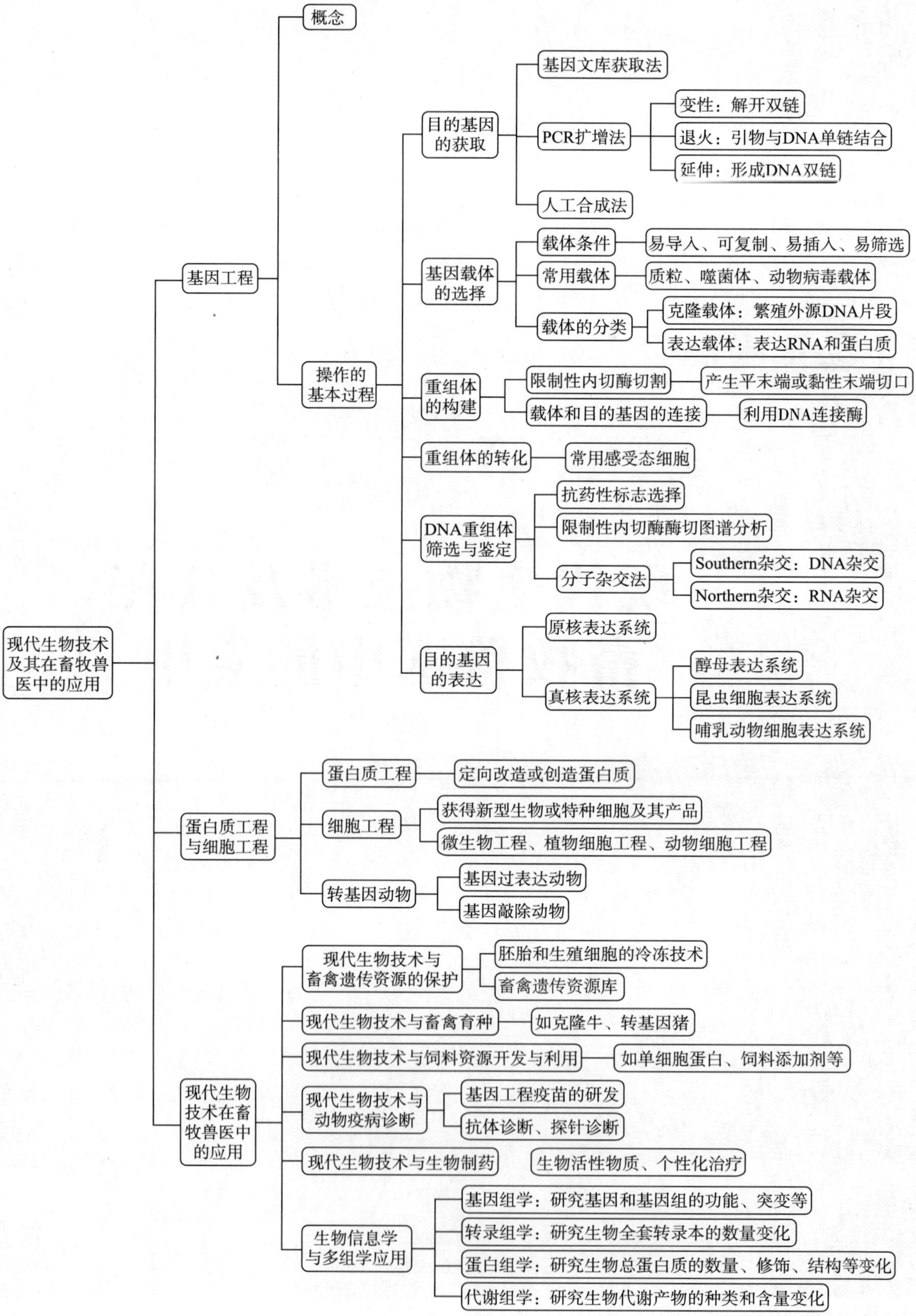
现代生物技术及其在畜牧兽医中的应用
基因工程
概念
操作的基本过程
目的基因的获取
基因文库获取法
PCR扩增法
变性：解开双链
退火：引物与DNA单链结合
延伸：形成DNA双链
人工合成法
基因载体的选择
载体条件
易导入、可复制、易插入、易筛选
常用载体
质粒、噬菌体、动物病毒载体
载体的分类
克隆载体：繁殖外源DNA片段
表达载体：表达RNA和蛋白质
重组体的构建
限制性内切酶切割
产生平末端或黏性末端切口
载体和目的基因的连接
利用DNA连接酶
重组体的转化
常用感受态细胞
DNA重组体筛选与鉴定
抗药性标志选择
限制性内切酶酶切图谱分析
分子杂交法
Southern杂交：DNA杂交
Northern杂交：RNA杂交
目的基因的表达
原核表达系统
真核表达系统
酵母表达系统
昆虫细胞表达系统
哺乳动物细胞表达系统
蛋白质工程与细胞工程
蛋白质工程
定向改造或创造蛋白质
细胞工程
获得新型生物或特种细胞及其产品
微生物工程、植物细胞工程、动物细胞工程
转基因动物
基因过表达动物
基因敲除动物
现代生物技术在畜牧兽医中的应用
现代生物技术与畜禽遗传资源的保护
胚胎和生殖细胞的冷冻技术
畜禽遗传资源库
现代生物技术与畜禽育种
如克隆牛、转基因猪
现代生物技术与饲料资源开发与利用
如单细胞蛋白、饲料添加剂等
现代生物技术与动物疫病诊断
基因工程疫苗的研发
抗体诊断、探针诊断
现代生物技术与生物制药
生物活性物质、个性化治疗
生物信息学与多组学应用
基因组学：研究基因和基因组的功能、突变等
转录组学：研究生物全套转录本的数量变化
蛋白组学：研究生物总蛋白质的数量、修饰、结构等变化
代谢组学：研究生物代谢产物的种类和含量变化

第一节　基因工程

一、基因工程的相关概念

基因工程(genetic engineering)是指按照人们的需要，运用载体将外源目的基因导入受体细胞使之获得新的遗传性状或产生人们需要的基因产物的过程。基因工程又称为重组 DNA 技术(recombinant DNA technique)、基因克隆(gene cloning)、分子克隆或遗传工程等。

二、基因工程操作的基本过程

基因工程的基本操作过程包括目的基因的获取、基因载体的选择、重组体的构建、重组 DNA 分子的转化和筛选、重组体的表达。

(一)目的基因的获取

1. 基因文库获取法

基因组文库，也称 G 文库，是指应用核酸分离、纯化技术把生物体全部 DNA 提纯后，用限制性内切酶随机切割成长短大致相同的数以万计的片段，所有片段均重组入同一类载体上，得到许多重组体，又全部转化入宿主菌中保存起来。如果以 mRNA 为模板，在逆转录酶催化下生成 cDNA 后建库，就称为 C 文库，属于部分基因文库。应用时可用核酸探针获取需要的目的基因。所谓探针是指用放射性同位素或其他标记物标记的核酸片段。该片段具有非常特异的序列，能与互补链结合，它可以是寡核苷酸片段、全基因或其一部分，也可以是 RNA。除此之外，使用荧光抗体抗原杂交方法也可以获取含有目的基因的菌株，进而扩增纯化目的基因。

通过基因文库获取目的基因的缺点是工作量大，所以常根据目的基因的组织表达特异性，选择不同的 C 文库“钓”取目的基因。如获取胰岛素基因就可使用胰岛 β 细胞的 C 基因文库。

2. PCR 扩增法

聚合酶链式反应(polymerase chain reaction，PCR)是一种在体外利用酶促反应获得特异序列的基因组 DNA 或 cDNA 的专门技术，是获取目的基因片段最常用的方法。PCR 反应的基本原理如下。

DNA 聚合酶能够在体外酶促合成 DNA 片段。其条件是在合适的缓冲体系下，以单链 DNA 为模板，以 dNTP 为底物，同时需要引物、Mg^{2+} 存在。如图 16-1 所示，一个典型的 PCR 反应通常包括高温变性、低温退火、中温延伸这三个基本步骤。由每一周期所合成的 DNA 均可成为下一个循环扩增的模板，PCR 扩增产物在理论上呈指数式增加。一般经 25～30 个循环，目的片段的数量可放大数百万倍。

3. 人工合成法

已知序列的目的基因对其可使用基因合成仪直接合成寡核苷酸(oligo)，经拼接、组装后获得目的基因；人工合成目的基因的流程如图 16-2 所示。这种方法简单快速，且能够在过程中优化基因序列以获取更多、更稳定的基因产物，已逐渐成为获取目的基因的最优方法。

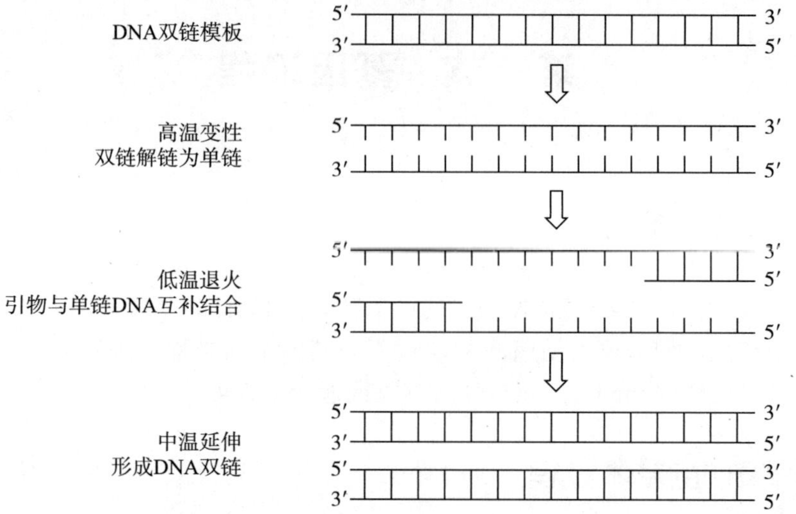

图 16-1　PCR 反应单个循环过程

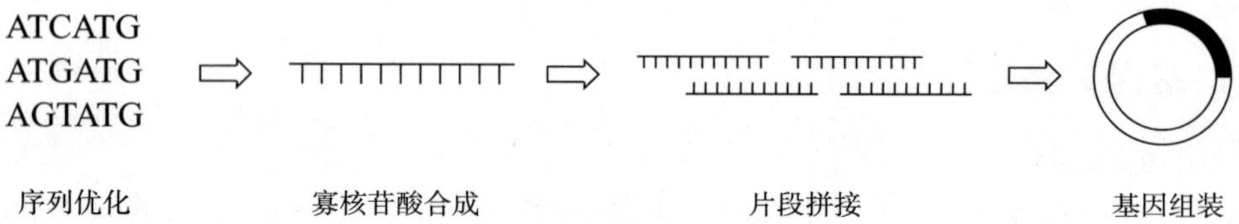

图 16-2　人工合成目的基因的一般流程

(二)基因载体的选择

载体(vector)是指携带外源 DNA 片段进入宿主细胞进行扩增和表达的工具。理想的基因载体需要具备的条件:①易导入宿主细胞;②具有独立的复制系统,能够在宿主细胞中复制繁殖;③具备合适的限制性内切酶位点,容易插入外来核酸片段;④具备特定的标志,易于筛选。常用载体有质粒 DNA、噬菌体 DNA 和病毒 DNA 等。

1. 常用载体

(1)质粒　细菌中的独立于染色体外的环形双链 DNA 分子的大小约为数千个碱基对,存在于大多数细菌的胞质中。质粒易于从一个细菌转移入另一个细菌。常用的质粒包含的元件:①复制起始位点(ORI),能够募集复制相关蛋白启动质粒复制;②多克隆位点(MCS),具有多个限制性内切酶位点,通常是质粒中插入目的片段的位置;③启动子,位于多克隆位点上游,在宿主细胞内募集转录因子启动目的基因的转录;④抗性基因,用于重组质粒的筛选。因质粒具有获取容易、构建便捷且能自由改造等优点,是最常用的基因载体。

(2)噬菌体　λ 噬菌体和 M13 噬菌体都易于感染大肠埃希菌。λ 噬菌体由壳蛋白以及包含 49 502 个碱基对的 DNA 组成,有一尾巴结构,是最早使用的基因载体,常用于基因文库的构建。λ 噬菌体 DNA 比质粒大,同一限制性内切酶在 λDNA 上常有多个切口,经过改造后可以使用。感染时,DNA 从尾部输入宿主菌,在细菌内生长可产生有色的物质,出现噬菌斑,便于筛选。

(3)动物病毒载体　为适应真核细胞重组 DNA 技术的需要,特别是为满足真核基因表达或基因治疗的需要,用动物病毒 DNA 改造的载体,如腺病毒载体、腺相关病毒载体等。

2. 载体的分类

根据功能不同,载体被分为克隆载体和表达载体。

(1)克隆载体　以繁殖外源 DNA 片段为目的的载体称为克隆载体(cloning vector)。这类载体具有自我复制、分子量小、拷贝数多等特点。克隆载体常用于保存目的基因序列和构建基因文库等。

(2)表达载体　将克隆的外源基因在宿主细胞内表达蛋白质的载体称为表达载体(expression vector)。这类载体有很强的启动子和终止子,产生较稳定的 mRNA。根据产生的蛋白序列,表达载体可分为融合表达载体和非融合表达载体。根据宿主细胞不同,表达载体可分为原核表达载体和真核表达载体,其区别是启动子和操纵子等表达元件的来源不同。

(三)重组体的构建

重组体的构建可采用酶切连接法、TA 克隆法、TOPO 克隆法、Gateway 技术和无缝克隆技术等,其中酶切连接法是最稳定且应用最普遍的技术。其主要包含以下 2 步。

1. 限制性内切酶切割

用限制性内切酶将选择的载体和目的基因进行切割,如果目的基因通过 PCR 法获得,就可通过引物设计添加酶切位点。

限制性核酸内切酶是指能识别特异 DNA 序列,并能水解磷酸二酯键的一类酶。限制性核酸内切酶切过的 DNA 有 2 种不同类型的切口:①平末端切口,即在同一水平上切断 DNA 的两股链;②黏性末端切口,即两链的切口错开 2～4 个核苷酸。限制性核酸内切酶能够辨认的碱基一般为连续的 4 个或 6 个碱基,这种碱基序列都有回文结构。

2. 载体和目的基因的连接

在用同一种限制性核酸内切酶切割载体和目的基因后,无论其产生的是平末端,还是黏性末端,都可以用 DNA 连接酶把载体和目的基因连接起来。当使用黏性末端连接时,连接特异性高,出错几率低;当使用平端连接时,特异性不高,连接错配率高。常用的 DNA 连接酶包括来源于 T4 噬菌体的 T4 DNA 连接酶和来源于大肠埃希菌的 *E. coli* DNA 连接酶。

(四)重组体的转化

将外源 DNA 引入某一生物体,引起该生物表现型的改变,这种改变被称为转化。在选择适当的受体菌后,经特殊方法处理,使之成为感受态细胞,即具备接受外源 DNA 的能力。如大肠埃希菌在 0～4℃用 $CaCl_2$ 处理可增加其细胞膜的通透性,然后将 $CaCl_2$ 处理过的大肠埃希菌与重组质粒进行短暂的温育,质粒即可进入菌体。

(五)DNA 重组体筛选与鉴定

将重组体引入宿主细胞,并将其初步扩增后,应加以筛选,以筛选出含目的基因的菌株,并鉴定。DNA 重组体的筛选和鉴定的方法很多,常用以下几种。

1. 抗药性标志选择

可以利用载体质粒对抗生素的抗药性进行筛选。氨苄青霉素、四环素、氯霉素、卡那霉素和新霉素等抗性基因是常用的抗药标志。如果将携带有抗药性基因的质粒导入无相应抗生素耐药性的细菌后,该细菌就具有耐药性,这样已转化重组质粒的宿主菌可通过在培养基中加入上述抗生素予以筛选,未转化的细菌被杀死,已转化的则生成菌落。对疑似转化成功的细菌可通过 PCR 扩增目的基因进行鉴定。

2. 限制性内切酶酶切图谱分析

抗药标志选择仅是初步、粗略的选择,需进一步确定重组体是否含有目的基因。可用快速 DNA 提取法提取重组体 DNA,经限制性内切酶切割,通过琼脂糖凝胶电泳分离,从 DNA 片段大小来判断是否发生了重组。

3. 分子杂交法

把待选菌在平板上培养成菌落，用硝酸纤维素膜盖在平板上，菌落 DNA 就会转移到滤膜上，用放射性同位素(^{32}P)标记的目的基因片段作为探针，将吸附有菌落 DNA 的滤膜与探针一起温育。若菌落含有目的基因，就可与放射性探针形成杂交 DNA 分子。把已和探针溶液作用过的滤膜冲洗、烘干，与 X 射线底片夹在一起放暗处数天，经显影后，有目的基因的菌落所在的位置会出现黑点。其原因是探针的放射性导致底片曝光。从黑点位置追查回平板上菌落的位置，就可把正确的重组菌落探测出来。通常根据检测对象不同，核酸杂交可分为 Southern 杂交与 Northern 杂交：前者是指 DNA 的杂交；后者则是 RNA 的杂交。其实两者的原理都是一样的，只是具体操作步骤稍有不同。核酸的杂交具有灵敏度高、特异性强等特点，在分子生物学和分子遗传学研究中应用极广，许多重大的分子遗传学问题都是用分子杂交法来解决的。

(六)目的基因的表达

1. 原核表达系统

原核表达系统表达目的基因具有周期短、产量高、成本低、操作性强等特点。采用原核表达系统的基因工程已经发展到了相当成熟的阶段，已经可以用发酵法生产高商业利润的多肽和蛋白产品。大肠埃希菌、枯草芽孢杆菌是常用的原核表达细胞。使用的原核表达载体必须具备的条件：①含有原核细胞适宜的选择标志；②具有能控制转录、产生大量 mRNA 的启动子；③含有适当的翻译调控序列，如核糖体结合位点和翻译起始位点；④具有多聚接头，以确保目的基因按一定方向与载体正确连接。

利用原核生物作表达体系也存在某些致命的缺点：①该体系中不能进行真核蛋白翻译后的加工，而翻译后的加工对许多真核蛋白的生物活性有至关重要的作用；②在原核表达体系中，产物往往以难溶于水的包涵体形式出现，提取过程复杂、回收率低；③表达产物可能存在脂多糖等内毒素的污染，需要进一步检测和去除。

2. 真核表达系统

真核表达系统包括酵母表达系统、昆虫细胞表达系统和哺乳动物细胞表达系统。其优点和缺点如表 16-1 所列。

表 16-1 真核表达系统的比较

	酵母表达系统	昆虫细胞表达系统	哺乳动物细胞表达系统
优点	表达量高、成本低、表达速度快、易操作、大部分蛋白可正确折叠、部分拥有翻译后修饰	表达速度快、表达蛋白正确折叠、具有翻译后修饰、无内毒素、蛋白可溶、适合毒性蛋白	表达迅速，更快表达膜蛋白、表达蛋白可折叠、可翻译后修饰、蛋白活性高
缺点	无人源糖基化、部分产物易降解、表达量不可控	周期长、成本高、缺少部分糖基化、病毒侵染会造成部分细胞裂解和部分表达蛋白降解	周期长、成本高、生产速度较慢

第二节 蛋白质工程与细胞工程

传统生物技术领域的四大工程为基因工程、细胞工程、酶工程和发酵工程(微生物工程)。随着生物技术的不断发展，各个研究领域也不断扩展，酶工程被进一步扩展为蛋白质工程更能反映这一研究领域的发展现状及趋势。

一、蛋白质工程

蛋白质工程就是根据蛋白质的精细结构和生物学活性之间关系，利用基因工程技术，按照人类自身的需要，定向地改造天然蛋白质，甚至创造自然界本不存在的，却具有优良特性的蛋白质分子。蛋白质工程是核酸研究和蛋白质研究相结合的产物，是基因工程的深入和延伸。

改造天然蛋白质分子主要包括定向进化和理性设计 2 种策略；前者是指通过模拟自然选择的过程，对目标基因进行多轮突变和筛选实验，直至获得所需水平的优良变体，但是该技术受限制于较低的筛选速率和序列空间中庞大的变体数量；后者是指依据序列和结构信息，选择较少的关键位点进行精准改造，从而构建较小的突变文库，但是需要对结构功能信息进行深入了解，且需要巨大的计算资源。

目前已开发出大批性能优良的蛋白质工程制剂，积极助力医学、病毒疫苗和分子生物等生物行业的发展。例如，已将毒性肽通过基因融合进入抗体分子，制造出可自动瞄准和攻击体内的靶组织或靶细胞(如癌细胞)的“导弹药物”。除此之外，以“生物酶”为代表的蛋白质工程的工业化产品也在大力推动发酵工程、化工工程等其他行业的发展。

二、细胞工程

细胞工程也称细胞水平的操作技术，是生物技术的主要内容之一，是指利用细胞的全能性，在细胞水平上按照人们的意愿来改造或利用细胞内的遗传物质，以获得新型生物或特种细胞及其产品的一门综合性科学技术。

细胞工程又可分为微生物细胞工程、植物细胞工程和动物细胞工程。就其技术而言，它包括了基因工程技术、细胞培养技术、细胞融合等，特别是核移植技术和干细胞技术发展非常迅速，已被广泛运用于细胞治疗、生物制药和动植物育种等方面。

细胞工程发展到今天，人们借助细胞工程技术可以把生命像积木那样子装起来，进行细胞水平上的生命组合。如美国耶鲁大学教授马格特等利用黑毛鼠、白毛鼠和黄毛鼠的受精卵(8 个细胞)组装成一只全身披着黄、白、黑三种不同颜色皮毛的组装鼠。经过不断的发展，细胞工程获得了令人瞩目的发展，如试管动物、试管婴儿、体细胞克隆动物和转基因生物反应器等。

三、转基因动物

转基因动物(transgenic animals)是指在基因组中整合有外源基因的一类动物。目前建立转基因动物的主要策略有 2 种：一种是让转入基因在动物体内过度表达，最常用的是显微注射方法。转入基因可用基因本身的启动子，也可拼接组织特异性表达的外源启动子；可转入单基因，也可转入双基因。另一种是让基因在体内灭活，丧失功能，即基因敲除技术，这就是近年来发展的用胚胎干细胞进行基因打靶技术，以产生基因缺陷的基因敲除动物。

转基因动物技术的应用敲除已深入到生物科学、构建疾病模型、治疗疾病、动物生产等许多方面。例如，利用转基因动物技术对研究对象的基因进行敲除和过量表达等，以研究基因的功能和调控机制。利用动物转基因技术来构建相关人类疾病的动物模型可以解决的自然突变和人工诱变带来的突变率低以及突变方向难控制的问题。通过对动物进行基因改造，可以加强动物抵抗疾病和病原微生物的能力，提升动物产品品质，增强繁殖能力并缩短生长周期，以提高动物的经济价值和营养价值。

第三节　现代生物技术在畜牧兽医中的应用

一、现代生物技术与畜禽遗传资源的保护

传统的畜禽遗传资源是由农业生产中的畜群和禽群来保持的，即猪、牛、禽等以活畜保存为主。以生物技术保存畜禽品种资源主要有2种途径：①利用胚胎和生殖细胞的冷冻技术。这种方法是静态保种的技术之一。早在20世纪70年代就有一些国家以冷冻配子（精子、卵子）和胚胎进行畜禽遗传资源保存的研究。这种保存的优点是基因和基因频率的变化降到了最低的水平，抽样误差小，容易控制疫病，保存时间长，保种经费少，解冻后种群恢复快。另外，育种冷冻配子和活动保种相结合可以减轻自然选择、近交和遗传漂变对基因和基因频率造成的影响。②利用分子生物技术建立畜群、禽群的DNA基因文库。基因组DNA文库的建立就是利用DNA重组技术将决定畜禽重要经济性状的主基因或全部基因整合到某些特殊的基因载体上，然后用这些载体感染宿主细胞，通过宿主细胞的大量增殖构建各基因DNA片段的无性繁殖系（克隆）。当制备的克隆数把该畜禽品种的全部基因包括在内时，这一克隆的总体就是该畜禽品种的基因文库，保存该基因组文库就相当于保存了该畜禽品种。

二、现代生物技术与畜禽育种

在20世纪80年代中后期，动物育种技术已开始从群体水平进入分子水平。与传统的育种方法相比，生物技术育种存在很多优势：首先，可以打破物种界限，突破亲缘关系的限制，培育出自然界和常规育种难以产生的动物品种；其次，可以提高育种成功率，缩短育种时间。比如，运用克隆技术和胚胎技术可以进行动物的快速繁殖。自1987年胚胎细胞核移植成功，牛克隆胚胎的重复克隆已达6个世代，并获得第3代克隆牛，由1枚胚胎反复克隆已得到3枚克隆胚胎，母牛繁殖后代可呈几何级数增加。利用转基因技术，可以培育出生长迅速的优质畜禽，且不受环境因素以及时间、性别的约束。1985年，科学家首次将人的生长激素基因导入猪的受精卵并获得成功。与同窝非转基因猪相比，转基因猪的生长速度和饲料利用率显著提高，胴体脂肪率也明显降低。

三、现代生物技术与饲料资源开发与利用

生物技术产品在动物营养学中的应用主要是各种饲用酶的生产与应用。利用生物技术生产的纤维酶、脂肪酶、乳糖酶、植酸酶等被添加到畜禽饲料中，这种方法大幅度地改善了饲料的转化效率，并提高了动物的生产性能，减轻了动物排泄物对环境的污染。

蛋白质饲料的严重不足已成为世界性问题。通过微生物发酵产生单细胞蛋白（SCP）是解决该问题的一条重要途径。SCP是指利用各种基质大规模培养细菌、酵母菌、霉菌、微藻、光合细菌等而获得的微生物蛋白，具有周期短、繁殖快、应用范围广等特点，是现代饲料工业和食品工业中重要的蛋白来源。SCP营养丰富，蛋白质含量可高达80%，所含氨基酸组分齐全平衡，且有多种维生素，消化利用率高。

由于含有抗营养因子，许多豆科牧草的饲用价值被降低了。通过分子生物技术除去有关基因，可培育不含或含少量抗营养因子的饲料作物。

利用生物技术还可生产多种饲料添加剂，如酶制剂、氨基酸、肽、抗生素、维生素、微量元素和微生态制剂等。

利用生物技术开发饲料资源，扩大蛋白质饲料来源，提高粗饲料营养价值，是解决我国饲料不足，促进畜牧业发展的重要途径。

四、现代生物技术与动物疫病诊断

利用生物技术可对动物疾病进行预防、诊断。常规疫苗是用物理或化学的方法灭活病原而制成的。但污染等原因常造成其免疫效果不稳定，有时甚至导致免疫失败。近年来，由于生物技术的发展，基因工程疫苗应运而生。它主要利用DNA重组技术将病原的有效抗原成分筛选和提取，以制成疫苗。这种技术既提高了免疫效果，又有安全保证。基因工程疫苗是利用生物技术制备疫苗的一个理想途径。目前，利用基因工程开发的新型疫苗有口蹄疫疫苗、羊腐蹄疫疫苗和狂犬病糖蛋白亚基疫苗等。

在疫情诊断方面，现代生物技术提供了快速、准确的方法。应用于生产方面的现代生物技术有单克隆抗体试剂盒和DNA探针。单克隆抗体是用细胞融合技术建成淋巴细胞杂交瘤株产生的，具有很强的攻击作用。它可以准确地识别细菌、病毒、肿瘤细胞等抗原物质的细微差别。利用单克隆抗体的特性，采用已知的单克隆抗体去与未知抗原发生特异性结合，可以快速、准确地诊断疾病，这种技术称为单克隆抗体试剂盒。DNA探针则是利用DNA碱基互补的原理，用已知的带有^{32}P放射性同位素标记的DNA通过核酸杂交的方法去检测未知的基因，利用这项技术可以准确地诊断各种遗传因素引起的“分子病”。随着生物技术的发展，PCR、免疫印迹等分子生物学诊断技术对畜牧业的发展起着越来越重要的作用。

五、现代生物技术与生物制药

生物制药主要分为天然生物药物和基因工程药物。天然生物药品是指利用生物体、生物组织或其成分，综合运用微生物学、物理学、药学和生物学的原理与方法制造的用来预防、诊断或治疗的生物制品。其主要成分来自动植物、微生物中制取的各种天然活性物质以及人工合成或半合成的天然物质，如动物来源的药物有动物脂类药物、动物酶与辅酶药物、动物细胞生长调节因子等。

基因工程药物主要包括利用重组DNA技术生产的多肽、蛋白质、酶和细胞生长因子等生物活性物质，其中激素类、可溶性细胞因子受体类、细胞因子类生物活性物质较多。

应用生物技术可以改变现存的传统药材的有效成分，生物技术的应用有可能彻底改变传统药材和人类生物药材的生产和加工，使之适应新时代的要求。生物技术在新型生物药剂开发中的应用取得了卓有成效的进步，特别是基因工程技术的应用使生物技术药物的品种不断增多。利用芯片技术对药物进行筛选，寻找药物靶标，检查药物的毒性或副作用，药品可以针对不同个体的不同疾病而对症下药，以实现个性化治疗。

六、生物信息学与多组学应用

生物信息学是包含生物信息的获取、处理、储存、传递、分析和解释的一门学科。它综合运用数学、计算机科学和生物学的各种工具进行研究，其目的是运用、了解大量的生物学信息。依托于生物信息学，基因组学、转录组学、蛋白组学和代谢组学等多组学被广泛应用于畜禽研究，以探究遗传物质在不同层面的共有通路和差异表达及其在系统层面的整体动态变化规律，从而实现不同组学不同层面的相互印证、相互补充、相互解释，完整掌握畜禽基因动态、细胞动态和机体动态的改变。

基因组学的研究对象为基因和基因组，侧重于对基因的结构、功能、突变、表观修饰以及基因组编辑等方面的研究；转录组学的研究对象为细胞或组织中的全套RNA转录本，转录组分析是动态的，可以分析在特定时间段内响应任何刺激的基因表达，已成为应用最为广泛的组学技术；蛋白质组学是一种分析生物体中总蛋白质的技术，包括序列分析、结构分析、功能分析、修饰分析和表达量分析等；代谢组学是对参与机体生理过程代谢物的综合研究，可显示细胞受基因调控产生生理表型的最终产物类型和变化。

针对不同的研究背景和目的，可以综合比较与选择不同的多组学联合分析方式。其优势包括：①基因组和转录组联合分析可以更加直接地揭示基因组和转录组之间信息传递效率，探索基因结构变化对转录表达的影响，为功能基因在转录水平的表达量提供直接参考，验证候选基因在显著差异样本中的差异表达。②转录组和蛋白质组数据关联分析可以获得基因表达谱的"全景图"，在转录组和蛋白组的差异表达中，挖掘受转录后调控的关键基因和翻译后修饰的关键蛋白，验证广泛存在的复杂生物学调控，并可通过转录组数据库重新构建蛋白质数据库，提高蛋白质的鉴定数和功能注释的准确性。③转录组学和代谢组学联合分析能够发现基因表达差异与代谢小分子物质变化的内在关系，从"因"和"果"两个方向来探究生物学问题，实现组学间的相互验证，并可从海量的数据中筛选出关键调控通路及其关键靶标基因，为解释复杂表型性状提供新的方法和证据。

总之，生物技术在畜牧兽医上的应用前景广阔，应加快生物技术在动物科学领域的研究、开发、推广和应用的步伐，用高新生物技术来推动我国畜牧业的发展。

参考文献

[1]王镜岩,朱圣庚,徐长法.生物化学[M].3版.北京:高等教育出版社,2002.
[2]周顺伍.动物生物化学[M].4版.北京:中国农业出版社,2005.
[3]周顺伍.动物生物化学[M].5版.北京:中国农业出版社,2012.
[4]胡兰.动物生物化学[M].北京:中国农业大学出版社,2007.
[5]周焕庚,许由恩.上海第一医学院师资进修教材医学细胞遗传学[M].1982.
[6]桂兴芬,王苏芝,李红明.生物化学[M].郑州:河南医科大学出版社,1998.
[7]周海梦,李森,陈清西.生物化学.[M].北京:高等教育出版社,2017.
[8]邹思湘.动物生物化学[M].5版.北京:中国农业出版社,2012.
[9]朱圣庚,徐长法.生物化学:上[M].4版.北京:高等教育出版社,2017.
[10]李留安,袁学军.动物生物化学[M].北京:清华大学出版社,2013.
[11]秦立金,夏宁,罗晓霞.生物化学与分子生物学原理及应用研究[M].北京:中国原子能出版社,2018.
[12]翟中和,王喜中,丁明孝.细胞生物学[M].4版.北京:高等教育出版社,2011.
[13]汪堃仁,薛绍白,柳惠图.细胞生物学[M].2版.北京:北京师范大学出版社,1998.
[14]吴显荣.基础生物化学[M].2版.北京:中国农业出版社,2011.
[15]刘峰.细胞质膜脂类分布不对称性的教学技巧[J].生命的化学,2021,41(7):5.
[16]洪水根,汪德耀.膜分子生物学[M].厦门:厦门大学出版社,1995.
[17]刘凌云,薛绍白,柳惠图.细胞生物学.[M].北京:高等教育出版社,2002.
[18]黄诒森,张光毅.生物化学与分子生物学[M].北京:科学出版社,2003.
[19]杨志敏,蒋立科.生物化学[M].2版.北京:高等教育出版社,2010.
[20]张曼夫.生物化学[M].北京:中国农业大学出版社,2002.
[21]刘国琴,杨海莲.生物化学[M].3版.北京:中国农业大学出版社,2019.
[22]张楚富.生物化学原理[M].北京:高等教育出版社,2003.
[23]董晓燕.生物化学[M].2版.北京:高等教育出版社,2015.
[24]黄熙泰,于自然,李翠凤.现代生物化学[M].3版.北京:化学工业出版社,2021.
[25]李庆章.动物生物化学[M].北京:高等教育出版社,2016.
[26]杨荣武.生物化学原理[M].3版.北京:高等教育出版社,2018.
[27]朱圣庚,徐长法.生物化学:下[M].4版.北京:高等教育出版社,2016.
[28]李留安,袁学军.动物生物化学[M].2版.北京:清华大学出版社,2022.
[29]WEAVER R F.分子生物学[M].5版.郑用琏,马纪,李玉华,等译.北京:科学出版社,2015.
[30]杨海灵,蒋湘宁.基础生物化学[M].北京:中国林业出版社,2015.
[31]杨秀平,肖向红,李大鹏.动物生理学[M].3版.北京:高等教育出版社,2016.

[32]曲戈,朱彤,蒋迎迎,等.蛋白质工程:从定向进化到计算设计[J].生物工程学报,2019,35(s10):1843-1856.

[33]FALKENBERG M, GUSTAFSSON C M. Mammalian mitochondrial DNA replication and mechanisms of deletion formation. Crit Rev Biochem Mol Biol[J]. 2020, 55(6): 509-524.

[34]KREBS J E, GOLDSTEIN E S, Kilpatrick ST. Lewin's genes XII [M]. Burlington, Massachusetts: Jones & Bartlett Learning, 2018.

[35]NELSON D L, COX M M. Lehninger principles of biochemistry[M]. 5th ed. New York: W H Freeman and Company, 2008.